计算机系列教材

黄 艳 等 编著

C#程序设计基础教程

清华大学出版社

北京

内 容 简 介

本书以 Visual C# 2013 为平台,紧跟 C#发展动向,介绍 C#程序设计各个方面的知识,内容安排兼顾广度、深度,知识新颖、示例丰富,比较系统地讲述了使用 C#语言进行程序开发从入门到实战应该掌握的各项技术。

全书共分为 10 章,内容包括 C#语言概述、C#程序设计基础、面向对象编程基础、面向对象高级编程、集合与泛型、Windows 窗体应用程序设计、高级窗体控件、C#文件与注册表操作、ADO.NET 数据库访问、网络编程。本书配备了大量示例,所有示例围绕一个实战项目,融知识性、趣味性于一体,逐层深入,循序渐进地介绍各个知识点。

本书可作为各类高等院校计算机及相关专业"C#程序设计"课程的教学用书,也可作为计算机应用人员和计算机爱好者的参考用书。

图书在版编目(CIP)数据

C#程序设计基础教程 /黄艳等编著. —北京:清华大学出版社,2015 (2018.8 重印)
计算机系列教材
ISBN 978-7-302-40823-9

Ⅰ. ①C… Ⅱ. ①黄… Ⅲ. ①C 语言–程序设计–高等学校–教材 Ⅳ. ①TP312

中国版本图书馆 CIP 数据核字(2015)第 163197 号

责任编辑:白立军 薛 阳
封面设计:常雪影
责任校对:梁 毅
责任印制:宋 林

出版发行:清华大学出版社
    网 址:http://www.tup.com.cn, http://www.wqbook.com
    地 址:北京清华大学学研大厦 A 座   邮 编:100084
    社 总 机:010-62770175   邮 购:010-62786544
    投稿与读者服务:010-62776969,c-service@tup.tsinghua.edu.cn
    质量反馈:010-62772015,zhiliang@tup.tsinghua.edu.cn
印 刷 者:北京富博印刷有限公司
装 订 者:北京市密云县京文制本装订厂
经 销:全国新华书店
开 本:185mm×260mm   印 张:23.25   字 数:581 千字
版 次:2015 年 9 月第 1 版   印 次:2018 年 8 月第 3 次印刷
定 价:39.50 元

产品编号:060862-01

C#是一种安全的、稳定的、简单的、优雅的，由 C 和 C++衍生出来的面向对象的编程语言，也是微软.NET 公共语言运行环境中内置的核心程序设计语言。使用 C#语言可以开发在.NET Framework 上运行的多种应用程序，包括控制台应用程序、Windows 窗体应用程序、Web 应用程序以及 Web 服务等。C#集中了目前几乎所有关于软件开发和软件工程研究的最新成果，包括类型安全、面向对象、组件技术、内存自动管理、版本控制、代码安全管理等，为在.NET 环境下的计算机应用提供了功能强大、全新、易用的程序设计工具。

Visual Studio.NET 是微软公司推出的集成开发环境，是目前最流行的 Windows 平台应用程序开发环境，主要用来创建、运行、调试由各种.NET 编程语言编写的程序（包括 C#.NET）。Visual Studio 2013 是微软发布的 Visual Studio.NET 新版本，支持开发面向 Windows 8 的应用程序，其方便快捷的功能提供和简单明了的界面设计受到广大程序员的喜爱。

本书从教学实际需求出发，合理安排知识结构，从零开始、由浅入深、循序渐进地讲解了 C#语言的基本知识和 Visual Studio 2013 集成开发环境的使用方法。全书共分为 10 章，主要内容如下。

第 1 章简单地介绍了 C#语言的开发平台.NET 和开发环境 Visual Studio 2013，包括.NET Framework 的发展历程、Visual Studio 2013 的简单使用以及如何创建简单的 C#应用程序等。

第 2 章介绍 C#程序设计基础知识，包括 C#数据类型、流程控制语句等。

第 3 章讲述面向对象语言的编程基础，包括 C#中类的声明和对象的创建，C#常用类等。

第 4 章讲述面向对象语言高级编程知识，包括 C#中类的继承与派生、多态性的应用等。

第 5 章讲述集合和泛型，包括 ArrayList 集合类、Hashtable 集合类和泛型的使用等。

第 6 章主要介绍基于 C#的 Windows 窗体应用程序设计，包括窗体和基本控件的使用。

第 7 章介绍 C#高级窗体控件，包括菜单、工具栏、状态栏、列表视图、树视图和通用对话框等控件的使用。

第 8 章介绍 C#文件操作，包括文件和流的概念，读写文件的类，以及对文件和文件夹的多种操作方法等。

第 9 章讲述 ADO.NET 数据库访问技术，包括使用 ADO.NET 连接到这些数据源，并可以检索、处理和更新其中包含的数据等。

第 10 章讲述网络编程技术，包括用 C#进行各类网络应用程序的编程方法和技巧等。

本书以一个具体的综合实例为脉络，由浅入深地介绍面向对象编程思想，并在讲解每个面向对象知识点时由浅入深地逐渐丰富实例；书中内容条理清晰，图文并茂，通俗易懂；在难以理解和掌握的部分内容上给出相关注意事项，读者能够快速提高操作技能；此外，本书配有章节练习，读者在解答时能更加牢固地掌握书中讲解的重点内容。

　　本书是集体智慧的结晶，参加本书编写和制作的人员有郑州轻工业学院软件学院的黄艳、郑倩、孙海燕、张玲、张志锋，郑州轻工业学院计算机与通信工程学院的朱会东和郑州轻工业学院物理与电子工程学院的陈鹏。感谢郑州轻工业学院教务处的大力支持和帮助！感谢清华大学出版社为本书出版所做的贡献！由于作者水平有限，书中不足之处在所难免，欢迎广大读者批评指正。

作　者

2015 年 3 月

FOREWORD

第 1 章 概　述

C#是微软公司推出的一种面向.NET 平台的、类型安全的面向对象编程语言，利用 C# 语言和基于.NET 框架的 Visual Studio 2013 集成开发环境，程序员可以方便快捷地开发出各种安全可靠的应用程序。本章将对.NET 平台的相关内容做简单介绍，并通过图文并茂的方式介绍 Visual Studio 2013 集成开发环境及创建两种类型的 C#应用程序的操作步骤。通过本章的学习，读者将会对 C#语言和 Visual Studio 2013 集成开发环境有一个初步了解，并能够顺利地创建简单的 C#应用程序。

1.1　.NET Framework 概述

2000 年 6 月 22 日，微软公司正式对外宣布了.NET 战略。同年 11 月，微软在 COMDEX 计算机大展上发表了 Visual Studio.NET 软件，全面推进.NET 技术向市场进军的步伐。C# 语言是微软公司针对.NET 平台推出的主流语言，它不但继承了 C++、Java 等面向对象语言的强大功能特性，同时还是继承了 VB、Delphi 等编程语言的可视化快速开发功能，是当前第一个完全面向组件的语言。作为.NET 平台的第一语言，C#语言几乎集中了所有关于软件开发和软件工程研究的最新成果。本节主要介绍与 C#语言密切相关的.NET 平台和 Visual Studio 2013 集成开发环境。

1.1.1　.NET 平台简介

微软总裁兼首席执行官 Steve Ballmer 给.NET 下的定义为".NET 代表一个集合，一个环境，一个可以作为平台支持下一代 Internet 的可编程结构。"即.NET = 新平台 + 标准协议 + 统一开发工具。作为微软的集成开发平台，.NET 技术提供迅速修改、部署、处理并且使用连接的能力，提高了 Web 服务的高效性；同时，.NET 技术也使创建稳定、可靠而又安全的 Windows 桌面应用程序更为容易。下面来简单了解一下.NET 的发展历程。

1．.NET 平台的发展历程

2000 年 6 月 22 日，比尔·盖茨向全球宣布其下一代软件和服务，即 Microsoft .NET 平台的构想和实施步骤。2000 年，微软的白皮书这样定义.NET：Microsoft .NET 是 Microsoft XML Web Services 平台。XML Web Services 允许应用程序通过 Internet 进行通信和共享数据，而不管所采用的是哪种操作系统、设备或编程语言。Microsoft .NET 平台提供创建 XML Web Services 并将这些服务集成在一起之所需。

2002 年 2 月 13 日，微软正式发布了 Visual Studio .NET 2002，其中包含.NET Framework 1.0，除了引入一门全新的语言 C#之外，同时提供了对于 Java 的支持。C#大量借鉴了 Java 的语法，同时保留了 VB 方面的诸多便利性。ASP.NET 作为平台的关键组成部分，传承了微软一直以来的可视化设计风格，允许开发人员以拖放方式开发 Web 应用。然而.NET 1.0

作为全新的平台，许多类库仍然还不成熟。

2003 年 4 月 25 日，曾被命名为 Windows .NET Server 的操作系统 Windows Server 2003 正式发布，同日还发布了 Visual Studio .NET 2003，并将.NET Framework 的版本升级到了 1.1.4322。Windows Server 2003 是微软发展史上一个非常重要的里程碑：一方面 Windows 操作系统在企业级应用方面的能力得到证实，另一方面.NET 终于完成了和 Windows 操作系统的无缝集成，也真正意义上为开发人员提供了一套完整的.NET 解决方案。

Visual Studio .NET 2003 为程序开发人员提供了统一的开发语言和开发界面，不管开发桌面应用，还是 Web 应用，或者是手机设备的应用，Visual Studio .NET 使开发人员能够在不同应用开发中自由切换。同时，随着.NET Framework 的稳定，微软内部越来越多的产品采用.NET 重新开发，或者提供了和.NET 的无缝对接。例如，2003 年发布的 Exchange 2003、Office 2003 以及 2004 年发布的 Biztalk Server 2004，都允许开发人员使用.NET 开发应用，并且做到了无缝集成。

2005 年 10 月 27 日，微软将 Visual Studio .NET 重新命名为 Visual Studio 2005，同时将.NET Framework 的版本升级到 2.0。另外，为了方便开发人员，内置了一个用于开发调试的 Web 服务器，使得开发人员在开发过程可以更加方便地测试与部署。同日发布的 SQL Server 2005 完全架构在.NET 之上，并允许开发人员使用.NET 编写存储过程、函数及用户自定义类型（UDT）。

2006 年，微软将 WPF（Windows Presentation Foundation）、WCF（Windows Communication Foundation）、WWF（Windows Workflow Foundation）和 Windows Cardspace 整合成代号为"WinFX"的.NET Framework 3.0，并于 2006 年 11 月 6 日发布。.NET Framework 3.0 的发布是对.NET Framework 2.0 的一个重要补充，它弥补了微软在企业级开发的软肋。

2007 年 11 月 19 日，微软发布了 Visual Studio 2008，随同发布了.NET Framework 3.5。.NET Framework 3.5 引入了 LINQ 和 XLINQ 技术，LINQ 和 XLINQ 为开发人员带来了激动人心的编程体验。开发人员可以混合对象与数据，然后用同样的查询方式进行数据处理，更重要的是允许开发人员在任意环节进行扩展，从而帮助开发人员以一致的方式进行数据处理。

2010 年 4 月 12 日，微软发布了 Visual Studio 2010 以及.NET Framework 4.0。.NET Framework 4.0 包括更好的多核心支持、后台垃圾回收和服务器上的探查器附加，增加了新的内存映射文件和数字类型，并支持新的动态数据功能，包括新的查询筛选器、实体模板、对 Entity Framework 4 的更丰富的支持以及可轻松应用于现有 Web 窗体的验证和模板化功能等。

2012 年 8 月 16 日，微软发布了最新版本 Visual Studio 2012 以及.NET Framework 4.5。.NET Framework 4.5 是一个针对.NET Framework 4.0 的高度兼容的就地更新。.NET Framework 4.5 包括针对 C#、Visual Basic 和 F#的重大语言和框架改进（以便程序员能够更轻松地编写异步代码）、同步代码中的控制流混合、可响应 UI 和 Web 应用程序可扩展性，并提供比.NET Framework 4.0 更高的性能、可靠性和安全性。

2013 年的 11 月 13 日，微软举办了 Visual Studio 2013 全球发布会。Visual Studio 2013 不仅支持 Windows 8.1 App 开发，还新增了很多提高开发人员工作效率的新功能，例如，自动补全方括号、使用快捷键移动整行或整块的代码等；完美支持 Windows 8.1 的程序开发；提高了 Web 网站开发的工作效率和灵活性；改进了调试和优化的工具；对用户界面进行了许多方面的改进，使得其有着更好的用户体验。

2014 年的 11 月 13 日，微软发布了全新的 Visual Studio 2013 Community Edition（Visual Studio 2013 社区版），并且宣布将免费提供。不过该版本有个明显的限制，那就是不能用于企业应用程序的开发。Visual Studio Community 2013 是微软 VS 家族的最新成员，也是专门为学生、开源贡献者、小企业、初创企业，以及独立开发者们设计的一个虽然免费、但功能齐全的开发环境。此外，该版本还包括用于创建非企业跨平台（桌面、设备、云、Web、服务等）应用程序所需的所有特性，如编码效率、跨平台移动开发工具（Windows、iOS 和 Android），以及对成千上万的扩展的完整访问。

2．.NET 平台的组成

众所周知，微软的灵魂产品 Windows 操作系统是硬件设备和软件运行环境的平台，它消除了不同硬件设备之间的差别，使外部设备都变成了可以自由使用、无缝集成的一个整体。与 Windows 操作系统类似，微软推出的.NET 平台能够消除互连环境中不同硬件、软件、服务的差别，使不同的设备、不同的操作系统都可以相互通信，使不同的程序和服务之间都可以相互调用。

.NET 平台几乎包含微软正在研发或已经得到广泛应用的各种软件开发技术。对.NET 程序员来说，应主要关心.NET 平台的以下几个组成部分。

（1）.NET Framework：微软推出的一种运行于各个操作系统之上的新的软件运行平台，提供了.NET 程序运行时支持和功能强大的类库，是其他所有.NET 技术产品的坚实基础。

（2）.NET 编程语言：.NET 平台支持二十多种编程语言，传统的各种编程语言有许多都已经或正在被移植到.NET 平台，目前.NET 平台支持的编程语言种类仍在不断地增加中。目前由微软公司提供的.NET 编程语言主要有 Visual Basic .NET（改进过的 Visual Basic）、C++、C#、F#。

（3）Visual Studio .NET 集成开发环境：用来开发、测试和部署应用程序。Visual Studio .NET 历经微软公司持续多年的完善，已经成为世界一流的"软件集成开发环境（Integrated Development Environment,IDE）"。

（4）.NET 软件产品：几乎微软公司所有主要软件产品都基于.NET Framework 或包容.NET 技术，包括 Windows 操作系统、SQL Server 数据库服务器、Office 商业应用开发与运行平台、Azure 云计算平台等。

3．.NET 技术前景

从 2002 年发布.NET 1.0，历经 11 年的发展，.NET 版本已经发展到了 4.5。.NET 是一个庞大而复杂的软件开发与运行平台，包含一系列子技术领域。

1）桌面应用程序开发技术

在很长的一段时间内，Windows Form 成为.NET 桌面领域的主流技术，而且有一大批各式各样的第三方控件，其功能可谓应有尽有，使用方便。然而.NET 3.0 中出现的 WPF，在界面设计和用户体验上比 Windows Form 要强得多，比如其强大的数据绑定、动画、依赖属性和路由事件机制等。WPF 的性能在.NET 4.0 上有了进一步的改进。WPF 相对于 Windows 客户端的开发来说，向前跨出了巨大的一步，它提供了超丰富的.NET UI 框架，集成了矢量图形，丰富的流动文字支持，3D 视觉效果和强大无比的控件模型框架。

2）数据存取技术

.NET 平台融合了 ADO.NET、LINQ 和 WCF Data Service 等数据存取技术。ADO.NET 不仅提供了对 XML 的强大支持，还引入了一些新的对象，如驻于内存的数据缓冲区 DataSet、用来高效率读取数据并返回一个只读的记录集的 DataReader 等。LINQ（Language Integrated Query，语言集成查询）是 Visual Studio 2008 和.NET Framework 3.5 版中引入的 一项创新功能，它在对象领域和数据领域之间架起了一座桥梁。LINQ 是编程语言的一个组 成部分，在编写程序时可以得到很好的编译时语法检查、丰富的元数据、智能感知、静态 类型等强类型语言的好处。同时，LINQ 还可以方便地对内存中的信息进行查询而不只是对 外部数据源进行查询。WCF Data Service 原称 ADO.NET Data Service，体现了"数据是一 种服务"的思想，让数据可以通过 HTTP 请求直接获取。WCF Data Service 设计了一套 URI 模式，可以完成投影、选择、分页等功能，用起来方便灵活。

3）Web 开发技术

.NET 平台底层使用 ADO.NET 实体框架或 LINQ to SQL 构造数据模型，通过提取数据 模型中的元数据，动态选择合适的模板生成网页，避免了真实项目中不得不为每个数据存 取任务设计不同网页的负担，而且提供了很多方式允许用户定制网站。.NET 平台的另一种 Web 应用架构代表技术 Silverlight 充分利用客户端的计算资源，极大地降低了对服务端的 依赖，并且易于构造良好的用户体验。

4）插件技术

.NET 4.0 引入了 Managed Extensibility Framework（MEF）技术。MEF 通过简单地给 代码附加"[Import]"和"[Export]"标记就可以清晰地表明组件之间的"服务消费"与"服 务提供"关系，并在底层使用反射动态地完成组件识别、装配工作从而使得开发基于插件 架构的应用系统变得简单。

5）函数式编程语言 F#

F#是微软.NET 平台上一门新兴的函数式编程语言，通过 F#，开发人员可以轻松应对 多核多并发时代的并行计算和分布问题。

1.1.2 .NET Framework

.NET Framework 是.NET 平台的关键组件，提供了.NET 程序运行时支持和功能强大的 类库。从开发各种应用软件的程序员角度来看，.NET Framework 用易于理解与使用的面向 对象方式调用 Windows 操作系统所提供的各种系统功能。.NET Framework 在整个软件体系 结构中的地位如图 1.1 所示。.NET Framework 在应用程序和操作系统之间起到承上启下的 作用，向内包容着操作系统内核，向外给运行于其上的.NET 应用程序提供访问操作系统核 心功能的服务。在.NET Framework 下编程，程序员不再需要与各种复杂的 Windows API 函 数打交道，只需使用现成的.NET Framework 类库即可。

.NET Framework 的体系结构如图 1.2 所示，它主要由公共语言运行库（Common Lang- uage Runtime，CLR）和.NET Framework 类库所构成。CLR 是.NET Framework 的核心执行 环境，也称为.NET 运行库。CLR 是一个技术规范，无论程序使用什么语言编写，只要能编 译成微软中间语言（Microsoft Intermediate Language，MSIL），就可以在它的支持下运行。 这意味着在不久的将来，可以在 Windows 环境下运行传统的非 Windows 语言。而.NET

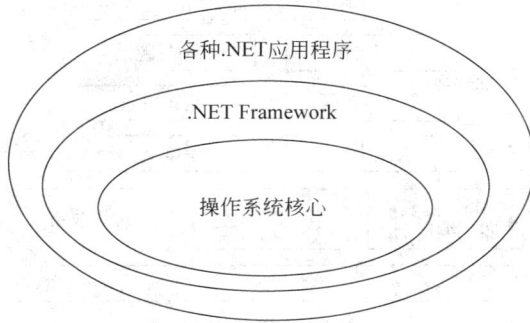

图 1.1 .NET 软件体系结构

Framework 类库是一个由 Microsoft .NET Framework SDK 中包含的类、接口和值类型组成的库，提供对系统功能的访问，是建立.NET Framework 应用程序、组件和控件的基础，该库可以完成以前要通过 Windows API 来完成的绝大多数任务。

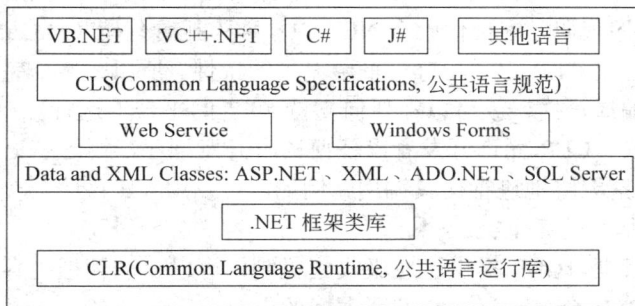

图 1.2 .NET Framework 的体系结构

1. 公共语言运行库

CLR 最早被称为下一代 Windows 服务运行时（NGWS Runtime），它是直接建立在操作系统上的一个虚拟环境，提供内存管理、线程管理和远程处理等核心服务，主要的任务是管理代码的运行。CLR 支持几十种现代的编程语言，在应用程序运行之前，CLR 使用 Just-In-Time 编译器把已经编译为 MSIL 的不同编程语言程序代码转换为本地可执行代码。

CLR 通过公共类型系统（Common Type System，CTS）和公共语言规范（Common Language Specification，CLS）定义标准数据类型和语言间的互操作性规则，实现跨语言开发和跨平台的战略目标。CTS 定义了如何在 CLR 中声明、使用和管理类型，使所有面向.NET Framework 的语言都可以生产最终基于这些类型的编译代码。任何以.NET 平台作为目标的语言必须建立其数据类型与 CTS 类型间的映射，以便通过共享 CLR 实现它们之间无缝的互操作。CLS 是 CLR 标识的一组语言特征的集合，所有.NET 语言都应该遵循此规则才能创建与其他语言可互操作的应用程序。

CLR 被认为是.NET 中编写的程序"管理器"，它能确保程序符合安全规则，并向程序提供资源，CLR 结构如图 1.3 所示。.NET Framework 所具有的许多特点都是由 CLR 提供的，如类型安全（Type Checker）、垃圾回收（Garbage Collector）、异常处理（Exception Manager）、向下兼容（COM Marshaler）等。

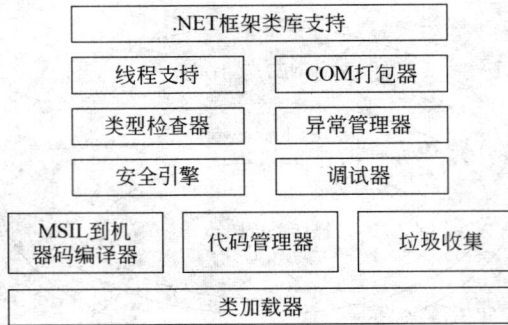

```
┌─────────────────────────────────────────┐
│              .NET框架类库支持              │
├──────────────────────┬────────────────────┤
│       线程支持        │      COM打包器      │
├──────────────────────┼────────────────────┤
│      类型检查器        │      异常管理器      │
├──────────────────────┼────────────────────┤
│       安全引擎        │       调试器        │
├───────────┬───────────┴──────┬─────────────┤
│ MSIL到机   │   代码管理器      │   垃圾收集    │
│ 器码编译器  │                  │             │
├───────────┴──────────────────┴─────────────┤
│                 类加载器                    │
└─────────────────────────────────────────┘
```

图 1.3　CLR 结构

具体地说，.NET 上的 CLR 为程序开发者提供如下的服务。

（1）平台无关。CLR 实际上是提供了一项使用了虚拟机技术的产品，它构架在操作系统之上，并不要求程序的运行平台是 Windows 系统，只要是能够支持它的运行库系统，都可以在上面运行.NET 应用。所有.NET 语言（包括常用的几十种现代的编码语言）都可以编写面向 CLR 的程序代码，这种代码在.NET 中被称为托管代码（Managed Code），所有的托管代码都直接运行在 CLR 上，具有与平台无关的特性。所以，一个完全由托管代码组成的应用程序，只要编译一次，就可以在任何支持.NET 的平台上运行。

（2）跨语言集成。CLR 允许开发者以任何语言开发程序，用这些语言开发的代码，可以在 CLR 环境下紧密无缝地进行交叉调用，例如，可以用 VB 声明一个基类对象，然后在 C#代码中直接创建基类的派生类。

（3）自动内存管理。CLR 提供了垃圾收集机制，可以自动管理内存。当对象或变量的生命周期结束后，CLR 会自动释放它们所占用的内存。

（4）版本控制。

（5）简单的组件互操作性。

（6）自描述组件。自描述组件是指将所有数据和代码都放在一个文件中的执行文件。自描述组件可以大大简化系统的开发和配置，并且改进系统的可靠性。

（7）.NET 安全。.NET 提供了一组安全方案，负责进行代码的访问安全性检查。允许程序员对保护资源和操作的访问。代码需要经过身份确认和出处鉴别后才能得到不同程度的信任。安全策略是一组可配置的规则，CLR 在决定允许代码执行的操作时遵循此规则。

2．.NET Framework 类库

Microsoft .NET Framework 类库是一个综合性的类型集合，用于应用程序开发的一些支持性的通用功能。在.NET Framework 的体系结构图中，Microsoft .NET Framework 类库位于 CLR 的上面，它包含从基本输入输出到数据访问等各方面的基类，提供了一个统一的面向对象的、层次化的、可扩展的编程接口。开发者可以基于.NET Framework 类库创建可重用组件，并能利用重用组件完成各种任务，例如读取和写入文件、操作数据库、执行绘图操作、通过 Internet 发送和接收数据等。从.NET Framework 的体系结构中也可以看到，.NET Framework 类库可以被各种语言调用和扩展，也就是说不管是 C#、VB.NET 还是 VC++.NET，都可以自由地调用。和 CLR 不同的是：通常情况下，CLR 对程序员而言是透明的；而类库是程序员必用的工具，熟练掌握类库是程序员的基本功。

.NET Framework 类库由命名空间组成，每个命名空间都包含可在程序中使用的类型：类，结构，枚举，委托和接口。.NET Framework 类库中定义的所有类型和用户创建的类型都被组织成层次结构，System.Object 类型（System 命名空间内）位于层次结构的最顶端，称为超类，它提供了.NET Framework 中所有类型的基本功能。

.NET Framework 类库中常用的命名空间如下。

Microsoft.CSharp：包含支持用 C#语言进行编译和代码生成的类。

Microsoft.JScript：包含支持用 JScript 语言进行编译和代码生成的类。

Microsoft.VisualBasic：包含支持用 Visual Basic .NET 语言进行编译和代码生成的类。

Microsoft.Win32：提供两种类型的类，即处理由操作系统引发的事件的类和对系统注册表进行操作的类。

System：包含用于定义常用值和引用数据类型、事件和事件处理程序、接口、属性和处理异常的基础类和基类。

System.Collections：包含定义各种对象集合（如列表、队列、位数组、哈希表和字典）的接口和类。

System.Collections.Specialized：包含专用的强类型集合，例如，链接表词典、位向量以及只包含字符串的集合。

System.ComponentModel：提供用于实现组件和控件的运行时和设计时行为的类。此命名空间包括用于属性和类型转换器的实现、数据源绑定和组件授权的基类和接口。

System.ComponentModel.Design：包含可由开发人员用来生成自定义设计时组件行为和在设计时配置组件的用户界面的类。

System.Configuration：提供可以以编程方式访问.NET Framework 配置设置和处理配置文件（.config 文件）中的错误的类和接口。

System.Data：基本上由构成 ADO.NET 结构的类组成。ADO.NET 结构可以生成可用于有效管理来自多个数据源的数据的组件。在断开连接的方案（如 Internet）中，ADO.NET 提供了一些可以在多层系统中请求、更新和协调数据的工具。ADO.NET 结构也可以在客户端应用程序（如 Windows 窗体）或 ASP.NET 创建的 HTML 页中实现。

System.Data.SqlClient：封装 SQL Server .NET Framework 数据提供程序。SQL Server .NET Framework 数据提供程序描述了用于在托管空间中访问 SQL Server 数据库的类集合。

System.Drawing：提供对 GDI+基本图形功能的访问。System.Drawing.Drawing2D、System.Drawing.Imaging 和 System.Drawing.Text 命名空间提供了更高级的功能。

System.Drawing.Design：提供了开发设计时用户界面扩展的基本框架，包含扩展设计时用户界面（UI）逻辑和绘制的类。可以进一步扩展此设计时功能来创建以下对象：自定义工具箱项，类型特定的值编辑器或类型转换器，其中类型特定的值编辑器用于编辑和以图形方式表示所支持的类型的值；类型转换器用于在特定的类型之间转换值。

System.IO：包含允许对数据流和文件进行同步和异步读写的类型。

System.Text：包含表示 ASCII、Unicode、UTF-7 和 UTF-8 字符编码的类；用于在字符块和字节块之间相互转换的抽象基类；以及不需要创建字符串的中间实例就可以操作和格式化字符串对象的帮助器类。

System.Web.Configuration：包含用于设置 ASP.NET 配置的类。

System.Web.UI：提供创建以 Web 页上的用户界面形式出现在 Web 应用程序中的控件和页的类和接口。此命名空间包括 Control 类，该类为所有控件（不论是 HTML 控件、Web 控件还是用户控件）提供一组通用功能。它还包括 Page 控件，每当对 Web 应用程序中的页发出请求时，都会自动生成此控件。另外还提供了一些类，这些类提供 Web 窗体服务器控件数据绑定功能、保存给定控件或页的视图状态的能力，以及对可编程控件和文本控件都适用的分析功能。

1.1.3　.NET 程序的编译和执行

与传统的 Windows 应用程序相比，.NET 应用程序有很多不同的地方，尤其是在编译与执行期间。传统的 Windows 应用程序会被编译器直接编译成与特定机器相关的本地应用程序，这类程序则只能在特定操作系统及硬件系统上运行，而.NET 应用程序在编译时只会被编译成 MSIL 中间代码，在运行期间即时编译成本地指令，从而可达到跨平台的效果，使平台与上层软件完全隔离。由公共语言运行库 CLR（而不是直接由操作系统）执行的托管代码的编译和执行过程如图 1.4 所示，具体步骤如下。

（1）选择编译器：为获得公共语言运行库 CLR 提供的优点，必须使用一个或多个针对 CLR 的语言编译器，如 Visual Basic、C#、Visual C++、JScript 或许多第三方编译器（如 Eiffel、Perl 或 COBOL 编译器）中的某一个。

不同的编程语言往往用不同的特定术语表达相同的程序构造，想要不同语言间有最佳的相容性，以便互相调用或继承，这些面向.NET 的语言编译器就需共同遵守规范 CLS。CLS 清晰地描述了支持.NET 的编译器必须支持的最小和完全特征集，以便生成可由 CLR 承载的代码，被基于.NET 平台的其他语言用统一的方式进行访问，让由不同编程语言编写的程序能无缝地融合到.NET 世界。

（2）将代码编译为 MSIL：将源代码翻译为 Microsoft 中间语言 MSIL 并生成所需的元数据。

MSIL 是一组可以有效地转换为本机代码且独立于 CPU 的指令，它不仅包括用于加载、存储和初始化对象以及对象调用方法的指令，还包括用于算术和逻辑运算、控制流、直接内存访问、异常处理和其他操作的指令。当编译器产生 MSIL 时，它也产生元数据。元数据描述代码中的类型，包括每种类型的定义、每种类型成员的签名、代码引用的成员和执行时使用的其他数据。MSIL 和元数据包含在一个可移植可执行（Portable Executable，PE）文件中，此文件基于并扩展过去用于可执行内容的已发布 Microsoft PE 和通用对象文件格式（COFF），使得操作系统能够识别公共语言运行库 CLR 映像。

（3）将 MSIL 翻译为本机代码：在执行时，实时编译器（JIT）将 MSIL 翻译为本机代码。

要使代码可运行，必须先将 MSIL 转换为特定于 CPU 的代码，这通常是通过实时编译器（JIT）来完成的。由于公共语言运行库 CLR 为它支持的每种计算机结构都提供了一种或多种 JIT 编译器，因此同一组 MSIL 可以在所支持的任何结构上编译和运行。JIT 编译考虑了在执行过程中某些代码可能永远不会被调用的可能性，它不是耗费时间和内存将 PE 文件中的所有 MSIL 都转换为本机代码，而是在执行期间根据需要转换 MSIL 并将生成的本机代码存储在内存中，以供该进程上下文中的后续调用访问。

在编译为本机代码的过程中，MSIL 代码必须通过验证过程，检查 MSIL 和元数据以确定代码是否是类型安全的。类型安全帮助将对象彼此隔离，因而可以保护它们免遭无意或恶意的破坏。

（4）运行代码：公共语言运行库 CLR 提供使执行能够发生以及可在执行期间使用的各种服务结构。在执行过程中，托管代码接收若干服务，这些服务涉及垃圾回收、安全性、与非托管代码的互操作性、跨语言调试支持、增强的部署以及版本控制支持等。

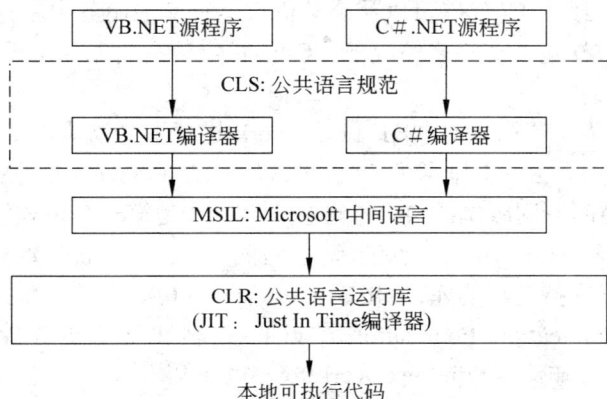

图 1.4 .NET 程序执行流程

1.1.4 C#与.NET Framework

.NET Framework 是.NET 平台的基本架构，是支持生成和运行下一代应用程序和 XML Web Services 的内部 Windows 组件，.NET Framework 旨在实现下列目标。

（1）提供一个一致的面向对象的编程环境，而无论对象代码是在本地存储和执行，还是在本地执行但在 Internet 上分布，或者是在远程执行的。

（2）提供一个将软件部署和版本控制冲突最小化的代码执行环境。

（3）提供一个可提高代码（包括由未知的或不完全受信任的第三方创建的代码）执行安全性的代码执行环境。

（4）提供一个可消除脚本环境或解释环境性能问题的代码执行环境。

（5）使开发人员的经验在面对类型大不相同的应用程序（如基于 Windows 的应用程序和基于 Web 的应用程序）时保持一致。

（6）按照工业标准生成所有通信，以确保基于.NET Framework 的代码可与任何其他代码集成。

C#是 Microsoft 专门为.NET Framework 创建的、用于开发运行在公共语言运行库 CLR 上的应用程序的语言之一。虽然 C#本身并不是.NET 的一部分，但是由于 C#语言是和.NET Framework 一起使用的，如果要使用 C#高效地开发应用程序，理解.NET Framework 非常重要。.NET Framework 为 C#提供了一个强大的、易用的、逻辑结构一致的程序设计环境。在.NET 运行库的支持下，.NET 框架的各种优点在 C#中表现得淋漓尽致。C#具有如下特点：

（1）语法简洁。

（2）面向对象设计。

（3）与 Web 紧密结合。

（4）完整的安全性和错误处理。

（5）兼容性。

（6）灵活性。

由于 C#是.NET 公共语言运行环境的内置语言，由 C#编写的所有代码总是在.NET Framework 中运行，因此，C#代码可以从公共语言运行库的服务中获益。C#的结构和方法论反映了.NET 基础方法论，在许多情况下，C#的特定语言功能取决于.NET 的功能，或依赖于.NET 基类。

截至本书写作时为止，微软对.NET Framework 进行了 7 次大的升级，但对 C#编译器只进行了 6 次大的升级，表 1.1 显示了 C#、CLR、.NET Framework、Visual Studio.NET 和 Windows 操作系统之间不同版本的兼容性历史。C# 1.0 是第一个正式发行的版本，微软团队从无到有创造了一种语言，专门为.NET 编程提供支持；C# 2.0 开始支持泛型，同时.NET Framework 2.0 新增了支持泛型的库；.NET Framework 3.0 新增了一套 API 来支持分布式通信（Windows Communication Foundation，WCF）、客户端表示（Windows Presentation Foundation，WPF）、工作流（Windows Workflow,WF）以及 Web 身份验证（Cardspaces）；C# 3.0 添加了对 LINQ 的支持，对用于集合编程的 API 进行了大幅改进，.NET Framework 3.5 对原有的 API 进行了扩展，从而支持了 LINQ；C# 4.0 添加了对动态类型的支持，对用于多线程编程的 API 进行了大幅改进，强调了多处理和多核心支持；.NET Framework 4.0 添加了对 PLINQ（Parallel LINQ）、并行任务、动态语言运行库 DLR 和后台垃圾回收机制的支持；C# 5.0 增加了绑定运算符、带参数的泛型构造函数和 null 类型运算等功能，.NET Framework 4.5 添加了对 Metro 风格应用程序的支持，并增加了异步文件操作、后台 JIT 编译和 Web 套接字等功能。

表 1.1　C#、CLR、.NET Framework 和 Visual Studio.NET 之间不同版本的兼容性

C#版本	1.0	1.2	2.0	3.0	3.0	4.0	5.0	5.0
CLR	1.0	1.1	2.0	2.0	2.0	4.0	4.0	4.0
.NET Framework	1.0	1.1	2.0	3.0	3.5	4.0	4.5	4.5
Visual Studio.NET	2002	2003	2005	2008	2008	2010	2012	2013
Windows 操作系统	XP	Server 2003	Server 2003	Vista/Server 2008	7/Server 2008 R2	7/Server 2008 R2	8/Server 2012	8/Server 2012

1.2　C#集成开发环境 VS2013

本书讲述的对象是 C#编程语言，而 C#编程语言的开发环境是 Microsoft Visual Studio 集成开发环境（Integrated Development Environment，IDE）。Visual Studio 是由微软自行研发的一个功能强大的可自定义编程系统，可以利用它所包含的各种工具快速有效地开发功能强大的 Windows 和 Web 程序。Visual Studio 常用的版本主要有 6.0、2003(7.0)、2005(8.0)、

2008(9.0)、2010(10.0)、2012(11.0)、2013(12.0)，而 Visual Studio 2003(7.0)以后的版本都提供对.NET 应用程序（基于 Visual C#、Visual Basic、Visual C++和 Visual J#等语言的应用程序）开发的支持。目前，C#常用的开发环境 Visual Studio 2013（简称 VS2013）可在官方网站 https://www.visualstudio.com/en-us/downloads/download-visual-studio-vs.aspx 免费下载。

1.2.1　启动 VS2013 开发环境

Visual Studio 2013 是一套完整的开发工具集，提供了用于创建不同类别应用程序的多种项目模板，这些模板包括 Microsoft Windows 窗体、控制台、ASP.NET 网站、ASP.NET Web 服务以及其他类型（如移动设备）的应用程序。此外，开发人员还可以根据需要选择不同的编程语言，包括 C#、Microsoft Visual Basic .NET 和托管的 C++等。

执行【开始】|【所有程序】| Microsoft Visual Studio 2013 | Microsoft Visual Studio 2013 命令，启动 Visual Studio 2013 开发环境。第一次启动 Visual Studio 2013 时，显示出来的是 Visual Studio 2013 的【选择默认环境设置】对话框，可以从中选择一种开发环境，例如，选择【Visual C# 开发设置】选项，如图 1.5 所示，单击【启动 Visual Studio】按钮，将弹出如图 1.6 所示的加载提示，用户设置加载完成后，即出现如图 1.7 所示的 Visual Studio 2013 集成开发环境起始页。

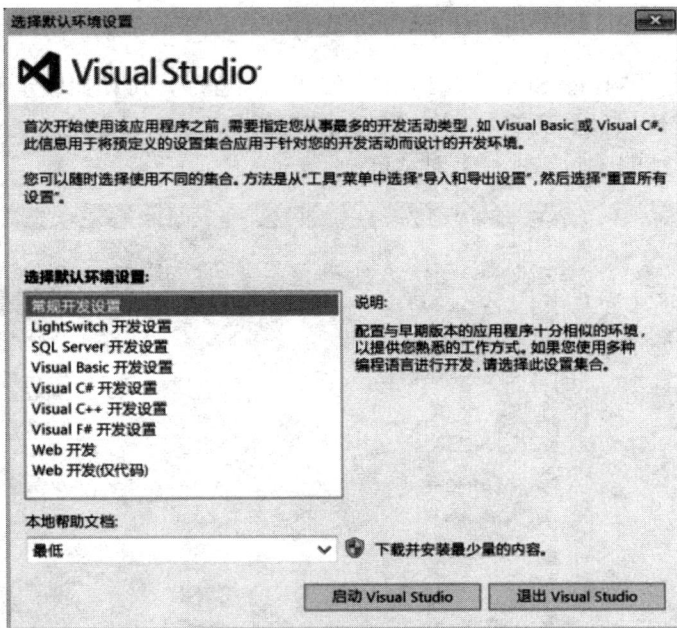

图 1.5　【选择默认环境设置】对话框

图 1.6　加载提示

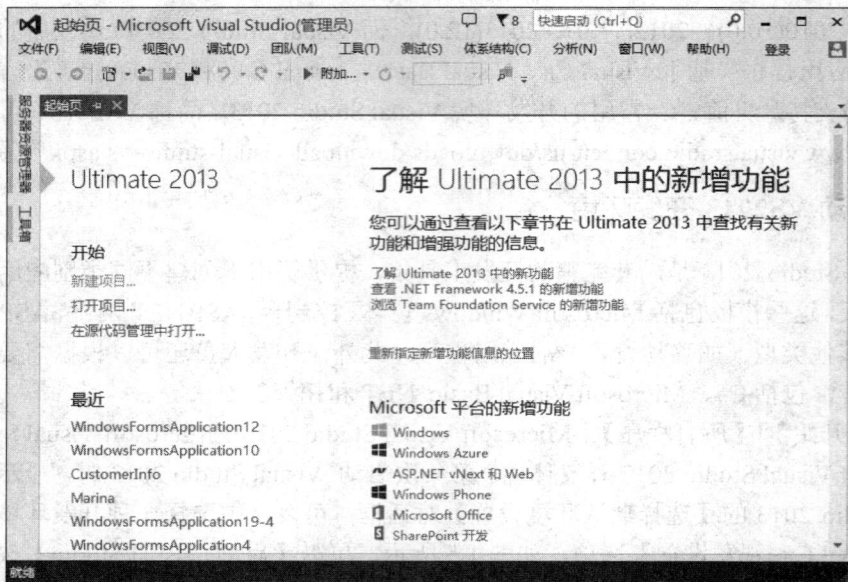

图 1.7 VS2013 起始页

1.2.2 新建项目

开发人员要使用 Visual Studio 2013 IDE 创建应用程序，可在如图 1.7 所示的窗口中执行【文件】|【新建项目】菜单命令，或者直接选择【新建项目】选项，Visual Studio 2013 将弹出如图 1.8 所示的【新建项目】对话框。

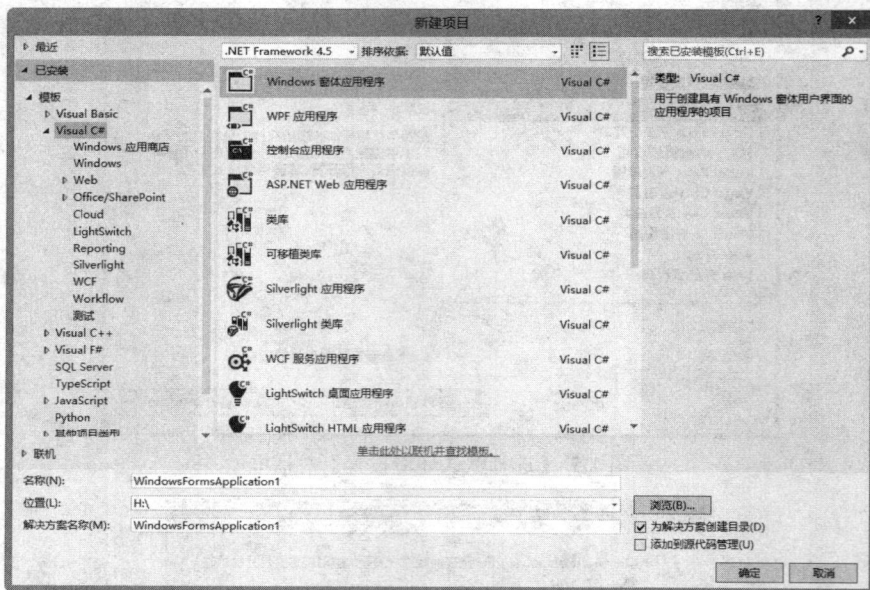

图 1.8 【新建项目】对话框

在【新建项目】对话框左边的【已安装模板】中选择 Visual C#选项，并从对话框中间显示出的 Visual C#应用程序类型中选择【Windows 窗体应用程序】（当然也可以选择其他类型），然后通过对话框下方的编辑区域对创建的项目进行命名、选择保存位置、设定解决方案目录等操作，最后单击【确定】按钮，弹出如图 1.9 所示的 Visual Studio 2013 默认开发主界面，就完成了项目的创建。

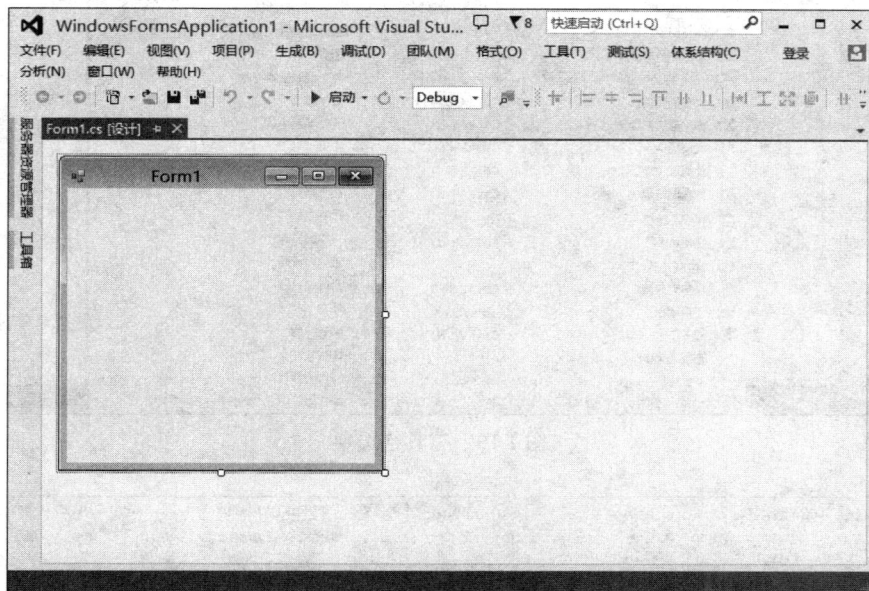

图 1.9　VS2013 主界面

1.2.3　VS2013 主窗口

Visual Studio 2013 集成开发环境将代码编辑器、编译器、调试器、图形界面设计器等工具和服务集成在一个环境中，能够有效提高软件开发的效率。在 Visual Studio 2013 集成开发环境中开发的每一个程序集对应一个项目（Project），而多个相关的项目又可以组成一个解决方案（Solution）。创建项目后打开的如图 1.9 所示的默认主窗口主要包括以下几个部分。

（1）菜单栏：位于标题栏的下方，其中包含用于开发、维护、编译、运行和调试程序以及配置开发环境的各项命令。Visual Studio 2013 菜单栏中所有可用的命令既可以通过鼠标单击执行，也可以通过按 Alt+相应字母快捷键执行。其中，【文件】、【编辑】和【视图】是三个比较常用的主菜单。

（2）工具栏：位于菜单栏的下方，提供了常用命令的快捷方式。为了操作更方便、快捷，Visual Studio 2013 常用的菜单命令按功能分组，被分别放入相应的工具栏中。根据当前窗体的不同类型，工具栏会动态改变。工具栏包括布局、标准、数据设计、格式设置、生成、调试、文本编辑器等选项，可通过【视图】|【工具栏】中的菜单命令打开或关闭工具栏选项，如图 1.10 所示。常用的工具栏有【标准】工具栏和【调试】工具栏。

（3）工具箱：工具箱以选项卡的形式来分组显示常用控件，包括公共控件、容器、数据等工具的集合，如图 1.11 所示。当需要某个控件时，可以通过双击所需控件直接将其添加到窗体上；也可以先单击选择需要的控件，再将其拖曳到设计窗体上。工具箱面板中的控件可以通过工具箱右键快捷菜单来实现控件的排序、删除、设置显示方式等。

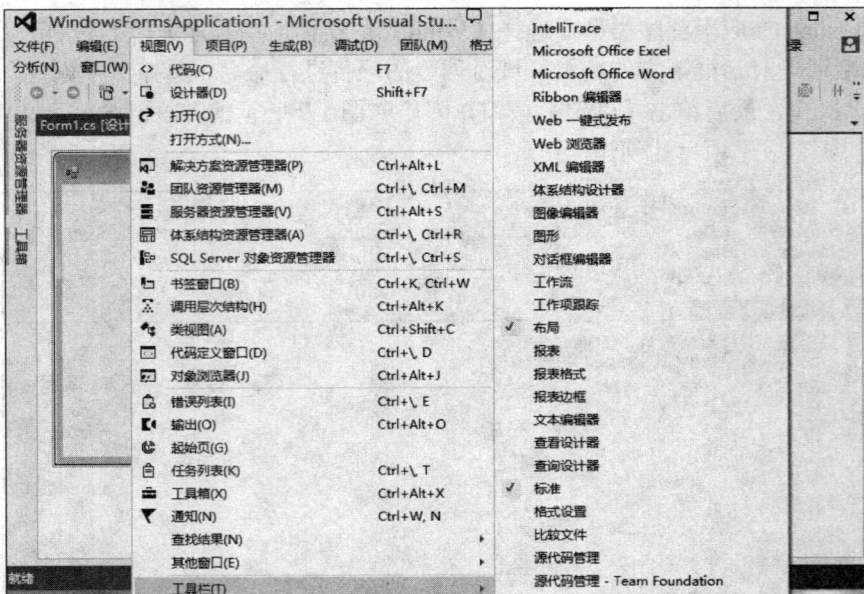

图 1.10　工具栏选项

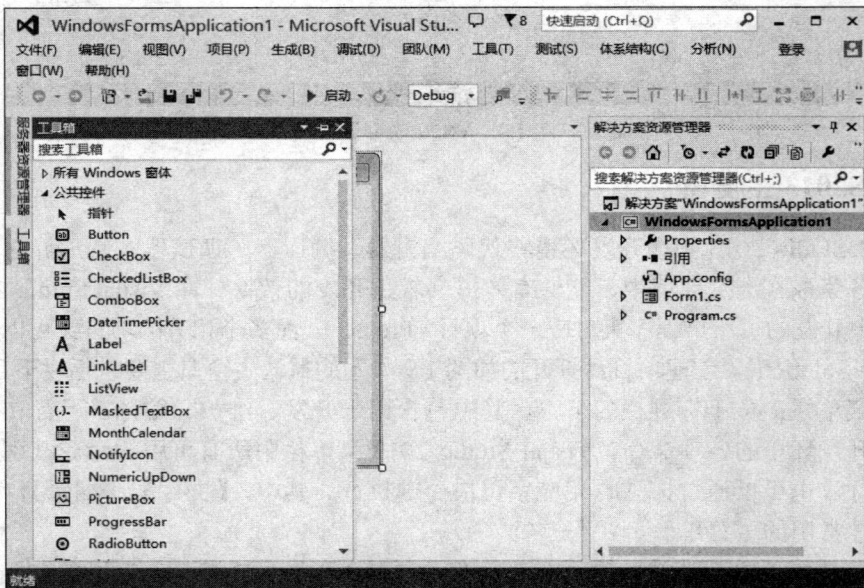

图 1.11　工具箱

（4）工作区：位于开发环境中央，用于具体项目的开发，如设计界面各控件的整体布局，事件代码的编写等。新建项目时，Visual Studio 2013 会自动添加一个窗体设计界面，如图 1.9 所示，可以根据需要把工具箱中的控件加入到窗体中设置用户界面，此时，Visual Studio 2013 会自动在源文件中添加必要的 C#代码，在项目中实例化这些控件（在.NET 中，所有的控件实际上都是特定基类的实例）。在窗体中的任意位置右键单击，在弹出菜单中执行【查看代码】命令即可切换到如图 1.12 所示的窗体代码编辑窗口。

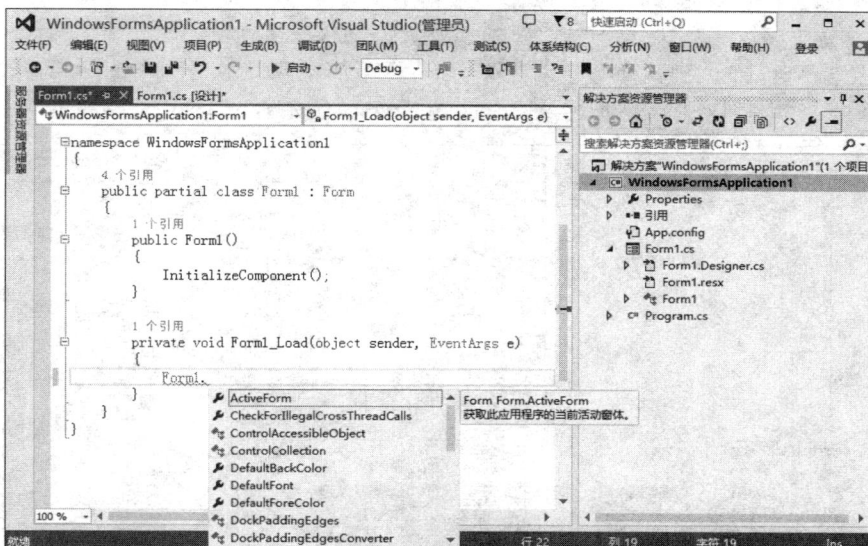

图 1.12　工作区中的代码编辑窗口

在代码编辑窗口中，程序员可以编写 C#代码。代码编辑窗口的功能相当复杂，例如，在输入语句时，它可以自动布局代码，方法是缩进代码行、匹配代码块的左右花括号等。同时，在输入语句时，它还能执行一些语法检查，给可能产生编译错误的代码加上下划线，这也称为设计期间的调试。另外，代码编辑窗口还提供了 IntelliSense（智能感知）功能。在开始输入时，IntelliSense 会自动显示类名、字段名或方法名。在开始输入方法的参数时，IntelliSense 也会显示可用的重载方法的参数列表。图 1.12 显示了 IntelliSense 功能，此时操作的是一个.NET 基类 Form1。当 IntelliSense 列表框因某种原因不可见时，可以按快捷键 Ctrl+Space 打开。

（5）解决方案资源管理器：位于开发环境的右侧，通过树状视图对当前解决方案进行管理，解决方案是树的根节点，解决方案中的每一个项目都是根节点的子节点，项目节点下则列出了该项目中使用的各种文件、引用和资源，如图 1.12 所示。

（6）状态栏：位于开发环境的底部，用于对光标位置、编辑方式等当前状态给出提示。

（7）错误列表：位于工作区的下方，用于输出当前操作的错误信息，如图 1.13 所示。如果主窗口中没有显示错误列表，可通过【视图】|【错误列表】命令打开错误列表。

（8）服务器资源管理器：位于开发环境的左侧，用于快速访问本地或网络上的各项服务器资源。如果主窗口中没有显示服务器资源管理器，可通过【视图】|【服务器资源管理器】命令打开服务器资源管理器。

（9）【属性】窗口：位于解决方案资源管理器的下方，用于查看或编辑当前所选元素的具体信息。窗体应用程序开发中的各个控件属性都可以通过【属性】窗口来设置；此外，【属性】窗口还提供了针对控件的事件的管理功能，方便编程时对事件的处理。如果主窗口中没有显示【属性】窗口，可通过【视图】|【属性窗口】命令打开【属性】窗口。

其他常用的窗口还有管理程序中的类及其关系的类视图、显示当前操作输出结果的输出窗口等。以上给出的是 Visual Studio 2013 各窗口的默认位置，用户可以根据需要来移动、调整、打开、关闭，或是通过【视图】菜单来控制它们的显示。大部分窗口还可以通过选

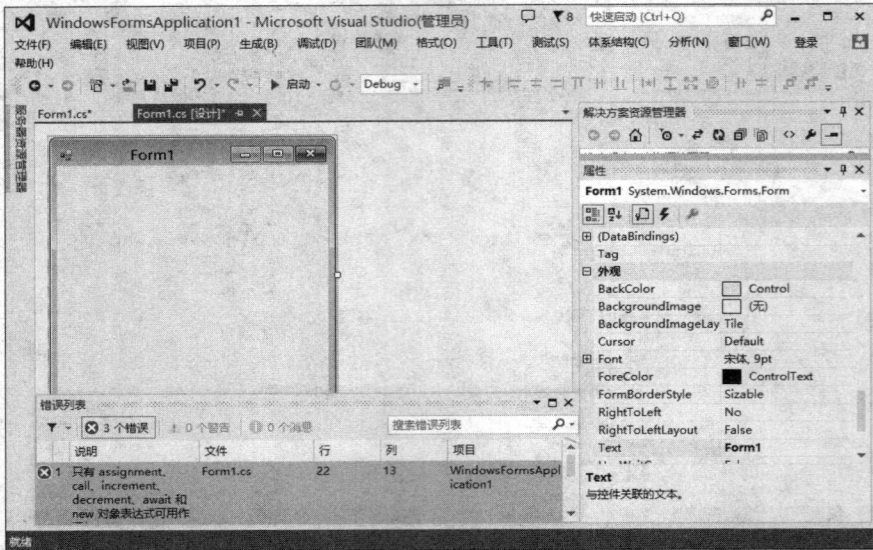

图 1.13　错误列表和【属性】窗口

项卡的方式切换，如代码编辑区可一次打开多个源文件，以便能最大程度地利用有限的屏幕空间。

1.2.4　帮助系统

Visual Studio 2013 中提供了一个广泛的帮助工具，与原来版本的 MSDN Library 不同，改称为 Help Library 管理器。Help Library 管理器是开发人员最好的帮手，它包含对 C#语言各方面知识的讲解，用户可以在其中查看任何 C#语句、类、属性、方法、编程概念及一些编程的例子。在 Visual Studio 2013 菜单栏中执行【帮助】|【查看帮助】命令，也可以进入如图 1.14 所示的 Help Library 联机帮助主界面。

图 1.14　Help Library 联机帮助主界面

Help Library 管理器实际上就是.NET 语言的超大型词典，用户可以在该词典中查找.NET 语言的结构、声明以及使用方法。Help Library 管理器还是一个智能的查询软件，它为使用者提供了一种强大的搜索功能。在如图 1.14 所示的 Help Library 联机帮助主界面中单击工具栏中的【搜索】按钮，并在文本框中输入搜索的内容提要，按 Enter 键后，搜索的结果将以概要的方式呈现在主界面中，开发人员可以根据自己的需要选择不同的文档进行阅读，如图 1.15 所示。

图 1.15　联机帮助的搜索功能

注意：如果要使用 Help Library 管理器的本地帮助功能，需要安装 Help Library 文档。Visual Studio 2013 安装光盘中其实已配上 Help Library 文档，只需在 Visual Studio 2013 中执行【帮助】|【设置帮助首选项】|【在帮助查看器中启动】命令，弹出如图 1.16 所示的 Help Library 下载提示。在图 1.16 所示的对话框中单击【是】按钮，弹出如图 1.17 所示的【帮助查看器主页】选项卡窗口，选择【管理内容】选项卡，弹出如图 1.18 所示的 Help Library 管理窗口，可以选择【联机】或【磁盘】选项并单击【更新】按钮安装本地帮助。

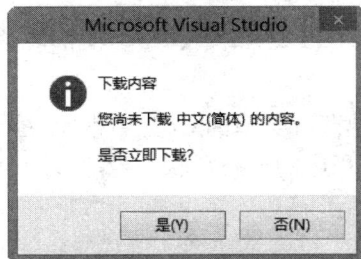

图 1.16　Help Library 下载提示

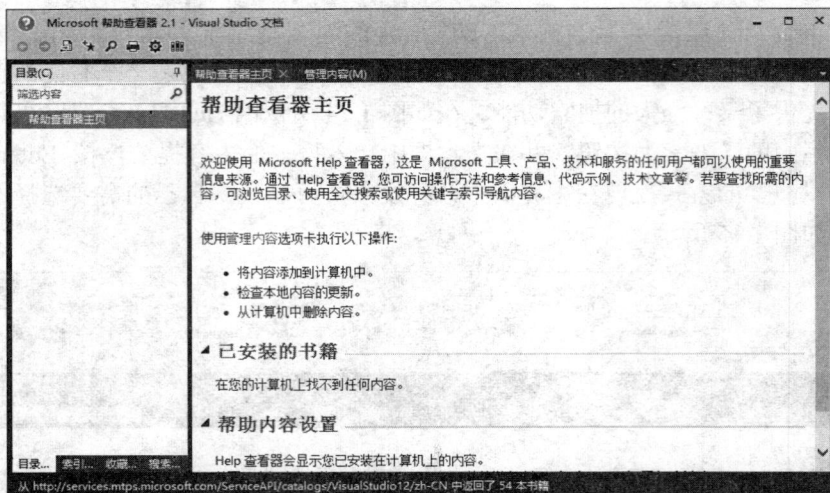

图 1.17　帮助查看器主页

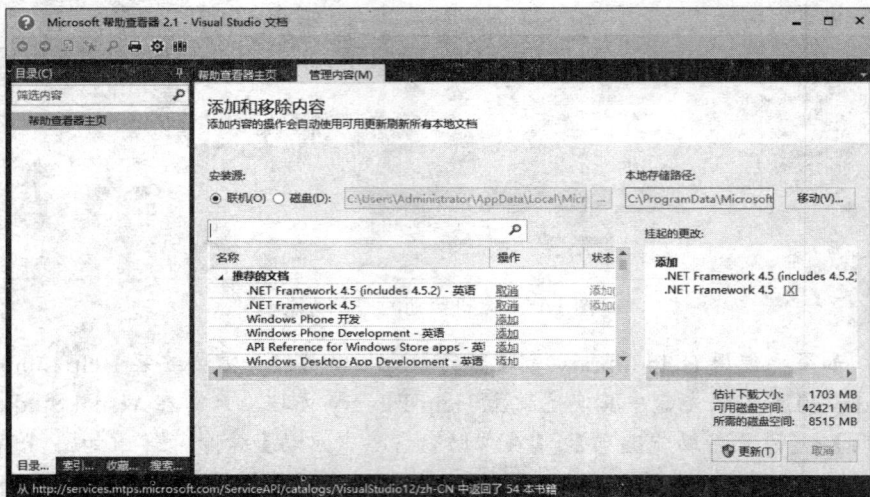

图 1.18　Help Library 管理窗口

1.3　创建简单的 C#应用程序

Visual Studio 2013 可以创建两种类型的 C#应用程序：控制台应用程序与 Windows 窗体应用程序。创建 C#控制台应用程序的一般步骤为：

① 新建项目；

② 编写代码；

③ 运行调试程序；

④ 保存程序。

创建 Windows 窗体应用程序的一般步骤为：

① 新建项目；
② 添加控件和设置控件属性；
③ 编写代码；
④ 运行调试程序；
⑤ 保存程序。

本节介绍使用 Visual Studio 2013 创建控制台应用程序与 Windows 窗体应用程序的方法和步骤。

1.3.1　创建简单的 C# 控制台应用程序

学习了前面的内容以后，就可以开始编写属于自己的第一个 C#控制台应用程序了。本节将介绍一个最简单的 C#控制台应用程序的开发过程，并给出一些开发过程中应该注意的事项。

【例 1-1】　编写 C#控制台应用程序输出字符串"Hello, Visual Studio 2013！"。

Step 1　启动 Visual Studio 2013 开发环境，在如图 1.7 所示的窗口中执行【文件】|【新建项目】菜单命令，或者直接选择【新建项目】选项，Visual Studio 2013 将弹出如图 1.19 所示的【新建项目】对话框。

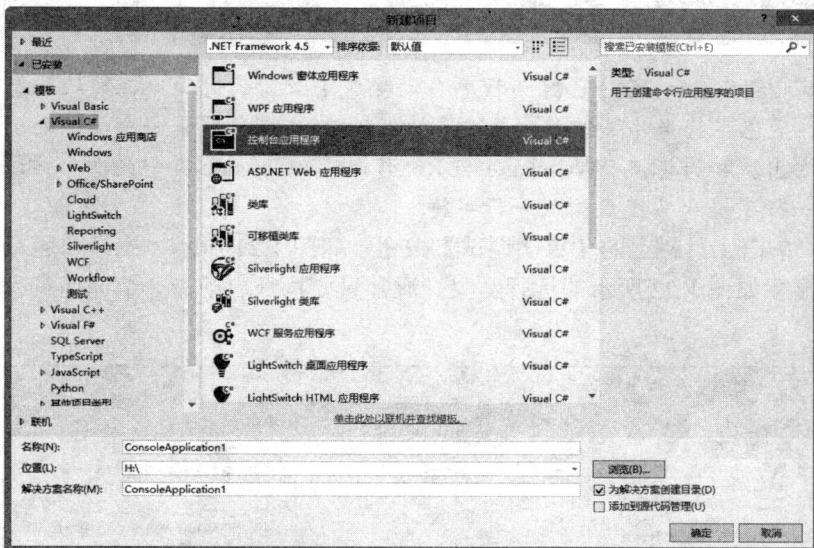

图 1.19　【新建项目】对话框

Step 2　在【新建项目】对话框左边的【已安装模板】中选择 Visual C#选项，并从对话框中间显示出的 Visual C#应用程序类型中选择【控制台应用程序】，并指定项目名称和存放位置，然后单击【确定】按钮，将进入如图 1.20 所示的控制台程序主窗口。

注意：默认项目名称由"控制台"与"应用程序"两个英文单词加序号（ConsoleApplication1）组成。该名称既是项目名称，又是解决方案文件夹名称。必要时用户可以为应用程序重新命名或指定项目存放的位置及所属的解决方案。

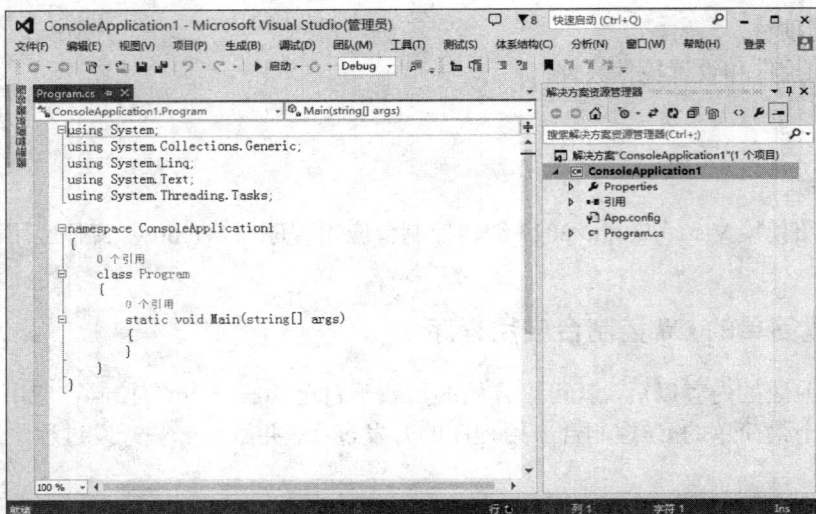

图 1.20　控制台程序主窗口

Step 3　在如图 1.20 所示主窗口中的代码编辑窗口中的 Main 函数中输入如下代码：

```
Console.WriteLine("Hello, Visual Studio 2013! ");
Console.ReadLine();
```

注意：Visual Studio 2013 已经为程序自动生成了必需的代码，在默认状态下，绿色字符串为注释，蓝色字符串为关键字。上述添加代码中，Console 是一个类，表示控制台程序标准的输入输出流和错误流，WriteLine 与 ReadLine 是 Console 类中的两个方法，分别用于向屏幕输出一行字符和从键盘输入一行字符。

Step 4　单击工具栏上的【启动调试】按钮，如图 1.21 所示，编译和运行程序，并在控制台窗口显示如图 1.22 所示的运行结果。通常只要执行启动命令编译运行程序，程序即予以保存。

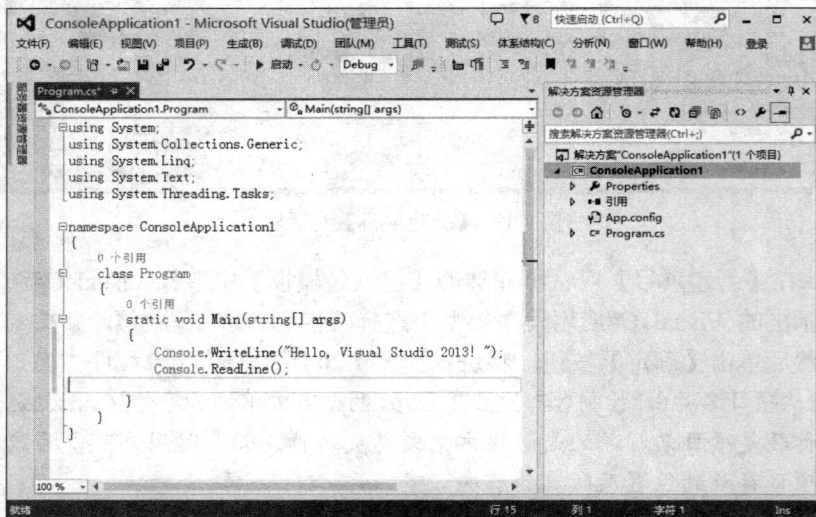

图 1.21　单击【启动调试】按钮

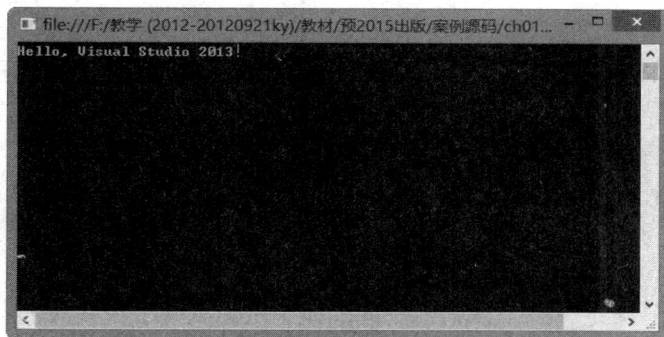

图 1.22 控制台程序运行结果

至此一个简单的 C#控制台应用程序就开发成功了。

1.3.2 C# 控制台应用程序的基本结构

在创建项目时，Visual Studio 2013 会自动创建一个与项目同名的文件夹。如上述例子中，ConsoleApplication1 解决方案目录下包含解决方案文件 ConsoleApplication1.sln 和 ConsoleApplication1 项目文件夹，如图 1.23 所示。打开 ConsoleApplication1 项目文件夹，显示如图 1.24 所示的文件夹结构，其中包括项目文件 ConsoleApplication1.csproj、应用程序文件 Program.cs 及 bin（存放可执行文件）、obj（存放项目的目标代码）和 Properties（存放项目属性）文件夹。bin 和 obj 文件夹下都有一个 Debug 子目录，其中包含可执行文件 ConsoleApplication1.exe，Properties 文件夹包含程序集属性设置文件 AssemblyInfo.cs。单击解决方案资源管理器工具栏中的【显示所有文件】按钮，也可查看 ConsoleApplication1 项目的结构。

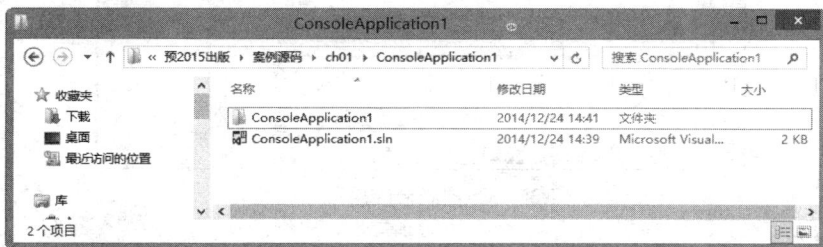

图 1.23 ConsoleApplication1 解决方案

图 1.24 ConsoleApplication1 项目

创建控制台应用程序时，Microsoft Visual Studio 2013 集成开发环境会自动创建一个默认类文件，名称为 Program.cs。分析 Program.cs，可以看出 C#控制台应用程序文件主要由以下 5 部分组成：导入其他系统预定义元素部分，命名空间，类，主方法及主方法中的 C#代码，如图 1.25 所示。

（1）导入其他系统预定义元素部分：高级程序设计语言总是依赖许多系统预定义元素，为了在 C#程序中能够使用这些预定义元素，需要对这些元素进行导入。

（2）命名空间：C#使用关键字 namespace 和命名空间标识符构建用户命名空间，空间的范围用一对花括号限定。C#引入命名空间的概念是为了便于类型的组织和管理，一组类型可以属于一个命名空间，而一个命名空间也可以嵌套在另一个命名空间中，从而形成一个逻辑层次结构。命名空间的组织方式和目录式的文件系统组织方式类似。

命名空间使用 using 关键字导入，上述例子中 Program.cs 文件的第 1 行通过关键字 using 引用了一个.NET 类库中的命名空间 System，之后程序就可以自由地使用该命名空间下定义的各种类型了；第 6 行则通过关键字 namespace 定义了一个新的与项目同名的命名空间 ConsoleApplication1，在其后的一对大括号 ｛｝中定义的所有类型都属于该命名空间。

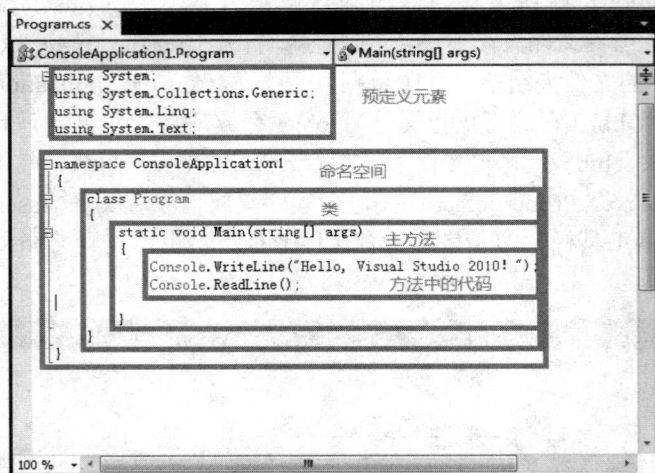

图 1.25　C#控制台应用程序结构

命名空间的使用还有利于避免命名冲突。不同开发人员可能会使用同一个名称来定义不同的类型，在程序相互调用时可能会产生混淆，而将这些类型放在不同的命名空间中就可以解决此问题。

（3）类：C#要求程序中的每一个元素都要属于一个类，类的声明格式为 Class+类名（默认类名为 Program），程序的功能主要就是依靠类来完成的。类必须包含在某个命名空间中，类的范围使用一对花括号限定。

在 C#应用中，类是最为基本的一种数据类型，类的属性称为"字段"，类的操作称为"方法"。上述例子中就定义了一个名为 program 的类，并为其定义了一个方法 Main，在其中执行文本输出的功能。

（4）主方法：每个应用程序都有一个执行的入口，指明程序执行的开始点。C#应用程序中的入口点用主方法标识，主方法的名字为 Main。一个 C#应用程序必须有、而且只能有一个主方法，如果一个应用程序仅由一个方法构成，这个方法的名字就只能为 Main。

我们知道，程序的功能是通过执行方法代码来实现的，每个方法都是从其第 1 行代码开始执行，直到执行完最后一行代码结束，期间可以通过代码来调用其他方法，从而完成各种各样的操作。也就是说，应用程序的执行必须要有一个起点和一个终点。C#程序的起点和终点都是由 Main 主方法定义的，程序总是从 Main 主方法的第一行代码开始执行，在 Main 主方法结束时停止程序的运行。

（5）方法中的 C#代码：在方法体（方法的左右花括号之间）中书写实现方法逻辑功能的代码。

上述例子中，主方法中的代码 "Console.WriteLine("Hello, Visual Studio 2013！");" 调用了 System 命名空间下 Console 类提供的方法 WriteLine，目的是向控制台输出文本"Hello, Visual Studio 2013！"。

控制台应用程序在运行的时候会产生一个类似 DOS 窗口的控制台窗口，System 命名空间下的 Console 类提供向控制台窗口输入和输出信息的方法。如果要直接调用 Console 类中的方法，需要在代码文件的开头加上 "using System;" 语句引入 System 命名空间，如图 1.25 所示；如果代码文件中没有使用 "using System;" 语句引入 System 命名空间，则需指出 Console 类的全称 System.Console，上述例子中的代码"Console.WriteLine("Hello, Visual Studio 2013!");" 需改写为 "System.Console.WriteLine("Hello, Visual Studio 2013!");"。

1.3.3　创建简单的 Windows 窗体应用程序

Windows 窗体应用程序是在 Windows 操作系统中以图形界面运行的程序，可以理解为在 Windows 操作系统中打开的窗口。本节将介绍一个简单的 Windows 窗体应用程序的开发过程，并给出一些开发过程中应该注意的事项。

【例 1-2】　编写 Windows 窗体应用程序输出字符串 "Hello, Visual Studio 2013!"。

Step 1　启动 Visual Studio 2013 开发环境，在如图 1.7 所示的窗口中执行【文件】|【新建项目】菜单命令，或者直接选择【新建项目】选项，Visual Studio 2013 将弹出如图 1.8 所示的【新建项目】对话框。

Step 2　在【新建项目】对话框左边的【已安装模板】中选择 Visual C#选项，并从对话框中间显示出的 Visual C#应用程序类型中选择【Windows 窗体应用程序】，然后单击【确定】按钮，进入如图 1.9 所示的 Visual Studio 2013 主窗口。

注意：Windows 窗体应用程序项目创建后，Visual Studio 2013将自动打开窗体设计界面，并自动生成一个Windows窗体，供用户进行程序界面的设计。这个窗体是一个标准的Windows应用程序窗口，包含最基本的窗口组成元素，如标题栏、控制菜单、【最大化】按钮和【关闭】按钮，窗体文件名默认为窗体名称，扩展名为cs，解决方案中的第一个窗体的文件名默认为Form1.cs。

Step 3　在窗体设计界面中添加一个 Label 控件和一个 Button 控件，如图 1.26 所示。
注意：可以通过【属性】窗口修改窗体、按钮控件和标签控件的显示属性。

Step 4　在窗体设计界面中双击按钮控件，打开代码编辑窗口，Visual Studio 2013 自动添加按钮控件的默认 Click（单击）事件处理方法，并把光标定位在一对大括号之间，如图 1.27 所示，直接在其中输入代码：

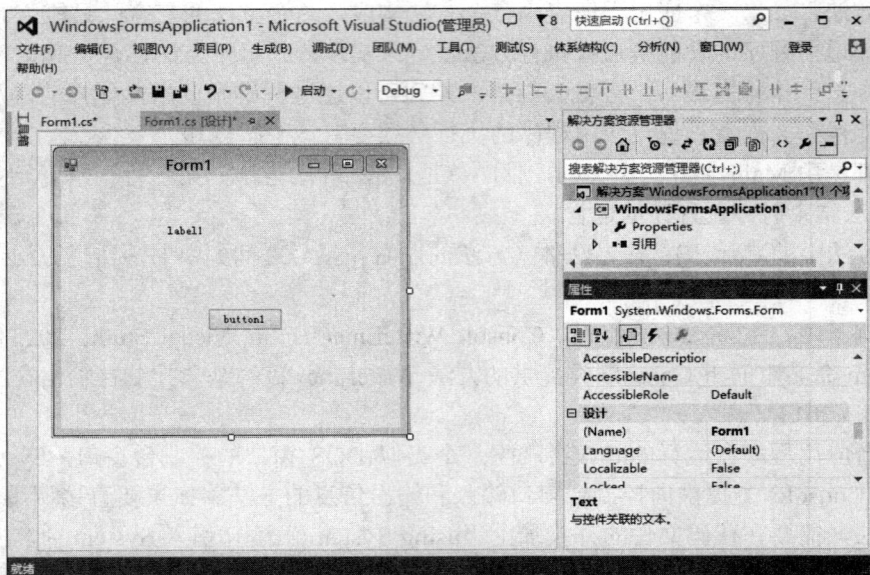

图 1.26　为窗体添加控件

```
label1.Text ="Hello, Visual Studio 2013! ";
```

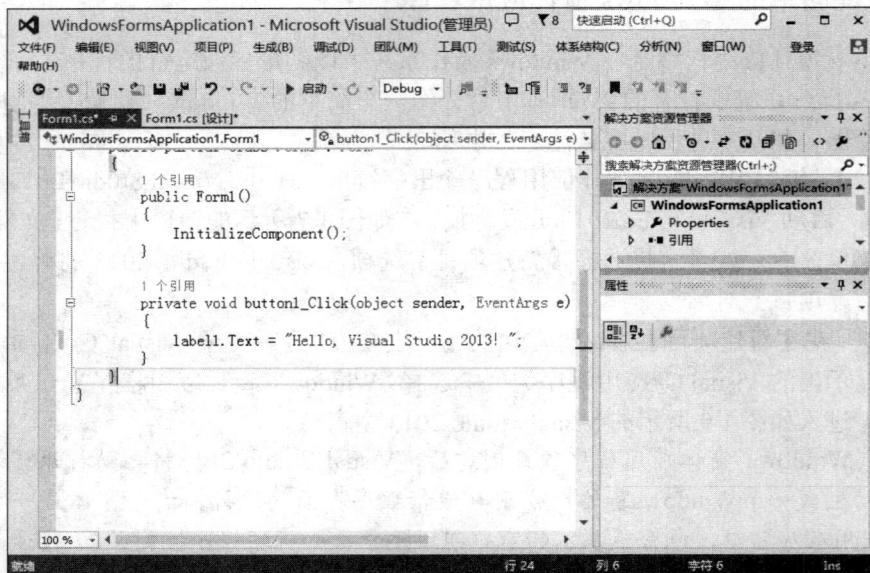

图 1.27　代码编辑

　　注意：和控制台应用程序一样，当创建 Windows 应用程序以及为窗体添加控件并进行设置时，Visual Studio 2013 为了快速开发程序和保证程序能够正常运行，会自动生成运行程序所必需的代码。

　　Step 5　在如图 1.27 所示的窗口工具栏上单击【启动调试】按钮，将编译和运行程序，在运行窗口中单击按钮控件，标签控件将显示字符串"Hello, Visual Studio 2013!"，效果如

图 1.28 所示，此时程序也已经被自动保存。

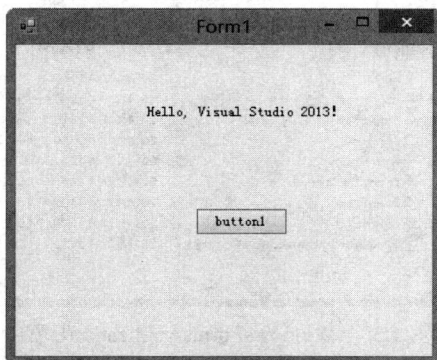

图 1.28　窗体应用程序运行结果

在整个程序设计过程中，只编写了一行代码，但程序已经可以完成特定的功能了。

1.3.4　Windows 窗体应用程序的基本结构

与控制台应用程序类似，上述例子中，WindowsFormsApplication1 解决方案目录下包含解决方案文件 WindowsFormsApplication1.sln 和一个与项目同名的文件夹 WindowsFormsApplication1，如图 1.29 所示。打开 WindowsFormsApplication1 文件夹，显示如图 1.30 所示的项目文件结构。与控制台应用程序不同，WindowsFormsApplication1 文件夹中除了包括项目文件 WindowsFormsApplication1.csproj、应用程序文件 Program.cs 及 bin、obj 和 Properties 文件夹外，还包括窗体响应代码文件 Form1.cs、窗体设计代码文件 Form1.Designer.cs 和窗体资源编辑器生成的资源文件 Form1.resx。另外，与控制台应用程序不同，Windows 窗体应用程序的 Properties 文件夹除包含程序集属性设置文件 AssemblyInfo.cs 外，还包含 XML 项目设置文件 Settings.settings、资源文件 Resources.resx 和资源设计代码文件 Resources.Designer.cs。

图 1.29　WindowsFormsApplication1 解决方案

创建 Windows 窗体应用程序时，Microsoft Visual Studio 2013 集成开发环境除自动创建一个默认类文件 Program.cs 外，还从基类 System.Windows.Forms.Form 派生出一个窗体类 Form1。Program 类包含 Main 入口主方法，如图 1.31 所示。与控制台应用程序不同，Main 方法中的语句 "Application.Run(new Form1());" 用来创建窗体 Form1 对象，并以其为程序界面（主框架窗口）来运行本窗体应用程序，是最重要的一条语句。

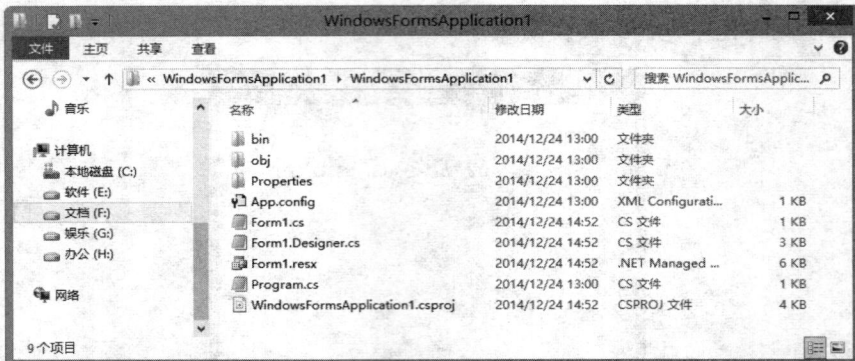

图 1.30　WindowsFormsApplication1 项目

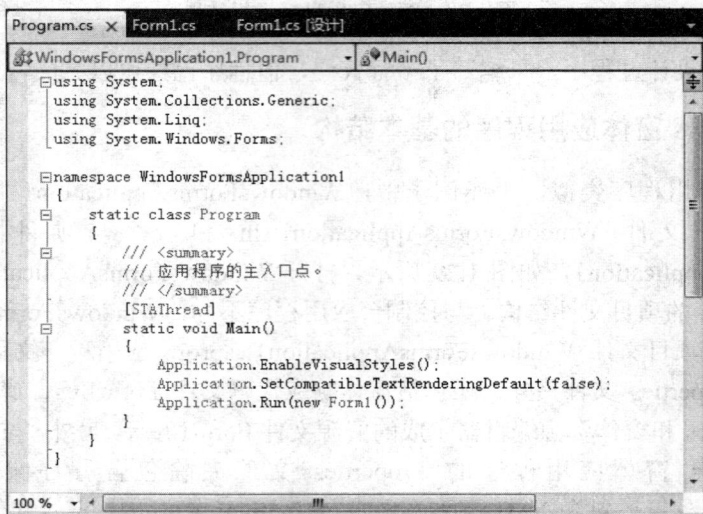

图 1.31　窗体应用程序运行结果

　　窗体类 Form1 被定义在两个同名的部分类中，这两个部分类分别位于 Form1.cs 和 Form1.Designer.cs 两个代码文件中。其中，窗体响应代码文件 Form1.cs 包含窗体部分类 Form1 的一部分定义，用于程序员编写事件处理代码，也是今后工作的主要对象。窗体设计代码文件 Form1.Designer.cs 包含窗体部分类 Form1 的另一部分定义，用于存放系统自动生成的窗体设计代码。在解决方案资源管理器窗口中选择 Form1.cs 项后，单击鼠标右键，在弹出的浮动菜单中选择【查看代码】菜单项，将可以代码方式打开该文件，选择【视图设计器】菜单项，将可以视图方式打开该文件。

　　窗体响应代码文件 Form1.cs 的结构如图 1.32 所示。分析文件 Form1.cs 和 Program.cs，可以看出 Form1.cs 与 Program.cs 都包含系统预定义元素、命名空间和类三部分。与 Program.cs 不同的是，Form1.cs 不包含主方法，而是包含窗体初始化方法和窗体控件的事件响应处理方法，如图 1.32 所示。

　　在.NET 窗体应用程序开发中涉及大量对象的事件响应及处理，比如在 Windows 窗口上单击按钮或是移动鼠标等都将有事件发生。在 C#编程中，事件响应方法都是以如下的形式声明：

```
private void button1_Click(object sender, System.EventArgs e)
```

一个事件响应方法包括存取权限、返回值类型、方法名称及参数列表几部分。一般情况下，事件的响应方法中都有两个参数，其中一个代表引发事件的对象即 sender，由于引发事件的对象不可预知，因此把其声明成为 object 类型，所有的对象都适用。第二个参数代表引发事件的具体信息，根据类中事件成员的说明决定。

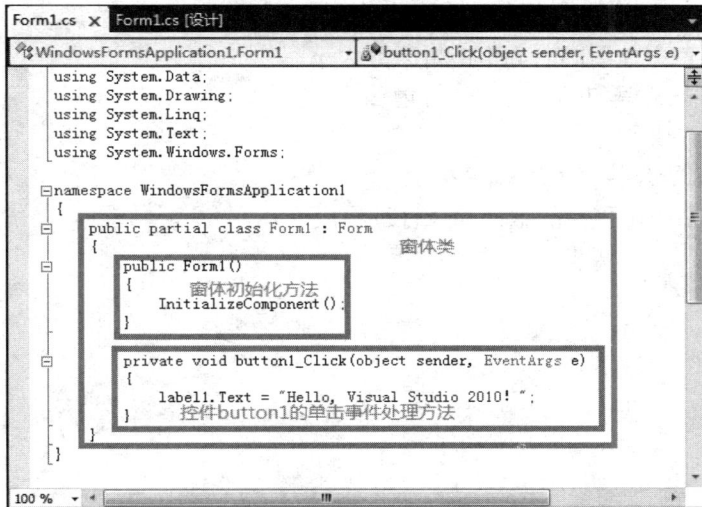

图 1.32　窗体应用程序运行结果

小　　结

本章首先回顾.NET 平台的发展历程；接着介绍.NET Framework 的组成、.NET 程序的编译和运行及 C#与.NET Framework 的关系；在此基础上，重点介绍 C#语言的集成开发环境 Visual Studio 2013；最后通过两个简单的例子向读者介绍了两种类型的 C#应用程序的编写过程及注意事项，并简单分析了两种类型的 C#应用程序的基本结构。

习　　题

一、选择题

1. C#是一种面向（　　）的语言。

　　A. 机器　　　　　　B. 过程　　　　　　C. 对象　　　　　　D. 事物

2.（　　）是独立于 CPU 的指令集，它可以被高效地转换为特定于某种 CPU 的代码。

　　A. CLR　　　　　　B. CLS　　　　　　C. MSIL　　　　　　D. XML Web Service

3. 在 C#中，引用命名空间 System 的正确语句是（　　）。

　　A. using System;　　　　　　　　　B. #import <System>;

C. uses Syetem;　　　　　　　　D. #include

4．在 Visual Studio.NET 窗口中，在（　　）窗口中可以查看当前项目的类和类型的层次信息。

A. 解决方案资源管理器　　　　B. 类视图

C. 资源视图　　　　　　　　　D. 属性

5．关于 C#语言的基本语法，下列哪些说法是正确的？（　　）

A. C#语言使用 using 关键字来引用.NET 预定义的名字空间

B. 用 C#编写的程序中，Main 函数是唯一允许的全局函数

C. C#语言中使用的名称不严格区分大小写

D. C#中一条语句必须写在一行内

二、简答题

1．简述什么是公共语言运行库 CLR。

2．简述.NET 应用程序的编译和执行过程。

第2章　C#程序设计基础

C#的语法设计有很多地方与C/C++相似。本章介绍C#程序设计基础知识，内容包括数据类型及其转换、常量和变量、运算符和表达式、方法及重载、语句结构、控制台的输入和输出等。通过本章的学习，读者将学会使用C#编程所需要的基本工具，如运算符和表达式的使用、流程控制语句的使用等，并能够编写简单的C#程序。

2.1　C#数据类型

为了让计算机了解需要处理的是什么样的数据，采用哪种方式进行处理，按什么格式来保存数据等，每一种高级语言都提供了一组数据类型。根据在内存中存储位置的不同，C#中的数据类型可分为以下两类。

值类型：该类型的数据长度固定，存放于堆栈（Stack）上。值类型变量直接保存变量的值，一旦离开其定义的作用域，就会立即从内存中被删除。每个值类型的变量都有自己的数据，因此对一个该类型变量的操作不会影响到其他变量。

引用类型：该类型的数据长度可变，存放于堆（Heap）上。引用类型变量保存的是数据的引用地址，并一直被保留在内存中，直到.NET垃圾回收器将它们销毁。不同引用类型的变量可能引用同一个对象，因此对一个引用类型变量的操作会影响到引用同一对象的另一个引用类型变量。

作为完全面向对象的语言，C#中的数据类型是统一的，任何类型都是直接或间接地从Object类型派生来的，任何类型的值都可以被当作对象。另外，C#是强类型的安全语言，编译器要对所有变量的数据类型做严格的检查，保证存储在变量中的每个数值与变量类型一致。

2.1.1　值类型

C#的值类型是从System.ValueType类继承而来的类型，包括简单类型、枚举类型、结构类型和可空类型，如表2.1所示。

表2.1　C#的值类型

类　别		说　明
简单类型	有符号整型	包括sbyte、short、int和long
	无符号整型	包括byte、ushort、uint和ulong
	Unicode字符型	char
	实数型	包括float、double和decimal
	布尔型	bool
枚举类型		enum E {…}形式的用户定义类型

续表

类　别	说　明
结构类型	struct S {…}形式的用户定义类型
可空类型	具有 null 值的值类型扩展，如 int? 表示可为 null 的 int 类型

1．简单类型

简单类型是 C#预置的数据类型，具有如下特性：首先，它们都是.NET 系统类型的别名；其次，由简单类型组成的常量表达式仅在编译时而不是运行时受检测；最后，简单类型可以直接被初始化。C#简单类型又包括 13 种不同的数据类型，它们的存储空间大小、取值范围、表示精度和用途都有所区别，如表 2.2 所示。

1）整数类型

数学上的整数可以从负无穷到正无穷，但是计算机的存储单元是有限的，所以计算机语言提供的整数类型的值总是在一定范围之内的。C#有 8 种数据类型：短字节型（sbyte）、字节型（byte）、短整型（short）、无符号短整型（ushort）、整型（int）、无符号整型（unit）、长整型（long）、无符号长整型（ulong）。各种类型的数值范围及所占内存空间可以参照表 2.2。

在 C#程序中，如果书写的一个十进制的数值常数不带有小数，就默认该常数的类型是整型。向整型类型变量赋值时，必须注意变量的有效表示范围。如果企图使用无符号整数类型变量保存负数，或者数值的大小超过了变量的有效表示范围，就会发生错误。

表 2.2　C# 简单类型

类型	长度	范　围	预定义结构类型
sbyte	8 位	−128 ～127	System.SByte
byte	8 位	0～255	System.Byte
char	16 位	U+0000～U+ffff（Unicode 字符集中的字符）	System. Char
short	16 位	−32 768～32 767	System.Int16
Ushort	16 位	0～65 535	System.UInt16
int	32 位	−2 147 483 648～2 147 483 647	System.Int32
uint	32 位	0～4 294 967 295	System.UInt32
Long	64 位	−9 223 372 036 854 775 808～9 223 372 036 854 775 807	System.Int64
ulong	64 位	0～18 446 744 073 709 551 615	System.UInt64
Float	32 位	$1.5\times10e\text{-}45$～$3.4\times10e38$	System.Single
double	64 位	$5.0\times10e\text{-}324$～$1.7\times10e308$	System.Double
decimal	128 位	NA	System.Decimal
Bool	NA	Ture 与 False	System.Boolean

例如，通过 Visual Studio 2013 创建控制台应用程序，并编辑程序代码如下：

```
class Program
{
    static void Main(string[] args)
```

```
    {
        short a, b, c;
        a = 3280;
        b = 10;
        c = a * b;
        Console.WriteLine(c);
        Console.Read();
    }
}
```

程序调试运行时出现错误，如图 2.1 所示，原因是表达式 a * b 的值超出 short 数据类型的有效表达范围，代码编辑窗口中以波浪下划线标出错误发生位置。

图 2.1 【错误列表】窗口中显示的错误信息

2）字符类型

除了数字外，计算机处理的信息还包括字符。字符主要包括数字字符、英文字符、表达符号等。C#提供的字符类型按照国际上公认的标准，采用 Unicode 字符集。字符型数据占用两个字节的内存，可以用来存储 Unicode 字符集当中的一个字符（注意，只是一个字符，不是一个字符串）。

字符型变量可以用单引号引起来的字符常量直接赋值，例如：

```
char char1='c';
```

除此之外，还可以用十六进制的转义符前缀 "\x" 或 Unicode 表示法前缀 "\u" 给字符型变量赋值，例如：

```
char char2='\x0046';    //字母 A 的十六进制表示
char char3='\u0046';    //字母 A 的 Unicode 表示
```

有些特殊字符无法直接用引号引起来给字符变量赋值，需要使用转义字符表示，常用的转义字符如表 2.3 所示。

3）实数类型

C#有三种实数类型：float（单精度型）、double（双精度型）、decimal（十进制小数型）。其中，double 的取值范围最广，decimal 的取值范围比 double 类型的范围小很多，但它的精度最高。用 decimal 类型进行数值计算时，可以避免单精度或双精度数值计算的舍入误差，但同时也比单精度或双精度数值计算耗费更多的时间和内存空间。

4）布尔类型

布尔类型是用来表示"真"和"假"两个概念的，在 C#里用 true 和 false 来表示。值得注意的是，在 C 和 C++中，用 0 来表示"假"，用其他任何非 0 值来表示"真"。但是在 C#中，整数类型与布尔类型之间不再有任何转换，将整数类型转换成布尔型是不合法的。

因此，不能将 true 值与整型非 0 值进行转换，也不能将 false 值与整型 0 值进行转换。例如，语句 "bool Isloop=1;" 在 C#中被认为是错误的表达式，不能通过编译。

表 2.3　C#常用转义字符

转义序列	字　　符	Unicode 编码（十六进制）
\'	单引号	\u0027
\"	双引号	\u0022
\\	反斜扛	\u005C
\0	空字符 null	\u0000
\a	响铃	\u0007
\b	退格（Backspace）	\u0008
\f	换页（从当前位置移到下一页开头）	\u000C
\n	换行（从当前位置移到下一列开头）	\u000A
\r	回车（从当前位置移到下一行开头）	\u000D
\t	水平制表（跳到下一个 Tab 位置）	\u0009
\v	垂直制表	\u000B
\x	1～4 位十六进制数表示的字符	
\u	4 位十六进制数表示的字符	

2. 枚举类型

枚举（Enum）实际上是为一组在逻辑上密不可分的整数值提供便于记忆的符号。例如，定义一个代表颜色的枚举类型的变量：

```
enum Color
{
        Red,Green,Blue
};
```

在定义的枚举类型中，每个枚举成员都有一个相对应的常量值，默认情况下 C#规定第一个枚举成员的值为 0，后面每一个枚举成员的值加 1 递增。当然，程序设计人员可以根据需要对枚举成员自行赋值。例如，默认枚举类型 Color 中成员 Red 的值为 0，Green 的值为 1，Blue 的值为 2。也可以直接对枚举成员赋值，但是为枚举类型的成员所赋的值类型限于 long、int、short 和 byte 等整数类型。例如：

```
enum Color
{
        Red=10,Green=20,Blue=30
};
```

声明枚举类型变量与声明简单数据类型变量类似,采用枚举类型名称+枚举类型变量名称的方式声明,如 "Color c1;" 定义了一个枚举类型的变量 c1。在 C#语言中，枚举不能作为一个整体被引用，只能使用 "枚举类型名.枚举成员名" 的方式访问枚举中的个别成员。枚举成员本质上是一个枚举类型常量，因而不允许向其赋值，只能被读取，而且只有通过强制类型转换才能将其转换为基本类型的数据。下面的示例可以形象地展示枚举类型的用法：

```
static void Main(string[] args)
{
    Color c1;
    c1=Color.Red;
    Console.WriteLine("The selected color is "+c1);
    Console.Read();
}
```

示例程序运行的结果是：

```
The selected color is Red
```

3. 结构类型

利用简单数据类型，可以进行一些常用的数据运算、文字处理。但是日常生活中，经常要碰到一些更复杂的数据类型，比如学生学籍记录中可以包含学生姓名、年龄、籍贯和家庭住址等信息。如果按照简单类型来管理，每一条记录都要放到三个不同的变量当中，工作量大且不够直观。

C#程序里定义了一种数据类型，它将一系列相关的变量组织为一个实体，该类型称为结构（Struct），每个变量称为结构的成员。定义结构类型的方式如下所示：

```
struct Student
{
    string name;      //结构里，默认为私有（private）成员
    public int age;
    string address;
}
```

C#结构中，除了包含变量外，还可以有构造函数、常数、方法等。如上面的结构 Student 可以进一步扩展为如下形式：

```
struct Student
{
    string name;                //结构里，默认为私有（private）变量
    public int age;
    string address;
    public Student(int a)     //与结构同名的构造函数
    {
        age = a;
        address = "";
        name = "";
    }
    public string AccessName()      //访问私有变量的成员方法
    {
        return name;
```

```
        }
    }
```

C#语言中有两种方式声明结构类型的变量：可以与声明 int、double 等简单类型变量一样，采用结构名称+结构变量名称的方式声明，如"Student s1"；也可以利用 new 关键字来声明结构变量，如"Student s1= new Student();"。下面的示例可以形象地展示结构类型的用法。

```
static void Main(string[] args)
{
    Student s1=new Student(19);
    Console.WriteLine("The age of student s1 is "+s1.age);
    Console.Read();
}
```

示例程序运行的结果是：

```
The age of student s1 is 19
```

在形式上，枚举与结构类型非常相似，所不同的是枚举中每个元素之间的分隔符为逗号","，而结构类型一般是用分号来分隔各个成员。另外，结构是不同的类型数据组成的一个新的数据类型，结构类型的变量值由各个成员的值组合而成，而枚举类型用于声明一组具有相同性质的常量，枚举类型的变量在某一时刻只能取枚举中的某一个元素的值。例如，s1 是结构类型 Student 的变量，s1 中各变量的值可以根据其声明类型随意赋值；而 c1 是枚举类型 Color 的变量，c1 在某个时刻只能代表具体的某种颜色，其值只能是 Red, Green 或 Blue 中的一个。

4．可空类型

可空（Nullable）类型也是值类型,只是它是包含 null 的值类型。简而言之，可空类型可以表示所有基础类型的值加上 null。因此，如果声明一个可空的布尔类型变量（System.Boolean），就可以从集合 {true,false,null} 中进行赋值。可空类型在和关系数据库打交道时很有用，因为在数据库表中遇到未定义的列是很常见的事情。可空类型是在.NET 2.0 中引入的，有了可空数据类型的概念，在C#中就可以用很方便的方式来表示没有值的数值数据点。

为了定义一个可空变量类型，在底层数据类型中添加问号（？）作为后缀。在 C#中，？后缀记法实际上是创建一个泛型 System.Nullable<T> 结构类型实例的简写。System.Nullable<T>类型提供了一组所有可空类型都可以使用的成员。？ 后缀只是使用 System.Nullable<T>的一种简化表示。与非可空变量一样，局部可空变量必须赋一个初始值。例如，下面的代码声明了一些局部可空类型变量。

```
//定义一些局部可空类型变量
int? nullableInt = 1;
double? nullableDouble = 5.64;
bool? nullableBool = null;
char? nullableChar = 'a';
```

也可以用如下方式实现这些变量的声明。

```
//定义一些局部可空类型变量
Nullable<int> nullableInt  = 1;
Nullable<double> nullableDouble = 5.64;
Nullable<bool> nullableBool = null;
Nullable<char> nullableChar = 'a';
```

注意，这种语法只对值类型是合法的。如果试图创建一个可空引用类型（包括字符串），就会遇到编译时错误。例如，下面的代码将会遇到编译时错误，因为字符串是引用类型。

```
String? S = 'oops';
```

2.1.2　引用类型

引用类型和值类型不同，引用类型不存储它们所代表的实际数据，而是存储对实际数据的引用。引用类型的变量通常被称为对象，对象的实例使用 new 关键字创建，存储在堆中（堆是由系统弹性配置的内存空间，没有特定大小与存活时间，可以被弹性地运用于对象的访问）。C#中提供的引用类型包括:类、接口、数组和委托。其中，类类型又包括 Object 类型、string 类型和用户自定义类型三种，如表 2.4 所示。

表 2.4　C#引用类型

类　　别		说　　明
类类型	Object	其他所有类型的基类
	string	Unicode 字符串
	自定义类型	Class C {…}形式的用户定义类型
接口类型		Interface I {…}形式的用户定义类型
数组类型		一维和多维数组
委托类型		Delegate int D {…}形式的用户定义类型

1．类类型

类是面向对象编程的基本单位，是对一组同类对象的抽象描述。类是一种包含数据成员、函数成员和嵌套类型的数据结构。类的数据成员包括常量、域和事件，函数成员包括方法、属性、索引指示器、运算器、构造函数和析构函数，第 3 章将对类进行详细介绍。

类和结构同样都包含自己的成员，但它们之间最主要的区别在于：类是引用类型，而结构是值类型。另外，类支持继承机制而结构不支持，通过继承，派生类可以扩展基类的数据成员和函数方法，进而达到代码重用和设计重用的目的。因此，类一般用于定义复杂实体，结构主要用于定义小型数据结构。

1）Object 类型

在 C#的统一类型系统中，所有类型（预定义类型、用户定义类型、引用类型和值类型）都是直接或间接从类 System.Object 继承的。对 Object 类型的变量声明，采用 object 关键字，这个关键字是在.NET 框架结构中提供的预定义命名空间 System 中定义的，是类 System.Object 的别名。由于 object 类型是所有其他类型的基类，可以将任何类型的值赋给

object 类型的变量。例如：

```
int x = 1;
object obj1;
obj1 = x;                 //赋予对象类型变量为整型的数值
object obj2 = "B";        //赋予对象类型变量为字符值
```

2）string 类型

C#还定义了一个基本的类 string，专门用于对字符串的操作。类 string 也是在.NET 框架结构的命名空间 System 中定义的，是类 System.String 的别名。.NET 对 string 类型变量提供了独特的管理方式，与别的引用类型不同，不需要使用 new 关键字就能声明 string 类型的变量，因此，string 类型被看成是一个"独特"的引用类型。

C#支持两种形式的字符串：正则字符串和原义字符串。正则字符串由在双引号中的零个或多个字符组成。如果正则字符串中包含特殊字符，需要使用转义字符表示，如"D:\\student"表示 D 盘下的 student 目录，其中\\是转义字符。原义字符串由@字符开头，后面是在双引号中的零个或多个字符，原义字符串中的特殊字符不需要使用转义字符表示，如"@D:\student"同样表示 D 盘下的 student 目录。

String 类型在程序中应用得非常广泛，第 3 章中将详细介绍。

3）用户自定义类型

C#程序员除了使用.NET Framework 类库中系统自定义类以外，还可以使用 class 关键字自定义类类型。如上文中定义的结构类型 Student 也可以用类类型定义（把 struct 关键字替换为 class 关键字），代码如下。

```
class Student
{
    string name;                //类里，默认为私有（private）变量
    public int age;
    string address;
    public Student(int a)       //与类同名的构造函数
    {
        age = a;
        address = "";
        name = "";
    }
    public string AccessName()  //访问私有变量的成员方法
    {
        return name;
    }
}
```

用户自定义类型将在第 3 章中详细介绍。

2．接口类型

C#不支持类的多重继承（指一个子类可以有一个以上的直接父类，该子类可以继承它所有直接父类的成员），但是客观世界出现多重继承的情况又比较多。为了避免传统的多重

继承给程序带来的复杂性等问题，C#提出了接口的概念。通过接口可以实现多重继承的功能。

C#中的接口在语法上和抽象类（第 3 章中将介绍）相似，它定义了若干个抽象方法、属性、索引、事件，形成一个抽象成员的集合，每个成员通常反映事物某方面的功能。程序中接口的用处主要体现在下面几个方面。

（1）通过接口可以实现不相关类的相同行为，而不需要考虑这些类之间的层次关系。

（2）通过接口可以指明多个类需要实现的方法。

（3）通过接口可以了解对象的交互界面，而不需要了解对象所对应的类。

例如，Airplane、Bird、Superman 类都具有"飞"这个相同的行为，这时就可以将有关飞的方法 takeoff()、fly()、land()等集合到一个名为 Flyable 的接口中，而 Airplane、Bird、Superman 类都实现这个接口，也就是说实现了"飞"的功能。Airplane、Bird、Superman 类之间并没有继承关系，也不一定处于同样的层次上。

定义接口使用 interface 关键字，在接口中可以有 0 至多个成员。一个接口的成员必须是抽象的方法、属性、事件或索引，这些抽象成员都没有实现体，并且所有接口成员隐含的都是公共访问性。一个接口不能包含常数、域、操作符、构造函数、静态构造函数或嵌套类型，也不能包括任何类型的静态成员。接口本身可以带修饰符，如 public、internal，但是接口成员声明中不能使用除 new 外的任何修饰符。按照编码惯例，接口的名字都以大写字母 I 开始。例如，下面的代码定义了一个接口：

```
public interface IStudentList
{
    void Add(Student s);
    int Count = 0;
}
```

该接口中包含一个方法和一个属性。事实上，接口定义的仅仅是某一组特定功能的对外接口和规范，接口中的方法都是抽象方法，这个功能的真正实现是在"继承"这个接口的各个类中完成的，要由这些类来具体定义接口中各方法的方法体。因而在 C#中，通常把对接口功能的"继承"称为"实现（implements）"。总之，接口把方法的定义和对它的实现区分开来，一个类可以实现多个接口来达到类似于"多重继承"的目的。接口的继承关系用冒号"："表示，如果有多个基接口，则用逗号分开。在下面的例子中，类 Bird 从两个基接口 Flyable 和 Eatable 继承：

```
class Bird : Flyable, Eatable
{
    void MethodA();
    void MethodB();
}
```

接口类型将在第 4 章中详细介绍。

3. 数组类型

数组（Array）是一种常用的引用数据类型，是由抽象类 System.Array 派生而来的。从字面意义上理解数组的概念，可以解释为"一组数"，但正确的理解应该为"一组元素"，即数组是由一组相同数据类型的元素构成的。在内存中，数组占用一块连续的内存，元素按顺序连续存放在一起，数组中每一个单独的元素并没有自己的名字，但是可以通过其下标（索引）来进行访问或修改。不同的下标表示数组中不同的元素，配合数组的名称便可以访问数组中的所有元素。C#中，数组的下标是从 0 开始的，数组的长度定义为数组中包含元素的个数。

数组的"秩"也称数组的维数，用来确定和每个数组元素关联的索引个数，数组最多可以有 32 个维数。"秩"为 1 的数组称为一维数组。"秩"大于 1 的数组称为多维数组。维度大小确定的多维数组通常称为两维数组、三维数组等。数组的每个维度都有一个关联的长度，它是一个大于或等于零的整数。维度的长度确定了该维度的索引的有效范围：对于长度为 N 的维度，索引的范围可以为 0～N-1（包括 0 和 N-1）。数组中的元素总数是数组中各维度长度的乘积。如果数组的一个或多个维度的长度为零，则称该数组为空。

1）一维数组的声明

数组声明时，主要声明数组的名称和所包含的元素类型，一般格式如下：

数组类型[] 数组名；

其中，数组类型可以是 C#中任意有效的数据类型，包括数组类型；数组名可以是 C#中任意有效的标识符。下面是数组声明的几个例子。

```
int[] Inum;
string[] Sname;
Student[] Sclass1;//Student 是已定义类类型
```

注意：数据类型[]是数组类型，变量名放在[]后面，这与 C 和 C++是不同的。

2）一维数组的创建

声明数组时并没有真正创建数组，可以在声明数组的同时使用 new 操作符来创建数组对象。创建数组时需要指定数组长度，便于系统为数组对象分配内存。例如：

```
int[] Inum= new int[10];
```

也可以先声明数组再创建数组，上面的代码等价于：

```
int[] Inum;
Inum =new int[10];
```

3）一维数组的初始化

数组的初始化就是给数组元素赋值。数组的初始化方法有以下几种。

（1）在声明数组时进行数组的初始化

声明数组时进行数组的初始化形式为：**数据类型[] 数组名 = new 数据类型[元素个数]{初始值列表}**。根据习惯，可以简化为：**数据类型[] 数组名 = new 数据类型[]{初始值列表}**或**数据类型[] 数组名 = {初始值列表}**。以下是声明数组变量 Inum 时的几种初始化形式。

```
int[] Inum = new int[2] { 1, 2 };
int[] Inum = new int[] { 1, 2 };
int[] Inum = { 1, 2 };
```

（2）在声明数组后进行数组的初始化

声明数组后进行数组的初始化形式为：**数组名　=　new　数据类型[元素个数]{初始值列表}**。根据习惯，可以简化为**数组名　=new　数据类型[]{初始值列表}**。以下是声明数组变量 Inum 后的两种初始化形式。

```
int[] Inum; //先声明数组
Inum = new int[2] { 1, 2 };
Inum = new int[] { 1, 2 };
```

注意：在声明数组后进行数组的初始化时，new 操作符不能省略。

（3）在创建数组后进行数组的初始化

使用 new 关键字创建的数组，如果没有初始化，则其元素都会使用 C# 的默认值，例如，int 类型的默认值为 0、bool 类型为 false 等。如果想自行初始化数组元素，则创建数组后进行数组的初始化形式为：**数组名[索引] = 初始值**。以下是创建数组变量 Inum 后的初始化形式。

```
int[] Inum = new int[2]; //先创建数组
Inum[0] = 1;  Inum[1]= 2;
```

已经建立的数组可以利用索引来存取数组元素，上面的代码即是通过逐个访问数组元素并为其赋值实现创建后数组的初始化。

4）多维数组

多维数组指维数大于 1 的数组，常用的是二维数组和三维数组。程序中常用二维数组来存储二维表中的数据，C#语言支持两种类型的二维数组，一种是二维矩形数组，另一种是二维交错数组。

二维矩形数组类似于矩形网格，数组中的第一行都有相同的元素个数。例如，下面的语句声明一个 3 行 2 列的二维矩形数组。

```
int[,] Inum = new int[3,2]{{1,2},{3,4},{5,6} };
```

和一维数组一样，使用索引访问二维矩形数组的元素，如 Inum[2,1]的值为 3。

交错二维数组相当于每个元素又都是数组的一维数组，元素数组的维数和长度可以不同。例如，下面的语句声明一个包含三个一维数组元素的二维交错数组。

```
int[][] Inum = new int[3][]
{
    new int [] {2,4,6},
    new int [] {1,3,5},
    new int [] {8,9}
};
```

5）常见的数组操作

C#中的数组是从类 System.Array 派生出来的，因此，可以使用类 System.Array 中的方法对数组进行不同的操作。

（1）数组排序

数组的排序是一个经典的问题，但 C#为开发人员提供了一个便捷的数组排序方法，即 Array.Sort()方法。开发人员在进行数组排序时直接调用此方法即可，无须自己编写排序方法的代码。下面通过一个实例介绍 Array.Sort()方法的使用。

【例 2-1】 使用 Array.Sort()方法进行数据排序。

Step 1 在 Visual Studio 2013 中新建【控制台应用程序】项目 ConsoleApplication1。

Step 2 修改 Program.cs 文件中 Main 方法的内容如下。

```
int[] a = new int[4] { 6,4,2,1};
Console.WriteLine("排序前的数组: ");
Console.Write(a[0].ToString() + "   " + a[1].ToString() + "   " +
a[2].ToString() + " " + a[3].ToString());
Array.Sort(a);
Console.WriteLine();
Console.WriteLine("排序后的数组: ");
Console.Write(a[0].ToString() + "   " + a[1].ToString() + "   " +
a[2].ToString() + " " + a[3].ToString());
Console.Read();
```

按 Ctrl+F5 键运行程序，结果如图 2.2 所示。

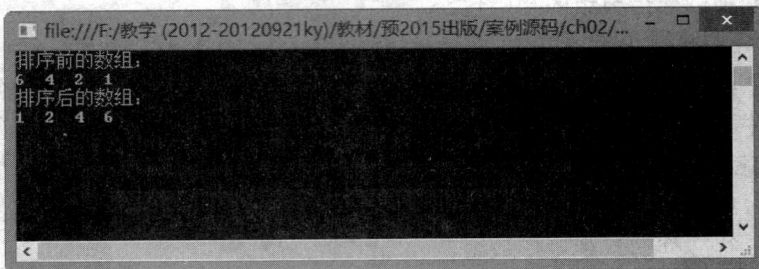

图 2.2 数组排序

可以看到，数组中的元素按照从大到小的方式被重新排列。在本实例中，进行排序的代码只有一行，即 Array.Sort(a)。

（2）查找数组元素

在使用数组的时候，有时需要快速地知道数组中是否含有某个元素，并且获得该元素的位置，这时就需要对数组中的元素进行查找。C#为开发人员提供了两种便捷查找数组元素的方法，即 Array.IndexOf()和 Array.LastIndexOf 方法。其中，Array.IndexOf()方法的作用就是找到在数组中首次出现的元素，而 Array.LastIndexOf 方法的作用就是找到在数组中元素最后一次出现的位置。

【例 2-2】 使用 Array.IndexOf()和 Array.LastIndexOf 方法查找数组元素。

Step 1 在 Visual Studio 2013 中新建【控制台应用程序】项目 ConsoleApplication2。

Step 2　修改 Program.cs 文件中 Main 方法的内容如下。

```
int[] a = new int[5] {2,6,4,2,1};
int b = Array.IndexOf(a,2);
Console.WriteLine("元素的首次出现位置为a: "+b.ToString());
int c = Array.LastIndexOf(a, 2);
Console.WriteLine("元素的末次出现位置为a: "+c.ToString());
Console.Read();
```

按 Ctrl+F5 键运行程序，结果如图 2.3 所示。

图 2.3　查找数组元素

可以看到，数值2在数组a中有两个，分别位于下标为0和3的位置。因此，Array.IndexOf()方法查找数值2时返回的位置为0，而 Array.LastIndexOf 方法查找数值2时返回的位置为3。

（3）数组逆序

逆序也是数组的常见操作，即将数组中元素排列的顺序逆转。C#为开发人员提供了一种便捷逆序数组元素的方法，即 Array.Reverse()方法。开发人员在进行数组逆序操作时直接调用此方法即可，无须自己编写代码。

【例 2-3】　使用 Array.Reverse()方法进行数组逆排序。

Step 1　在 Visual Studio 2013 中新建【控制台应用程序】项目 ConsoleApplication3。

Step 2　修改 Program.cs 文件中 Main 方法的内容如下。

```
int[] a = new int[4] { 6, 4, 2, 1 };
Console.WriteLine("逆序前的数组: ");
Console.Write(a[0].ToString() + "  " + a[1].ToString() + "  " +
a[2].ToString() + "  " + a[3].ToString());
Array.Reverse(a);
Console.WriteLine();
Console.WriteLine("逆序后的数组: ");
Console.Write(a[0].ToString() + "  " + a[1].ToString() + "  " +
a[2].ToString() + "  " + a[3].ToString());
Console.Read();
```

按 Ctrl+F5 键运行程序，结果如图 2.4 所示。

图 2.4　数组的逆序操作

可以看到，数组中的元素按照和原来相反的顺序重新排列。在本实例中，进行逆序操作的代码只有一行，即 Array.Reverse(a)。

（4）复制数组

复制数组是一类常见的操作，即将一个数组中的内容复制到另一个数组中。C#为开发人员提供了一种便捷复制数组元素的方法，即 Array.Copy()方法。

【例 2-4】 使用 Array.Copy()方法进行数组复制。

Step 1   在 Visual Studio 2013 中新建【控制台应用程序】项目 ConsoleApplication4。

Step 2   修改 Program.cs 文件中 Main 方法的内容如下。

```
int[] a = new int[4] { 6, 4, 2, 1 };
int [] b =new int[5];
Array.Copy(a,b,a.Length);
Console.WriteLine("复制后的数组: ");
Console.Write(b[0].ToString() + " " + b[1].ToString() + " " +
b[2].ToString() + " " + b[3].ToString());
Console.Read();
```

按 Ctrl+F5 键运行程序，结果如图 2.5 所示。

图 2.5   数组的复制操作

可以看到，a 数组中的所有元素都被复制到 b 数组中。在本实例中，进行数组复制操作的代码只有一行，即 Array.Copy(a,b,a.Length)，其中"a.Length"通过数组的 Length 属性获得数组 a 的元素个数。

4．委托类型

委托是用来处理其他语言（如 C++、Pascal 和 Modula）需用函数指针来处理的情况的。不过与 C++函数指针不同，委托是完全面向对象的和类型安全的。另外，C++指针仅指向成员函数，而委托同时封装了对象实例和方法。委托声明定义一个从 System.Delegate 类派生的类，在声明委托类型时，只需要指定委托指向的原型的类型，它不能有返回值，也不能带有输出类型的参数。委托实例封装了一个调用列表，该列表列出了一个或多个方法，每个方法称为一个可调用实体。对于实例方法，可调用实体由该方法和一个相关联的实例组成。对于静态方法，可调用实体仅由一个方法组成。用一个适当的参数集来调用一个委托实例，就是用此给定的参数集来调用该委托实例的每个可调用实体。委托类型将在第 4 章中详细介绍。

2.1.3   数据类型转换

在高级语言中，数据类型是很重要的一个概念，只有具有相同数据类型的对象才能够互相操作。很多时候，为了进行不同类型数据的运算（如整数和浮点数的运算等），需要把数据从一种类型转换为另一种类型，即进行类型转换。

如果是一种值类型转换为另一种值类型，或者是一种引用类型转换为另一种引用类型，有两种转换方式：隐式转换和显式转换。如果是值类型与引用类型之间的转换，需要使用装箱和拆箱技术来实现。

1. 隐式转换

隐式转换就是系统默认的、无须指明的转换。进行隐式转换时，编译器不需要进行检查就能自动将操作数转换为相同的类型。隐式转换只允许发生在从值范围较小的数据类型到值范围较大的数据类型的转换，转换后的数值大小不受影响，这是因为值范围较大的数据具有足够的空间存放值范围较小的数据。下面的代码执行时将发生隐式转换。

```
int i = 1; //声明一个 int 类型变量并初始化
long result= i; //int 类型隐式转换为 long 类型
```

注意：从 int、uint、long、ulong 到 float，以及从 long、ulong 到 double 的转换可能导致精度损失，但不会影响它的数量级。

2. 显式转换

显式类型转换，又称强制类型转换，需要在代码中明确地声明要转换的类型。当需要把值范围较大的数据类型转换为值范围较小的数据类型时，不能使用隐式转换，而必须使用显式转换。当然，所有的隐式转换也都可以采用显式转换的形式来表示。

下面的代码进行了不同数据类型间的显式转换。

```
int i = 1;                  //声明一个 int 类型变量并初始化
long result=(long)i;        //int 类型显式转换为 long 类型
double m = 5.6;             //声明一个 double 类型变量并初始化
int n =(int)m;              //double 类型显式转换为 int 类型
```

显式转换在把值范围较大的数据类型转换为值范围较小的数据类型时，可能会导致溢出错误。例如：

```
double m = 2222222222.6;
int n =(int)m;
```

上述语句执行后，得到的 n 值为–2147483648，显然是不正确的。这是因为上述语句中，double 类型变量 m 的值比 int 类型的最大值还要大，发生了溢出错误。因此，在进行显式类型转换时，通常使用 checked 运算符来检查转换是否安全。如上述语句可以改写为：

```
double m = 2222222222.6;
int n = checked((int)m);
```

这时再执行上述语句，系统会抛出一个异常，提示"算术运算导致溢出"。

3. 装箱和拆箱

装箱和拆箱允许值类型变量和引用类型变量相互转换。装箱是将值类型转换为引用类型，拆箱是将引用类型转换为值类型。

对值类型进行装箱转换时，会在内存堆中分配一个对象实例，并将该值复制到该对象中。

【例 2-5】 值类型的装箱转换示例。

Step 1 在 Visual Studio 2013 中新建【控制台应用程序】项目 ConsoleApplication5。

Step 2 修改 Program.cs 文件中 Main 方法的内容如下。

```
int i = 123;
object o = i;     //装箱转换
i = 456;          //改变 i 的内容
Console.WriteLine("值类型的值为{0}", i);
Console.WriteLine("引用类型的值为{0}", o);
Console.Read();
```

按 Ctrl+F5 键运行程序，结果如图 2.6 所示。

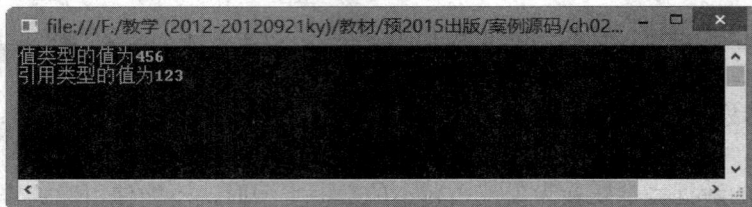

图 2.6 装箱转换

可以看到，将 int 类型变量 i 装箱转换为 Object 类型的变量 o 后，修改变量 i 的值，变量 o 的值保持不变。

对引用类型进行拆箱转换时，需要使用强制操作符，将存放在堆中的引用类型的值复制到栈中形成值类型。拆箱转换的执行过程分为以下两个阶段。

（1）检查引用类型变量，确认它是否包装了值类型的数。

（2）把引用类型变量的值复制到值类型的变量中。

例如，修改例 2-5 中 ConsoleApplication5 项目的 Program.cs 文件中 Main 方法的内容如下。

```
int i = 123;
Console.WriteLine("装箱前 i 的值为{0}", i);
object o = i;     //装箱转换
o = 456;          //改变 o 的内容
i = (int)o;       //拆箱转换
Console.WriteLine("拆箱后 i 的值为{0}", i);
Console.Read();
```

按 Ctrl+F5 键运行程序，结果如图 2.7 所示。将 int 类型变量 i 装箱转换为 Object 类型的变量 o 后，修改变量 o 的值，再将 Object 类型变量 o 拆箱的值赋给变量 i，i 的值发生了变化。可以看出，拆箱转换正好是装箱转换的逆过程。

注意：在执行拆箱转换时，要遵循类型一致的原则。比如，上述例子中将一个 int 类型变量进行了装箱转换，那么在对其进行拆箱转换时，一定也要拆箱为 int 类型变量，否则会出现异常。

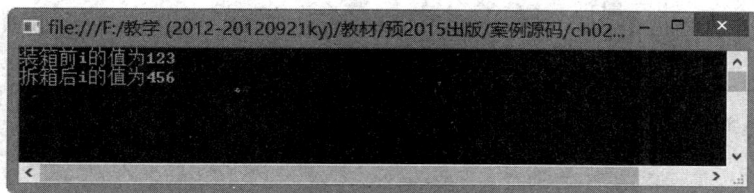

图 2.7　拆箱转换

4．Convert 类

Convert 类用于将一个基本数据类型转换为另一个基本数据类型，返回与指定类型的值等效的类型。受支持的基类型有 Boolean、Char、SByte、Byte、Int16、Int32、Int64、UInt16、UInt32、UInt64、Single、Double、Decimal、DateTime 和 String。可根据不同的需要使用 Convert 类的公共方法实现不同数据类型的转换。Convert 类所执行的实际转换操作分为以下三类。

（1）从某类型到它本身的转换只返回该类型，不实际执行任何转换。

（2）无法产生有意义的结果的转换引发 InvalidCastException，不实际执行任何转换。下列转换会引发异常：从 Char 类型与 Boolean、Single、Double、Decimal、DateTime 类型之间的转换，以及 DateTime 类型与除 String 之外的任何类型之间的转换。

（3）某种基类型与其他基类型的相互转换（引发 InvalidCastException 的除外）。

Convert 类提供了很多静态方法成员，用于实现数据类型的转换。表 2.5 列出了 Convert 类的常用方法。

表 2.5　Convert 类的常用方法

方　　法	功　　能
Convert.ToBoolean(value)	将 value 转换为 bool 类型
Convert.ToByte(value)	将 value 转换为 byte 类型
Convert.ToChar(value)	将 value 转换为 char 类型
Convert.ToDateTime(value)	将 value 转换为 DateTime 类型
Convert.ToDecimal(value)	将 value 转换为 decimal 类型
Convert.ToDouble(value)	将 value 转换为 double 类型
Convert.ToInt16(value)	将 value 转换为 Int16 类型
Convert.ToInt32(value)	将 value 转换为 Int32 类型
Convert.ToInt64(value)	将 value 转换为 Int64 类型
Convert.ToUInt16(value)	将 value 转换为 UInt16 类型
Convert.ToUInt32(value)	将 value 转换为 UInt32 类型
Convert.ToUInt64(value)	将 value 转换为 UInt64 类型
Convert.ToSByte(value)	将 value 转换为 sbyte 类型
Convert.ToSingle(value)	将 value 转换为 single 类型
Convert.ToString(value)	将 value 转换为 string 类型

Convert 类的所有方法都是静态的，因此可以直接调用。Convert 类中方法的形式都为 To×××(×××)，即实现把参数×××转换为×××类型。

【例 2-6】 使用 Convert 类方法进行数据类型转换。

Step 1 在 Visual Studio 2013 中新建【控制台应用程序】项目 ConsoleApplication6。

Step 2 修改 Program.cs 文件中 Main 方法的内容如下。

```
string str1 = "123";
int i = Convert.ToInt32(str1);
Console.WriteLine("i 的值为{0}", i);
Console.Read();
```

按 Ctrl+F5 键运行程序，结果如图 2.8 所示。可以看到，通过使用 Convert.ToInt32()方法，string 类型变量被转换为 int 类型变量。

图 2.8　Convert 类的使用

2.2　变量和常量

在程序执行过程中，数值发生变化的量称为变量,数值始终不变的量称为常量。变量通常用来表示一个数值、一个字符串值或一个实例对象，变量存储的值可能会发生改变，但变量名称保持不变。常量存储的值固定不变，而且常量的值在编译时就已经确定了。

2.2.1　变量的声明和使用

变量通常用来保存程序执行过程中的输入数据、计算获得的中间结果和最终结果等。变量被定义后，在程序执行阶段会一直存储在内存中。变量的值可根据指定运算符或增、或减来改变。声明变量时，需要指明变量的名称和类型。通过声明变量，可以在内存中为该变量申请存储空间。声明变量时指明的变量名称必须符合 C#变量命名规则，具体如下。

（1）必须以字母或下划线开头；

（2）只能由字母、数字、下划线组成，不能包含空格、标点符号、运算符等特殊符号；

（3）不能与 C#关键字（如 class、new 等）同名；

（4）在变量的作用域内不能再定义同名的变量。

C#变量在使用之前必须已经被初始化，否则编译时会报错。可以在变量声明的同时进行变量的初始化，也可以在变量声明后使用前进行变量的初始化。例如语句：

```
string str1 = "123";
```

与语句：

```
string str1;
str1 = "123";
```

的作用是等价的。下面的示例演示了变量的声明和使用。这段代码中声明了三个变量,其中变量 b 和 x 在声明时直接进行了赋值,变量 i 在声明后使用变量 b 和 x 进行赋值。

```
char b='a';
int x=3;
int i;
i = b+x;
Console.WriteLine("b+x 的值为{0}", i);
```

2.2.2　变量的分类

C # 语言中,主要定义了几种类型的变量:静态变量、非静态变量、数组元素、局部变量、值参数、引用参数和输出参数。这里只介绍常用的数据类型:静态变量、非静态变量和局部变量。

1. 静态变量

带有"static"修饰符声明的变量称为静态变量。静态变量只需创建一次,在后面的程序中就可以多次引用。一旦静态变量所属的类被装载,直到包含该类的程序运行结束时,它将一直存在。静态变量的初始值就是该变量类型的默认值,不需要建立其所属类的对象,便可直接存取这个变量。例如,可以在类中书写如下代码声明一个静态变量:

```
static int i;
```

2. 非静态变量

不带有"static"修饰符声明的变量称为非静态变量,也称普通变量。非静态变量一定要在建立变量所属类型的对象后,才开始存在于内存里。如果变量被定义在类中,那么只有当类的对象被建立时,变量才随之诞生;对象消失,变量也随之消失。如果变量定义在结构里,那么结构存在多久,变量也存在多久。

下面的示例代码展示了静态变量与非静态变量的主要区别:静态变量 name 和 age 都可以使用所属类直接调用,即 VariableInclude.name、VariableInclude.age;而非静态变量 country 在使用前必须先声明其所属类的实例 vi1,即"VariableInclude vi1 = new VariableInclude();",再通过实例 vi1 进行调用,即 vi1.country。

```
public class VariableInclude
{
    public static string name = "AndyLau";          //定义了静态字符串变量
    public static int age = 40;                      //定义了静态整型变量
    public string country = "china-Honkong";         //定义了非静态变量
}
class Program
{
    static void Main(string[] args)
    {
```

```
                //静态变量不用定义实例对象，可直接调用
                Console.WriteLine(VariableInclude.name);
                Console.WriteLine(VariableInclude.age);
                // 非静态变量不能直接调用，编译报错
                //Console.WriteLine(VariableInclude.country);
                //定义类的对象后，才能调用非静态变量
                VariableInclude vi1 = new VariableInclude();
                Console.WriteLine(vi1.country);
                Console.Read();
            }
        }
```

3．局部变量

局部变量是指在一个独立的程序块中（如一个 for 语句、switch 语句或者一个方法）声明的变量，它只在该范围中有效。当程序运行到这一范围时，该变量开始生效，程序离开时，变量就失效了，例如：

```
for(int i=1;i<9;i++)
{
        Console.WriteLine(i);  //正确的代码，因为此时还在有效范围内
}
 Console.WriteLine(i);         //错误的代码，因为此时局部变量 i 已经失效了
```

需要注意的是，局部变量不会自动被初始化，所以也就不存在默认值，必须被赋值后才能使用。

2.2.3　常量

同变量一样，常量也用来存储数据，但常量通常用来表示有意义的固定数值。常量和变量的区别在于，常量一旦被初始化就不再发生变化，可以理解为符号化的常数。使用常量可以使程序变得更加灵活易读，例如，可以用常量 PI 来代替 3.141 592 6，一方面程序变得易读，另一方面，需要修改 PI 精度的时候无须在每一处都修改，只需在代码中改变 PI 的初始值即可。

常量的声明和变量类似，需要指定其数据类型、常量名和初始值，但是常量的声明需要使用 const 关键字，且必须在声明时进行初始化。常量总是静态的，但声明时不必包含 static 修饰符。在对程序进行编译时，编译器会把所有常量全部替换为初始化的常数。常量的声明如：

```
const double PI = 3.1415;
```

2.3　常用运算符和表达式

运算符在 C#程序中应用广泛，尤其在计算功能中，常常需要大量运算符。运算符结合操作数，便形成了表达式，并返回运算结果。

2.3.1　运算符

运算符是一种专门用来处理数据运算的特殊符号，用来指挥计算机进行某种操作。接收一个操作数的运算符称为一元运算符（如 new、++），接收两个操作数的运算符称为二元运算符（+、−），接收三个操作数的运算符称为三元运算符（"?："是 C#中唯一的三元运算符）。下面介绍 C#中常见的运算符。

1．算术运算符

算术运算符用来对数值型数据进行计算。C#提供的算术运算符如表 2.6 所示。

表 2.6　算术运算符

运算符	+	−	*	/	%	++	−−
含义	加法	减法	乘法	除法	求模	自增	自减
示例	8+2	8−2	8*2	8/2	8%2	8++,++8	8−−,−−8
结果	10	6	16	4	0	9	7

在 C#语言中，根据两个操作数的类型特点，加法运算符具有多重作用，规则如下。

（1）两个操作数均为数字，相加的结果为两个操作数之和。

（2）两个操作数均为字符串，把两个字符串连接在一起。

（3）两个操作数分别为数字和字符串，则先把数字转换成字符串，然后连接在一起。

（4）两个操作数分别为数字和字符，则先把字符转换成 Unicode 代码值，然后求和。

算术运算符中的求模运算(%)本质上也是一种除法运算，只不过它舍弃商而把小于除数的未除尽部分（即余数）作为运算结果，又称为取余运算。

2．关系运算符

关系运算符又称为比较运算符，用来比较两个操作数的大小，或者判断两个操作数是否相等，运算的结果为 True 或 False。C#提供的关系运算符如表 2.7 所示。

表 2.7　关系运算符

运算符	==	!=	>	<	>=	<=
含义	相等	不相等	大于	小于	大于或等于	小于或等于
示例	8==2	8!=2	8>2	8<2	8>=2	8<=8
结果	False	True	True	False	True	True

关系运算符中，==和!=用来判断两个操作数是否相等，操作数可以是值类型的数据，也可以是引用类型的数据。而<、<=、>、>=用来比较两个操作数的大小，操作数只能是值类型的数据。

3．逻辑运算符

逻辑运算符对操作数或表达式执行布尔逻辑运算，常见的逻辑运算符如表 2.8 所示。

逻辑非（!）运算结果是操作数原有逻辑值的反值。逻辑与（&）、逻辑或（|）和逻辑异或（^）三个运算符都是比较两个整数的相应位。只有当两个整数的对应位都是 1 时，逻辑与（&）运算符才返回结果 1，否则返回结果 0；当两个整数的对应位都是 0 时，逻辑或（|）运算符才返回结果 0，否则返回结果 1；当两个整数的对应位一个是 1 而另外一个是 0

表 2.8　逻辑运算符

运算符	!	&			^	&&	||
含义	逻辑非	逻辑与	逻辑或	逻辑异或	条件与	条件或
示例	!(8>2)	8&2	8|2	8^2	(8>2)&&(3>4)	(8>2)||(3>4)
结果	False	0	10	10	False	True

时，逻辑异或（^）运算符才返回结果 1，否则返回结果 0。条件与（&&）与条件或（||）运算符用于计算两个条件表达式的值，当两个条件表达式的结果都是真时，条件与（&&）运算符才返回结果真，否则返回结果假；当两个条件表达式的结果都是假时，条件或（||）运算符才返回结果假，否则返回结果真。

4．赋值运算符

赋值运算符的作用是把某个常量或变量或表达式的值赋值给另一个变量。除了简单赋值运算符"="外，常见的复合赋值运算符如表 2.9 所示。

表 2.9　赋值运算符

运算符	+=	-=	*=	/=	%=
含义	加法赋值	减法赋值	乘法赋值	除法赋值	取模赋值
示例	8+=2	8-=2	8*=2	8/=2	8%=2
结果	10	6	16	4	0

从表 2.9 中的示例可以看出，复合赋值运算符实际上是特殊赋值运算的一种缩写形式，目的是使对变量的改变更为简洁。

5．其他特殊运算符

C#还有一些运算符比较特殊，不能简单地归到某个类型，下面对一些常用的特殊运算符进行简单介绍。

1）is 运算符

is 运算符用于检查变量是否为指定的类型，如果是返回真，否则返回假。例如，下面的语句将返回 true。

```
bool b = 8 is int;
```

2）as 运算符

as运算符用于在相互兼容的引用类型之间执行转换操作，如果无法进行转换则返回null值。例如，下面的语句将把 string 类型的常量"a string"转换为 object 类型的变量 temp1。

object temp1 = "a string" as object;

3）条件运算符

条件运算符(?:)根据条件表达式的取值返回两个可选值中的一个：如果条件取值为 true，则返回第一个可选值，如果条件取值为 false，则返回第二个可选值。例如，下面的语句将返回 true。

```
bool b= (3<5)?true:false;
```

4）new 运算符

new 运算符用于创建一个新的类型实例，包括创建值类型、类类型、数组类型和委托类型的实例。例如，下面的语句用来创建一个数组类型的实例。

```
int [] a= new int [5];
```

5）typeof 运算符

typeof 运算符用于返回特定类型的 System.Type 对象，并可通过 Type 对象访问基类及本类的一些信息。例如，下面的语句将返回 System.Int32，表明 int 值类型的 System.Type 对象是 System.Int32。

```
System.Type t = typeof(int);
```

6. 运算符的优先级

当表达式中包含一个以上的运算符时，程序会根据运算符的优先级进行运算，优先级高的运算符会比优先级低的运算符先被执行。在表达式中，也可以通过括号()来调整运算符的运算顺序，将想要优先运算的运算符放置在()中，当程序开始执行时，()内的运算符会被优先执行。如表 2.10 所示为常见运算符的优先级。表 2.10 中，位于同一行中的运算符优先级相同。当一个表达式中出现两个或两个以上相同优先级的运算符时，按照运算符的出现顺序从左到右执行。

表 2.10　常用运算符的优先级（由高到低）

分类	运算符	分类	运算符
特殊	new、typeof	逻辑异或	^
一元	+(正)、－(负)、！、++、－－	逻辑或	|
乘除	*、/、%	条件与	&&
加减	+、－	条件或	||
关系	>、<、>=、<=、is、as	条件	?:
关系	==、!=	赋值	+=、－=、*=、/=、%=
逻辑与	&		

2.3.2　表达式

表达式由操作数（变量、常量、函数）、运算符和括号()按一定规则组成。表达式通过运算产生结果，运算结果的类型由操作数和运算符共同决定。表达式既可以很简单，也可以非常复杂。例如：

```
int i = 127;
int j = 36;
Console.WriteLine(Math.Sin(i*i+j*j));
```

上述代码中，表达式"i*i+j*j"作为 Math.Sin()方法的参数使用，而同时，表达式"Math.Sin(i*i+j*j)"还是 Console.WriteLine()方法的参数。

2.4　C#方法及其重载

通过前面内容的学习，读者对 C#方法应该不陌生了。例如，前面内容用到的 Main()方法、toString()方法、Console.WriteLine()方法等。本节将介绍 C#方法及其重载的相关知识。

2.4.1　方法的定义

方法是指在类的内部定义的，并且可以在类或类的实例上运行的具有某个特定功能的模块。C#方法必须包含以下三个部分。

（1）方法的名称。

（2）方法返回值的类型。

（3）方法的主体。

定义方法的语法如下：

```
[访问修饰符] 返回值的类型 方法名（[参数列表]）
{
//方法体
}
```

1．访问修饰符

方法的访问修饰符控制方法的访问权限，public 表示公共的，private 表示私有的。在程序中，如果将变量或者方法声明为 public，就表示其他类可以访问该方法；如果声明为 private，那么就只能在其所属类里面使用。

2．方法的返回类型

方法是供别人调用的，调用后可以返回一个值，这个返回值的数据类型就是方法的返回类型，可以是 int、float、double、bool、string 等。如果方法不返回任何值，就使用 void。

3．方法名

方法名主要在调用这个方法时使用，命名方法就像命名变量、类一样，要遵守一定的规则。方法名一般使用 Pascal 命名法，就是组成方法名的单词直接相连，每个单词的首字母大写，如 WriteLine()、ReadLine()。

方法的名称应该有明确意义，这样别人在使用的时候，就能清楚地知道这个方法能做什么，比如在前面反复出现的 Console.WriteLine()方法，一看就知道是写一行的意思。因此，方法名要有实际的意义，最好使用动宾短语，表示做一件事。

4．参数列表

方法中可以传递参数，这些参数就组成参数列表，如果没有参数就不用参数列表。参数列表中的每个参数都是"类型 参数名"的形式，各个参数之间用逗号分开。

方法传递参数的方式有两种：值传递和引用传递。采用值传递方式时，即使方法的执行过程中改变了参数的值，参数值在方法执行后也不发生改变；采用引用传递方式时，只要方法的执行过程中改变了参数的值，参数值在方法执行后就会发生改变。

【例 2-7】 值传递方式的应用。

Step 1　在 Visual Studio 2013 中新建【控制台应用程序】项目"ConsoleApplication7"。

Step 2　修改 Program.cs 文件的内容如下。

```
public static void Swap(int n1, int n2)
{
    int temp;
    temp = n1;
    n1 = n2;
    n2 = temp;
}
static void Main(string[] args)
{
    int s1 = 1, s2 = 10;
    Console.WriteLine("交换前两个整数的值分别为: " + s1+"  "+s2);
    Swap(s1, s2);
    Console.WriteLine("交换后两个整数的值分别为: " + s1+"  "+s2);
Console.Read();
}
```

按 Ctrl+F5 键运行程序，结果如图 2.9 所示。

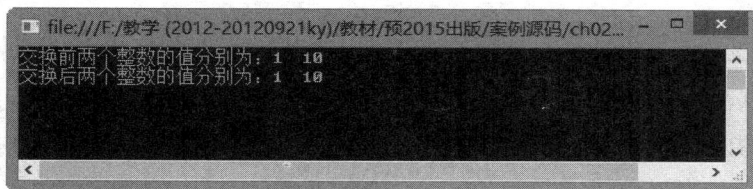

图 2.9　值传递结果

可以看到，调用 Swap()方法并没有达到交换两个变量值的目的。这是因为采用值传递方式传递参数 s1 和 s2 时，尽管方法执行时交换了两个参数的值，但是方法执行结束后这种修改并没有被保留。

要想使参数按照引用传递方式传递，需要在方法声明和调用时使用 ref 关键字修饰参数。

下面的示例代码说明了引用传递方式的应用，修改例 2-7 的 ConsoleApplication7 中 Program.cs 文件的内容如下。

```
public static void Swap(ref int n1, ref int n2)
{
    int temp;
    temp = n1;
    n1 = n2;
    n2 = temp;
}
static void Main(string[] args)
{
    int s1 = 1, s2 = 10;
```

```
        Console.WriteLine("交换前两个整数的值分别为: " + s1+"  "+s2);
        Swap(ref s1, ref s2);
        Console.WriteLine("交换后两个整数的值分别为: " + s1+"  "+s2);
Console.Read();
 }
```

按 Ctrl+F5 键运行程序,结果如图 2.10 所示。可以看到,调用 Swap()方法达到了交换两个变量值的目的。这是因为采用引用传递方式传递参数 s1 和 s2 时,方法执行时交换了两个参数的值,方法执行结束后这种修改被保留。

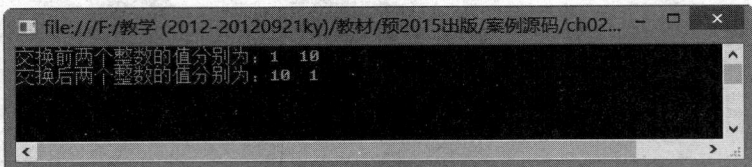

图 2.10　引用传递结果

还有一种参数也可以保留修改后的结果,那就是输出参数。输出参数以 out 修饰符声明。和 ref 类似,在方法声明和调用时都必须明确地指定 out 关键字。但和 ref 不同,out 参数声明方式不需要变量在传递给方法前进行初始化,因为其含义只是用作输出目的。out 参数通常用在需要多个返回值的方法中。

5．方法的主体

方法的主体部分就是该方法要执行的代码了。在编写自己的方法时,应该先写明方法的声明,包括访问修饰符、返回类型、方法名、参数列表,然后再写方法的主体。

2.4.2　方法的调用

方法就像一个"黑匣子",完成某个功能,并且可能在执行完后返回一个结果。在方法的主体内,如果方法具有返回类型,则必须使用关键字 return 返回值。

在程序中使用方法的名称,可以执行该方法中包含的语句,这个过程就称为方法调用。方法调用的一般形式如下:

对象名.方法名()；

例如,下面的这句代码中,对象名是 Console 类名,方法名是 WriteLine。关于方法调用的内容将在后面进一步介绍。

```
Console.WriteLine("这是一个方法调用");
```

注意：如果定义方法时添加了 static 关键字,则表明该方法是静态方法,调用该方法时直接用所属类名调用,如上述语句中就直接使用 WriteLine()方法的所属类名 Console 调用；否则,需要先生成该方法所属类的一个实例,再由实例名调用（详见第 3 章）。

2.4.3　方法的重载

方法重载即在同一个类的内部可以定义同名方法,但这些同名方法的参数列表必须不同，以便在用户调用方法时系统能够自动识别应调用的方法。

例如，要编程实现面积的计算功能，要求既可以计算圆的面积，也可以计算矩形的面积，还可以计算三角形的面积，则通过使用方法重载实现的代码如下。

```
class CalcArea
{
    //计算圆的面积
    public static double Area(double r)
    {
        return (Math.PI*r*r);
    }
    //计算矩形的面积
    public static double Area(double a,double b)
    {
        return (a * b);
    }
    //计算三角形的面积
    public static double Area(double a, double b,double c)
    {
        double l;
        l = (a + b + c) / 2;
        return (Math.Sqrt(l*(l-a)*(l-b)*(l-c)));
    }
}
```

下面的三条语句调用 Area 方法时带有不同的参数，也就执行不同的 Area 方法。

```
Console.WriteLine("圆的面积是: " + Convert.ToInt32(CalcArea.Area(5)));
Console.WriteLine("矩形的面积是: " + Convert.ToInt32(CalcArea.Area(6,10)));
Console.WriteLine("三角形的面积是: " + Convert.ToInt32(CalcArea.Area(4,5,6)));
```

2.5 C#流程控制语句

在程序设计过程中，有时为了需要，经常要转移或者改变程序的执行顺序，达到这目的的语句叫作流程控制语句。C#中主要的流程控制语句有：条件分支语句、循环控制语句和跳转语句。

2.5.1 条件分支语句

在 C#领域里，要根据条件来做流程选择控制时，可以利用 if 或 switch 这两种命令。

1. if 语句

if 语句是最常用的选择语句，它根据布尔表达式的值来判断是否执行后面的内嵌语句。其格式一般如下：

```
if(布尔表达式)
```

```
{
    //语句块;
}
else
{
    //语句块
}
```

当布尔表达式的值为真时，则执行 if 后面的语句；如果为假，则执行 else 后面的语句。如果 if 或 else 之后的大括号内的语句只有一条执行语句，则嵌套部分的大括号可以省略；如果包含两条以上的执行语句，则一定要加上大括号。

当程序的逻辑判断关系比较复杂时，可以采用条件判断嵌套语句，即 If 语句可以嵌套使用，在判断中再进行判断，例如如下格式的 if 语句：

```
if(布尔表达式)
{
    if(布尔表达式)
    {…}
    else
    {…}
}
```

下列代码展示了 if 语句的用法：

```
int a=35, b=89,max;
if (a>b)
    max=a;
else
    max=b;
```

2. swith 语句

if 语句每次判断后，只能实现两个分支，如果要实现多种选择的功能，可以采用 switch 语句。switch 语句根据一个控制表达式的值，来选择一个内嵌语句分支来执行。它的一般格式为：

```
switch(表达式)
{
    case 常量1:
        语句块1;
        Break;
    case 常量2:
        语句块2;
        Break;
    ⋮
    [default:
        语句块n+1;
        Break;]
```

}

switch 语句在使用过程中，需要注意下列几点。

（1）控制表达式的数据类型可以是 sbyte、byte、short、ushort、unit、long、ulong、char、string 或者枚举类型。

（2）每个 case 标签中常量表达式必须属于或能隐式转换成控制类型。

（3）每个 case 标签中的常量表达式不能相同，否则编译会出错。

（4）switch 语句中最多只能有一个 default 标签。

（5）每个标签项后面使用 break 语句或者跳转语句。

下面的代码展示了 switch 语句的用法。

```
int result;
Console.WriteLine("请输入运算符(+、-、*、/): ");
string opr = Console.ReadLine();
switch (opr)
{
    case "+": result = 3 + 2; break;
    case "-": result = 3 - 2; break;
    case "*": result = 3 * 2; break;
    case "/": result = 3 / 2; break;
    default: Console.WriteLine("输入的不是一个合法的运算符! "); break;
}
```

2.5.2　循环控制语句

循环语句可以实现一个程序模块的重复执行，这对于简化程序、组织算法有着重要的意义。C# 总共提供了 4 种循环语句：while 语句、do-while 语句、for 语句和 foreach 语句。

1. while 语句

while 语句是 C#用于循环控制的形式最简单的语句，在具有明确的运算目标但循环次数难以预知的情况下特别有效。while 语句形式如下：

```
while(表达式)
{
    循环体;
}
```

while 语句只限定条件，只有满足条件时才执行内嵌表达式，否则离开循环，继续执行后面的语句。由于 while 语句是"先判断后执行"，因此有可能连一次也不执行循环体中的程序代码就直接退出循环。另外，使用 while 语句，循环体中必须具有这样的控制机制，使之能在有限次数的重复执行之后条件表达式的值变为 False，否则就会成为无休止的循环，空耗计算机资源。下面的代码展示了 while 语句的用法：

```
int x=0;
int[] a=new int[3]{166,173,171};
while (x < a.Length)
```

```
{
    if (a[x] == 171)
    Console.WriteLine(x);
    x++;
}
```

2．do-while 语句

do-while 语句的功能特点与 while 语句相似，语法格式如下：

```
do
{
    循环体；
} while(表达式);
```

与 while 语句相比，do-while 语句的最主要不同点就是条件表达式出现在循环体后面。程序执行到 do 语句时，不做任何条件判断，因此无论如何也会先执行一次循环体，然后在遇到 while 时判断条件表达式的值是否为 true。若条件表达式的值为 true，则跳转到 do，再执行一次循环；若条件表达式的值为 false，则结束循环，执行 while 之后的下一语句。下面的代码展示了 do-while 语句的用法：

```
int x=0;
int[] a=new int[3]{166,173,171};
do
{
    if (a[x] == 171)
    Console.WriteLine(x);
    x++;
} while (x < a.Length) ;
```

3．for 语句

for 语句是计数型循环语句，适用于求解循环次数可以预知的问题，一般格式为：

```
for(循环变量初始化; 循环条件; 循环变量值)
{
    //for 循环语句
}
```

for 循环语句是先判断后执行。如果第一次判断时循环变量的值已经不满足继续执行循环的条件，则循环体一次也不执行，直接跳转到后续语句。下列代码展示了 for 语句的用法：

```
for(int i=0;i<5;i++)
{
    Console.Write (i);
}
```

for 语句还可以嵌套使用，以完成大量重复性、规律性的工作。例如：

```
for(int i=0;i<5;i++)
{
    for(int j=0;j<5;j++)
    {
        Console.Write (i+j);
    }
}
```

4. foreach 语句

foreach 语句特别适合对集合对象的存取，例如，可以使用 foreach 语句逐个提取数组中的元素，并对每个元素执行相应的操作。下列代码展示了 foreach 语句的用法：

```
int[] a=new int[5]{23,34,45,56,67};
foreach(int i in a)
{
    Console.WriteLine(i);
}
```

上述代码在使用 foreach 语句时，并不需要知道数组里有多少个元素，通过"in 数组名称"的方式，便会将数组里的元素值逐一赋予变量 i，之后再输出。foreach 语句一般在不确定数组的元素个数时使用。

2.5.3　跳转语句

程序设计里，为了让程序拥有更大的灵活性，通常都会加上中断或跳转等程序控制。C#语言中可能用来实现跳转功能的命令主要有：break 语句、continue 语句和 goto 语句。

1. break 语句

在前面介绍 switch 语句的章节里，已经使用过 break 命令，用于退出 switch 分支。事实上，break 不仅可以使用在 switch 判断语句里，还可以用在循环语句中，作用是退出当前循环。下列代码展示了 goto 语句在循环里的运用：

```
int[] a=new int[3]{1,3,5};
for(int i=1;i<a.Length;i++)
{
    if(a[i]==3)
        break;
    a[i]++;
}
//当 a[i]=3 时，跳转到此
```

2. continue 语句

continue 语句的作用在于可以提前结束一次循环过程中执行的循环体，直接进入下一次循环。下列代码展示了 continue 语句的用法：

```
for(int i=1;i<10;i++)        //跳转至此
{
```

```
    if(i%2==0) continue;
    Console.Write (i+" ");
}
```

上述代码中，如果变量 i 为偶数，则不执行后面的输出表达式，而是直接跳回起点，重新加 1 后继续执行。程序输出结果为：1 3 5 7 9。

3. goto 语句

与 C 语言一样，C# 也提供了一个 goto 命令，只要给予一个标记，它可以将程序跳转到标记所在的位置。下列代码展示了 goto 语句的用法：

```
for(int i=1;i<10;i++)
{
    if(i%2==0) goto OutLabel;
    Console.WriteLine(i);
}
OutLabel:                //跳转至此
Console.WriteLine("Here,out now!");
```

2.6　控制台的输入和输出

在控制台应用程序中，人机交互操作主要是通过输入输出语句进行的。System.Console 类的静态方法 Read()和 ReadLine()用来实现控制台输入，静态方法 Write()和 WriteLine()用来实现控制台输出。下面分别予以介绍。

1. Read()和 ReadLine()方法

Read()方法每次通过控制台标准输入设备（实际上就是键盘）接收一个字符，直到接收到 Enter 键才返回。如果通过控制台输入的是多个字符，也只接收第一个字符。Read() 方法接收的是一个字符，但它的返回值却是 int 类型，即接收的是字符的 Unicode 代码。如果需要把返回值当作一个字符来使用，则必须进行显式类型转换。

ReadLine()方法通过控制台标准输入设备接收一个字符串，直到接收到 Enter 键才返回。ReadLine()方法的返回值是一个字符串，所以接收该返回值的变量必须是字符串类型。如果需要把返回值当作别的内容来使用，则必须进行显式类型转换。

2. Write()和 WriteLine()方法

Write()方法通过控制台标准输出设备（实际上就是显示器）输出一段信息，并且光标仍在输出信息的末尾。WriteLine()方法的作用与方法 Write()相似，也是通过控制台标准输出设备输出一段信息，其主要区别就是方法在输出信息之后，自动将光标移到下一行的开头。

Write()和 WriteLine()方法的调用格式相同，以 Write()方法为例，其两种调用格式如下：

```
//直接输出表达式的值
Console.Write(表达式);
//按控制字符串规定的格式输出
Console.Write("格式控制字符串",输出数据项列表);
```

其中，控制字符串是一个包含静态文本和形式参数{0}{1}{2}…{n}的字符串，变量列表是用逗号分隔的一组变量或表达式。下面将介绍如何通过控制字符串控制输出格式。

3．输出格式控制

数据输出时，对数据的表达格式加以控制或修饰，是十分必要的。例如，金额 100 万元，如果直接输出为 1000000，用户很难一眼看出到底是多少。但如果表示成规范的货币格式￥1 000 000.00 就十分直观了。在控制台应用程序的 Write()和 WriteLine()方法中，可以用格式控制字符串来修饰数据输出格式，调用形式如下：

```
Console.Write("格式控制字符串",输出数据项列表);
```

注意：在 Windows 窗体应用程序中，可以通过 String 类的静态方法的调用形式 String.Format("格式控制字符串", 输出数据项列表)实现输出格式控制。

格式控制字符串由静态文本和格式控制项组成，其中静态文本在方法执行时照原样输出，格式控制项由一对花括号括起来，每个格式控制项对应一个输出数据项列表中的数据，格式控制项的一般形式如下：

```
{p:mn}
```

其中：p 为格式对应的输出数据项序号，从 0 开始编号；m 为格式控制字符（如表 2.11 所示）；n 为数据项输出时所占的宽度，当指定的宽度小于数据的实际需要时，则按实际需要输出，对于实型数据项则用来指定输出的小数位数。

表 2.11　格式控制字符

格式控制符	解　释	应用举例	输出结果
d 或 D	Decimal（限整数）	Console.Write("{0:D8}",10);	00000010
x 或 X	Hexadecimal（限整数）	Console.Write("{0:x}",10);	A
c 或 C	Currency	Console.Write("{0:c}",10.45);	￥10.45
e 或 E	Scientific	Console.Write("{0:e}",10.45);	1.045000e+001
f 或 F	Fixed point	Console.Write("{0:f1}",10.45);	10.5
g 或 G	General	Console.Write("{0:g1}",110.45);	1.1e+02
n 或 N	Number	Console.Write("{0:n2}",10.456);	10.46
p 或 P	Percent	Console.Write("{0:p2}",10.45);	1,045.00%

4．实例

通过控制台窗口输入和输出信息，是 C#初学者必须掌握的基本技能之一。本实例主要演示如何使用 System.Console 类的静态方法 ReadLine()和 WriteLine()来实现控制台的输入和输出。

【例 2-8】　控制台的输入和输出示例。

Step 1　在 Visual Studio 2013 中新建【控制台应用程序】项目 ConsoleApplication8。

Step 2　修改 Program.cs 文件的内容如下。

```
static void Main(string[] args)
{
```

```
int a, b;
Console.Write("请输入长方形的长和宽，以空格隔开，以回车结束：");
string str = Console.ReadLine();
string[] result = str.Split(' ');
a = Convert.ToInt32(result[0]);
b = Convert.ToInt32(result[1]);
Console.WriteLine("长为{0}宽为{1}的面积为{2}", a, b, a*b);
Console.Read();
}
```

按 Ctrl+F5 键运行程序，结果如图 2.11 所示。

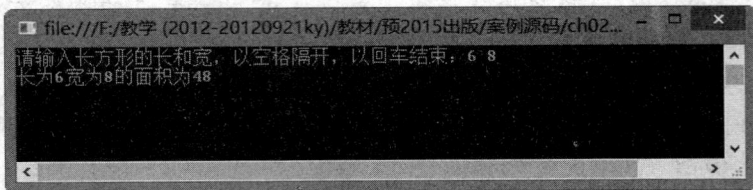

图 2.11　控制台的输入和输出

2.7　常见的预处理指令

所谓预处理指令，就是用来控制编译器工作的一些指令。预处理指令从来不会转化为可执行代码中的命令，但会影响编译过程的各个方面。例如，使用预处理器指令可以禁止编译器编译代码的某一部分。如果计划发布两个版本的代码，即基本版本和有更多功能的企业版本，就可以使用这些预处理指令。在编译软件的基本版本时，使用预处理指令还可以禁止编译器编译与额外功能相关的代码。另外，在编写提供调试信息的代码时，也可以使用预处理指令。所有的 C#预处理指令都是以符号#开头的。常见的 C#预处理指令如下。

1．#define 和 #undef

#define 指令告诉编译器存在给定名称的符号，这个符号不是实际代码的一部分，而只在编译器编译代码时存在。例如：

```
#define DEBUG
```

#undef 指令和#define 指令正好相反，用来删除#define 指令对符号的定义，例如：

```
#undef DEBUG
```

如果符号不存在，#undef 就没有任何作用。同样，如果符号已经存在，#define 也不起作用。

必须把#define 和#undef 命令放在 C#源代码的开头，在声明要编译的任何对象的代码之前。#define 和#undef 指令本身并没有什么用，但与其他预处理器指令(特别是#if)结合使用时，其功能就非常强大了。

注意：预处理指令不用分号结束，一般一行上只有一个命令。这是因为对于预处理指令，C#不再要求命令用分号结束。如果它遇到一个预处理指令，就会假定下一个命令在下一行上。

2. #if, #elif, #else 和 #endif

#if, #elif, #else 和#endif 指令告诉编译器是否需要编译某个代码块。例如：

```
#if Debug
        Console.WriteLine("#IF 预处理器指令");
#else
        Console.WriteLine("#ELSE 预处理器指令");
#endif
```

如果在 C#源代码的开头声明了#define Debug 则会输出：

#IF 预处理器指令

如果是#undef Debug，则输出：

#ELSE 预处理器指令

3. #warning 和 # error

当编译器遇到 #warning 和 #error 指令时，会分别产生警告或错误。如果编译器遇到#warning 指令，会给用户显示 #warning 指令后面的文本，之后编译继续进行。如果编译器遇到#error 指令，就会给用户显示后面的文本，作为一个编译错误信息，然后会立即退出编译，不会生成 IL 代码。

使用#error 指令可以检查#define 语句是不是做错了什么事，使用#warning 语句可以让程序员想起做过什么事。例如：

```
#if DEBUG && RELEASE
#error "You've defined DEBUG and RELEASE simultaneously! "
#endif
#warning "Don't forget to remove this line before the boss tests the code!"
Console.WriteLine("*I hate this job*");
```

4. #line

#line 指令可以用于改变编译器在警告和错误信息中显示的文件名和行号信息。如果编写代码时，在把代码发送给编译器前，要使用某些软件包改变输入的代码，就可以使用这个指令，因为这意味着编译器报告的行号或文件名与文件中的行号或编辑的文件名不匹配。#line 指令可以用于恢复这种匹配。也可以使用语法#line default 把行号恢复为默认的行号。

5. #pragma

#pragma 指令可以抑制或恢复指定的编译警告。#pragma 指令可以在类或方法上执行，对抑制警告的内容和抑制的时间进行更精细的控制。

6. #region 和#endregion

使用#region 和#endregion 指令，可以指定一块代码在视图中隐藏并使用易懂的文字标记来标识。#region 和#endregion 指令的使用能使较长的*.cs 文件更便于管理。

小　结

本章首先介绍了 C#语言中的两种数据类型及不同数据类型之间的转换；接着重点介绍了 C#基本编程工具的运用，主要包括常量和变量的声明和使用、常用运算符和表达式的使用、方法及重载的运用、流程控制语句的运用、控制台的输入和输出方法等；最后向读者介绍了常见的 C#预处理指令。

习　题

一、选择题

1．C#语言中值类型数据对象占用的存储空间大小（　　　）。

　　A．不固定　　　　　B．相对固定　　　　C．可以任意指定　　　　D．都是相同的

2．C#语言中，引用类数据对象占用的存储空间大小（　　　）。

　　A．不固定　　　　　B．相对固定　　　　C．都是相同的　　　　D．随实际需要而定

3．在控制台应用程序中，如果在程序开头使用 using System；语句引用了 System 命名空间，则下列对 Read()和 ReadLine()方法调用错误的是（　　　）。

　　A．System.Console.Read();　　　　　　B．Console.Read();

　　C．Console.ReadLine();　　　　　　　D．Read();

4．执行 C#语句序列：int i；for（i=0；i++<4;）；后，变量 i 的值是（　　　）。

　　A．5　　　　　　　B．4　　　　　　　C．3　　　　　　　D．0

5．C#应用程序中，标识符用于给程序处理的数据对象命名。组成标识符的字符为字母、数字和下划线，标识符的第一个字符（　　　）。

　　A．必须是字母　　　　　　　　　　B．必须是字母或者是下划线

　　C．必须是下划线　　　　　　　　　D．可以是字母或者下划线

6．以下类型中，不属于值类型的是（　　　）。

　　A．整数类型　　　　B．布尔类型　　　　C．字符类型　　　　D．类类型

7．引用类型和值类型之间的区别是（　　　）。

　　A．引用类型变量保存内存地址，值类型直接保存变量值

　　B．引用类型在变量中直接保存变量值，值类型保存内存地址

　　C．引用类型和值类型保存数据的方式相同

　　D．.NET Framework 不支持值类型，因为所有的类型都是引用类型了

8．调用重载方法时，系统根据（　　　）来选择具体的方法。

　　A．方法名　　　　　　　　　　　B．参数的个数和类型

　　C．参数名及参数个数　　　　　　D．方法的返回值类型

9．在 C#编制的财务程序中，需要创建一个存储流动资金金额的临时变量，则应使用下列哪条语句？（　　　）。

  A．decimal theMoney;   B．int theMoney;

  C．string theMoney;   D．Dim theMoney as double

10．在 C#中，关于 continue 和 break，以下说法正确的是（ ）。

  A．break 是中断本次循环

  B．continue 是中断本次循环，进入下一次的循环

  C．break 是中断本次循环，进入下一次的循环

  D．continue 是中断整个循环

二、简答题

1．简述值类型与引用类型的区别。

2．简述 C#中 continue 和 break 语句的作用。

3．简述 C#方法重载的概念。

第 3 章　面向对象编程基础

面向对象编程（Object Oriented Programming，OOP）是一种计算机编程架构。面向对象编程的思想并不是从来就有的，它是随着计算机技术和软件工程思想的发展而产生的。

本章将结合 C#语言，介绍面向对象编程的基本思想，以及如何实现面向对象程序设计。通过本章的学习，读者将能够使用 C#语言完成基本的面向对象程序，对面向对象编程的基本概念和基本步骤有一个初步的了解。

3.1　面向对象程序设计思想

面向对象的软件开发方法是在面向过程的结构化程序方法基础上发展起来的，是一种全新设计和构造软件的技术，它使计算机解决问题的方式更符合人类的思维方式，更能直接地描述客观世界，通过增加代码的可重用性、可扩充性和程序自动生成功能来提高编程效率，并且大大减少软件维护的开销，已经被越来越多地被软件设计人员所接受。

3.1.1　结构化程序设计方法

在面向对象程序设计（Object Oriented Programming，OOP）方法出现之前，程序员采用结构化程序设计（Structured Programming）的方法开发程序。结构化程序设计的基本思想是采用"自顶向下，逐步求精"的程序设计方法和"单入口单出口"的控制结构，使用三种基本控制结构（顺序结构、循环结构、分支结构）构造程序。结构化程序设计主要强调的是程序的易读性。C 语言就是一种典型的结构化程序设计语言。

简单地说，结构化程序设计，或者叫面向过程的程序设计，采用"模块化"的设计思路，把程序要解决的总目标分解为子目标，再进一步分解为具体的小目标，把每一个小目标称为一个模块。分析出解决问题的若干步骤，然后用模块（通常由函数实现）把这些步骤一步一步实现，使用的时候一个一个依次调用就可以了。

3.1.2　面向对象程序设计方法

面向对象的方法学认为世界是由各种各样具有自己的运动规律和内部状态的对象所组成的，复杂的对象可以由简单的对象组合而成，整个世界都是由不同的对象经过层层组合构成的。因此，人们应当按照面向对象的方法学来理解世界，直接通过对象及其相互关系来反映世界。

面向对象程序设计是面向对象的方法学在软件开发方法过程中直接运用，按照面向对象的思想，使用对象描述事物，围绕对象进行软件设计。使用面向对象程序设计方法设计计算机程序，将对事物的特征和功能的抽象描述放到类的定义中，通过类的实例化创建对象，更接近于人们日常生活中的认知模式。

面向对象的软件开发方法是一种以对象为基础，以事件或消息来驱动对象执行处理的软件开发方法。它具有抽象性、封装性、继承性及多态性。面向对象的开发方法达到了软件工程的三个主要目标：重用性、灵活性和扩展性。

面向对象的程序设计方法以对象为中心，通常具备以下特征。

（1）系统中一切皆为对象；

（2）对象是数据和数据相关操作的封装体；

（3）将同种对象进行抽象描述，称为类的定义，对象是类的实例化；

（4）对象之间通过消息传递实现动态链接。

在结构上，面向对象程序与面向过程程序有很大不同，面向对象程序由类的定义和类的使用两部分组成，在主程序中定义各对象并规定它们之间传递消息的规律，程序中的一切操作都是通过向对象发送消息来实现的，对象接到消息后，启动消息处理函数完成相应的操作。

面向过程程序的控制流程由程序中的预定顺序来决定；面向对象程序的控制流程由运行时各种事件的实际发生来触发，而不再由预定顺序来决定，更符合实际需要。面向对象程序设计方法将数据和对数据的操作封装在一起，作为一个整体来处理，具有程序结构清晰，自动生成程序框架，实现简单，可有效地减少程序的维护工作量，代码重用率高，软件开发效率高等优点。

3.1.3　面向对象程序设计的基本特征

面向对象技术强调在软件开发过程中面向客观世界或问题域中的事物，采用人类在认识客观世界的过程中普遍运用的思维方法，直观、自然地描述客观世界中的有关事物。面向对象技术的基本特征主要有抽象性、封装性、继承性和多态性。

1．抽象性

抽象（Abstract）就是忽略事物中与当前目标无关的非本质特征，更充分地注意与当前目标有关的本质特征，从而找出事物的共性，并把具有共性的事物划为一类，得到一个抽象的概念。把众多的事物进行归纳、分类是人们在认识客观世界时经常采用的思维方法，"物以类聚，人以群分"就是分类的意思，分类所依据的原则就是抽象。

例如，在设计一个游艇码头信息管理系统的过程中，考察一号船台这个对象时，就只关心它的 ID 号、名称、可容纳船只数等，而忽略它的位置、持有人等信息。因此，抽象性是对事物的抽象概括描述，实现了客观世界向计算机世界的转化。

将客观事物抽象成对象及类是比较难的过程，也是面向对象方法的第一步。例如，将实物船台抽象成对象及类的过程如图 3.1 所示。

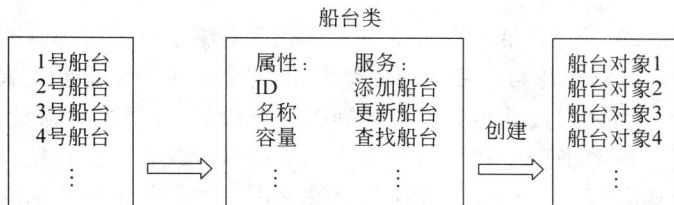

图 3.1　事物抽象过程示意图

2．封装性

封装（Encapsulation）就是把对象的属性和行为结合成一个独立的单位，并尽可能隐蔽对象的内部细节。封装有两个含义：一是把对象的全部属性和行为结合在一起，形成一个不可分割的独立单位。对象的属性值（除了公有的属性值）只能由这个对象的行为来读取和修改；二是尽可能隐蔽对象的内部细节，对外形成一道屏障，与外部的联系只能通过外部接口实现。图3.1中的船台类也反映了封装性。

封装的信息隐蔽作用反映了事物的相对独立性，可以只关心它对外所提供的接口，即能做什么，而不注意其内部细节，即怎么提供这些服务。一方面，封装的结果使对象以外的部分不能随意存取对象的内部属性，从而有效地避免了外部错误对它的影响，大大减小了查错和排错的难度。另一方面，当对象内部进行修改时，由于它只通过少量的外部接口对外提供服务，因此同样减小了内部的修改对外部的影响。但是，如果对象的任何属性都不允许外部直接存取，要增加许多只负责读或写的行为，这为编程工作增加了负担，增加了运行开销，并且使得程序显得臃肿。因此，在语言的具体实现过程中应使对象有不同程度的可见性，进而与客观世界的具体情况相符合。

封装机制将对象的使用者与设计者分开，使用者不必知道对象行为实现的细节，只需要用设计者提供的外部接口让对象去做。封装的结果实际上隐蔽了复杂性，并提供了代码重用性，从而降低了软件开发的难度。

3．继承性

客观事物既有共性，也有特性。如果只考虑事物的共性，而不考虑事物的特性，就不能反映出客观世界中事物之间的层次关系，不能完整地、正确地对客观世界进行抽象描述。运用抽象的原则就是舍弃对象的特性，提取其共性，从而得到适合一个对象集的类。如果在这个类的基础上，再考虑抽象过程中被舍弃的一部分对象的特性，则可形成一个新的类，这个类具有前一个类的全部特征，是前一个类的子集，形成一种层次结构，即继承结构，如图3.2所示。

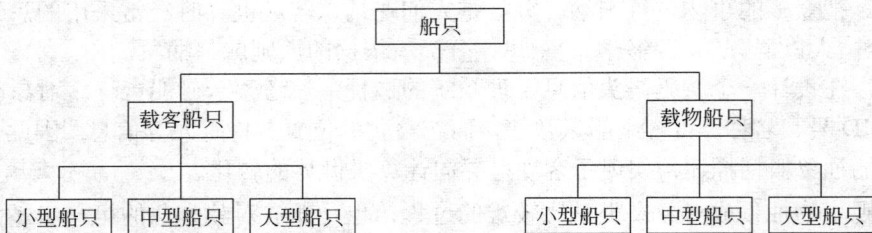

图 3.2　类的继承结构

继承（Inheritance）是一种连接类与类的层次模型。继承性是指特殊类的对象拥有其一般类的属性和行为。**继承意味着"自动地拥有"，即特殊类中不必重新定义已在一般类中定义过的属性和行为，而它却自动地、隐含地拥有其一般类的属性与行为**。继承允许和鼓励类的重用，提供了一种明确表述共性的方法。一个特殊类既有自己新定义的属性和行为，又有继承下来的属性和行为。当这个特殊类又被它更下层的特殊类继承时，它继承来的和自己定义的属性和行为又被下一层的特殊类继承下去。因此，**继承是传递的**，体现了大自然中特殊与一般的关系。

在软件开发过程中，继承性实现了软件模块的可重用性、独立性，缩短了开发周期，提高了软件开发的效率，同时使软件易于维护和修改。这是因为要修改或增加某一属性或行为，只需在相应的类中进行改动，而它派生的所有类都自动地、隐含地做了相应的改动。

由此可见，继承是对客观世界的直接反映，通过类的继承，能够实现对问题的深入抽象描述，反映出人类认识问题的发展过程。

4．多态性

面向对象设计借鉴了客观世界的多态性，体现在不同的对象收到相同的消息时产生多种不同的行为方式。例如，在一般类"船只"中定义了一个行为"航行"，但并不确定航行时走什么样的路线。特殊类"小型船只"、"中型船只"和"大型船只"都继承了船只类的航行行为，但其功能却不同，一个是按小型船只的航行路线航行，一个是按中型船只的航行路线航行，另一个是按大型船只的航行路线航行。这样一个航行的消息发出后，"小型船只"、"中型船只"和"大型船只"等类的对象接收到这个消息后各自执行不同的航行函数，如图 3.3 所示，这就是多态性的表现。

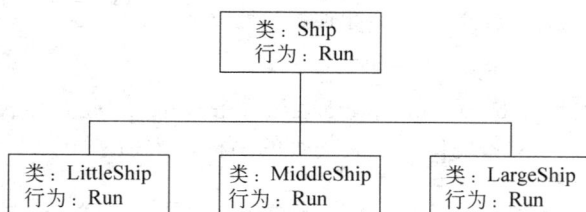

```
              ┌──────────────┐
              │ 类：Ship     │
              │ 行为：Run    │
              └──────┬───────┘
        ┌────────────┼────────────┐
┌───────────────┐┌───────────────┐┌───────────────┐
│ 类：LittleShip ││ 类：MiddleShip ││ 类：LargeShip  │
│ 行为：Run     ││ 行为：Run     ││ 行为：Run     │
└───────────────┘└───────────────┘└───────────────┘
```

图 3.3　多态性示意图

具体来说，**多态性**（Polymorphism）是指类中同一函数名对应多个具有相似功能的不同函数，可以使用相同的调用方式来调用这些具有不同功能的同名函数。

继承性和多态性的结合，可以生成一系列虽类似但独一无二的对象。由于继承性，这些对象共享许多相似的特征；由于多态性，针对相同的消息，不同对象可以有独特的表现方式，实现特性化的设计。

上述面向对象技术 4 大特征的充分运用，为提高软件开发效率起着重要的作用，通过编写可重用代码、可维护代码、共享代码等方法充分发挥其优势。面向对象技术可使程序员不必反复地编写类似的程序，通过继承机制进行特殊类化的过程使得程序设计变成仅对特殊类与一般类的差异进行编程的过程。当高质量的代码可重复使用时，复杂性就得以降低，效率则得到提高。面向对象技术将数据与操作封装在一起，简化了调用过程，方便了维护，并减少了程序设计过程中出错的可能性。继承性和封装性使得应用程序的修改带来的影响更加局部化，而且类中的操作是易于修改的。因此，采用面向对象技术进行程序设计具有开发时间短、效率高、可靠性好、所开发的程序更强壮等优点。

3.2　类和对象

在面向对象程序中，客观世界被描绘成一系列完全自治、封装的对象，这些对象通过外部接口访问其他对象。对象是组成一个系统的基本逻辑单元，是一个有组织形式的含有信息的实体。而类是创建对象的样板，在整体上代表一组对象，设计类而不是设计对象可以避免重复编码，类只需要编码一次，就可以创建本类的所有对象。

3.2.1　类与类成员

类（Class）是面向对象的一个基本概念，是对同一种对象的抽象描述。类中定义相关变量和函数，描述对象的特征和功能。在 C#中，这些变量和函数统称为类的成员，类成员包括字段、属性、方法、事件等，这些组成成员能够彼此协调用于对象的深入描述。其中，反映事物特征的变量称为数据成员，反映事物功能的函数称为方法成员。因此，类是具有相同属性和行为的一组对象的集合，它为属于该类的全部对象提供了统一的抽象描述，其内部包括属性和行为两个主要部分。

C#中定义一个类的基本语法如下：

[访问修饰符] **class** 类名
{
　　类成员定义　 //字段、属性、方法、事件等
}

其中，访问修饰符可以是 public、protected、internal、private 和 protected internal 等。class 是声明类的关键字，类名是自己定义的类的名称，大括号中声明的是类的成员。其中[访问修饰符]可以省略。

对类的访问控制权限需要用访问修饰符来定义，在 C#中访问修饰符有以下 5 种。

（1）public：对类的访问不受限制，就像公共图书馆一样，谁都可以进去看书。

（2）protected：对类的访问仅限于包含类或从包含类派生的类，就像单位的图书馆，只有该单位或其子公司的人才能进去。

（3）private：访问仅限于包含类，如私人图书馆一样不对外开放。

（4）internal：访问仅限于当前项目，如允许派到本单位协助工作的人也能访问单位的图书馆，即除了本单位的人能访问外，外单位派到本单位协助工作的人也能访问。

（5）protected internal：同时拥有 protected 的访问权限和 internal 的访问权限。

如果不是嵌套的类，命名空间或编译单元内的类只有 public 和 internal 两种访问修饰符，默认为 internal。如果类包含在其他类或结构中，则可以为 private 或 protected 访问修饰符等。如无特殊说明，类均指不包含在其他类或结构中的类。类中所有的成员，默认均为 private 访问修饰符。

1．字段

"字段"是包含在类中的对象的值，字段使类可以封装数据，字段的存储可以满足类设计中所需要的描述。船台类 Slipway 中的字段 volume，就是用来描述船台容量。当然，Slipway 的特性不只容量，可以声明多个字段描述 Slipway 类的对象，示例代码如下所示。

```
public class Slipway
{
    public  int  ID;        //船台编号
    public  string  name;   //船台名称
    public  int   volume;   //船台容量
}
```

Slipway 类声明了另外两个字段，用来描述船台编号和船台名称。当需要访问该类的字段的时候，需要声明对象，并使用点 "." 操作符实现，Visual Studio 2013 中对 "." 操作符有智能提示功能，示例代码如下所示。

```
Slipway s= new Slipway();    //创建对象
s. name="一号船台";          //船台名称
s. volume=20;                //船台容量
```

2．属性

C#中，属性是类中可以像类的字段一样访问的方法。属性可以为字段提供保护，避免字段在用户创建的对象不知情的情况下被更改。属性机制非常灵活，提供了读取、编写或计算私有字段的值，可以像公共数据成员一样使用属性。

在 C#中，属性被称为 "访问器"，为 C#应用程序中类的成员的访问提供安全性保障。当一个字段的权限为私有（private）时，不能通过对象的 "." 操作来访问，但是可以通过 "访问器" 来访问，示例代码如下所示。

```
public class Slipway
{
    public  int  ID;                  //船台编号
    public  string  name;             //船台名称
    private int  _volume;             //定义私有变量船台容量
    public int  Volume {get; set;}    //赋值属性
}
```

上述代码中为 Slipway 类声明了一个属性 Volume，在主程序中，同样可以通过 "." 操作符来访问属性，示例代码如下所示。

```
Slipway s= new Slipway();        //创建对象
s.Volume=20;                     //属性 Volume 访问了_volume
```

3．方法

方法用来执行类的操作，方法是一段小的代码块。在 C#中，方法接收输入的数据参数，并通过参数执行函数体，返回所需的函数值，方法的语法如下所示。

```
[访问修饰符] 返回类型 方法名称([参数 1] [，参数 2])
{
    方法代码块
}
```

方法在类中声明。对方法的声明，需要指定访问级别、返回值、方法名称以及任何必要的参数。参数在方法名称后的括号中，多个参数用逗号分隔，空括号表示无参数，示例代码如下所示。

```
public class Slipway
{
```

```
        public void addSlipway()                //一个无参数传递的方法
        {
            string name;
            Console.WriteLine("请输入船台名称");
            name =Console.ReadLine();
            Console.WriteLine("添加的船台名称是："+ name.toString());
            Console.ReadLine();
        }
        public void addSlipway(string name)      //一个有参数传递的方法
        {
            Console.WriteLine("添加的船台名称是："+ name.toString());
            Console.ReadLine();
        }
}
```

上述代码中创建了两个方法，一个是无参数传递方法 addSlipway 和一个有参数传递的方法 **addSlipway**（**方法重载**），在主函数中可以调用该方法，调用代码如下所示。

```
Slipway s= new Slipway();       //创建对象
s.addSlipway();                 //使用无参数的方法
string sname="二号船台";
s.addSlipway(sname);            //使用有参数的方法
```

如上述代码所示，主函数通过语句"**s.addSlipway(sname)**"调用了一个方法 **addSlipway**，并传递了参数"二号船台"。在使用类中的方法前，将"二号船台"赋值给变量 sname，传递给 **addSlipway** 函数。

下面来看一个类定义的完整例子。以船台为例，定义 Slipway 类，将对船台的抽象描述放入 Slipway 类的定义中。

```
public class Slipway
{
    public  int  ID;         //船台编号
    public  string  name;    //船台名称
    public  int  volume;     //船台容量
    public void addSlipway()
    {
        string name;
        Console.WriteLine("请输入船台名称");
        name =Console.ReadLine();
        Console.WriteLine("添加的船台名称是："+ name.toString());
        Console.ReadLine();
    }
}
```

Slipway 类中包含两个 int 型的变量 ID、volume 和一个 string 型的变量 name，分别用来描述船台的编号、名称和容量属性特征，是 Slipway 类的数据成员；addSlipway 方法用来添加新的船台信息，是 Slipway 类的方法成员。

3.2.2 默认构造函数与对象的创建

类的定义是对某类事物的抽象描述，可以看作是事物的图纸，对象则是实际存在的事物，实例化就是连接二者，从图纸生产出实际事物的过程。**对象**（Object）**由属性**（Attribute）**和行为**（Action）**两部分组成。** 对象只有在具有属性和行为的情况下才有意义，属性是用来描述对象静态特征的一个数据项，行为是用来描述对象动态特征的一个操作。在程序设计领域，可以用"对象＝数据+作用于这些数据上的操作"这一公式来表达对象。

创建类的对象时需要使用 new 关键字调用类的构造函数。类的构造函数是一种特殊的方法，主要用来在创建对象时初始化对象。构造函数的命名必须和类名完全相同，而一般方法则不能和类名相同。.NET 框架为每个类提供了一个无参的构造函数。

由类创建对象的基本语法如下：

类名 对象名 = new 类名();

其中，"类名（）"为类的构造函数。如果把类 Slipway 的定义看作船台的图纸，创建对象就是根据图纸来构建实际的船台。

【例 3-1】 通过默认构造函数创建对象。

Step 1 在 Visual Studio 2013 中新建【控制台应用程序】项目 ConsoleApplication1。

Step 2 修改 Program.cs 文件的内容如下。

```csharp
using System;
using System.Collections.Generic;
using System.Linq;
using System.Text;

namespace Example3_1
{
    public class Slipway
    {
        public  int  ID;// 船台编号
        public  string  name;// 船台名称
        public  int   volume;// 船台容量
        public void addSlipway()
        {
            string name;
            Console.WriteLine("请输入船台名称");
            name =Console.ReadLine();
            Console.WriteLine("添加的船台名称是: "+ name.ToString());
            Console.ReadLine();
        }
    }
    class Program
    {
        static void Main(string[] args)
```

```
        {
            Slipway slipway1 = new Slipway ( );
            slipway1.ID=1;
            slipway1. volume =5;
            slipway1. addSlipway ( );
            Console.ReadKey( );
        }
    }
}
```

程序输出结果如图 3.4 所示。

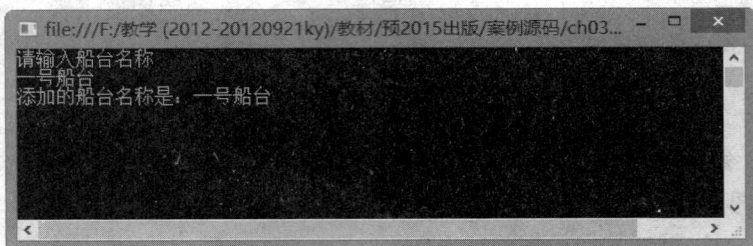

图 3.4　程序运行结果

注意：例 3-1 中，声明了两个类，Slipway 类和 Program 类，它们都位于同一命名空间 Example3_1。public class Slipway 是 Slipway 类的定义，Program 类是 Visual Studio 自动生成的，Program 类中自动包含 Main()方法，在 Main 方法中对 Slipway 类进行了实例化，语句：

```
            Slipway slipway1 = new Slipway ( );
```

创建了一个 Slipway 类的对象，对象名称为 slipway1。创建对象时，需使用 new 关键字调用类的构造函数初始化对象（为新建的对象 slipway1 分配内存空间），例 3-1 中在创建对象 slipway1 时调用了 Slipway 类的默认构造函数 Slipway ()。

3.2.3　自定义构造函数与对象的创建

在例3-1中，对象slipway1的编号和名称都是在对象创建以后，通过下面的两条语句赋值的：

```
            slipway1.ID=1;
            slipway1. volume =5;
```

那么，能不能在创建对象 slipway1 的时候直接为属性编号和名称赋值呢？

在声明类时，可以为类自定义构造函数，这样，在创建类的对象时，就可以直接为类的属性赋值了。自定义构造函数的基本格式如下：

类名（参数表）
{
        函数体，通常用于给类中的数据成员赋初值。
}

　　构造函数名与类名相同，不能修改，构造函数的参数表可以为空，也可以不空。定义构造函数时不需要给出返回值类型。构造函数时一般使用访问修饰符 public。

　　当给出一个没有参数的自定义构造函数时，也就是自定义构造函数的函数头与系统自动生成的构造函数完全相同时，系统将不再自动生成构造函数。

　　为了增加程序的灵活性，可以同时定义多个自定义构造函数，多个构造函数的函数名完全相同，但参数表必须不同，这种情况称为构造函数重载。

【例 3-2】　通过自定义构造函数创建对象。

Step 1　在 Visual Studio 2013 中新建【控制台应用程序】项目 ConsoleApplication2。

Step 2　修改 Program.cs 文件的内容如下。

```
using System;
using System.Collections.Generic;
using System.Linq;
using System.Text;

namespace Example3_2
{
    public class Slipway
    {
        public  int  ID;        //船台编号
        public  string  name;  //船台名称
        public  int   volume;  //船台容量
        public   Slipway()
        {
            ID=1;
            volume =5;
        }
        public   Slipway(int id, int vol)
        {
            ID= id;
            volume = vol;
        }
        public void addSlipway()
        {
            string name;
            Console.WriteLine("请输入船台名称");
            name =Console.ReadLine();
            Console.WriteLine("添加的船台名称是: "+ name.ToString());
        }
    }
    class Program
    {
        static void Main(string[] args)
        {
            Slipway slipway1 = new Slipway ();
```

```
            Console.WriteLine("船台号是{0}: ", slipway1.ID);
            slipway1. addSlipway ();
            Slipway slipway2 = new Slipway (2,8);
            Console.WriteLine("船台号是{0}: ", slipway2.ID);
            slipway1. addSlipway ();
            Console.ReadKey();
        }
    }
}
```

程序输出结果如图 3.5 所示。

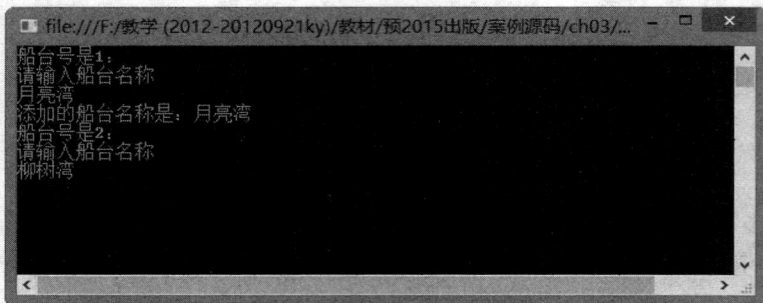

图 3.5　程序运行结果

　　一个类有两个或者更多的构造函数，其参数表互不相同，则在定义该类的对象时，系统将根据 new 运算符后边的构造函数的参数类型和个数来选择调用哪个构造函数为对象的变量进行初始化。例 3-2 的 Main( )方法中，对象 slipway1 调用了没有参数的构造函数，对象 slipway 2 调用了有参数的构造函数，因此，对象 slipway1 和 slipway2 的编号和名称的赋值方式不同。

　　注意，如果只显式给出一个有参数的构造函数，则系统将不会自动生成一个无参数的构造函数，此时在定义对象时将不能调用无参数的构造函数，因为该构造函数不存在。也就是说，要实现构造函数重载，必须显式给出所有构造函数的定义。此外，除了定义对象时调用构造函数初始化对象中的数据，在程序的其他位置不能调用构造函数。

3.3　属性在类和对象中的应用

　　除了数据成员和方法成员外，类中还有属性成员。属性成员可以看作一种特殊的数据成员，使用属性成员可以限制外部代码对类的数据成员的访问。

　　日常生活中，很多电子产品都有质保标签，禁止用户打开产品外壳查看内部原理。在程序设计中也是如此，我们希望隐藏具体实现细节，可以把类看成一个黑盒，只有设计者掌握类的内部结构，使用者只能按照类的设计者规定好的方式访问类的数据成员。

　　如果要完全禁止外部代码对类中的某个数据成员的访问，只要将该数据成员的访问修饰符设置为 private 即可。例如：

```
public class Slipway
    {
        private  int  ID; // 船台编号
        …
    }
    class Program
    {
        static void Main(string[] args)
        {
            …
            Slipway slipway3 = new Slipway ( );
            Slipway3. ID = 50;
        }
    }
}
```

将例 3-2 中 Slipway 类的数据成员 ID 的访问修饰符改为 private，并在 Main 方法中添加语句：

```
            Slipway slipway3 = new Slipway ( );
            Slipway3. ID = 50;
```

调试运行时 Visual Studio 将提示 slipway1. ID 不可访问。这是因为 private 类型的数据成员 ID 受保护级别限制，只能在 Slipway 类中被访问，而 Main 方法不属于 Slipway 类。这个例子可以理解为我们在船台建造出来以后就不允许用户改变船台的编号。这种方式严格限制了在类 Slipway 的定义之外，完全不能访问数据成员 ID。

有些时候，我们只是需要限制数据成员的访问，而不是完全不允许数据成员被访问。例如，我们希望允许在 Slipway 类之外，在 Main 方法中可以读出数据成员 ID 的值，但是不能修改，也就是说允许查船台的编号但不能更改，这种情况下需要对数据成员 ID 实现只读访问。

要实现这种访问控制，需要引入类的属性成员。属性是字段的一种自然扩展，是一个与类或对象相关联的命名。与字段不同的是，属性拥有 get{}访问器和 set{}访问器，访问器定义了读取或者写入属性值时必须执行的代码。属性的 get{}访问器和 set{}访问器用来实现对类中私有字段的读写操作。

为了类的封装性，一般是把描述类的特征的字段定义为 private，把属性设为 public 来操作私有的字段。定义属性成员的格式如下：

[访问修饰符] 数据类型　属性名
{
  get{}　　　//get 访问器
  set{}　　　//set 访问器
}

属性定义中，访问修饰符通常为 public，因为属性需要在类的定义之外被访问。属性的定义中包含一个 set 访问器和一个 get 访问器。

定义好类的属性成员,就可以通过对象的属性来存取私有字段的值了。属性的引用格式为:

对象名.属性名;

注意:如果属性定义中没有给出 set 访问器,而只有 get 访问器,则该属性称为只读属性,这时为属性赋值将出错。类似的,属性定义中没有给出 get 访问器,而只有 set 访问器,则该属性称为只写属性,这时试图引用属性值将出错。也可以在 set 访问器之前加上访问修饰符 private,如 private set{ },使得属性变成只读。

【例 3-3】 属性在类和对象中的应用。

Step 1 在 Visual Studio 2013 中新建【控制台应用程序】项目 ConsoleApplication3。

Step 2 修改 Program.cs 文件的内容如下。

```csharp
using System;
using System.Collections.Generic;
using System.Linq;
using System.Text;

namespace Example3_3
{
    public class Slipway
    {
        private int id;      //船台编号
        public string name;//船台名称
        public int volume; //船台容量
        public int ID
        {
            set
            {
            }
            get
            {
                return id;
            }
        }
        public Slipway()
        {
            id =1;
            volume =5;
        }
        public Slipway(int id, int vol)
        {
            this.id= id;
            volume = vol;
        }
        public void addSlipway()
```

```
            {
                string name;
                Console.WriteLine("请输入船台名称");
                name =Console.ReadLine();
                Console.WriteLine("添加的船台名称是: "+ name.ToString());
            }
        }
    }
class Program
{
    static void Main(string[] args)
    {
        Slipway slipway1 = new Slipway ();
        Console.WriteLine("船台号是: {0}", slipway1.ID);
        slipway1.ID=6;
        Console.WriteLine("船台号是: {0}", slipway1.ID);
        slipway1. addSlipway ();
        Slipway slipway2 = new Slipway (2,8 );
        Console.WriteLine("船台号是: {0}", slipway2.ID);
        slipway1. addSlipway ();
        Console.ReadKey();
    }
    }
}
```

程序输出结果如图 3.6 所示。

图 3.6　程序输出结果

考虑一下为什么 slipway1 对象的船台号输出结果不是 6，而是 1？这是由属性成员的特性决定的。例 3-3 中，属性 ID 的定义中，set 访问器为空，get 访问器中包含语句"return id;"，在 Main()方法中，引用 Slipway 类对象 slipway1 的属性 slipway1.ID，实际上执行了属性 ID 的 get 访问器中的代码，即"return id;"，因此输出对象 slipway1 的数据成员 id 的值。语句 "slipway1. ID = 6;"并未实现赋值，因为给对象的属性赋值，将调用属性的 set 访问器，而属性 ID 的 set 访问器为空，因此实质上语句"slipway1. ID = 6;"没有任何效果。

将例3-3中的属性定义修改如下：

```
public double ID
{
```

```
        set
        {
              id = value;
        }
        get
        {
              return id;
        }
   }
```

则程序输出结果如图 3.7 所示。

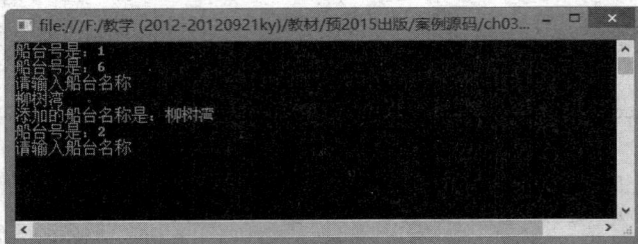

图 3.7   程序输出结果

此时，语句"slipway1. ID = 6;"调用属性的 set 访问器，系统将使用一个变量 value，自动将 6 赋给变量 value，set 访问器中的语句：

```
        id = value;
```

将变量 value 赋给数据成员 ID。例 3-3 中属性成员 ID 与数据成员 id 存在对应关系，通过 get、set 访问器控制对数据成员的访问。非空的 get 访问器中通常包含一个 return 语句，在类定义之外引用属性值，得到的就是该 return 语句的返回值。get 访问器可以在 return 语句之前进行运算，然后在 return 语句中返回运算的结果。例如，Slipway 类中，在属性 ID 的 get 访问器中将船台编号乘以 1000，然后使用 return 返回换算后的船台编号。

```
get
{
    return id*1000;//实现换算
}
```

非空的 set 访问器中，给属性赋值实际上就是给自动产生的变量 value 赋值，可以在 set 访问器中判断 value 的范围是否合法，例如是否在[0，100]，然后决定是否使用该值修改属性对应的数据成员。

```
set
{
    if( 0 <= value && value <= 100) id = value;
}
```

此外，还存在一种更为简便的属性使用方式。例如：

```
Public int ID { get;  set; }
```

这种方式称为自动实现的属性，可以直接使用，无须为属性定义对应的 private 的数据成员。如果需要将属性设为只读或只写，只需要在 set 或 get 前加上 private 即可。

3.4　方法重载在类和对象中的应用

在类的代码中，除了有数据成员的定义外，还有函数的定义，这些函数称为类的方法成员。例如，例 3-1 中 Slipway 类的方法成员 addSlipway ( )。

在类的方法成员中，通常对类的数据成员进行输入输出操作，也可以对类的数据成员进行各种运算。其定义格式为：

[访问修饰符] 返回值类型　方法名(参数表)
{
　　语句序列；
}

参数表可以为空，若参数表不为空，则格式为：类型　参数 1，类型　参数 2，……，如果方法成员的实现代码中使用"return　表达式；"返回，则方法成员定义中返回值类型应该与 return 语句中的表达式类型一致；如果没有 return 语句，或者使用"return："，语句中没有给出返回值，则方法成员定义中返回值类型应为 void，即无返回值。

调用类的方法成员，格式为：

对象名. 方法名(参数表)；

调用方法成员时的参数表中的参数个数与方法成员定义中的参数表中参数个数必须相同，两个参数表中对应参数的类型应相同。

在 C#中，类的定义中允许出现同名方法成员，这种情况称为重载。重载的概念在第 2 章中已经见到过，类的方法成员重载指在一个类中定义两个或以上的同名方法成员，要求任意两个同名方法成员的参数表都不相同（或者参数个数不同，或者参数类型不同），返回值类型可以相同也可以不同。根据调用方法成员时的参数个数和类型，决定执行哪个方法成员。

在下面的例 3-4 中，在例 3-3 中 Slipway 类的基础上添加了两个同名方法成员 addSlipway()，其中一个方法成员带有一个 Slipway 型参数，另一个方法成员带有一个 Slipway 型参数和一个 int 型参数。

【例 3-4】　类中方法成员的重载及应用。

Step 1　在 Visual Studio 2013 中新建【控制台应用程序】项目 ConsoleApplication4。

Step 2　修改 Program.cs 文件的内容如下。

```
using System;
using System.Collections.Generic;
using System.Linq;
using System.Text;
```

```
namespace Example3_4
{
    public class Slipway
    {
        private  int  id;       //船台编号
        public  string  name;//船台名称
        public  int   volume;//船台容量
        public int ID
        {
            set
            {
                id = value;
            }
            get
            {
                return id;
            }
        }
        public   Slipway()
        {
            id =1;
            volume =5;
        }
        public   Slipway(int id, int vol)
        {
            this.id= id;
            volume = vol;
        }
        public void addSlipway()
        {
            string name;
            Console.WriteLine("请输入船台名称");
            name =Console.ReadLine();
            Console.WriteLine("添加的船台名称是: "+ name.ToString());
        }
        public void addSlipway(Slipway slipway)
        {
            Console.WriteLine("请输入船台名称");
            slipway.name =Console.ReadLine();
            Console.WriteLine("添加的船台名称是: "+ slipway.name.ToString());
        }
        public void addSlipway(Slipway slipway, int volume)
        {
            Console.WriteLine("请输入船台名称");
            slipway.name =Console.ReadLine();
```

```
            slipway.volume = volume;
            Console.WriteLine("添加的船台名称是: "+ slipway.name.ToString());
            Console.WriteLine("船台容量: "+ slipway. volume.ToString());
        }
    }
    class Program
    {
        static void Main(string[] args)
        {
            Slipway slipway1 = new Slipway ( );
            Console.WriteLine("船台号是: {0}", slipway1.ID);
            slipway1.ID=6;
            Console.WriteLine("船台号是: {0}", slipway1.ID);
            slipway1. addSlipway ( );
            Slipway slipway2 = new Slipway (2,8 );
            Console.WriteLine("船台号是: {0}", slipway2.ID);
            slipway1. addSlipway (slipway2 );
            slipway1. addSlipway (slipway2,10);
            Console.ReadKey( );
        }
    }
}
```

程序输出结果如图3.8所示。

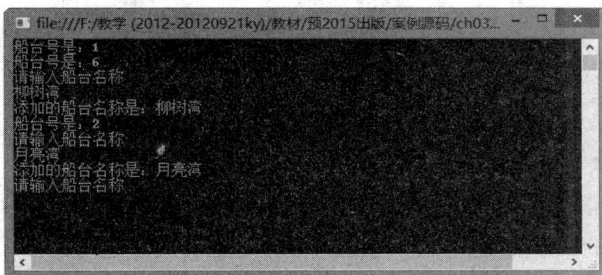

图 3.8　程序输出结果

3.5　类的静态成员与实例成员

C#中，类可以有两类成员：静态成员和实例成员。静态成员属于类所有，实例成员属于类的实例（对象）所有，每一个对象都有实例成员的不同副本。由于静态成员为各个类的实例所公用，无论类创建了多少实例，类的静态成员在内存中只占同一块区域；由于实例属于对象独有，每创建一个类的实例，都会在内存中为实例成员新分配一块存储。默认情况下，成员是被定义为实例成员的。

静态成员和实例成员在语法定义上的区别为：静态成员前要加 static 关键字，而实例成员前则不加。

静态成员和实例成员在引用上的区别为：静态成员可以直接使用类名来引用，实例成员必须创建对象后才可以通过这个对象来使用。

3.5.1 静态数据成员与实例数据成员

类的数据成员指的是类中定义的常量和变量，其中的变量又称为"字段"。需要注意的是，在类中的某一个函数中定义的变量不是类的数据成员。类的数据成员是在类的代码内定义的，并且不包含在类的任何一个函数内。

例如例3-1的代码在Slipway类中定义了两个int型数据成员ID、volume，一个string型的数据成员name。而addSlipway( )函数中定义的变量name不是类的数据成员。

```
public class Slipway
    {
        public  int  ID;        //船台编号
        public  string  name;//船台名称
        public  int   volume; //船台容量
        public void addSlipway()
        {
            string name;
            Console.WriteLine("请输入船台名称");
            name =Console.ReadLine();
            Console.WriteLine("添加的船台名称是： "+ name.ToString());
            Console.ReadLine();
        }
    }
```

类的数据成员在定义时通常需要给出访问修饰符，如果没有显式给出，则系统默认访问修饰符为 private，即只有类内的函数可以访问该数据成员。如果数据成员的访问修饰符使用 public，则允许类的数据成员在类定义之外被访问。

类的数据成员可以分为静态变量、实例变量两种。静态成员变量是和类相关联的，可以作为类中"共"有的变量（是一个共性的表现），通常用于表示不会随对象状态而变化的数据或计算。静态成员不依赖特定对象的存在，访问的时候通过类名加点操作符加变量名来访问。实例成员变量是和对象相关联的，访问实例成员变量依赖于实例的存在，访问的时候通过对象名加点操作符加变量名来访问，即：

静态数据成员的引用格式为：**类名.数据成员名**；
实例数据成员的引用格式为：**对象名.数据成员名**；

类的数据成员（静态数据成员和实例数据成员）可以是任意类型，一个类的实例可以作为另一个类的数据成员。类的数据成员可以在类的构造函数中进行初始化。下面通过一个具体的例子来说明静态数据成员和实例数据成员的区别。

【例3-5】 静态数据成员和实例数据成员的应用。

Step 1 在 Visual Studio 2013 中新建【控制台应用程序】项目 ConsoleApplication5。

Step 2 修改 Program.cs 文件的内容如下。

```
using System;
using System.Collections.Generic;
using System.Linq;
using System.Text;

namespace Example3_5
{
    public class Slipway
    {
        private  int  id;           //船台编号
        public  string  name;       //船台名称
        public  int  volume;        //船台容量
        public static int count;    //统计船台数量
        public int ID
        {
            set
            {
                id = value;
            }
            get
            {
                return id;
            }
        }
        public  Slipway()
        {
            count++;/*每次调用此构造函数创建船台对象时，count 加 1*/
            id =1;
            volume =5;
        }
        public  Slipway(int id, int vol)
        {
            count++;/*每次调用此构造函数创建船台对象时，count 加 1*/
            this.id= id;
            volume = vol;
        }
        public void addSlipway()
        {
            string name;
            Console.WriteLine("请输入船台名称: ");
            name =Console.ReadLine();
            Console.WriteLine("添加的船台名称是: "+ name.ToString());
        }
        public void addSlipway(Slipway slipway)
        {
```

```
        Console.WriteLine("请输入船台名称：");
        slipway.name =Console.ReadLine();
        Console.WriteLine("现在添加的是第{0}号船台：", count.ToString());
        Console.WriteLine("添加的船台名称是："+ slipway.name.ToString());
    }
    public void addSlipway(Slipway slipway, int volume)
    {

        Console.WriteLine("请输入船台名称");
        slipway.name =Console.ReadLine();
        slipway.volume = volume;
        Console.WriteLine("现在添加的是第{0}号船台：", count.ToString());
        Console.WriteLine("添加的船台名称是："+ slipway.name.ToString());
        Console.WriteLine("船台容量："+ slipway. volume.ToString());
    }
}
class Program
{
    static void Main(string[] args)
    {
        Slipway. count=0;                        //通过类访问静态变量
        Slipway slipway1 = new Slipway();        //构建船台对象 slipway1
        Console.WriteLine("船台号是：{0}", slipway1.ID);
        slipway1.ID=6;                           //通过对象访问实例变量
        Console.WriteLine("船台号是：{0}", slipway1.ID);
        slipway1. addSlipway ();
        Slipway slipway2 = new Slipway (2,8 );
        Console.WriteLine("船台号是：{0}", slipway2.ID);
        slipway1. addSlipway (slipway2 );
        slipway1. addSlipway (slipway2 ,10);
        Console.ReadKey();
    }
}
}
```

程序输出结果如图 3.9 所示。

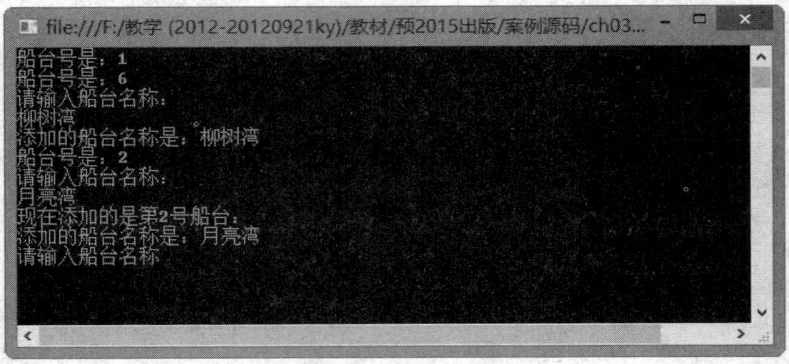

图 3.9　程序输出结果

例 3-5 中，在例 3-4 中 Slipway 类的基础上添加一个静态成员变量 count，用来统计创建的船台对象数。为了达到这个目的，需要在 Slipway 类的构造函数中使静态数据成员 count 自增，也就是每调用一次构造函数，count 值就会加 1。因此，分别在 Slipway 类的两个构造函数中添加语句：

```
count++;  /*每次调用此构造函数创建船台对象时，count 值加 1*/
```

并在 Slipway 类的两个重载 addSlipway 方法中，添加语句：

```
Console.WriteLine("现在添加的是第{0}号船台：", count.ToString());
```

输出新建船台的序号。这样，程序输出结果中将按序号显示船台的创建顺序。

例 3-5 中，Main 方法通过下面的语句对 Slipway 类的静态成员变量 count 进行初始赋值：

```
Slipway. count=0;                          //通过类访问静态变量
```

然而，要在 Main 方法中访问 Slipway 类的实例成员变量 ID，需要使用下面的两条语句：

```
Slipway slipway1 = new Slipway();  //构建船台对象 slipway1
slipway1.ID=6;                     //通过对象访问实例变量
```

先定义 Slipway 类对象 slipway1，再使用 slipway1. ID 引用实例数据成员 ID。

注意，静态数据成员 count，类型为 int 型，默认其初始值为 0，也可以在定义静态数据成员的时候为其赋初值。例如：

```
static public int count=10;
```

3.5.2　静态方法成员与实例方法成员

类的方法成员也可以分为静态方法成员和实例方法成员。与静态数据成员类似，静态方法成员是不属于特定对象的方法。静态方法可以访问静态成员变量，但不可以直接访问实例变量，却可以将实例变量作为参数传给静态方法。静态方法也不能直接调用实例方法，可以间接调用，首先要创建一个类的实例，然后通过这一特定对象来调用实例方法。

与实例数据成员类似，类的实例方法成员与特定对象关联，它的执行需要一个对象存在。实例方法可以直接访问静态变量和实例变量，实例方法也可以直接访问实例方法和静态方法。当多个实例对象存在时，内存中并不存在每个特定的实例方法的备份，而是相同类的所有对象都共享实例方法的一个备份（实例方法只占用"一套"内存空间）。

如果定义方法成员时在方法成员的访问修饰符前加上 static，则定义的就是静态方法成员。与静态数据成员类似，调用静态方法成员必须使用如下形式：

类名.方法名(参数表);

但是，调用实例方法成员，必须先定义类的实例，调用静态方法成员必须使用如下形式：

对象名.方法名(参数表);

下面通过一个具体的例子来说明静态方法成员和实例方法成员的区别。

【例3-6】 静态方法成员和实例方法成员的应用。

Step 1 在 Visual Studio 2013 中新建【控制台应用程序】项目 ConsoleApplication6。

Step 2 修改 Program.cs 文件的内容如下：

```csharp
using System;
using System.Collections.Generic;
using System.Linq;
using System.Text;

namespace Example3_6
{
    public class Slipway
    {
        private  int  id;           //船台编号
        public  string  name;       //船台名称
        public  int  volume;        //船台容量
        public static int count;     //统计船台数量
        public int ID
        {
            set
            {
                id = value;
            }
            get
            {
                return id;
            }
        }
        public   Slipway()
        {
            count++;/*每次调用此构造函数创建船台对象时，count 加 1*/
            id =1;
            volume =5;
        }
        public   Slipway(int id, int vol)
        {
            count++;/*每次调用此构造函数创建船台对象时，count 加 1*/
            this.id= id;
            volume = vol;
            name = "理想";
        }
        public void addSlipway()
        {
```

```
        string name;
        Console.WriteLine("请输入船台名称");
        name =Console.ReadLine();
        Console.WriteLine("添加的船台名称是: "+ name.toString());
    }
    public void addSlipway(Slipway slipway)
    {
        Console.WriteLine("船台类的名称变量初始值为"+slipway.name. toString());
        Console.WriteLine("请输入船台名称");
        slipway.name =Console.ReadLine();
        Console.WriteLine("现在添加的是第{0}号船台: ", count.toString());
        Console.WriteLine("添加的船台名称是: "+ slipway.name.toString());
    }
    public static void addSlipway(Slipway slipway, int volume)
    {
        Console.WriteLine("船台类的名称变量初始值为"+name.toString());//报错
        Console.WriteLine("请输入船台名称");
        slipway.name =Console.ReadLine();
        slipway.volume = volume;
        Console.WriteLine("现在添加的是第{0}号船台: ", count.toString());
        Console.WriteLine("添加的船台名称是: "+ slipway.name.toString());
        Console.WriteLine("船台容量: "+ slipway. volume.toString());
    }
}
class Program
{
    static void Main(string[] args)
    {
        Slipway.count=0;                              //通过类访问静态变量
        Slipway slipway1 = new Slipway();       //构建船台对象 slipway1
        Console.WriteLine("船台号是: {0}", slipway1.ID);
        slipway1.ID=6;                                //通过对象访问实例变量
        Console.WriteLine("船台号是: {0}", slipway1.ID);
        slipway1. addSlipway();
        Slipway slipway2 = new Slipway (2,8 );
        Console.WriteLine("船台号是: {0}", slipway2.ID);
        slipway1. addSlipway (slipway2 );
        Slipway. addSlipway(slipway2, slipway2.volume); //调用静态方法
        Console.ReadKey();
    }
}
}
```

运行程序时，系统会提示"非静态字段、方法或属性 Example3_6. Slipway. name 要求对象引用"。这是因为在例 3-6 中，使用下面的语句把例 3-5 中 Slipway 类的一个 addSlipway 方法修改为静态方法：

```
public static void addSlipway(Slipway slipway, int volume)
```

为了说明静态方法和实例方法访问实例变量时的不同，又分别在静态方法 addSlipway 和实例方法 addSlipway 中添加下面的语句：

```
Console.WriteLine("船台类的名称变量初始值为"+name. toString());
```

对于 Slipway 类的静态成员变量 **count**，静态方法 addSlipway 仍然可以访问。对于实例变量 name，只有实例方法 addSlipway 可以访问，静态方法 addSlipway 访问实例变量 name 时系统会报错。

注释掉静态方法 addSlipway 中的上述语句，程序运行正确，输出结果如图 3.10 所示。

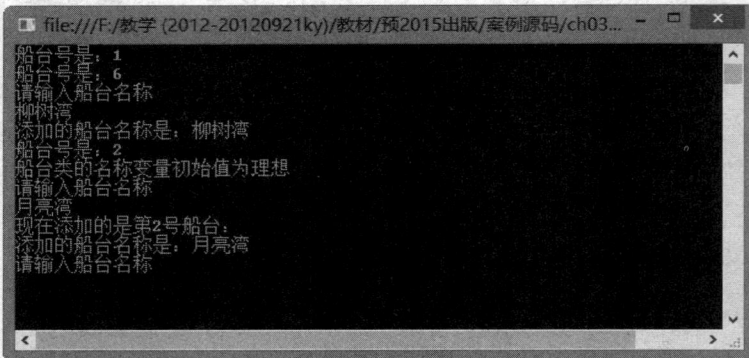

图 3.10 程序运行结果

例 3-6 中，虽然静态方法不可以直接访问实例变量，却可以将实例变量作为参数传给静态方法。例 3-6 中，Main 方法中下面的两条语句：

```
Slipway slipway2 = new Slipway (2,8);           //构建船台对象 slipway2
Slipway.addSlipway(slipway2, slipway2.volume); //调用静态方法
```

先构建船台对象 slipway2，并把船台对象 slipway2 及其实例变量 volume 作为参数参数传给静态方法 addSlipway。

3.6 C#常用类操作

C#提供了许多可以直接使用的类代码，下面介绍几种 C#常用类。

3.6.1 系统类 Object

Object 类位于命名空间 System 下，是.NET Framework 中所有类的最终父类，它为所有其他的类提供了通用的方法。因为其他所有的类都要由 Object 类派生而来，所以对 Object 类的继承就不用再声明。关键字 object 是 Object 类的一个别名。

Object 类的常用方法如下。

1．ToString()方法

使用格式：对象名．ToString()

ToString()方法是获取对象字符串表示的一种快捷方式。如果需要更专业的字符串表示，例如，考虑用户的格式化配置或文化区域，就应该实现 IFormattable 接口。

2．GetType()方法

使用格式：对象名．GetType()

GetType()方法返回一个派生自 System.Type 类的实例，这个对象可以提供对象所属类的更多信息，包括基本类型、方法、属性等，System.Type 还提供了.NET 反射技术的入口。

有两种方式来查看包装以后的引用对象中包装的原始数据的类型。要判断原始类型是否是某个给定的原子类型，用 is；如果要返回一个字符串，可以用 C# object 类的 GetType 方法。

例如，在例 3-6 中的 Main 方法的最后添加下面的语句：

```
Object obj= (object) slipway2;
if(obj is Slipway)
    Console.WriteLine("OK");
Console.WriteLine(obj.GetType());
```

运行程序，输出结果如图 3.11 所示。

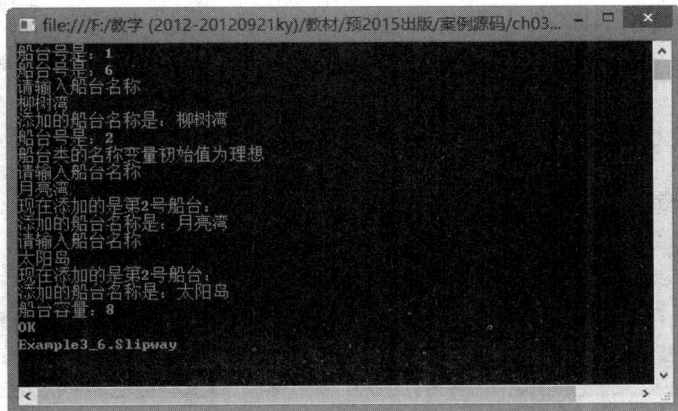

图 3.11　程序运行结果

3．Equals()方法

使用格式：对象名．Equals(Object)

Equals()方法确定两个 Object 实例是否相等。由于 Object 类是所有 .NET Framework 中类型的基类，Object.Equals(Object) 方法为所有其他类型提供默认相等性比较。但是，类型通常重写 Equals 方法来实现值相等性。

对于引用类型，Equals 的默认实现很简单，仅需要判断两个引用是不是同一种类型、两个引用指向的是不是同一块内存就可以了。所以其性能也没有问题。但是对于值类型，Equals 的任务就没有这么简单了。它需要对两个对象的所有字段都做出比较，即逐字段调用字段类型的 Equals。因此，对于值类型，Equals 方法算不上高效，这也正是为什么微软推荐我们为自定义值类型重写 Equals 方法的原因。

对于引用类型，如果没有为它重载"=="操作符，且其父类型也没有重写 Equals 方法，则这个引用类型 Equals 方法和 operator "==" 具有相同的默认行为，即它们比较的都是对象的引用等同性。

例如，在例 3-6 中修改 Main 方法中的语句为下面的语句。

```
Slipway s3a=new Slipway();
Slipway s3b= s3a;
Slipway s4= new Slipway ();
Console.WriteLine("Calling Equals:");
Console.WriteLine("s3a and s3b: {0}", s3b.Equals(s3b));        //True
Console.WriteLine("s3a and s4: {0}", s3a.Equals(s4));          //False
Console.WriteLine("\nCasting to an Object and calling Equals:");
Console.WriteLine("s3a and s3b: {0}", ((object) s3a).Equals((object)s3b));
                                                              //True
Console.WriteLine("s3a and s4: {0}", ((object) s3a).Equals((object) s4));
                                                              //False
Console.WriteLine("s3a and s3b: {0}", (s3a)==( s3b) );        //True
Console.WriteLine("s3a and s4: {0}", (s3a)== (s4) );          //False
Console.ReadKey();
```

运行程序，输出结果如图 3.12 所示。

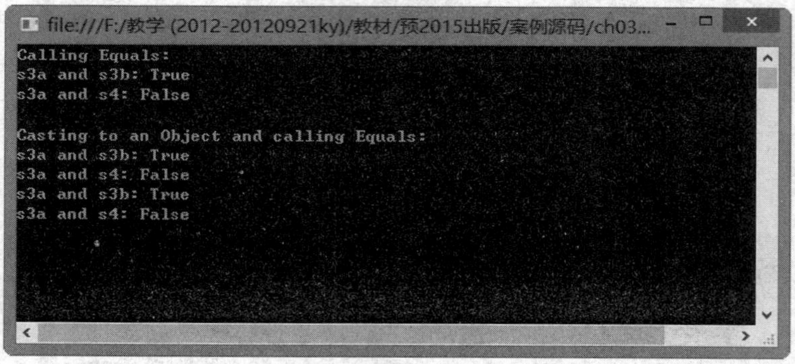

图 3.12 程序输出结果

如果当前实例是值类型，Equals(Object) 方法测试值相等性。值相等性是指两个对象是同一类型，且其公共和私有字段的值相等。例如，值为 12 的 Byte 对象不等于值为 12 的 Int32 对象，因为这两个对象具有不同的运行时类型。然而，例 3-6 中，如果把 Slipway 类修改为结构，则"s3a.Equals(s4)"将返回 True。

4. ReferenceEquals()方法

使用格式：对象名. ReferenceEquals()

ReferenceEquals()方法确定指定的 Object 实例是否是相同的实例。如果当前实例是引用类型，对于 Equals(Object) 方法的调用等效于 ReferenceEquals()方法的调用。

5. GetHashTable()方法

使用格式：对象名. GetHashTable()

如果对象放在名为映射的数据结构中，就可以使用 GetHashTable()方法。处理这些结构的类使用该方法确定把对象放在了结构的什么地方。

3.6.2　string 类和 StringBuilder 类

字符串是 C#中的一种重要数据类型，在项目开发中，离不开字符串操作。C#提供了 String 类实现字符串操作。String 类中的方法有静态方法和非静态方法。注意，在 C#中 String 和 string 可以认为是等同的，为了书写简便，统一采用小写 string。

1．string 类的静态方法成员

string 类的静态方法使用 "string.方法名" 格式调用。

1）字符串比较

使用格式：string.Compare(str1, str2)

比较两个字符串 str1 和 str2 大小，若 str1 大于 str2 则返回 1，若 str1 小于 str2 则返回-1，若相等则返回 0。例如，在例 3-6 中修改 Main 方法中的语句为下面的语句：

```
Slipway slipway3 = new Slipway ();
Slipway slipway4 = new Slipway ();
slipway3.name = "Tom";
slipway4.name = "Tot";
Console.WriteLine(String.Compare(slipway3.name, slipway4.name));
```

程序输出结果为：

```
-1
```

两个字符串比较，字符串中第一个不相同字符的 ASCII 码大的字符串较大。

2）字符串复制

使用格式：string.Copy(str)

创建一个与指定字符串具有相同值的新字符串实例。使用 string.Copy(str)是在内存中开辟新的存储空间，并复制字符串 str，得到一个新的字符串实例。例如，在例 3-6 中修改 Main 方法中的语句为下面的语句：

```
Slipway slipway3 = new Slipway ();
Slipway slipway4 = new Slipway ();
slipway3.name = "Tom";
slipway4.name = String.Copy (slipway3.name);
Console.WriteLine(slipway4.name);
```

程序输出结果为：

```
Tom
```

注意，下面的代码也是合法的，执行完毕后 str1，str2 指向内存中的同一个字符串。

```
slipway3.name = "Tom";
slipway4.name= slipway4.name;
```

3）字符串判等

使用格式：string.Equals(str1,str2)

判断两个字符串str1和str2是否相等，相等则返回True，否则返回False。

注意：string.Equals(str1,str2) 与 str1 == str2 的作用相同。

4）字符串合并

使用格式：string.Join(separator, arr)，其中，separator 为字符串，arr 为字符串数组。

将字符串数组 arr 中的所有字符串合并成一个字符串，相邻字符串之间添加分隔符。例如，在例 3-6 中修改 Main 方法中的语句为下面的语句：

```
Slipway slipway3 = new Slipway ();
Slipway slipway4 = new Slipway ();
slipway3.name = "Tom";
slipway4.name = "Tot";
string[] a = { slipway3.name, slipway4.name };
Console.WriteLine(string.Join(",",a));
```

程序输出结果为：

```
Tom, Tot
```

2．String 类的实例方法成员

String 类的实例方法使用"对象名.方法名"格式调用。

1）字符串比较

使用格式：对象名.CompareTo(string str)

比较字符串对象与字符串 str 的大小，返回值规则与 String.Compare( )相同。例如，在例 3-6 中修改 Main 方法中的语句为下面的语句：

```
Slipway slipway3 = new Slipway ();
Slipway slipway4 = new Slipway ();
slipway3.name = "Tom";
slipway4.name = String.Copy (slipway3.name);
Console.WriteLine(slipway3.name.CompareTo(slipway4.name));
```

程序输出结果为：

```
0
```

2）判断是否包含给定子串

使用格式：对象名.Contains(str)

判断字符串对象中是否包含子字符串 str，是则返回 True，否则返回 False。例如，在例 3-6 中修改 Main 方法中的语句为下面的语句：

```
Slipway slipway3 = new Slipway ();
Slipway slipway4 = new Slipway ();
slipway3.name = "Tom";
slipway4.name = "Tomy";
```

```
Console.WriteLine(slipway4.name.Contains(slipway3.name));
```

程序输出结果为：

```
True
```

3）查找给定子串位置

使用格式：对象名.IndexOf(str)

查找字符串对象中给定子字符串 str 首次出现的位置，如果子字符串在字符串对象中不存在，则返回–1。在例 3-6 中修改 Main 方法中的语句为下面的语句：

```
Slipway slipway3 = new Slipway ();
Slipway slipway4 = new Slipway ();
slipway3.name = "Tom";
slipway4.name = "Tomy";
Console.WriteLine(slipway4.name. IndexOf (slipway3.name));
```

程序输出结果为：

```
0
```

也可以指定在字符串对象中查找子串的起始位置：

```
Console.WriteLine(slipway4.name. IndexOf (slipway3.name,3));
                            /*从字符串数组 str1 中下标为 3 的字符开始查找*/
```

则输出变为–1。

4）插入子串

使用格式：对象名.Insert(startindex, str)，其中，startindex 为整型值，str 为字符串。

在字符串对象的给定位置（startindex）插入子串 str。例如，在例 3-6 中修改 Main 方法中的语句为下面的语句：

```
Slipway slipway3 = new Slipway ();
Slipway slipway4 = new Slipway ();
slipway3.name = "Tom";
slipway4.name = "ey";
Console.WriteLine(slipway4.name. Insert (0,slipway3.name));
```

程序输出结果为：

```
Tomey
```

5）删除子串

使用格式：对象名.Remove(startindex)，其中，startindex 为整型值。

删除此字符串从指定位置到最后位置的所有字符。

使用格式：对象名.Remove(startindex, count)，其中，startindex、count 为整型值。

删除此字符串从指定位置开始的 count 个字符。

例如，在例 3-6 中修改 Main 方法中的语句为下面的语句：

```
Slipway slipway3 = new Slipway ();
slipway3.name = "Tomy ";
Console.WriteLine(slipway3.name. Remove (3) );
Console.WriteLine(slipway3.name. Remove (0,2) );
```

程序输出结果为:

```
Tom
my
```

6）替换子串

使用格式：对象名.Replace(substr1, substr2)，其中，substr1，substr2 为字符串。

将字符串中的所有子串 substr1 替换为 substr2。

使用格式：对象名.Replace(char1, char2)，其中，char1，char2 为字符型数据。

将字符串中的所有字符 char1 替换为字符 char2。

在例 3-6 中修改 Main 方法中的语句为下面的语句：

```
Slipway slipway3 = new Slipway ();
slipway3.name = "Tomy ";
Console.WriteLine(slipway3.name. Replace ("Tom","Com"));
Console.WriteLine(slipway3.name. Replace ('T', 'C'));
```

程序输出结果为:

```
Comy
Comy
```

7）拆分字符串

使用格式：对象名.Split(chararr)，其中，chararr 为字符数组。

将字符串拆分成若干子字符串，存入一个字符串数组，以字符数组 chararr 中的字符作为分隔符，遇到分隔符则产生一个新的字符串。

例如，在例 3-6 中修改 Main 方法中的语句为下面的语句：

```
Slipway slipway3 = new Slipway ();
string str1 = "Tomy ,Mary";
char[] c = { '.', ',', ' ' };//分隔符包括英文句号，逗号，空格
string[] arr = str1. Split(c);
slipway3.name= arr[1];
Console.WriteLine(slipway3.name);
```

程序输出结果为:

```
Mary
```

8）去空格

使用格式：对象名.Trim( )

去掉字符串首尾的空格，字符串中间的空格不受影响。

使用格式：对象名.TrimEnd( )

去掉字符串尾部的空格。

使用格式：对象名.TrimStart( )

去掉字符串首部的空格。

3．StringBuilder 类

String 类在进行字符串运算时（如赋值、字符串连接等）会产生一个新的字符串实例，需要为新的字符串实例分配内存空间，相关的系统开销可能会非常昂贵。如果要修改字符串而不创建新的对象，且操作次数非常多，则可以使用 StringBuilder 类，例如，当在一个循环中将许多字符串连接在一起时，StringBuilder 类在原有字符串的内存空间上进行操作，使用 StringBuilder 类可以提升性能。例如，在例 3-6 中修改 Main 方法中的语句为下面的语句：

```
Slipway slipway3 = new Slipway();
StringBuilder sb = new StringBuilder("Tom");
sb.Append("e ");
sb.Append("y");
sb.Append("!");
slipway3.name = sb.ToString();
Console.WriteLine(slipway3.name);
```

程序输出结果为：

```
Tom y!
```

3.6.3　DateTime 类和 TimeSpan 类

日期时间数据是项目设计过程中经常需要处理的信息，C#提供了 DateTime 类和 TimeSpan 类来处理日期时间数据。下面通过例 3-7 说明 DateTime 类和 TimeSpan 类的使用。

【例 3-7】　DateTime 类和 TimeSpan 类的应用。

Step 1　在 Visual Studio 2013 中新建【控制台应用程序】项目 ConsoleApplication7。

Step 2　修改 Program.cs 文件的内容如下。

```
using System;
using System.Collections.Generic;
using System.Linq;
using System.Text;

namespace Example3_7
{
    class Program
    {
        static void Main(string[] args)
        {
            /*初始化 DateTime 类对象的 7 个整型参数，年，月，日，时，分，秒，毫秒*/
            DateTime t1 = new DateTime(2013, 9, 5, 18, 7, 30, 200);
```

```
DateTime t2 = new DateTime(2010, 9, 1);//也可以只给出年月日
TimeSpan ts = t1 - t2;//ts 是 DateTime 数据 t1、t2 之间的时间间隔
Console.WriteLine(t1.ToString());
Console.WriteLine("t1-t2 = "+ts.ToString( ));
Console.WriteLine("t1={0}年{1}月{2}日{3}时{4}分{5}秒{6}毫秒",
                 t1.Year, t1.Month, t1.Day, t1.Hour, t1.Minute,
                 t1.Second, t1.Millisecond);
Console.WriteLine("t2 是{0}年的第{1}天,是{2}", t2.Year,
                 t2.DayOfYear,t2.DayOfWeek);
Console.WriteLine("t1 的时间部分为: {0}", t1.TimeOfDay);
Console.WriteLine("当前时间为"+DateTime.Now.ToString());
Console.ReadKey();
        }
    }
}
```

程序输出结果如图 3.13 所示。

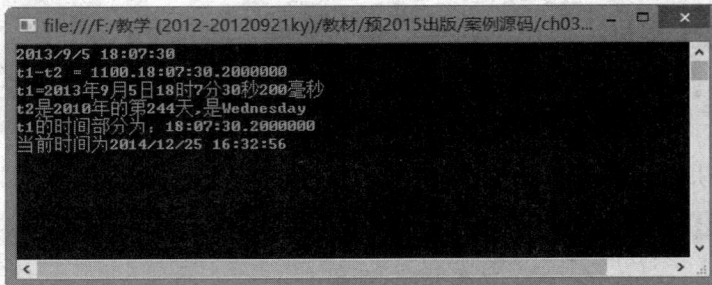

图 3.13　程序输出结果

3.6.4　Math 类

数学函数是编程中经常用到的，C#中的 Math 类包含常用的数学方法。表 3.1 给出了 Math 的常用数学方法。

表 3.1　Math 类常用方法

方　　法	功　　能
Math.Abs(x)	求 x 的绝对值
Math.Acos(x)	返回余弦值为 x 的角度，x 为 double 型
Math.Asin(x)	返回正弦值为 x 的角度，x 为 double 型
Math.Atan(x)	返回正切值为 x 的角度，x 为 double 型
Math.Cos(x)	返回指定角度 x 的余弦值
Math.Sin(x)	返回指定角度 x 的正弦值
Math.Tan(x)	返回指定角度 x 的正切值
Math.Exp(x)	返回 e 的 x 次幂
Math.BigMul(x,y)	生成两个 32 位数的完整乘积
Math.Ceiling(x)	返回大于或等于指定的双精度浮点数 x 的最小整数值

方　　法	功　　能
Math.Floor(x)	返回小于或等于指定的双精度浮点数 x 的最大整数值
Math.Log(x,y)	返回 x 以 y 为底的对数
Math.Log10(x)	返回 x 以 10 为底的对数
Math.Max(x,y)	返回 x、y 中较大的数
Math.Min(x,y)	返回 x、y 中较小的数
Math.Pow(x,y)	返回 x 的 y 次幂
Math.Round(x)	将双精度浮点数 x 舍入为最接近的整数值
Math.Sign(x)	返回数字 x 的符号，x 为负返回–1，x 为 0 返回 0，x 为正返回 1
Math.Sqrt(x)	返回指定非负数的平方根
Math.Truncate(x)	计算指定双精度浮点数 x 的整数部分

3.7　命　名　空　间

C#程序是利用命名空间组织起来的，就像一个城市为了便于管理分成多个区一样，每个区就类似于一个命名空间。

3.7.1　声明命名空间

命名空间是.NET 避免名称冲突的一种方式。例如，同一项目中，某同学定义类 Slipway 来表示一个船台，同时其他同学也可以定义一个 Slipway 类，只要二者不在同一个命名空间中就不会引起名称冲突。在一个命名空间中，可以有多个类、结构、接口等。在同一个命名空间中，类名、接口等不能同名。

在 C#中，使用 namespace 来定义命名空间，格式如下：

```
namespace   定义的命名空间名称
{
    //命名空间体
}
```

例如，定义命名空间 Example3_6 的代码如下：

```
namespace Example3_6
{
    public class Slipway
    {
        ...
    }
    class Program
    {
        static void Main(string[] args)
```

```
        {
            ...
            Console.ReadKey( );
        }
    }
}
```

命名空间不过是数据类型的一种组合方式，但命名空间中所有数据类型的名称都会自动加上该命名空间的名字作为其前缀。命名空间还可以相互嵌套。注意：如果没有显式提供命名空间，则默认用项目名作为命名空间。

3.7.2 using 关键字

把一个类型放在命名空间中，可以有效地给这个类型指定一个较长的名称，该名称包括类型的命名空间，后面是句点"."和类型的名称。如可以这样使用 MessageBox 消息框的 Show 方法：System.Windows.Forms.MessageBox.Show("Hello, C#!")，就像这样称呼一个人一样"中国.北京.西城区.张三"，但使用起来很不方便。为此可以使用 using 关键字引入其命名空间，使用时就不需要带很长的一串命名空间名称了。导入命名空间的语法是：

using 命名空间名称；

引入命名空间后，就可以在代码中直接使用被引入命名空间中类型的名字了。例如：

```
using  System.Windows.Forms ;
...
MessageBox.Show ("Hello, C#!");
```

否则要这样写：

```
System.Windows.Forms.MessageBox.Show ("Hello, C#!");
```

如果 using 指令引用的两个命名空间包含同名的类，就必须使用完整的名称（或者至少较长的名称），以确保编译器知道访问哪个类型。就像一班和二班都有一个叫李四的学生，一班和二班在一起开会时点名，就要注明是一班的李四或二班的李四。建议在大多数情况下，都至少要提供两个嵌套的命名空间名，第一个是公司名，第二个是技术名称或软件包的名称，而类是其中的一个成员，例如 YourCompanyName.Sales Services.Customer，这么做可以保证类的名称不会与其他组织编写的类名冲突。

小   结

本章介绍了面向对象程序设计的基本思想，分析了结构化程序设计与面向对象程序设计的区别，带领读者初步了解了面向对象的程序设计方法。

本章将结合 C#语言，引入了面向对象的基本概念，介绍面向对象编程的基本思想，以及如何实现面向对象程序设计。通过本章的学习，读者将能够使用 C#语言完成基本的面向对象程序，掌握类的声明方式以及类中数据成员和方法成员的定义方法，理解类的构造函数和属性、索引等基本概念，对面向对象编程的基本概念和基本步骤有一个初步的了解。

本章还介绍了 C#下的常用类：Object 类、String 类、DateTime 类、TimeSpan 类和 Math 类，通过掌握常用类的使用，能够更进一步提升读者的面向对象程序设计水平。

习　题

一、选择题

1. C#应用程序由一个或多个类组成，一个应用程序的所有程序代码（　　　）。

    A．必须封装在类中　　　　　　　　B．不能封装在类中

    C．必须封装在一个类中　　　　　　D．必须封装在多类中

2. 当访问一个类时，或对类进行实例化时，系统将最先执行（　　　）中的语句。

    A．属性　　　　　B．构造函数　　　　C．索引指示器　　　　D．析构函数

3. 下列关于构造函数的描述正确的是（　　　）。

    A．构造函数可以声明返回类型　　　B．构造函数不可以用 private 修饰

    C．构造函数必须与类名相同　　　　D．构造函数不能带参数

4. C#可以采用下列哪些技术来进行对象内部数据的隐藏？（　　　）

    A．静态成员　　　　　　　　　　　B．类成员的访问控制说明

    C．属性　　　　　　　　　　　　　D．装箱（Boxing）和拆箱（Unboxing）技术

5. 下列类定义代码，当用来声明对象 car，并用 Car car =new Car()；实例化后，可以通过 car 对象直接赋值的字段是（　　　）。

```
Public class Car
{
    public string type;
    string no
    private int heavy
    double speed
    protected string owner
    public string price
    private string color
}
```

    A．type ,No　　　　　　　　　　　B．heavy ,owner

    C．type,owner,price　　　　　　　　D．price

6. 在下面的类声明中，属于私有字段的是（　　　）。

```
class Person
{
    public string name
    public string sex
    private int age
    double weight
}
```

     A. name，sex   B. age   C. weight   D. age，weight

二、简答题

1. 描述一下面向对象程序设计的特征。

2. 简述 C#都有哪些类成员。

3. 解释类的静态方法成员和非静态方法成员的区别，说明如何引用它们。

第 4 章　面向对象高级编程

封装、继承、多态是面向对象编程的三大特征。封装就是把客观事物封装成抽象的类，隐藏实现细节，实现代码复用。继承和多态是面向对象的高级编程技术。本章将结合 C# 语言，介绍继承、委托、索引器和事件等面向对象编程的高级编程技术。通过本章的学习，读者将能够使用 C#语言，实现相对复杂的高级面向对象程序设计。

4.1　继承在类与对象中的应用

继承是软件复用的一种形式。使用继承可以复用现有类的数据和行为，为其赋予新功能而创建出新类。复用能节省程序开发的时间，能重用经过实践检验和调试的高质量代码，提高系统的质量。

4.1.1　继承机制

继承是面向对象程序设计中的重要机制。就像我们可以在一款现有汽车车型的基础上修改设计，得到一款新车型一样，在面向对象程序设计中，可以根据既有类（父类）派生出新类（子类），这种现象称为类的继承机制，也称为继承性。

例如，在类 A 的基础上派生出新类 B，则称类 B 继承了类 A，类 A 是类 B 的基类（Base Class，也叫父类），类 B 是类 A 的派生类（Derived Class，也叫子类）。

继承思路的一个重要特点就是，可以在一个已经存在的类 A 的基础上快速建立一个新的类 B，而不用每次都从头开始给出类的全部定义。而且，如果修改了基类，这些修改将自动地被传递到其派生类。这一特点与结构化程序设计中在已有代码（例如一个函数）的基础上修改部分代码实现新功能有着本质区别，极大地提高了软件项目的开发效率。

通过继承创建派生类的语法是：

```
[访问修饰符] 派生类名：基类名
{
    类的定义
}
```

要实现类的继承，只需要在定义派生类的时候，在派生类类名后加上冒号，然后给出该类的基类名即可。通过继承，派生类不仅能自动获得基类的除了构造函数和析构函数以外的所有成员，还可以添加新的属性和方法扩展功能。例 4-1 说明了继承机制的工作原理。

【例 4-1】　定义基类 Shape，然后通过继承创建派生类 Rectangle 和 Circle。

Step 1　启动 Visual Studio 2013，新建一个控制台应用程序，项目名称为"InheritDemo"。选择【项目】|【添加类】菜单命令，在弹出的对话框中输入类的名称"Shape"，然后单击【确定】按钮，在 Shape.cs 中输入以下代码（代码 4-1-1.txt）。

```
using System;
using System.Collections.Generic;
using System.Linq;
using System.Text;

namespace InheritDemo
{
    class Shape
    {
        public string name;
        public string color;
        public Shape (string name)
        {
            this.name=name;
            this.color = color;
        }
    }
}
```

Step 2   在 Shape.cs 文件的最后添加下面的代码，通过继承创建派生类 Rectangle 和 Circle（代码 4-1-2.txt）。

```
class Rectangle: Shape
    {
        public double weight, height;
            public Rectangle(string name, string color,double w, double h):
                            base(name,color)
            {
                this.weight = w;
                this.height = h;
            }
            public double Area()
            {
                return weight * height;
            }
    }
class Circle: Shape
    {
        public double radius;
            public Circle(string name, string color, double r): base(name,
                    color)
            {
                this.radius = r;
            }
            public double Area()
            {
```

```
                    return Math.PI* radius*radius;
                }
    }
```

Step 3 在 Program.cs 中的 Main 方法中添加以下代码（拓展代码 4-1-3.txt）进行测试。

```
class Program
{
  static void Main(string[] args)
  {
    Shape[] s = { new Rectangle("矩形", "蓝色", 2.0, 3.0), new Circle("圆
                  形", "红色", 5.0) };
    foreach (Shape e in s)
    {
      if (e is Rectangle)
      {
          Rectangle r = (Rectangle)(e);
          Console.WriteLine("矩形的面积是"+r.Area());
      }
      else if (e is Circle)
      {
          Circle r = (Circle)(e);
          Console.WriteLine("圆形的面积是" + r.Area());
      }
    }
    Console.Read();
  }
}
```

选择【调试】|【启用调试】菜单命令或单击▶按钮，即可在控制台中输出如图 4.1 所示的结果。

图 4.1 例 4-1 运行结果

【范例分析】

在 Step 1 中，定义了 Shape 类中的名称和颜色两个字段；并定义了一个有两个参数的构造函数，用于创建 Shape 类对象。在 Step 2 中创建了两个派生类 Rectangle 和 Circle，并在派生类 Rectangle 中定义了长和宽两个字段和计算面积的方法，在派生类 Circle 中定义了半径字段和计算面积的方法。在 Step 3 中，在 Program.cs 中创建了一个 Rectangle 对象和一个 Circle 对象，放在 Shape 类型数组中，然后利用 foreach 循环判断数组元素的类型是 Rectangle 对象还是一个 Circle 对象，利用控制台输出其面积。

4.1.2 继承的特性

C#中的继承主要有以下三种特性：单一性、可传递性和可添不可删特性。可传递性是指由类 A 派生出 B，由类 B 派生出 C，则类 C 既继承 B 中的成员，又继承 A 中的成员；单一性是指 C#中的派生类只能有一个基类；可添不可删指在 C#中的派生类中可以添加新的成员，但是不能删除从基类继承的成员。

> **提示：** 构造函数和析构函数不能被继承。除此以外的其他成员，不论对它们定义了怎样的访问方式，都能被继承。基类中成员的访问方式只能决定派生类能否访问它们。派生类如果定义了与继承而来的成员同名的新成员，就可以覆盖已继承的成员。但这并不意味着派生类删除了这些成员，只是不能再访问这些成员。

1. 继承的单一性

继承的单一性是指派生类只能从一个基类中继承，不能同时继承多个基类。C#不支持类的多重继承，也就是说儿子只能有一个亲生父亲，不能同时拥有多个亲生父亲。可以通过接口实现多重继承。

2. 继承的可传递性

例 4-1 中，Rectangle 的基类是 Shape，再从 Rectangle 类派生出 Cube（长方体）类，则 Cube 类可以继承 Shape 类中的成员。

【例 4-2】 创建 Rectangle 类的派生类 Cube（长方体）。

Step 1 启动 Visual Studio 2013，打开控制台应用程序 InheritDemo。在 InheritDemo 项目中添加类文件 Cube.cs，输入代码如下（拓展代码 4-2-1.txt）。

```
class Cube:Rectangle
    {
    public double width;
    public Cube(string name, string color, double w, double h,
            double width):base(name, color, w, h)
    {
        this.width = width;
    }
    public double Volume()
    {
        return height*width*weight;
    }
    }
```

Step 2 在 Program.cs 中的 Main 方法中添加以下代码（拓展代码 4-2-2.txt）进行测试。

```
Cube c = new Cube("长方体", "紫色", 5, 7, 9);
c.color = "purple";
c.name = "purple cube";
```

```
Console.WriteLine("长方体一面的面积是" + c.Area());
Console.WriteLine("长方体的体积是" + c.Volume());
```

运行结果如图 4.2 所示。

图 4.2　例 4-2 运行结果

【范例分析】

在 Cube.cs 中，定义了派生类 Cube。派生类 Cube 中没有定义数据成员 weight、height、name、color 和方法成员 Area，但是因为类 Cube 是类 Rectangle 的派生类，类 Rectangle 又是类 Shape 的派生类，根据可传递特性，类 Cube 的对象 c 不仅可以调用类 Rectangle 中定义的数据成员 weight、height 和方法成员 Area，还可以调用类 Shape 中定义的数据成员 name 和 color。

3. 可添不可删特性

派生类是对基类的扩展，在派生类中可以添加新成员，但不能去除已经继承的成员。

【例 4-3】　在派生类 Cube 中添加新的方法成员 Area，用来计算长方体的表面积。

Step 1　启动 Visual Studio 2013，打开控制台应用程序 InheritDemo。在 Shape.cs 中修改 Cube 派生类的定义如下（代码 4-3-1.txt）。

```
class Cube:Rectangle
{
    public double width;
    public Cube(string name, string color, double w, double h,
            double width):base( name, color, w, h)
    {
        this.width = width;
    }
    public double Volume()
    {
        return height*width*weight;
    }
    public double Area()
    {
        return height * weight + height * width + weight * width;
    }
}
```

Step 2　修改 Program.cs 中的 Main 方法代码如下（拓展代码 4-3-2.txt）。

```
class Program
{
    static void Main(string[] args)
```

```
        {
                Cube c = new Cube("长方体", "紫色", 5, 7, 9);
                Rectangle r = new Rectangle("矩形", "蓝色", 2.0, 3.0);
                Console.WriteLine("矩形的面积是" + r.Area());
                Console.WriteLine("长方体的表面积是" + c.Area());
                Console.WriteLine("长方体的体积是" + c.Volume());
                Console.Read();
        }
```

选择【调试】|【启用调试】菜单命令或单击 ▶ 按钮，即可在控制台中输出结果，如图 4.3 所示。

打开【错误列表】窗口，系统中有一个警告信息，具体如图 4.4 所示。

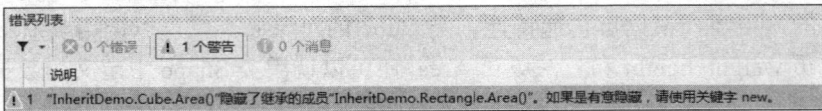

矩形的面积是6
长方体的表面积是143
长方体的体积是315

图 4.3 例 4-3 运行结果

错误列表
▼ ▾ | ⊗ 0 个错误 | ⚠ 1 个警告 | ⓘ 0 个消息
    说明
⚠ 1 "InheritDemo.Cube.Area()"隐藏了继承的成员"InheritDemo.Rectangle.Area()"。如果是有意隐藏，请使用关键字 new。

图 4.4 【错误列表】窗口

【范例分析】

在 Step 1 中，在 Rectangle 的派生类 Cube 中添加了方法成员 Area，计算长方体的表面积。基类 Rectangle 中也有同名方法 Area。在 Step 2 中添加了语句：

```
Console.WriteLine("长方体的表面积是" + c.Area());
```

通过派生类 Cube 的实例对象 c 调用方法成员 Area，运行结果表明程序执行的是派生类 Cube 中的 Area 方法。这说明当派生类的方法与基类中的方法同名时，将隐藏基类中的同名方法。【错误列表】窗口中的警告信息说明了这一点，并提示在派生类中隐藏基类的方法成员时，最好使用关键字 new，如例 4-3 中的语句：

```
public double Area()
```

修改为：

```
public new double Area()
```

上述【错误列表】窗口中的警告信息将自动消失。

【思考】 为什么例 4-3 中的 Main 方法中的语句的输出是"6"？

```
        Console.WriteLine("矩形的面积是" + c.Area());
```

4.1.3 继承中的访问修饰符

在第 3 章中已讲到 C#中的访问修饰符有 public、protected、private、internal 和 protected internal 5 种，在继承时各个访问修饰符的访问权限如表 4.1 所示。

表 4.1　继承时各访问修饰符的访问权限

访问性修饰符	类　内　部	派 生 类
public	访问不受限制	不受限制
protected	访问仅限于包含类或从包含类派生的类型	可以访问
internal	访问仅限于当前项目	可以访问
protected internal	访问仅限于从包含类派生的当前项目或类型	可以访问
private	访问仅限于包含类型	不可访问

　　基类中的成员如果用 public 修饰，任何类都可以访问；如果用 private 修饰，它将作为私有成员，只有类本身可以访问，其他任何类都无法访问。在 C#中，使用 protected 修饰符的成员可以被其派生类访问，而不允许其他非派生类访问。

　　在单个类中，保护成员和私有成员是没有区别的。在类的继承关系中，基类的私有成员对于派生类和应用程序都是隐藏的，而基类的保护成员只对应用程序隐藏，对派生类是不隐藏的。保护成员可以被派生类中的成员函数所访问，而私有成员不可以。

　　不想类外的其他对象直接访问的数据可以设置为私有的，目的是为了保护数据成员。如果类外对象想获得该私有成员的值，可以在类中定义一个成员函数获取该私有成员的值供类外的其他对象调用。

　　【例 4-4】　在派生类 Rectangle 中访问基类 Shape 的私有数据成员。

　　Step 1　启动 Visual Studio 2013，打开控制台应用程序 InheritDemo。在 Shape.cs 中修改 Shape 基类的定义如下（代码 4-4-1.txt）。

```
class Shape
{
    public string name;
    public string color;
    private static string range = "i am private in base class.";
    public Shape(string name, string color)
    {
        this.name = name;
        this.color = color;
    }
    public static void display()
    {
        Console.WriteLine(range);
    }
}
```

　　Step 2　在 Shape.cs 中修改 Rectangle 派生类的定义如下（代码 4-4-2.txt）。

```
class Rectangle: Shape
    {
        public double weight, height;
        public Rectangle(string name, string color,double w, double h):
```

```
                            base(name,color)
            {
                this.weight = w;
                this.height = h;
            }
            public double Area()
            {
                display();
                return weight * height;
            }
        }
```

选择【调试】|【启用调试】菜单命令或单击 ▶ 按钮，即可在控制台中输出结果，如图4.5所示。

图 4.5　例 4-4 运行结果

【范例分析】

Step 1 中，在 Shape 基类中添加静态私有数据成员 range，并直接赋初值；并添加静态成员方法 display 输出静态私有数据成员 range，具体代码如下。

```
public static void display()
{
    Console.WriteLine(range);
}
```

Step 2 中，在 Rectangle 派生类的 Area 方法中添加语句：

```
display();
```

调用基类 Shape 的静态方法 display。

例 4-4 的运行结果说明，派生类 Rectangle 继承了基类 Shape 中的私有数据成员 range（不能直接访问，直接访问系统会报错），并且可以通过调用基类 Shape 中的公有方法访问继承过来的私有数据成员。

实际上在设计类的时候，有时子类与父类的某些成员是一个共享的状态，也就是说，子类与父类可以随时对字段进行访问，而对于类的外部，字段依旧是不允许访问的。那么可以使用 protected 关键字对字段进行修饰。由 protected 修饰的成员只允许在本类与子类中访问。

【例 4-5】 访问基类 Shape 中 protected 类型方法 display。

Step 1 启动 Visual Studio 2013，打开控制台应用程序 InheritDemo。在 Shape.cs 中修改 Shape 基类的定义如下（代码 4-5-1.txt）。

```
class Shape
```

```
    {
        public string name;
        public string color;
        private static string range = "i am private in base class.";
        public Shape(string name, string color)
        {
            this.name = name;
            this.color = color;
        }
        protected static void display()
        {
            Console.WriteLine(range);
        }
    }
```

Step 2　修改 Program.cs 中的 Main 方法代码如下（拓展代码 4-5-2.txt）。

```
class Program
{
    static void Main(string[] args)
    {
            Cube c = new Cube("长方体", "紫色", 5, 7, 9);
            Rectangle r = new Rectangle("矩形", "蓝色", 2.0, 3.0);
            Console.WriteLine("矩形的面积是" + r.Area());
            Console.WriteLine("长方体的表面积是" + c.Area());
            Console.WriteLine("长方体的体积是" + c.Volume());
            Console.Read();
    }
}
```

选择【调试】|【启用调试】菜单命令或单击 ▶ 按钮，出现如图 4.6 所示信息。

图 4.6　例 4-5 运行结果

【范例分析】

在 Step 1 中，修改 Shape 类的静态方法成员 display 的访问修饰符为 protected，在 Step 2 中，类 Porgram 中的 Main 方法调用 Shape 类的静态方法成员 display。程序运行时系统报错，提示静态方法成员 display 受保护级别限制，不可访问。这是因为 protected 成员只能在其定义类和派生类中访问，而 Porgram 类既不是静态方法成员 display 的定义类，也不是其定义类的派生类。

注意：派生类 Rectangle 中的方法 Area 仍然可以正常调用基类 Shape 的静态方法成员 display。

4.1.4　base 关键字在继承关系中的应用

从上面的介绍可以知道，基类的构造函数和析构函数是不能被直接继承的。如果要继承基类的构造函数，可以使用 base 关键字来实现。C#中的 base 关键字代表基类，使用 base 关键字可以调用基类的构造函数、属性和方法。使用 base 关键字调用基类构造函数的语法如下：

派生类构造函数:base(参数列表)

在处理继承过程中的构造函数时，如果需要调用基类的构造函数，且基类构造函数有参数，则必须在定义派生类构造函数时向基类构造函数传递参数，传递的参数类型和个数应与基类构造函数一致。

例 4-1 中 Shape 类的两个派生类 Rectangle 和 Circle 都通过 base 关键字继承了基类的构造函数，相关代码如下。

```
class Rectangle: Shape
    {
        …
        public Rectangle(string name, string color,double w, double h):
                    base(name,color)
        {
            this.weight = w;
            this.height = h;
        }
        …
    }
class Circle: Shape
    {
        …
        public Circle(string name, string color,double r):
                    base(name,color)
        {
            this.radius = r;
        }
    }
```

在派生类函数参数表之前增加冒号，然后使用"base(name,color)"将派生类构造函数的前两个参数 string name 和 string color 传递给基类的构造函数，这是因为基类中不存在无参数的构造函数，基类构造函数需要两个 string 型参数。

例 4-1 上述代码中，如果删除对基类构造函数的调用，修改派生类 Rectangle 和 Circle 的构造函数声明如下。

```
class Rectangle: Shape
    {
        …
```

```
        public Rectangle(string name, string color,double w, double h)
        {
            this.weight = w;
            this.height = h;
        }
        …
    }
class Circle: Shape
    {
        …
        public Circle(string name, string color,double r)
        {
            this.radius = r;
        }
    }
```

运行程序，系统报错，提示 Shape 类不包含采用 0 个参数的构造函数，如图 4.7 所示。

图 4.7　错误提示

这是因为任何一个派生类构造函数在执行前都应该调用父类构造函数。派生类构造函数调用父类构造函数的方式有以下两种。

（1）通过 base 关键字显式调用。如例 4-1 中的派生类 Rectangle 和 Circle。

（2）默认的隐式调用。当派生类构造函数没有使用 base 关键字显式调用父类构造函数时，系统会默认调用父类的无参构造函数。这时，如果父类中不包含无参构造函数，系统就会报错。

因此，上述修改过的代码中，只需在基类 Shape 中增加一个无参构造函数，代码如下。

```
class Shape
    {
        …
        public Shape()
        {
        }
        …
    }
```

再次运行程序，系统就能正确运行了。

【例 4-6】 Base 关键字在继承关系中的应用。

Step 1　启动 Visual Studio 2013，打开控制台应用程序 InheritDemo。在 Shape.cs 中修改 Shape 基类的定义如下（代码 4-6-1.txt）。

```
class Shape
```

```
{
    public string name;
    public string color;
    private static string range = "i am private in base class.";
    public Shape() //增加无参构造函数
    {
    }
    public Shape(string name, string color)
    {
        this.name = name;
        this.color = color;
    }
    protected void display()
    {
        Console.WriteLine(range);
        Console.WriteLine(name +"的颜色是"+ color);//输出图形的名称和颜色
    }
}
```

Step 2　在 Shape.cs 中 Rectangle 派生类的定义不变，代码如下（代码 4-6-12.txt）。

```
class Rectangle: Shape
{
    public double weight, height;
    public Rectangle(string name, string color,double w, double h):
                        base(name,color)
    {
        this.weight = w;
        this.height = h;
    }
    public double Area()
    {
        display();
        return weight * height;
    }
}
```

运行结果如图 4.8 所示。

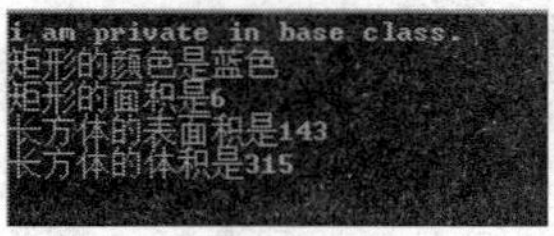

图 4.8　例 4-6 运行结果 1

Step 3　删除派生类 Circle 的构造函数对基类构造函数的显式调用，具体代码如下（代码 4-6-3.txt）。

```
class Rectangle: Shape
```

```
    {
        public double weight, height;
        public Rectangle(string name, string color,double w, double h)
        {
            this.weight = w;
            this.height = h;
        }
        public double Area()
        {
            display();
            return weight * height;
        }
    }
```

运行结果如图 4.9 所示。

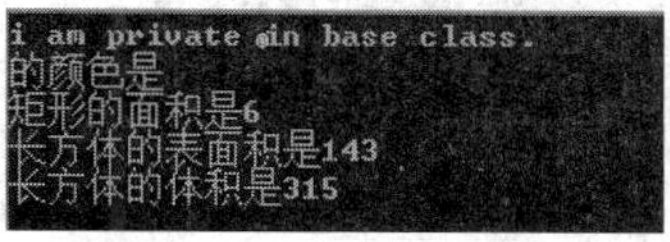

图 4.9   例 4-6 运行结果 2

【范例分析】

Step 1 中，在 Shape 类中增加了无参构造函数，并修改
方法成员 display 的访问修饰符 protected static 为 protected，将 display 由静态方法变为实例
方法（因为要访问非静态数据成员 name 和 color），并在方法成员 display 中增加了语句：

```
Console.WriteLine(name +"的颜色是"+ color);//输出图形的名称和颜色
```

用来输出图形的名称和颜色。Step 2 中，在派生类 Rectangle 中的方法成员 Area 中有对父
类方法 display 的调用。相比于例 4-5，程序运行结果增加了"矩形的颜色是蓝色"的输出。
Step 3 中，删除派生类 Rectangle 的构造函数对基类构造函数的显式调用，原程序运行结果
中的"矩形的颜色是蓝色"变为"颜色是"。这是因为显式调用的是基类的有参构造函数，
该构造函数对数据成员 name 和 color 进行了初始化处理，因此，在 Main 方法中创建矩形
和圆形对象时，其数据成员 name 和 color 分别得到赋值，程序运行时输出 name 和 color
的具体值；删除显式调用后系统默认调用的是基类的无参构造函数，没有对数据成员 name
和 color 进行初始化处理，因此，在 Main 方法中创建矩形和圆形对象时，其数据成员 name
和 color 没有得到赋值，程序运行时输出 name 和 color 的默认值空串。

> 提示：使用 base 关键字也可以调用基类方法，语法如下：
>
> ```
> base.基类方法();
> ```
>
> 例 4-6 派生类 Rectangle 与 Circle 的方法成员 Area 中对基类方法 display 的调
> 用也可以修改为：
>
> ```
> base. display ();
> ```
>
> 效果不变。

4.2 this 关键字在类与对象中的应用

和 base 关键字不同，this 关键字是引用类的当前实例。this 只能在类的内部使用，使用它能访问类实例对象内部任何级别（不同类型的访问修饰符）的任何元素（字段，属性，方法等），但静态类型的成员不能访问，因为静态成员不属于对象的一部分。

C#中 this 关键字的三个主要用途分别是：引用类的当前实例、参数传递和定义索引器。

4.2.1 引用类的当前实例

大家都知道类的定义只是描述了一种数据结构，或者说一种自定义的数据类型，并不能拿来直接使用，需要实例化成对象。一个类可以实例化成很多对象，每个对象都是不同的实体（这些对象最大的不同就是字段里面所包含的数据不同），对 this 的理解可以转换成对一个类不同实例对象的理解。例如，例 4-1 中 Shape 类的构造函数代码如下：

```
public Shape(string name, string color)
{
        this.name = name;
        this.color = color;
}
```

this 关键字用来引用 Shape 类的当前实例的数据成员 name 和 color，以区别于构造函数中的同名参数。

在例 4-1 的 Main 方法中，下面的代码：

```
Shape[] s = { new Rectangle("矩形", "蓝色", 2.0, 3.0), new Circle("圆形",
        "红色", 5.0)};
```

调用上面的构造函数创建了两个 Shape 类型对象 Shape[0] 和 Shape[1]，并给构造函数中的参数 "string name, string color" 传递的值分别是 "矩形" 和 "蓝色"、"圆形" 和 "红色"。这样一来，创建对象 Shape[0]的同时，通过语句：

```
        this.name = name;
        this.color = color;
```

会将"矩形"和"蓝色"传递给 Shape[0]的数据成员 name 和 color；同理，创建对象 Shape[1]的同时，会将"圆形"和"红色"传递给 Shape[1]的数据成员 name 和 color。

4.2.2 参数传递

通过 this 关键字还可以把对象作为参数传递到其他的地方，如 other(this)，这里方法成员 other 一般是其他类定义的方法。下面的示例说明了 this 的这一作用。

【例 4-7】 this 关键字在参数传递中的应用。

Step 1 启动 Visual Studio 2013，创建新的控制台应用程序"this_as_para"。定义类 Shape

和 Color，代码如下（代码 4-7-1.txt）。

```
class Shape
  {
      public string name;
      public string color;
      string str= "a shape.";
      public Shape(string name, string color)
      {
          this.name = name;
          this.color = color;
      }
      protected void display()
      {
          Console.WriteLine(name +"的颜色是"+ color);//输出图形的名称和颜色
      }
      public void Visit(Color o)
      {
          Console.WriteLine("I was {0}.", o.str);
          Console.WriteLine("I was {0}.", this.str);
      }
}
public class Color
{
    public string i = "The color!";
    public void Accept(Shape v)
    {
        v.Visit(this);//把对象自身通过 Visit 方法传出去
    }
}
```

Step 2　修改 Program.cs 中的 Main 方法代码如下（代码 4-7-2.txt）。

```
class Program
{
    static void Main()
    {
        Shape v = new Shape();
        Color e = new Color ();
        v.display();
        e.Accept(v);
        Console.Read();
    }
}
```

运行结果如图 4.10 所示。

```
circle的颜色是red
I was The color!
I was a shape.
```

图 4.10　例 4-7 运行结果

【范例分析】

例 4-7 中，Shape 类的 Visit 方法成员输出自身数据成员 str 的值和 Color 类型对象的数据成员 str 的值，而 Color 类中的 Accept 方法成员调用 Shape 类型对象的 Visit 方法成员。在主函数 Main 方法中，创建了 Color 类型对象 e 和 Shape 类型对象 v，接着调用对象 e 的 Accept 方法，并把对象 v 作为参数传递给 Accept 方法，Accept 方法在执行时会调用对象 v 的 Visit 方法，并把其所属对象 e 作为参数传递给 Visit 方法，Visit 方法在执行时除了输出对象 v 的数据成员 str 值外，还输出了对象 e 的数据成员 str 值。

> 使用 this 关键字可以使代码的编写简单化，不容易出错。在类的方法里输入 this 关键字，在后面输入一个"."符号后，系统就会把本类能调用的非静态方法和变量都显示出来供选择，这样可以提高编码的效率。

4.2.3 定义索引器

索引指示器可以像数组那样对对象进行索引访问。索引器为我们提供了通过索引方式方便地访问类的数据信息的方法。与属性类似，通过它可以对访问方式进行控制。定义索引器时需要用到 this 关键字。

4.3 索引器在类与对象中的应用

索引器允许类或结构的实例就像数组一样进行索引。索引器类似于字典中的检索，在字典中可以通过拼音检索或部首检索等方式查找汉字，索引器可以根据需要设定不同的检索方式快速查找类或结构的实例。索引器表示法不仅简化了客户端应用程序的语法，还使其他开发人员能够更加直观地理解类及其用途。要声明类或结构上的索引器，应使用 this 关键字。

索引指示器的定义方式与属性类似，格式如下：

```
[访问修饰符] 数据类型 this[索引类型 index]
{
    get
    {
    }
    set
    {
    }
}
```

【例 4-8】 整型索引器的应用。

Step 1 启动 Visual Studio 2013，创建新的控制台应用程序"indexerofint"。添加例 4-6 中的 Shape、Rectangle 和 Circle 类，并添加新类 Test，定义代码如下（代码 4-8-1.txt）。

```
using System;
using System.Collections.Generic;
using System.Linq;
using System.Text;

namespace indexerofint
{
   class Test
   {
     Shape[] s = { new Rectangle("矩形", "蓝色", 2.0, 3.0), new
                Circle("圆形", "红色", 5.0),new Rectangle("矩形", "紫",
                5.0, 5.0),new Circle("圆形", "灰色", 5.0)};
     public Shape this[int index]
     {
        get
        {
           return s[index];
        }
        set
        {
           s[index] = value;
        }
     }

   }
}
```

Step 2 修改Program.cs中的Main方法代码如下（代码4-8-2.txt）。

```
class Program
   {
      static void Main(string[] args)
      {
         Test t = new Test();
         Console.WriteLine(t[1].color+t[1].name);
         Console.ReadKey();
      }
   }
```

程序输出结果为：

红色圆形

也就是说，使用对象名 t 加上索引值，可以调用索引定义中的 get 访问器，访问对象 t 中的数组元素。类似地，也可以使用语句"t[1]= new Circle("圆形", "灰色", 5.0);"调用 set 访问器，为数组元素赋值。

【例 4-9】 字符串型索引器的应用。

Step 1 启动 Visual Studio 2013，创建新的控制台应用程序"indexerofstring"。添加例 4-6 中的 Shape、Rectangle 和 Circle 类，并添加新类 Test，定义如下（代码 4-9-1.txt）。

```csharp
using System;
using System.Collections.Generic;
using System.Linq;
using System.Text;

namespace indexerofstring
{
    class Test
    {
        Shape[] s = { new Rectangle("矩形", "蓝色", 2.0, 3.0),
                      new Circle("圆形", "红色", 5.0) };
        public int this[string index]
        {
            get
            {
                int i = 0;
                foreach(Shape o in s)
                {
                    if (o.name == index) return i;
                    i++;

                }
                return -1;
            }
        }
    }
}
```

Step 2 修改 Program.cs 中的 Main 方法代码如下（代码 4-9-2.txt）。

```csharp
class Program
    {
        static void Main(string[] args)
        {
            Test t = new Test();
            Console.WriteLine(t["圆形"]);
            Console.ReadKey();
        }
    }
```

程序输出结果为：

```
1
```

索引指示器的参数可以选择非 int 型，例 4-9 中使用索引指示器查找给定字符串在对象数组内的位置，如果没有找到给定字符串，则返回–1。要查找的字符串放在对象名之后的方括号内，如 t["圆形"]。

> **警告：** 当进行索引器的访问时，将调用 get 访问器，因此如果 get 访问器不存在，则会发生编译时错误。

> **提示：** C#并不将索引类型限制为整数。如在例 4-9 中对索引器使用了字符串，通过搜索数组内的字符串名称返回相应的索引值。

4.4　多态在类与对象中的应用

4.4.1　多态的含义

什么是多态？

"多态"一词最早用于生物学，指同一种族的生物体具有相同的特性。比如青蛙小的时候是蝌蚪，长大了就是青蛙，同是一种生物但是有不同的表现形式。

多态性是面向对象程序设计的一个强大机制。在 C#中，多态性的定义是：同一操作作用于不同类的对象，不同类的对象进行不同的执行，最后产生不同的执行结果。如所有的动物都有吃东西这个功能，而狼吃肉、羊吃草，每种动物都有自己吃东西的方式。在例 4-1 的 Shape 类中定义了两个同名的构造函数，但是参数个数不同，这种情况叫作重载，重载是多态的一种。构造函数重载能够实现以不同的方式创建类对象。

4.4.2　通过方法重写实现多态

C#中支持基于接口的多态和基于继承的多态，基于继承的多态设计在基类中定义方法，并在派生类中重写方法。多态和重写是紧密联系的，重写是实现多态的重要手段。重写基类方法就是修改它的实现，或者说在派生类中对继承的基类方法重新编写。

在基类中用 virtual 关键字声明的方法（叫作虚拟方法）在派生类中可以重写，虚拟方法语法如下：

```
访问修饰符 virtual 返回类型 方法名()
{
//方法体
}
```

在派生类中使用 override 关键字来声明重写，以实现对基类中的虚拟方法修改或重新编写。基类和派生类中对应方法成员的方法名、返回值类型、参数个数和类型必须完全相同。如在例 4-6 的 Shape 类中声明了一个 display 方法用于显示图形的名称和颜色等信息。
代码如下：

```
protected void display()
{
    //Console.WriteLine(range);
    Console.WriteLine(name +"的颜色是"+ color);
}
```

Shape 的派生类 Rectangle 和 Circle 调用 display 时都会显示图形的名称和颜色信息，要
想显示 Rectangle 和 Circle 所特有的信息，就需要使用 virtual 关键字把基类中的 display 方法
定义成虚拟方法，使用 override 关键字在派生类中重写 display 方法。因此，首先修改 Shape
基类中的 display 方法代码如下（代码 4-6-4.txt）。

```
public virtual void display()//基类 Person 中定义成虚拟方法，使用 virtual 关键字
{
    Console.WriteLine(name +"的颜色是"+ color);
}
```

然后，在派生类 Rectangle 中重写基类中的虚拟方法，使用 override 关键字。在派生类
Rectangle 中添加代码如下（代码 4-6-4.txt）。

```
public override void display()  //重写基类中的 display 方法
{
    base.display();                 //调用基类的 display 方法显示
    //在派生类中编写新代码
    Console.WriteLine(" 长和宽分别是：" + weight + "和" + height);
}
```

在派生类 Circle 中重写基类中的虚拟方法，使用 override 关键字。在派生类 Circle 中添
加代码如下（代码 4-6-4.txt）。

```
public override void display()                    //重写基类中的 display 方法
{
    base.display();                               //调用基类的 display 方法显示
    Console.WriteLine("半径是："+weight);         //在派生类中编写新代码
}
```

最后，修改例 4-6 中 Main()方法的代码如下（代码 4-6-4.txt）。

```
Cube c = new Cube("长方体", "紫色", 5, 7, 9);
Rectangle r = new Rectangle("矩形", "蓝色", 2.0, 3.0);
Circle ci = new Circle("圆形", "红色", 5.0);
Console.WriteLine("矩形的面积是" + ci.Area());
Console.WriteLine("圆形的面积是" + ci.Area());
Console.WriteLine("长方体的表面积是" + c.Area());
Console.WriteLine("长方体的体积是" + c.Volume());
Console.Read();
```

重新运行程序，结果如图 4.11 所示。

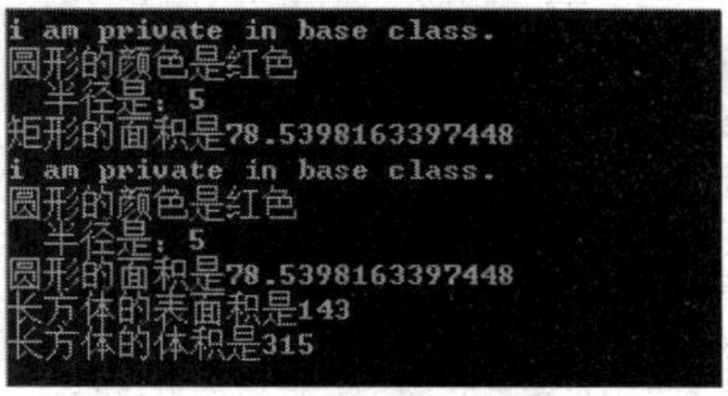

图 4.11　运行结果

从程序运行结果中可以看到，同样是对 display 方法的调用，通过类 Rectangle 类型对象和 Circle 类型对象调用所执行的操作是不同的。上例中，在派生类 Rectangle 和 Circle 中均重写了基类 Shape 中的 display 方法，Main() 方法中定义了一个 Rectangle 类型对象 r 和一个 Circle 类型对象 ri，并分别调用它们的 Area 方法，它们的 Area 方法又会调用其各自的 display 方法，得到了不同的结果，实现了多态性。

注意，只有虚方法才能被派生类重写；虚方法必须能够被派生类继承，因此其访问修饰符不能是 private，可以是 public 或 protected；虚方法必须是非静态方法，因为多态性是实现在对象层次的，而静态方法是实现在类层次的。

> 警告：重写时，子类重写方法的访问级别和父类虚拟方法的访问级别必须相同。如上例父类方法的访问修饰符是 public（public virtual void Display()），子类也必须是 public 级别。

4.4.3　通过方法隐藏实现多态

当基类中的方法不声明为 vitrual 方法（默认为非虚方法）时，在派生类中声明与基类同名的方法时，需使用 new 关键字，以隐藏基类同名方法，故称为方法隐藏。方法隐藏也是多态的一种形式。

【例 4-10】　通过方法隐藏实现多态。

Step 1　启动 Visual Studio 2013，打开控制台应用程序 InheritDemo。在 Shape.cs 中修改 Shape 基类的定义如下（代码 4-10-1.txt）。

```
class Shape
{
    public string name;
    public string color;
    private string range = "i am private in base class.";
    public string Name
    {
        get { return this. range; }
        set { this. range = value; }
    }
```

```
        public Shape()                          //增加无参构造函数
        {
        }
        public Shape(string name, string color)
        {
            this.name = name;
            this.color = color;
        }
        protected void display()                 //去掉了 vitrual 关键字
        {
            Console.WriteLine(range);
            Console.WriteLine(name +"的颜色是"+color);//输出图形的名称和颜色
        }
}
```

Step 2 在 Shape.cs 中修改派生类 Rectangle 和 Circle 的定义代码如下(代码 4-10-2.txt)。

```
class Rectangle : Shape
    {
        public double weight, height;
        public Rectangle(string name, string color, double w, double h)
            : base(name, color)
        {
            this.weight = w;
            this.height = h;
        }
        public double Area()
        {
            //display();        //注释这条语句,变为在主方法中调用该方法
            return weight * height;

        }
        protected new void display()
        {
            base.display();
            Console.WriteLine("长和宽分别是: " + weight + "和" + height);
        }
    }
class Circle : Shape
{
        public double radius;
        public Circle(string name, string color, double r) : base(name, color)
        {
            this.radius = r;
        }
        public double Area()
        {
```

```
        //display(); //注释这条语句，变为在主方法中调用该方法
        return Math.PI * radius * radius;
    }
    protected new void display()
    {
        base.display();
        Console.WriteLine("长和宽分别是: " + weight + "和" + height);
    }
}
```

Step 3   在 Program.cs 中修改 Main 方法代码如下（代码 4-10-3.txt）。

```
class Program
{
    static void Main(string[] args)
    {
        Rectangle r = new Rectangle("矩形", "蓝色", 2.0, 3.0);
        r.Range = "i am public in child class Rectangle";
        Circle ci = new Circle("圆形", "红色", 5.0);
        ci.Range = "i am public in child class Circle";
        Shape s = new Shape(" 图形", "黄色");
        r.display();
        ci.display();
        s.display();
        s = r;
        s.display();
        s = ci;
        s.display();

        Console.Read();
    }
}
```

运行结果如图 4.12 所示。

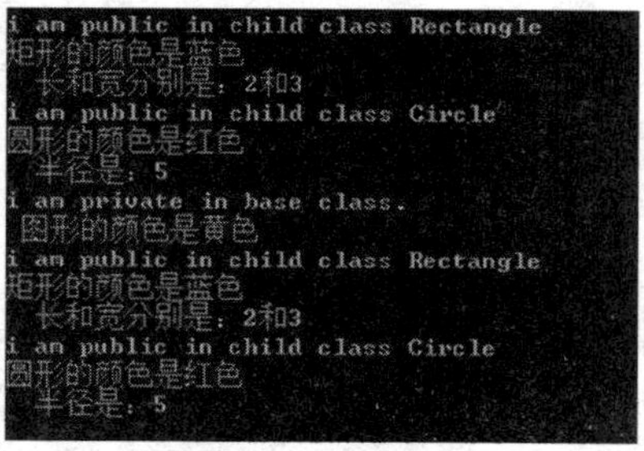

图 4.12　例 4-10 运行结果

【范例分析】

例 4-10 中基类 Shape 和派生类 Rectangle、Circle 都有方法成员 display，而且 Shape 类

的 display 方法在声明时没有使用 virtual 关键字，派生类 Rectangle、Circle 的 display 方法在声明时添加了 new 关键字，实现了对基类 Shape 中成员 display 的方法隐藏。

多态性还表现在，派生类的对象可以作为基类的对象处理，可以把方法的参数定义为基类类型，而使用派生类的对象作为实际参数调用方法。此时，派生类和基类的关系就如同儿子继承于父亲，父亲也可以代表儿子处理事务一样。在实际中这样的例子有很多，如父母可以代表儿子处理事务，总公司可以代表子公司行使权力等。例 4-10 中 Main 方法中的下面几句代码：

```
s = r;
s.display();
s = ci;
s.display();
```

演示了这个特性的用法，即基类对象 s 分别代表派生类对象 r（Rectangle 类型）和 ci（Circle 类型）执行 display 方法，显示出不同的结果。从中可以看出这个特性的优点。

> 警告：父类对象引用子类实例时，注意要把父类型转为子类型，否则就会出错。

4.5　静态类与静态类成员

C#静态类和静态类成员用于创建无须生成类的实例就能够访问的数据和函数。静态类成员可用于分离独立于任何对象标识的数据和行为：无论对象发生什么更改，这些数据和函数都不会随之变化。当类中没有依赖对象标识的数据或行为时，就可以使用静态类。

类声明时加入 static 关键字，表明它是一个静态类，仅包含静态成员。不能使用 new 关键字创建静态类的实例。静态类在加载包含该类的程序或命名空间时由.NET Framework 公共语言运行库（CLR）自动加载。经常使用静态类来包含不与特定对象关联的方法。例如，创建一组不操作实例数据并且不与代码中的特定对象关联的方法是很常见的要求，应该使用静态类来包含这些方法。

静态类成员包括静态方法、静态属性或静态字段。静态成员可以在类的实例之间共享，所以可以将它们看作是类的全局对象。静态属性和静态字段可以访问独立于任何对象实例的数据，静态方法可以执行与对象类型相关、但与对象实例无关的命令。在使用静态成员时，不需要实例化对象。

例如，前面使用的 Console.WriteLine()和 Convert.ToString()方法就是静态的，根本不需要实例化 Console 或 Convert 类(如果试着进行这样的实例化，操作会失败，因为这些类的构造函数不是可公共访问的，如前所述)。许多情况下，静态属性和方法有很好的效果。例如，可以使用静态属性跟踪给类创建了多少个实例。

4.6 抽象类与抽象方法

4.6.1 抽象类

C#中，可以定义抽象类作为基类。**抽象类是指只能作为基类使用的类。**抽象类用于创建派生类，本身不能实例化，也就是不能创建对象。抽象类使用关键字 abstract 修饰，其定义格式如下：

```
abstract class 类名
{
类成员定义
}
```

抽象类中的成员可以是抽象成员也可以是非抽象成员。可以从抽象类派生出新的抽象类，也可以派生出非抽象类。如果派生类是非抽象类，则该派生类必须实现基类中的所有抽象成员。

4.6.2 抽象方法

抽象方法只存在于抽象类的定义中，非抽象类中不能包含抽象方法。
抽象方法的定义格式为：

访问修饰符　**abstract**　返回值类型　方法名(参数表)；

抽象方法使用关键字 abstract 修饰，只需要给出方法的函数头部分，以分号结束。注意，抽象方法定义不包含实现部分，没有函数体的花括号部分，如果给出花括号，则出错。

【例 4-11】 抽象类的使用。

Step 1 启动 Visual Studio 2013，创建控制台应用程序"AbstractDemo"，添加抽象类 Shape，代码如下（代码 4-11-1.txt）。

```
namespace AbstractDemo
{
   abstract class Shape
   {
      public string name;
      public string color;
      public abstract void Area(int x);
   }
}
```

Step 2 添加抽象类 Shape 的派生类 Circle，代码如下（代码 4-11-2.txt）。

```
class Circle: Shape
   {
      public Circle(string name, string color)
```

```
    {
        this.name = name;
        this.color = color;
    }
    public void display()
    {
        Console.WriteLine(name +"的颜色是"+ color);//输出图形的名称和颜色
    }
    public override void Area(int x)
    {
        Console.WriteLine("圆形的面积是: "+(Math.PI*x*x).ToString())
    }
    }
```

Step 3 修改主方法 Main 中的代码如下（代码 4-11-3.txt）。

```
class Program
{
    static void Main(string[] args)
    {
        Circle r1 = new Circle ("圆形","红色");
        r1.display();
        r1.Area (5);
        Console.ReadKey();
    }
}
```

运行结果如图 4.13 所示。

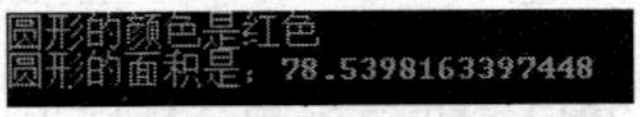

圆形的颜色是红色
圆形的面积是: 78.5398163397448

图 4.13 例 4-11 运行结果

派生类 Circle 中需要重写抽象类中的抽象方法 Area，因此使用 override 关键字。注意，基类 Shape 是抽象类，使用 "new Shape()" 将出错。

如果希望基类的某个方法包含在所有派生类中，可以将基类定义为抽象类，将该方法定义为抽象方法，则基类的所有派生类的定义中都必须重写实现该方法。

4.7 密封类与密封方法

4.7.1 密封类

如果不希望一个类被其他类继承，可以将该类定义为密封类，即不能作为基类的类。密封类定义格式如下：

```
sealed class 类名
{
```

```
        类成员定义
    }
```

4.7.2 密封方法

在类的继承关系中，如果类 B 派生自类 A，派生出类 C，类 B 重写了类 A 中的某个方法，并希望该方法不能被派生类 C 再重写，则类 B 在重写方法时应将该方法定义为密封方法。密封方法定义格式为：

```
访问修饰符  sealed  返回值类型  方法名(参数表)
{
}
```

【例 4-12】 密封方法的应用。

Step 1 启动 Visual Studio 2013，创建控制台应用程序"SealedDemo"，添加抽象类 Shape，代码如下（代码 4-12-1.txt）。

```
namespace SealedDemo
{
    abstract class Shape
    {
        public string name;
        public string color;
        public abstract void Area(int x);
    }
}
```

Step 2 添加抽象类 Shape 的派生类 Rectangle，代码如下（代码 4-12-2.txt）。

```
class Rectangle : Shape
    {
        public Rectangle ()
        {

        }
        public Rectangle(string name, string color)
        {
            this.name = name;
            this.color = color;
        }
        public void display()
        {
            Console.WriteLine(name + "的颜色是" + color);//输出图形的名称和颜色
        }
        public override sealed void Area(int x)
        {
            Console.WriteLine("一面的面积是: " + (x * x).ToString());
        }
    }
```

```
    }
```

Step 3 添加类 Rectangle 的派生类 Cube，代码如下（代码 4-12-3.txt）。

```
class Cube : Rectangle
    {
        public Cube()
        {

        }
        public void Volume(int x)
        {
            Console.WriteLine("正方体的体积是: " + (x * x * x).ToString());
        }
    }
```

Step 4 修改主方法 Main 中的代码如下（代码 4-12-4.txt）。

```
class Program
{
        static void Main(string[] args)
        {
            Rectangle r1 = new Rectangle("正方形", "红色");
            r1.display();
            r1.Area(5);
            Cube c = new Cube();
            c.Area(6);
            c.Volume(6);
            Console.ReadKey();
        }
}
```

运行结果如图 4.14 所示。

注意，只有被重写的方法才能定义为密封方法，例 4-12 中
类 Shape 包含一个抽象方法 Area()，类 Shape 的派生类 Rectangle
重写了方法 Area()，为了防止类 Rectangle 的派生类 Cube 再次

图 4.14 例 4-12 运行结果

重写方法 Area()，在类 Rectangle 中给方法 Area()的定义加上了 sealed，密封了该方法，因
此类 Rectangle 的派生类 Cube 只能继承类 Rectangle 重写过的方法 Area()，而不能再次重写。

4.8 接　口

接口是方法的抽象，如果同样的方法成员在不同的类里面都有出现，可使用接口给出
方法成员的声明，需要该方法成员的类都继承这一接口。例如：

```
    public interface IShape
    {
```

```
        void Area();
    }
    class Rectangle : IShape
    {
        public void Area ()
        {
            Console.WriteLine("矩形的面积是长乘以宽！");
        }
    }
    class Circle : IShape
    {
        public void Area ()
        {
            Console.WriteLine("圆的面积是半径平方的倍数！");
        }
    }
}
```

　　从接口的定义方面来说，接口其实就是类和类之间的一种协定、一种约束。以上面的例子来说，所有继承了 IShape 接口的类中必须实现 Area ()方法，那么从使用类的用户的角度来看，如果知道某个类继承了 IShape 接口，那么就可以放心大胆地调用 Run 方法而不用管 Area ()方法具体是如何实现的。当然，每个类中对于 Area ()方法的实现有所不同，根据对象的不同，调用 Area ()方法将执行不同的操作。

　　从设计的角度来看，一个项目中有若干个类需要去编写，由于这些类比较复杂，工作量比较大，这样每个类就需要占用一个工作人员进行编写。通过接口对使用同一方法的不同类进行一种约束，让它们都继承于同一接口，既方便统一管理，又方便调用。

4.8.1　接口的声明

　　接口的声明格式如下：

```
[访问修饰符] interface 接口名
{
    接口成员声明
}
```

　　访问修饰符通常使用 public，接口名称一般都以"I"作为首字母；接口成员声明不包括数据成员，**只能包含方法、属性、事件、索引等成员**；接口中只能声明抽象成员，即只包含接口成员的声明，不包含实现，接口的实现必须在接口被继承后，由继承接口的派生类完成。

4.8.2　接口成员的声明

　　接口中方法成员的声明格式如下：

返回值类型　方法名(参数表)

例如：

```
void Area ();
```

接口中属性成员的声明格式如下：

类型 属性名 { get; set; }

接口成员的访问修饰符默认是 public，在声明时不能再为接口成员指定任何访问修饰符，否则编译器会报错。接口成员不能有 static、abstract、override、virtual 修饰符，使用 new 修饰符不会报错，但会给出警告提示不需要关键字 new。

4.8.3　接口成员的访问

要访问接口的成员，首先要有一个类继承该接口，创建类的对象，使用"对象名.成员名"的格式访问接口成员。这是因为，在被继承之前，接口的成员都是抽象的，无法访问，必须在继承接口的类实现接口成员之后，通过该类的对象来访问接口成员。

4.8.4　接口的实现

接口的实现由继承接口的类来完成，接口的实现过程中，实现接口的类必须严格遵守接口成员的声明来实现接口的所有成员。接口一旦开始被使用，就不能再随意修改，否则就破坏了类和类之间的约定。可以根据需要增加新的接口，满足新的需要；也可以修改接口成员的实现代码，调整接口成员的功能。

一个类可以继承多个接口，如例 4-13 所示。

【例 4-13】 接口的应用。

Step 1　启动 Visual Studio 2013，创建控制台应用程序"InterfaceDemo"，添加接口 IDisplay、IArea 和 IVolume，代码如下（代码 4-13-1.txt）。

```
namespace InterfaceDemo
{
  public interface IDisplay
  {
      void Display();
  }
  public interface IArea
  {
      void Area();
  }
  public interface IVolume
  {
      void Volume();
  }
}
```

Step 2　添加类 Rect，代码如下（代码 4-13-2.txt）。

```csharp
class Rect : IDisplay, IArea
{
    private int len;
    public int Len
    {
        get
        {
            return len;
        }
        set
        {
            len = value;
        }
    }
    public void Display()
    {
        Console.WriteLine("矩形边长是："+len);
    }
    public void Area()
    {
        Console.WriteLine("面积是："+len*len);
    }
}
```

Step 3　添加类 Rect 的派生类 Cube，代码如下（代码 4-13-3.txt）。

```csharp
class Cube : Rect, IDisplay, IArea, IVolume
{
    public new void Display()
    {
        Console.WriteLine("长方体边长是：" + Len);
    }
    public new void Area()
    {
        Console.WriteLine("面积是：" + Len * Len);
    }
    public void Volume()
    {
        Console.WriteLine("体积是：" + Len * Len * Len);
    }
}
```

Step 4　修改主方法 Main 中的代码如下（代码 4-13-4.txt）。

```csharp
class Program
{
    static void Main(string[] args)
    {
```

```
            Rect r = new Rect();
            r.Len = 9;
            r.Display();
            r.Area();
            Cube c = new Cube();
            c.Len = 11;
            c.Display();
            c.Area();
            c.Volume();
            Console.ReadKey();
        }
}
```

运行结果如图4.15所示。

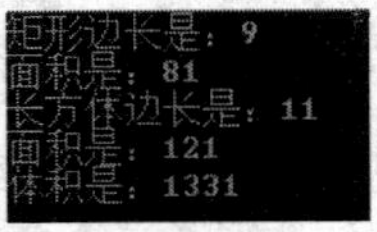

图4.15　例4-13运行结果

4.9　委托与事件

委托和事件是C#程序设计中非常重要的机制。

4.9.1　委托

委托相当于C++中的函数指针，但它是类型安全的。定义一个委托实际上是定义了一种特殊的对象类型，用于调用与委托返回值类型、参数个数、参数类型完全相同的方法。

使用委托的基本步骤如下。

（1）定义一个委托类型，假设委托类型名为MyDelegate，指出委托类型所指向的方法的返回值类型和参数列表。委托类型的定义和类的方法成员定义类似，只是在前面加了一个delegate关键字，委托类型的定义格式如下：

访问修饰符 delegate 返回值类型 委托类型名(参数列表);

例如：

```
delegate void MyDelegate(int len);
```

需要注意的是，委托类型的定义中不包含函数体。

（2）定义委托处理方法T()，其参数包含委托类型MyDelegate的对象，方法T()的函数体中通过委托类型MyDelegate的对象调用了其指向的方法。例如：

```
void T (int len, MyDelegate dt)
{
```

```
        dt(len);
    }
```

（3）新建委托类型 MyDelegate 的对象 delegate1，指向某个方法 A()，该方法的返回值类型和参数列表应与委托类型完全一致。例如：

```
MyDelegate delegate1 = new MyDelegate(A);
```

使用方法 A() 的方法名作为参数初始化委托类型 MyDelegate 的对象 delegate1，现在，委托对象 delegate1 指向了方法 A()。

（4）使用委托类型 MyDelegate 的对象 delegate1 作为参数调用委托处理方法 T()。例如：

```
T(5, delegate1 );
```

【例 4-14】 委托的应用。

Step 1 启动 Visual Studio 2013，创建控制台应用程序 "DelegateDemo"，添加委托类型 MyDelegate，代码如下（代码 4-14-1.txt）。

```
public delegate void MyDelegate(int len);
```

Step 2 定义委托类型所指向的方法 RectArea() 和 CircleArea()，代码如下（代码 4-14-2.txt）。

```
public static void RectArea(int len)
{
        Console.WriteLine("矩形面积: " + len * len);
}
public static void CircleArea(int len)
{
        Console.WriteLine("圆形面积: " + Math.PI*len * len);
}
```

Step 3 定义委托处理方法 Area()，代码如下（代码 4-14-3.txt）。

```
public static void Area(int len, MyDelegate dt)
{
    dt(len);
}
```

Step 4 修改主方法 Main 中的代码如下（代码 4-14-4.txt）。

```
class Program
{
        static void Main(string[] args)
        {
            MyDelegate delegate1 = new MyDelegate(RectArea);
            MyDelegate delegate2 = new MyDelegate(CircleArea);
            Area(5, delegate1);
```

```
        Area(6, delegate2);
        Console.ReadKey();
    }
}
```

运行结果如图 4.16 所示。

图 4.16　例 4-14 运行结果 1

例 4-14 中，语句："Area(5, delegate1);"使用两个参数，一个是整数 "5"，一个是委托对象 delegate1，委托对象 delegate1 指向了方法 RectArea ()，因此等于调用了 RectArea (5)。

例 4-14 中，委托对象指向的方法，委托处理方法都定义为静态方法，也可以使用非静态方法，但需要先定义对象，使用 "对象名.方法名" 的形式进行引用。

可以将多个方法赋给同一个委托，或者称为将多个方法绑定到同一个委托，当调用这个委托的时候，将依次调用其所绑定的方法。例如，将例 4-14 中的 Main 方法修改如下：

```
static void Main(string[] args)
{
    MyDelegate delegate1 = new MyDelegate(RectArea);
    delegate1 += CircleArea;
    Area(5, delegate1);
    Area(6, delegate1);
    Console.ReadKey();
}
```

程序输出结果如图 4.17 所示。

图 4.17　例 4-14 运行结果 2

委托对象 delegate1 指向了两个方法即 RectArea()和 CircleArea()，执行 "Area(5, delegate1);"将先调用 RectArea(5)，然后调用 CircleArea(5)，执行次序与方法绑定到委托对象的次序相同。使用 "delegate1 -= CircleArea;"可以解除方法到委托对象的绑定。

4.9.2　事件

事件的定义是基于委托的，也就是说需要先定义一个委托类型，然后在委托类型的定义之上定义一个事件。事件的定义格式为：

访问修饰符 **delegate** 返回值类型 委托类型名(参数列表);
访问修饰符 **event** 委托类型名 事件名;

每个事件都有一个调用列表，当事件被引发时，调用列表中的方法将依次被执行。事件调用列表中的方法都需要事先添加到事件中，如同添加多个方法到同一委托对象一样，可以添加多个方法到同一事件的调用列表，当然，也可以从事件调用列表中移除一个方法。

事件可以看作一个特殊的委托对象，存在一个与事件同名的方法，当事件被引发时，调用与事件同名的方法，该方法依次执行事件调用列表中的所有方法，实现事件的处理。

【例 4-15】 事件的应用。

Step 1 启动 Visual Studio 2013，创建控制台应用程序"EventDemo"，添加委托类型 MyDelegate，代码如下（代码 4-15-1.txt）。

```
public delegate void MyDelegate(int len);
```

Step 2 定义事件测试类 EventTest，并为其定义事件 GetArea 和委托处理方法成员 Area()，代码如下（代码 4-15-2.txt）。

```
class EventTest
{
    public event MyDelegate GetArea;
    public void Area (int len)
    {
        GetArea (len);
    }
}
```

Step 3 定义委托类型所指向的方法 RectArea() 和 CircleArea()，代码如下（代码 4-15-3.txt）。

```
public static void RectArea(int len)
{
    Console.WriteLine("矩形面积: " + len * len);
}
public static void CircleArea(int len)
{
    Console.WriteLine("圆形面积: " + Math.PI*len * len);
}
```

Step 4 修改主方法 Main 中的代码如下（代码 4-14-4.txt）。

```
class Program
{
    static void Main(string[] args)
    {
        EventTest t = new EventTest();
        t.GetArea += RectArea;
        t.GetArea += CircleArea;
```

```
        t.Area (6);
        Console.ReadKey();
    }
}
```

运行结果如图 4.18 所示。

图 4.18 例 4-15 运行结果

小　结

本章介绍了面向对象程序设计中的重要思想：继承和多态。分析了继承的基本原理，阐述了多态性在面向对象编程中的重要性。说明了如何从基类构建派生类，以及如何在使用虚方法和重写在类的继承过程中实现多态性。

介绍了静态类和静态类成员、抽象类和抽象方法、密封类和密封方法的概念，并通过实例说明了静态类和静态类成员、抽象类和抽象方法、密封类和密封方法的使用技巧。

介绍了接口的概念，分析了接口的作用及实现方法。阐述了委托和事件原理，给出了委托和事件定义的基本步骤，为后续章节使用事件机制做了理论支撑。

习　题

一、选择题

1. 类的以下特性中，可以用于方便地重用已有的代码和数据的是（　　　）。

　　A．多态　　　　　　B．封装　　　　　　C．继承　　　　　　D．抽象

2. 已知类 B 由类 A 继承而来，类 A 中有一个名为 M 的非虚方法，现在希望在类 B 中也定义一个名为 M 的方法，若希望编译时不出现警告信息，则在类 B 中声明该方法时，应使用（　　　）方法。

　　A．static　　　　　　B．new　　　　　　C．override　　　　　D．virtual

3. 继承具有（　　　），即当基类本身也是某一类的派生类时，派生类会自动继承间接基类的成员。

　　A．规律性　　　　　　B．传递性　　　　　　C．重复性　　　　　　D．多样性

4. 以下说法不正确的是（　　　）。

　　A．一个类可以实现多个接口

　　B．一个派生类可以继承多个基类

　　C．在 C#中实现多态，派生类中重写基类的虚函数必须在前面加 override

　　D．子类能添加新方法

5. 在 C#语法中，在派生类中对基类的虚函数进行重写，要求在声明中使用（　　　）关键字。

A. override　　　　B. new　　　　C. static　　　　D. virtual

6. 下列哪一个不是面向对象编程的特征？（　　　）

A. 继承　　　　　　B. 多态　　　　C. 封装　　　　　D. 统一接口

7. 面向对象程序设计中的数据封装指的是（　　　）。

A. 输入数据必须输入保密口令　　　B. 数据经过加密处理

C. 对象内部数据结构上建有防火墙　D. 对象内部数据结构的不可访问性

8. 面向对象编程中的"继承"的概念是指（　　　）。

A. 派生类对象可以不受限制地访问所有的基类对象

B. 派生自同一个基类的不同类的对象具有一些共同特征

C. 对象之间通过消息进行交互

D. 对象的内部细节被隐藏

9. 派生类的对象对它的基类成员中的（　　　）是不可访问的。

A. 私有成员　　　B. 公有成员　　　C. 保护成员　　　D. 内部成员

10. 以下关于继承的说法错误的是（　　　）。

A. .NET 框架类库中，Object 类是所有类的基类

B. 派生类不能直接访问基类的私有成员

C. protected 修饰符既有公有成员的特点，又有私有成员的特点

D. 基类对象不能引用派生类对象

二、简答题

1. 简述 this 关键字在类与对象中的应用。

2. 简述 base 关键字在类与对象中的应用。

3. 简述多态在类与对象中的应用。

4. 接口和抽象类的区别是什么？

第 5 章　集合与泛型

数组的使用具有很多局限性，例如不能动态改变大小，而.NET 提供的集合对象则能克服数组使用存在的局限性。泛型对于 C#具有重要的意义，利用它能够编写出性能高、类型安全和更加通用的代码。本章介绍 ArrayList 集合类、Hashtable 集合类和泛型的使用。

5.1　集　　合

在第 2 章中介绍的数组是一组具有相同名称和类型的变量集合，但是数组初始化后就不能再改变其大小，不能实现在程序中动态添加和删除数组元素，这使得数组的使用具有很多局限性。而集合则能解决数组中存在的这个问题。

5.1.1　集合概述

什么是集合？集合就如同数组，被用来存储和管理一组具有相同性质的对象。除了基本的数据处理功能，集合还提供了各种数据结构及算法的实现，如队列、链表、排序等，可以轻易地完成复杂的数据操作。集合是一个特殊的类，好比容器一样将一系列相似的项组合在一起，集合中包含的对象称为集合元素。集合可分为泛型集合类和非泛型集合类两种。泛型集合类一般位于 System.Collections.Generic 命名空间，非泛型集合类位于 System.Collections 命名空间，除此之外，在 System.Collection.Specialized 命名空间中包含专用的和强类型的集合，例如，链接的列表词典、位向量以及只包含字符串的集合。

5.1.2　非泛型集合类

System.Collections 命名空间包括一组接口和可使用的非泛型集合类，通过这些接口和类可以定义各种非泛型集合对象（如列表、队列、位数组、哈希表和字典等）。System.Collections 命名空间下常用的.NET 非泛型集合类如表 5.1 所示。

表 5.1　非泛型集合类

类	说　　明
ArrayList	数组集合类，使用大小可按需动态增加的数组实现 IList 接口
Hashtable	哈希表，表示键/值对的集合，这些键/值对根据键的哈希代码进行组织
Queue	队列，表示对象的先进先出集合
SortedList	排序集合类，表示键/值对的集合，这些键值对按键排序并可按照键和索引访问
Stack	堆栈，表示对象的简单的后进先出非泛型集合

5.1.3　泛型集合类

System.Collections.Generic 命名空间包含定义泛型集合的接口和类，泛型集合允许用户创建强类型集合，它能提供比非泛型强类型集合更好的类型安全性和性能。泛型集合包含的类与非泛型包含的类基本一一对应，是来取代非泛型集合对应的类的。System.Collections.Generic 命名空间下常用的.NET 泛型集合类如表 5.2 所示。

表 5.2 泛型集合类

接 口	说 明
List<T>	对应非泛型集合 ArrayList
Dictionary<K,V>	对应非泛型集合 Hashtable
Queue<T>	对应非泛型集合 Queue
SortedList<T>	对应非泛型集合 SortedList
Stack<T>	对应非泛型集合 Stack

泛型集合类不但性能好而且功能要比非泛型类更齐全。以非泛型集合类 Hashtable 和其对应的泛型集合类 Dictionary 为例，我们经常用非泛型集合类 Hashtable 来存储将要写入到数据库或者返回的信息，在这之间要不断地进行类型转化，增加了系统装箱和拆箱的负担，如果我们操纵的数据类型相对确定，用 Dictionary<TKey,TValue> 集合类来存储数据就方便多了，例如需要在电子商务网站中存储用户的购物车信息（商品名，对应的商品个数）时，完全可以用 Dictionary<string, int> 来存储购物车信息，而不需要任何的类型转化。

5.2 常用非泛型集合类

常用的非泛型集合类有 ArrayList 类、Stack 类、Queue 类、Hashtable 类、Sort 类等。本节主要介绍 ArrayList 类和 Hashtable 类。

5.2.1 ArrayList 类

ArrayList 是 System.Collections 命名空间中的非泛型集合类，类似于数组，有人称其为动态数组，其容量可以根据需要自动扩充，元素的索引也可根据元素数量重新分配，可以动态实现元素的添加、删除等操作。可以将 ArrayList 类理解为 Array 的优化版本，该类既有数组的特征，又有集合的特性，例如，既可以通过下标进行元素访问，对元素排序、搜索，又可以像处理集合一样添加，在指定索引处插入及删除元素。表 5.3 中列出了 ArrayList 类的几个常用属性。

表 5.3 ArrayList 类常用属性

属性名称	属性说明
Capacity	获取或设置 ArrayList 可包含的元素数，默认为 4
Count	获取 ArrayList 中实际包含的元素数
Item	获取或设置指定索引处的元素

表 5.4 中列出了 ArrayList 类的常用方法。

表 5.4 **ArrayList 常用方法**

方法名称	方 法 说 明
Add()	将元素添加到 ArrayList 的结尾处
AddRange()	在 ArrayList 的末尾增加一定范围内的元素
Clear()	清除 ArrayList 中所有的元素
Contains()	检查某元素是否在 ArrayList 中
IndexOf()	返回 ArrayList 中某个元素值的第一个匹配项对应的索引
Insert()	将元素插入 ArrayList 的指定索引处
Remove()	从 ArrayList 中移除特定元素的第一个匹配项
Reverse()	将 ArrayList 或它的一部分中元素的顺序反转
Sort()	对 ArrayList 或它的一部分中的元素进行排序

由于 ArrayList 中元素的类型默认为 object，因此在获取集合元素时需要强制进行类型转换。并且由于 object 是引用类型，在与值类型进行转换时会引起装箱和拆箱的操作，因此需要付出一些性能代价。

1. 创建 ArrayList

为了创建 ArrayList，可以使用三种重载构造函数中的一种，还可以使用 ArrayList 的静态方法 Repeat 创建一个新的 ArrayList。这三个构造函数的声明如下。

（1）使用默认的初始容量创建 ArrayList，该实例并没有任何元素。格式如下：

```
public ArrayList();
```

（2）使用实现了 ICollection 接口的集合类来初始化新创建的 ArrayList。格式如下：

```
public ArrayList(ICollection c);
```

（3）指定一个整数值来初始化 ArrayList 的容量，创建 ArrayList。格式如下：

```
public ArrayList(int capacity);
```

> **警 告**：为了实现上面的例子，必须在 using 区添加 System.Collections 命名空间。

ArrayList 的 4 种创建方法举例如下。

（1）使用默认的初始容量创建 ArrayList，该实例并没有任何元素。

```
ArrayList al1 = new ArrayList();      //创建一个 ArrayList 对象 al1
al1.Add("Hello");                     //向 al1 的末尾添加一个集合元素
al1.Add("C#");                        //向 al1 的末尾添加一个集合元素
al1.Add("World!");                    //向 al1 的末尾添加一个集合元素
//输出 al1 中的容量和元素个数
Console.WriteLine("该 ArrayList 的容量是：{0}，元素个数是,{1}", al1.Capacity,
al1.Count);
```

（2）使用实现了 ICollection 接口的集合类来初始化新创建的 ArrayList，该实例与参数中的集合具有相同的初始容量。

```
ArrayList al2 = new ArrayList(al1);//创建 ArrayList 对象 al2，并用 al1 初始化 al2
```

（3）经由指定一个整数值来初始化 ArrayList 的容量。

```
ArrayList al3 = new ArrayList(18);//ArrayList 对象 al3，容量初始为指定的数值 18
Console.WriteLine("该 ArrayList 的容量是：{0}，元素个数是,{1}", al1.Capacity,
al1.Count);
```

（4）将指定 abc 字符串重复三次构造数组。

```
ArrayList al4 = ArrayList.Repeat("abc", 3);
```

2. 向 ArrayList 中添加元素

创建好 ArrayList 后，有以下两种方法可以向 ArrayList 中添加元素。

（1）Add 方法将单个元素添加到列表的尾部；AddRange 方法获取一个实现 ICollection 接口的集合实例，例如 Array、Queue、Stack 等，并将这个集合实例按顺序添加到列表的尾部。

（2）使用 Insert 和 InsertRange 方法向 ArrayList 中指定的位置插入元素：Insert 方法添加单个元素到指定的索引位置，InsertRange 从指定的位置开始添加一个实现了 ICollection 接口的实例。例如：

```
ArrayList al = new ArrayList(20);   //声明一个接受 20 个元素的 ArrayList
al.Add("我是元素 1");              //使用 ArrayList 的 Add 方法添加集合元素
al.Add("我是元素 2");              //使用 ArrayList 的 Add 方法添加集合元素
al.Add("我是元素 3");              //使用 ArrayList 的 Add 方法添加集合元素
//定义一个有三个元素的字符串数组
string[] strs = {"我是元素 4", "我是元素 5", "我是元素 6" };
al.AddRange(strs);                //使用 AddRange 方法按集合参数中元素的顺序添加
al.Insert(0,"新增第 1 个元素");     //在 ArrayList 的指定索引 0 处添加一个新元素
ArrayList list2=newArrayList();//创建一个 ArrayList 对象 list2
list2.Add("我是新增元素 1");        //使用 ArrayList 的 Add 方法添加集合元素
list2.Add("我是新增元素 2");        //使用 ArrayList 的 Add 方法添加集合元素
al.InsertRange(2,list2);        //将 list2 中的两个元素插入到 al 中的索引为 2 的位置
```

3. 删除 ArrayList 中的元素

ArrayList 提供了三种方法可以将指定元素从集合中移除，这三种方法是 Remove、RemoveAt 和 RemoveRange。

（1）Remove 方法接受一个 object 类型的参数，用于移除指定元素值的第一个匹配集合元素。

（2）RemoveAt 方法接受一个 int 类型的参数，用于删除指定索引的集合元素。

（3）RemoveRange 方法从集合中移除一定范围的元素。

还可以使用 Clear 方法从 ArrayList 中移除所有的元素。例如：

```
ArrayList al = new ArrayList(20);   //声明一个接受 20 个元素的 ArrayList
```

```
//添加元素
al.AddRange(new string[6]{"元素 1","元素 2","元素 3","元素 4","元素 5","元素
6"});
//调用 Remove 方法删除元素，从 ArrayList 中移除特定对象的第一个匹配项
al.Remove("元素 2");          //调用 Remove 方法删除指定元素
al.RemoveAt(2);              //调用 RemoveAt 方法删除指定索引位置元素
al.RemoveRange(3, 2);        //调用 RemoveRange 方法删除指定范围的元素
al.Clear();                  //清除所有的元素
```

4. 排序

可以使用 Sort 方法对 ArrayList 集合中的元素进行排序。Sort 有以下三种重载方法。
（1）使用集合元素的比较方式进行排序：

```
public virtual void Sort();
```

（2）使用自定义比较器进行排序：

```
public virtual void Sort(IComparer comparer);
```

（3）使用自定义比较器进行指定范围的排序：

```
public virtual void Sort(int index, int count, IComparer comparer)
```

例如，使用集合元素的比较方式进行排序的代码如下：

```
ArrayList al = new ArrayList();//声明一个 ArrayList 对象
//添加元素
al.AddRange(new string[8]{"Array1", "Array2", "Array6", "Array5",
            "Array4"});
al.Sort();   //对 ArrayList 集合中的元素进行排序
```

注意：为了使用 Sort 方法进行排序，集合中的所有元素必须实现 IComparable 接口，否则将抛出异常。

5. 查找 ArrayList 中的集合元素

为了在数组列表中查找元素，最常使用的是 IndexOf 或 LastIndexOf 方法，另外，还可以使用 BinarySearch 方法进行搜索。IndexOf 方法从前向后搜索指定的字符串，如果找到，则返回匹配的第一项的自 0 开始的索引，否则返回–1。LastIndexOf 方法从后向前搜索指定的字符串，如果找到，则返回匹配的最后一项的自 0 开始的索引，否则返回–1。这两个方法各自都有三个重载版本，表示从指定的索引处开始搜索或者是从指定索引处搜索指定长度的字符串。BinarySearch 方法使用二分算法从集合中搜索指定的值，并返回找到的从 0 开始的索引，否则返回–1。下面的示例代码将演示如何使用这些方法来查找数组中的元素。

```
//定义字符串数组
string[] str ={ "元素 1", "元素 2", "元素 3", "元素 4", "元素 5", "元素 6" };
ArrayList al = new ArrayList(str); //创建 ArrayList 对象 al
```

```
int i = al.IndexOf("元素 3");          //得到"元素 3"的第一次出现的索引位置
Console.WriteLine("元素 3 在集合中的位置是" + i);   //输出"元素 3"的索引位置
i = al.LastIndexOf("元素 5");          //得到"元素 5"的最后一次出现的索引位置
Console.WriteLine("元素 5 在集合中的位置是" + i);
int j = al.BinarySearch("元素 3");     //利用二分法查询"元素 3"出现的索引位置
if (j >0)                             //如果找到，输出其索引值
    Console.WriteLine("元素 3 在集合中的位置是" + j);
else                                  //如果没有找到，输出提示信息
Console.WriteLine("没有找到元素 3");
```

6. 遍历 ArrayList

ArrayList 内部维护着一个数组，可以通过下标进行访问，而且 ArrayList 实现了 IEnumerable 接口，因此要遍历集合，可以使用 for 或 foreach 方法。

下面的代码演示了如何使用 for 和 foreach 方法进行集合元素遍历。

```
ArrayList al = new ArrayList(new string[6] { "元素 1", "元素 2", "元素 3", "元素 4", "元素 5" });
for (int i = 0; i <= al.Count - 1; i++)     //使用 for 遍历 ArrayList
{    Console.Write(al[i]);    }       //输出 ArrayList 中的每个元素
foreach (object s in al)        //使用 foreach 遍历
{    Console.Write(s);    }    //输出 ArrayList 中的每个元素
```

【例 5-1】 利用 ArrayList 编写一个管理客户地址簿的应用程序，用来管理客户的地址信息。

Step 1　在 Visual Studio 2013 中新建 C#控制台程序，项目名为"CustomerInfo"，然后添加一个新类到项目中，类名为 CustomerInfo，表示客户。CustomerInfo.cs 代码如下（代码 5-1-1.txt）。

```
class CustomerInfo  //定义类表示客户信息
{
    //创建存储客户信息的 ArrayList
    private static ArrayList CustomerList = new ArrayList();
    private String id;          //表示客户 ID 的字段
    private String name;        //表示客户姓名的字段
    private String address;     //表示客户地址的字段
    public CustomerInfo() { }//无参数构造函数
    public CustomerInfo(String myid, string myname, string myaddress)
    { //有参数构造函数，对私有字段初始化
        id = myid;
        name = myname;
        address = myaddress;
    }
    public String ID            //表示客户 ID 的属性
    {
        set { id = value; } get { return id; }
    }
```

```
            public String Name           //表示客户姓名的属性
            {
                get { return name; } set { name = value; }
            }
            public String Address        //表示客户地址的属性
            {
                get { return address; }  set { address = value; }
            }
        //添加客户信息的方法
        public static void AddCustomer(CustomerInfo aCustomerInfo)
        {
            CustomerList.Add(aCustomerInfo);  //添加一个客户信息到 ArrayList 中
        }
        public static void Delete(CustomerInfo oo)    //删除客户信息的方法
        {  //通过客户对象删除一个客户
            int i = CustomerList.IndexOf(oo);  //得到客户对象的索引号
            if (i < 0)                    //如果对象不存在则给出提示信息
                Console.WriteLine("no !");
            else//如果对象存在，根据对象的索引号进行对象的删除
                CustomerList.RemoveAt(i);
        }
        public static void Show()  //显示所有客户的信息
        {
            //遍历 CustomerList 输出所有客户的信息
            foreach (CustomerInfo s in CustomerList)
            Console.WriteLine(s.ID + ", " + s.Name + ", " + s.Address);
        }
        public  static void SortByName()    //通过接口实现按照客户姓名排序的方法
        {
            CustomerList.Sort(new CustomerNameCompare());//实现自定义排序的接口
        }
    }
```

Step 2　除了使用集合元素默认的比较器进行排序外，还可以传递实现 IComparer 接口的类，按自定义的排序逻辑进行排序。下面实现按照客户姓名进行排序的接口实现代码。添加类 CustomerNameCompare，在 CustomerNameCompare.cs 中添加代码如下（代码5-1-2.txt）。

```
public class CustomerNameCompare:IComparer
{  //自定义排序，实现 IComparer 接口按照客户姓名降序排序
    public int Compare(object x, object y)
    {
            return new CaseInsensitiveComparer().
            Compare(((CustomerInfo)y).Name, ((CustomerInfo)x).Name );
    }
}
```

Step 3 在 Program 的 Main 中添加以下测试代码（代码 5-1-3.txt）。

```
//实例化 CustomerInfo，向 ArrayList 中添加对象
CustomerInfo aCustomerInfo1 = new CustomerInfo("Id0001", "李四", "河南郑州
市");
    CustomerInfo.AddCustomer(aCustomerInfo1);   //添加 aCustomerInfo1 对象到
                                                ArrayList
    CustomerInfo aCustomerInfo2 = new CustomerInfo("Id0002", "王五", "湖南长沙
市");
    CustomerInfo.AddCustomer(aCustomerInfo2);   //添加 aCustomerInfo2 对象到
                                                ArrayList
    CustomerInfo aCustomerInfo3 = new CustomerInfo("Id0003", "赵三", "河南郑州
市");
    CustomerInfo.AddCustomer(aCustomerInfo3);   //添加 aCustomerInfo3 对象到
                                                ArrayList
    Console.WriteLine("排序前的集合排列");
    CustomerInfo.Show();                    //输出排序前集合中的元素的排列顺序
    CustomerInfo.SortByName ();             //调用按姓名排序方法对 ArrayList 排序
    Console.WriteLine("按姓名排序后的集合排列");
    CustomerInfo.Show();                    //输出排序后集合中的元素的排列顺序
    CustomerInfo aCustomerInfo4 = new CustomerInfo("Id0003", "赵七", "河北石家
庄市");
    CustomerInfo.AddCustomer(aCustomerInfo4);  //添加 aCustomerInfo4 对象到
                                                ArrayList
    Console.WriteLine("添加一个客户后的所有信息：");
    CustomerInfo.Show();                    //输出添加一个客户后集合中的元素
    CustomerInfo.Delete(aCustomerInfo4);    //删除一个客户对象
    Console.WriteLine("删除一个客户对象后的信息");
    CustomerInfo.Show();                    //输出删除一个客户后集合中的元素
```

单击工具栏中的 ▶ 按钮，即可在控制台中输出如图 5.1 所示的结果。

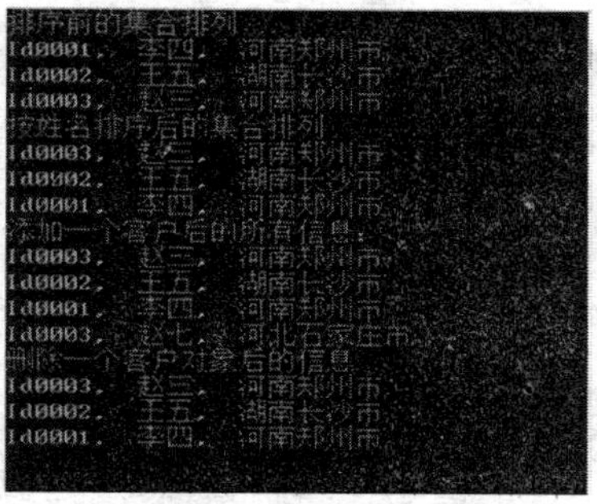

图 5.1 例 5-1 运行结果

【范例分析】

在这个范例的 Step 1 中定义了一个 CustomerInfo 类，其中定义了一个静态的 ArrayList
对象 CustomerList，用于存储客户的信息；定义了一个添加客户信息到 ArrayList 的方法，

使用 ArrayList 的 Add 方法添加；定义了一个删除 ArrayList 中元素的方法，使用 IndexOf
进行对象的查找，使用 RemoveAt 进行删除；定义了 Show 方法，使用 foreach 变量来显示
ArrayList 中的元素；定义了一个排序方法实现按照客户姓名排序。步骤 Step 2 中自定义了
一个按照姓名排序的规则，以实现 ArrayList 的排序。

【拓展训练】

修改例 5-1，添加按照姓名进行删除的方法和按照 ID 排序的方法。

Step 1 在项目 CustomerInfo 中添加 DeleteByName 方法，实现按照姓名进行删除（代
码 5-1-4.txt）。

```
public static void DeleteByName(string name)    //通过客户名称删除一个客户信息
  {
  for (int i = 0; i < CustomerList.Count; i++)//遍历 CustomerList
   {  //得到集合 CustomerList 的第 i 个元素
      CustomerInfo aCustomerInfo = (CustomerInfo)CustomerList[i];
      //如果集合的第 i 个元素的 Name 是所要查找的则删除
      if (aCustomerInfo.Name  ==name)
      {
         CustomerList.RemoveAt(i);
         break;
      }
   }
  }
```

Step 2 在 CustomerInfo 中添加 SortByID 方法，实现按照 ID 排序（拓展代码 5-1-5.txt）。

```
public static void SortByID()    //通过接口实现按照客户 ID 排序的方法
  {
     CustomerList.Sort(new CustomerIdCompare());
  }
```

Step 3 在 CustomerCompare 中添加类 CustomerIdCompare 实现按照 ID 排序（拓展代
码 5-1-6.txt）。

```
class CustomerIdCompare:IComparer
{        //自定义排序，实现 IComparer 接口按照客户 ID 排序
   public int Compare(object x, object y)
   {
      return new  CaseInsensitiveComparer().Compare(((CustomerInfo)y).ID ,
((CustomerInfo)x).ID );
   }
}
```

Step 4 在 Program 的 Main 中添加以下测试代码（拓展代码 5-1-7.txt）。

```
//实例化 CustomerInfo，向 ArrayList 中添加对象
CustomerInfo aCustomerInfo1 = new CustomerInfo("Id0001", "李四", "河南郑州
```

```
市");
    //添加 aCustomerInfo1 对象到 ArrayList
    CustomerInfo.AddCustomer(aCustomerInfo1);
    CustomerInfo aCustomerInfo2 = new CustomerInfo("Id0002", "王五", "湖南长沙市");
    //添加 aCustomerInfo2 对象到 ArrayList
    CustomerInfo.AddCustomer(aCustomerInfo2);
    CustomerInfo aCustomerInfo3 = new CustomerInfo("Id0003", "赵三", "河南郑州市");
    //添加 aCustomerInfo3 对象到 ArrayList
    CustomerInfo.AddCustomer(aCustomerInfo3);
    Console.WriteLine("排序前的集合排列");
    CustomerInfo.Show();      //调用 Show 方法显示排序前的集合元素
    CustomerInfo.SortByID();      //调用 SortByID 实现按照 ID 排序
    Console.WriteLine("按 ID 排序后的集合排列");
    CustomerInfo.Show();      //调用 Show 方法显示排序后的集合元素
    CustomerInfo aCustomerInfo4 = new CustomerInfo("Id0003", "赵七", "河北石家庄市");
    //添加 aCustomerInfo4 对象到 ArrayList
    CustomerInfo.AddCustomer(aCustomerInfo4);
    Console.WriteLine("添加一个客户后的所有信息：");
    CustomerInfo.Show();      //添加一个客户后的所有信息
    CustomerInfo.DeleteByName("赵三");   //删除一个客户对象
    Console.WriteLine("删除一个客户对象后的信息");
    CustomerInfo.Show();      //输出删除一个客户对象后的信息
```

运行结果如图 5.2 所示。

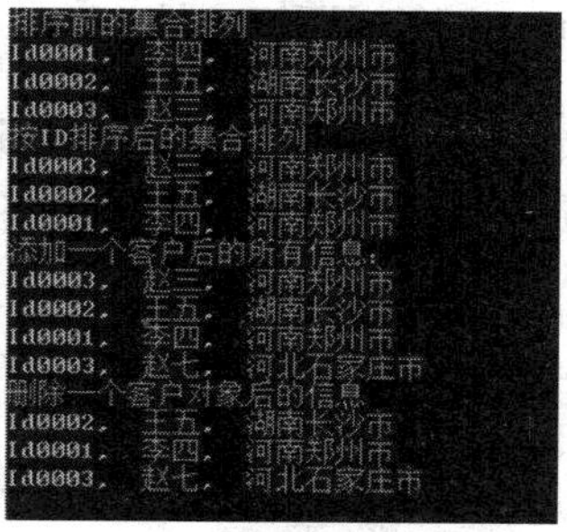

图 5.2　拓展训练运行结果

5.2.2　Hashtable 类

在 ArrayList 集合中，可以使用索引访问元素，如果不能确切知道索引的值，访问就比较困难。而本节介绍的 Hashtable 能实现通过一个键来访问一个值，而不需要知道索引的值。

Hashtable 称为哈希表，和 ArrayList 不同的是它利用键/值来存储数据。在哈希表中，每个元素都是一个键/值对，并且是一一对应的，通过"键"就可以得到"值"。如果存储电话号码，通常是将姓名和电话号码存在一起，存储时把姓名当作键，号码作为值，通过姓名即可查到电话号码,这就是一个典型的哈希表存储方式。Hashtable 是 System.Collections 命名空间中的一个重要的类,如果把哈希表当作字典,那么"键"就是字典中查的单词,"值"就是关于单词的解释内容。正因为有这个特点,所以也有人把哈希表称作"字典"(对应泛型集合类 Dictionary<T>)。

在 Hashtable 对象内部维护着一个哈希表。内部哈希表为插入到其中的每个键进行哈希编码,在后续的检索操作中,通过哈希编码就可以遍历所有的元素。这种方法为检索操作提供了较佳的性能。在.NET 中,键和值可以是任何一种对象,例如字符串、自定义类等。在后台,当插入键值对到 Hashtable 中时,Hashtable 使用每个键所引用对象的 GetHashCode() 方法获取一个哈希编码,存入 Hashtable 中。哈希表常用的属性如表 5.5 所示。

表 5.5　哈希表常用属性

属性名称	属性说明
Count	获取包含在 Hashtable 中的键/值对的数目
Keys	获取包含在 Hashtable 中的所有键的集合
Values	获取包含在 Hashtable 中的所有值的集合

哈希表常用的方法如表 5.6 所示。

表 5.6　哈希表常用方法

方法名称	方法说明
Add	将带有指定键和值的元素添加到 Hashtable 中
Clear	从 Hashtable 中移除所有元素
Contains	确定 Hashtable 中是否包含特定键
GetEnumerator	返回 IDictionaryEnumerator,可以遍历 Hashtable
Remove	从 Hashtable 中移除带有指定键的元素

Hashtable 类提供了 15 个重载的构造函数,常用的 4 个 Hashtable 构造函数声明如下。

(1) 使用默认的初始容量、加载因子、哈希代码提供程序和比较器来初始化 Hashtable 类的实例。

```
public Hashtable();
```

(2) 使用指定容量、默认加载因子、默认哈希代码提供程序和比较器来初始化 Hashtable 类的实例。

```
public Hashtable(int capacity);
```

(3) 使用指定的容量、加载因子来初始化 Hashtable 类的实例。

```
public Hashtable(int capacity, float loadFactor);
```

(4) 通过将指定字典中的元素复制到新的 Hashtable 对象中,初始化 Hashtable 类的一个新实例。新 Hashtable 对象的初始容量等于复制的元素数,并且使用默认的加载因子、哈希代码提供程序和比较器。

```
public Hashtable(IDictionary d);
```

下面的代码演示如何使用这 4 种方法构造哈希表。

```
static void Main(string[] args)
  {
    Hashtable ht = new Hashtable();          //使用所有默认值构建哈希表实例
    Hashtable ht1 = new Hashtable(20);       //指定哈希表实例的初始容量为 20 个元素
    Hashtable ht2 = new Hashtable(20,0.8f);  //初始容量为 20 个元素，加载因子为 0.8
    Hashtable ht3 = new Hashtable(sl);       //传入实现了 IDictionary 接口的参数
                                              创建哈希表
  }
```

创建好哈希表后，可以使用 Hashtable 提供的方法和属性来操作哈希表对象。下面的示例程序将演示操作哈希表的基本方法。

【例 5-2】 Hashtable 表的应用。

新建控制台应用程序，项目名为 "HashDemo"，在 Program.cs 的 Main 方法中输入以下代码（拓展代码 5-2-1.txt）。

```
Hashtable openWith = new Hashtable();      //创建一个哈希表 openWith
openWith.Add("txt", "notepad.exe");        //添加键/值对到哈希表中，键不能重复
openWith.Add("bmp", "paint.exe");          //添加键/值对到哈希表中
openWith.Add("dib", "paint.exe");          //添加键/值对到哈希表中
openWith.Add("rtf", "wordpad.exe");        //添加键/值对到哈希表中
//通过键名来获取具体值
Console.WriteLine("键 = \"rtf\", 值 = {0}.", openWith["rtf"]);
openWith["rtf"] = "winword.exe";           //哈希表中的键不可修改，只能修改键对应的值
Console.WriteLine("键 = \"rtf\", 值 = {0}.", openWith["rtf"]);
openWith["doc"] = "winword.exe";           //如果对不存在的键设置值，将添加新的键值对
//通常添加之前用 ContainsKey 来判断某个键是否存在
if (!openWith.ContainsKey("ht"))           //如果键 ht 不存在，则添加 ht 键值对
{
    openWith.Add("ht", "hypertrm.exe");    //添加 ht 键值对
    Console.WriteLine("为键 ht 添加值:{0}", openWith["ht"]);
}
Console.WriteLine("哈希表遍历: ");
foreach( DictionaryEntry de in openWith )  //Hashtable 键/值是
                                            DictionaryEntry 类型
{
    Console.WriteLine("键= {0}, 值 = {1}", de.Key, de.Value);
}
Console.WriteLine("\n 删除(\"doc\")");
openWith.Remove("doc");                     //使用 Remove 方法删除键/值对
if (!openWith.ContainsKey("doc"))           //判断键 doc 是否存在
{
    Console.WriteLine("键\"doc\" 没有找到.");//如不存在给出提示信息
}
```

单击工具栏中的 ▶ 按钮，即可在控制台中输出如图 5.3 所示的结果。

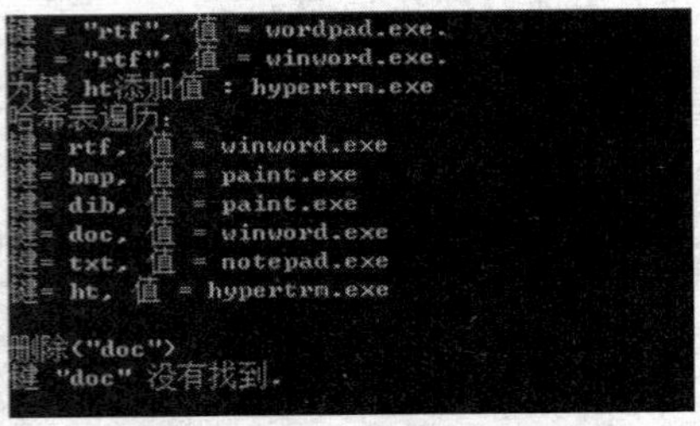

图 5.3　例 5-2 运行结果

【范例分析】

在例 5-2 中创建了一个新哈希表 openWith，把文件扩展名和打开软件作为键/值对；首先使用 Add 方法向哈希表中添加键值对；接着是哈希表键值对的使用举例；其次使用 ContainsKey 方法判断指定的键是否存在；再次遍历哈希表；最后使用 Remove 删除指定的键值对。

> **警告**：遍历时应注意，Hashtable 的每个元素都是一个键/值对，因此元素类型既不是键的类型，也不是值的类型，而是 DictionaryEntry 类型。

【拓展训练】

通过键集和值集遍历哈希表中的键或值的方法使用举例。

Step 1　新建控制台应用程序，项目名为 "HashDemoExt"。

Step 2　在 Program.cs 中的 Main 方法中添加以下代码（拓展代码 5-2-2.txt）。

```
Hashtable openWith = new Hashtable();        //创建一个哈希表 openWith
openWith.Add("txt", "notepad.exe");          //添加键/值对到哈希表中，键不能重复
openWith.Add("bmp", "paint.exe");            //添加键/值对到哈希表中，键不能重复
openWith.Add("dib", "paint.exe");            //添加键/值对到哈希表中，键不能重复
openWith.Add("rtf", "wordpad.exe");          //添加键/值对到哈希表中，键不能重复
//使用 Values 属性操作哈希表中的值的集合
ICollection valueColl = openWith.Values;     //得到哈希表值的集合
Console.WriteLine();
foreach (string s in valueColl)              //对值的集合进行遍历
{
    Console.WriteLine("值 = {0}", s);        //输出哈希表中的值
}
//使用 Keys 属性操作哈希表中的键的集合
ICollection keyColl = openWith.Keys;         //得到哈希表键的集合
Console.WriteLine();
foreach (string s in keyColl)                //对键的集合进行遍历
{
```

```
        Console.WriteLine("键 = {0}", s);    //输出哈希表中的键
    }
```

运行结果如图 5.4 所示。

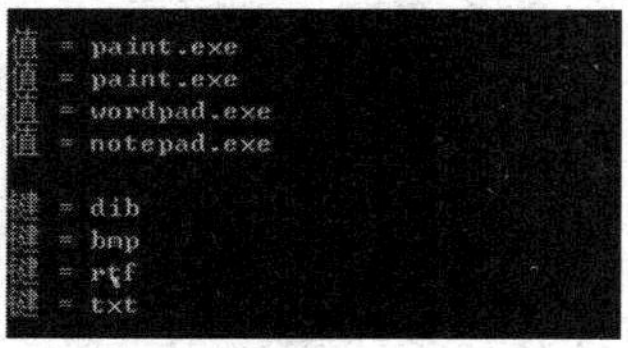

图 5.4　拓展训练运行结果

5.3　泛　　型

.NET 提供有功能强大的泛型特性，利用泛型，可以减少代码编写的工作量，提高程序的运行效率。

5.3.1　泛型概述

在 5.2 节介绍的 ArrayList 类中，所有的元素类型都为 object 类型。.NET 中的 object 类是所有类的基类，因此 ArrayList 类能够接受任何类型的值作为它的元素。当使用 ArrayList 中的元素时，必须要强制进行类型的转换将元素转换为合适的元素类型。如果元素是值类型的值时，会引起 CLR 进行拆箱和装箱的操作，造成一定的性能开销。而且，还必须小心处理类型转换中可能出现的错误。例如，下面的语句为 ArrayList 对象添加多个不同类型的元素值，就会引入装箱和拆箱操作，造成一定的性能开销。

```
ArrayList list = new ArrayList();    //创建一个 ArrayList 对象 list
list.Add("这是一个字符型");          //添加一个字符串
list.Add(8);                         //添加一个整型
list.Add(true);                      //添加一个布尔型
```

事实上，在很多场合应用程序并不需要像上面的代码那样，向一个 ArrayList 集合类中添加各种不同的类型。如果只需要处理同种类型的元素，比如整型，可以将 ArrayList 集合中的元素定义为确定的类型，或称之为强类型。这样，就可以减少类型转换带来的性能开销，而且也可避免类型转换中可能会出现的错误。这种方式解决了以 object 作为参数的缺陷。但是，如果还需要强类型字符串值、布尔值或其他的类型时，就必须一一地实现这些强类型类，这些重复工作显然增加了代码量。为此在.NET 2.0 中引入了泛型来处理这种不足，经由指定一个或多个类型占位符，在处理类型操作时，不需要知道具体的类型，而将确定具体类型的工作放在运行时来实现。

什么是泛型？泛型是一种类型占位符，或称之为类型参数。我们知道在一个方法中，一个变量的值可以作为参数，但其实这个变量的类型本身也可以作为参数。泛型允许程序员在代码中将变量或参数的类型先用"类型占位符"来代替，在调用的时候再指定这个类型参数是什么。泛型就好比 Word 中的模板，在 Word 的模板中提供有基本的文档编辑内容，

在定义 Word 模板时，对具体编辑哪种类型的文档是未知的。在.NET 中，泛型则提供了类、结构、接口和方法的模板，与定义 Word 模板时类似，定义泛型时的具体类型是未知的。在.NET 中，泛型能够给我们带来的好处是"类型安全和减少装箱、拆箱"。

在 System.Collections.Generic 命名空间中包含几个泛型集合类，List<T>和 Dictionary<K,V>是其中常用的两种泛型集合类，在实际应用中有很重要的作用。

5.3.2 List<T>类

泛型最重要的应用就是集合操作，使用泛型集合可以提高代码重用性、类型安全性，并拥有更佳的性能。List<T>的用法和 ArrayList 相似，有更好的类型安全性，无须拆、装箱。定义一个 List<T>泛型集合的语法如下：

```
List<T> 集合名=new List<T>();
```

在泛型定义中，泛型类型参数"<T>"是必须指定的，其中的 T 是定义泛型类时的占位符，其并不是一种类型，仅代表某种可能的类型。在定义时 T 会被使用的类型代替。泛型集合 List<T>中只能有一个参数类型，"<T>"中的 T 可以对集合中的元素类型进行约束。

注意：泛型集合必须实例化，实例化时和普通类实例化时相同，必须在后面加上"()"。

List<T>的添加、删除和检索等方法和 ArrayList 相似，但是不需要像 ArrayList 那样装箱和拆箱。示例如下：

```
List<string> ls = new List<string>();   //创建泛型集合 ls
ls.Add("泛型集合元素1");                  //向泛型集合 ls 中添加元素 1
ls.Add("泛型集合元素2");                  //向泛型集合 ls 中添加元素 2
ls.Add("泛型集合元素3");                  //向泛型集合 ls 中添加元素 3
```

5.3.3 Dictionary<K,V>类

在 System.Collections.Generic 命名空间中，与 Hashtable 相对应的泛型集合是 Dictionary<K,V>，其存储数据的方式和哈希表相似，通过键/值来保存元素，并具有泛型的全部特征，编译时检查类型约束，读取时无须进行类型转换。定义 Dictionary<K,V>泛型集合中的方法如下：

```
Dictionary<K,V> 泛型集合名=new Dictionary<K,V>();
```

其中，"K"为占位符，具体定义时用存储键"Key"的数据类型代替，"V"同样也是占位符，用元素的值"Value"的数据类型代替，这样就在定义该集合时，声明了存储元素的键和值的数据类型，保证了类型的安全性。

例 5-2 中，对 Hashtable 的定义可以改为使用 Dictionary<K,V>来实现，代码如下。

```
Dictionary<string, string> openWith = new Dictionary<string, string>();
//创建泛型集合//Dictionary 对象
```

在这个 Dictionary<K,V>的声明中，"<string,string>"中的第一个 string 表示集合中 Key 的类型，第二个 string 表示 Value 的类型。

```
//创建一个泛型 Dictionary 集合 openWith
Dictionary<string, string> openWith = new Dictionary<string, string>();
openWith.Add("txt", "notepad.exe");        //添加键/值对到哈希表中，键不能重复
openWith.Add("bmp", "paint.exe");          //添加键/值对到哈希表中，键不能重复
```

5.3.4 泛型使用建议

C#泛型类在编译时，先生成中间代码 IL，通用类型 T 只是一个占位符。在实例化类时，根据用户指定的数据类型代替 T 并由即时编译器（JIT）生成本地代码，这个本地代码中已经使用了实际的数据类型，等同于用实际类型写的类，所以不同封闭类的本地代码是不一样的。

C#泛型是开发工具库中的一个无价之宝。它们可以提高性能、类型安全和质量，减少重复性的编程任务，简化总体编程模型，而这一切都是通过优雅的、可读性强的语法完成的。前面已简单地介绍了泛型的概念，从编写代码过程中可以看出泛型的优点如下。

（1）性能高。使用泛型不需要进行类型转换，可以避免装箱和拆箱操作，能提高性能。

（2）类型安全。泛型集合对其存储对象进行了类型约束，不是定义时声明的类型，是无法存储到泛型集合中的，从而保证了数据的类型安全。

（3）代码重用。使用泛型类型可以最大限度地重用代码、保护类型的安全以及提高性能。

在处理集合类时，如果遇到下列情况，则可考虑使用泛型类。

（1）如需要对多种类型进行相同的操作处理。

（2）如需要处理值类型，使用泛型则可避免装箱拆箱带来的性能开销。

（3）使用泛型可以在应用程序编译时发现类型错误，增强程序的健壮性。

（4）减少不必要的重复编码，使代码结构更加清晰。

程序员可以根据需要创建自己的泛型接口、泛型类、泛型方法、泛型事件和泛型委托。

5.4 泛 型 接 口

为泛型集合类或表示集合中项的泛型类定义接口通常很有用。在 System.Collections.Generic 命名空间中包含几个泛型接口，IComparable<T>、IComparer<T>是其中常用的两种泛型接口。对于泛型类，使用泛型接口十分可取，例如使用泛型接口 IComparable<T> 代替普通接口 IComparable，可以避免值类型的装箱和拆箱操作。

5.4.1 IComparer<T>接口

泛型接口也具有一般接口的共同特点，即在接口中可以包含属性、方法和索引器，但都不能够实现。泛型接口 IComparer<T>，定义了比较两个对象而实现的方法。其定义如下：

```
public interface IComparer<T>
{
    int Compare(T x,T y);  //比较两个对象 x 和 y 的方法
}
```

类型参数 "T" 是要比较的对象的类型。Compare 方法比较两个对象并返回一个值, 指示一个对象是小于、等于还是大于另一个对象。参数 x 是要比较的第一个对象, y 是要比较的第二个对象, 均属于类型 T。如果返回值大于 0, 则 x>y; 如果返回值小于 0, 则 x<y; 如果返回值等于 0, 则 x=y。

IComparer<T>泛型接口主要的作用是: 作为参数传入 Sort()方法, 实现对象比较方式的排序。Sort 方法的语法如下:

```
public void Sort (IComparer<T> comparer)
```

在例 5-1 中已经使用了 IComparer 接口实现按照客户姓名进行排序的方法。在下面的范例中, 将改为用 IComparer<T>来实现同样的功能。

【例 5-3】 改写例 5-1, 利用 List<T>编写一个管理客户地址簿的应用程序。

Step 1 在 Visual Studio 2013 中新建 C#控制台程序, 项目名为 "CustomerInfoList", 然后添加一个新类到项目中, 类名为 CustomerInfo, 表示客户。和例 5-1 中的 CustomerInfo.cs 代码一样, 只是对下面的这条语句:

```
private static ArrayList CustomerList = new ArrayList();
```

修改为用泛型集合 List 来定义, 改后如下 (代码 5-3-1.txt):

```
private static List<CustomerInfo> CustomerList = new List<CustomerInfo>();
```

Step 2 使用 IComparer<T>泛型接口实现按照客户姓名进行排序的方法 (代码 5-3-2.txt)。

```
//按照客户姓名进行排序的方法
class CustomerNameCompare : IComparer<CustomerInfo>
{   //自定义排序,实现 IComparer 接口按照客户姓名降序排序
    public int Compare(CustomerInfo x, CustomerInfo y)
    {
        return (x.Name .CompareTo(y.Name ));   //返回按照客户姓名比较的结果
    }
}
```

提示: 在 Compare 方法中降序排列使用 y.CompareTo(x)写法, 升序排列使用 x.CompareTo(y)写法实现。

Step 3 其他代码不变。

输出结果和例 5-1 相同。

【范例分析】

在例 5-3 的 Step 1 中, CustomerInfo 类中改用 List<T>泛型集合类, 用于存储客户的信息代替原来的 ArrayList, 执行的时候不需要装箱和拆箱, 能提高执行的效率。

提示：Visual Studio 2013 的 IntelliSense 功能，为泛型的声明和使用提供了强大的支持。IntelliSense 能智能地提示使用相应的类型。

5.4.2 IComparable<T>接口

IComparable<T>也是常用的泛型接口。泛型接口 IComparable<T>的功能和接口 IComparable 相似，规定了一个没有实现的方法 CompareTo(Object obj)，语法如下：

```
public interface IComparable
{
    int CompareTo(Object obj);
}
```

此接口中的 CompareTo 用于比较对象的大小。如果一个类实现了该接口中的这个方法，说明这个类的对象是可以比较大小的。如果当前对象小于 obj，则返回值小于 0；如果当前对象大于 obj，则返回值大于 0；如果当前对象等于 obj，则返回值等于 0。

【例 5-4】使用 IComparable<T>实现比较对象大小的功能。

Step 1 新建控制台程序，项目名为"CustomerInfoListExt"，然后添加一个新类到项目中，类名为 CustomerInfo，表示客户信息并实现 IComparable 接口，代码如下（代码 5-4-1.txt）。

```
class CustomerInfo:IComparable<CustomerInfo>      //实现 IComparable 接口的类
                                                   CustomerInfo
{
    private String id;   //表示客户 ID 的字段
    private String name;     //表示客户姓名的字段
    private String address; //表示客户地址的字段
    public CustomerInfo() { }    //无参数构造函数
    public CustomerInfo(String myid, string myname, string myaddress)
    {    //有参数构造函数
        id = myid;
        name = myname;
        address = myaddress;
    }
    public String ID//表示客户 ID 的属性
    {
        set { id = value; }
        get { return id; }
    }
    public String Name  //表示客户姓名的属性
    {
        get { return name; }
        set { name = value; }
    }
    public String Address  //表示客户地址的属性
```

```
        {
            get { return address; }
            set { address = value; }
        }
        public int CompareTo(CustomerInfo objCustomer)      //按照姓名比较对象
                                                                大小的方法

        {
            //返回按照姓名比较的结果
            return this.Name .CompareTo (objCustomer.Name );
        }
    }
```

Step 2 在 Program 的 Main 中添加以下测试代码（代码 5-4-2.txt）。

```
//实例化 CustomerInfo，向 List<T>中添加对象
CustomerInfo aCustomerInfo1 = new CustomerInfo("Id0001", "李四", "河南郑州市");
CustomerInfo aCustomerInfo2 = new CustomerInfo("Id0002", "王五", "湖南长沙市");
//按照姓名比较两个对象的大小
if (aCustomerInfo1 .CompareTo (aCustomerInfo2 )>0)
Console .WriteLine ("{0}的姓名比{1}的姓名排列靠前",aCustomerInfo1.Name ,
aCustomerInfo2.Name );
    else
    Console .WriteLine ("{0}的姓名比{1}的姓名排列靠前后",aCustomerInfo1.Name ,
aCustomerInfo2.Name );
    Console.ReadKey();
```

单击工具栏中的 ▶ 按钮，输出结果如图 5.5 所示。

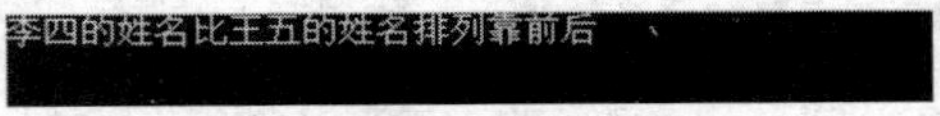

李四的姓名比王五的姓名排列靠前后

图 5.5 例 5-4 运行结果

5.4.3 自定义泛型接口

程序员也可以使用泛型自定义泛型接口、泛型类、泛型方法等。和普通接口一样，一个泛型接口通常也是与某些对象相关的约定规程。例如，约定"飞"的功能，可能是鸟、飞机或者子弹，那么定义它们的规程时，会略微有些区别。但泛型接口只负责约定功能"飞"，不同对象的规程定义交给具体实现者。

泛型接口的声明形式如下：

```
interface 【接口名】<T>
{
    【接口体】
}
```

在 C#中，通过尖括号"< >"将类型参数括起来，表示泛型。上述约定功能"飞"可以定义泛型接口"Interface Fly<T>{}"。声明泛型接口时，与声明一般接口的唯一区别是增

加了一个<T>。一般来说，声明泛型接口与声明非泛型接口遵循相同的规则。

泛型接口定义完成之后，就要定义此接口的子类。定义泛型接口的子类有以下两种方法。

（1）直接在子类后声明泛型。

（2）在子类实现的接口中明确地给出泛型类型。

【例 5-5】 泛型接口的定义与使用。

Step 1 新建控制台程序，项目名为 "InterImp"，然后在 Program 中添加泛型接口 Inter 和子类 InterImpA、InterImpB，代码如下（代码 5-5-1.txt）。

```
interface Inter<T>                //定义泛型接口 Inter
{
    void show(T t);               //约定功能 show
}
//定义接口 Inter 的子类 InterImpA，明确泛型类型为 String
class InterImpA : Inter<String>
{
  //子类 InterImpA 重写方法 show，指明参数类型为 String
  public void show(String t)
  {
        Console.WriteLine(t);
  }
        address = myaddress;
}
class InterImpB<T> : Inter<T>     //定义接口 Inter 的子类 InterImpB，直接声明
  {
    public void show(T t)         //子类 InterImpB 重写方法 show，参数类型为泛型
    {
          Console.WriteLine(t);
    }
  }
```

Step 2 在 Program 的 Main 方法中添加以下测试代码（代码 5-5-2.txt）。

```
//实例化 InterImpA
InterImpA i=new InterImpA();
i.show("fff");
//实例化 InterImpB
InterImpB<Int32> j = new InterImpB<Int32>();
j.show(5556666);
Console.Read();
```

单击工具栏中的 ▶ 按钮，输出结果如图 5.6 所示。

```
ffffff
5556666
```

图 5.6 例 5-5 运行结果

5.5　定义泛型方法

在编写程序时，经常会遇到两个模块的功能非常相似，只是一个是处理 int 数据，另一个是处理 string 数据，或者其他自定义的数据类型，但我们没有办法，只能分别写多个方法处理每个数据类型，因为方法的参数类型不同。有没有一种办法，在方法中传入通用的数据类型，这样不就可以合并代码了吗？泛型方法就是专门解决这个问题的。

例如，我们熟悉的冒泡排序（Bubble Sort）算法实现将一个整数数组元素按照从小到大的顺序重新排列的功能。代码如下：

```
public class SortHelper //实现 Bubble Sort 算法的类 SortHelper
{
    public void BubbleSort(int [] array) {
    int length = array.Length;
    for (int i=0; i<= length -2;i++) {
       for (int j= length -1; j>=1;j--)
      if (array[j] < array[j - 1]) {     //交换两个元素
          int temp = array[j];
           array[j] = array[j - 1];
           array[j - 1] = temp
        }
      }
    }
  }
}
```

上述 Bubble Sort 算法只能接受一个 int 类型的数组，如果需要对一个 byte 类型的数组进行排序，只能将 Bubble Sort 算法代码复制一遍，并将方法的签名做相应改动。代码如下：

```
public class SortHelper //实现 Bubble Sort 算法的类 SortHelper
 {
    public void BubbleSort(byte [] array) {
    int length = array.Length;
    for (int i=0; i<= length -2;i++) {
      for (int j= length -1; j>=1;j--)
        if (array[j] < array[j - 1]) {     //如果前面的元素较大，交换相邻两个元素
          int temp = array[j];
          array[j] = array[j - 1];
          array[j - 1] = temp
        }
      }
    }
  }
}
```

　　然而，当下次需要对一个 char 类型的数组进行排序时，仍然需要将 Bubble Sort 算法代码复制一遍，并将方法的签名做相应改动。

　　仔细对比这两个方法，会发现除了方法的签名不同以外，这两个方法的实现完全一样。这时就可以将上面的方法体视为一个模板，将它的方法签名视为一个占位符，创建泛型方法来合并这两个方法的功能。

　　代码如下：

```
public class SortHelper //实现 Bubble Sort 算法的类 SortHelper
 {
      public void BubbleSort <T>(T[] array) where T : IComparable  {
      int length = array.Length;
      for (int i=0; i<= length -2;i++) {
        for (int j= length -1; j>=1;j--)
          //如果前面的元素较大，交换相邻两个元素
          if (array[j].CompareTo(array[j - 1]) < 0) {
            int temp = array[j];
            array[j] = array[j - 1];
            array[j - 1] = temp
          }
        }
      }
   }
 }
```

　　上述代码中，将方法签名中的参数类型 int[]和 byte[] 用占位符 T[]来代替，并在类名称的后面加了一个尖括号，使用这个尖括号来传递占位符，也就是类型参数。其中，T 可以代表任何类型，这样就屏蔽了两个方法签名的差异。

> **提示：** 因为 "<" 或 ">" 运算符只对数值类型参数有效，要比较两个泛型类型参数值的大小，不能直接用 "<" 或 ">" 运算符。解决方法是约束泛型 T 为 "where T : IComparable"，表明泛型 T 是继承自 IComparable 接口，可以使用 IComparable 接口的 CompareTo 方法比较大小。

　　接着，就可以像调用普通方法一样调用定义的泛型方法了，唯一的区别是在调用泛型方法时要实例化泛型 T。下面的代码：

```
class Program    //泛型方法的应用
{
   static void Main (string[] args) {
     SortHelper sorter = new SortHelper();
     int[] array = {8, 2, 4, 6, 10};
     sorter.BubbleSort<int>(array);
     foreach(int i in array)
{   //输出排序结果
       Console.Write("{0 }",i);
```

```
        }
      Console.WriteLine();
      Console.ReadKey();
    }
  }
```

将调用 Bubble Sort 算法把整型数组 array 的元素排序，并输出。其中语句：

```
  sorter.BubbleSort<int>(array);
```

调用泛型方法 BubbleSort<T>，并用 int 实例化 T。第一轮编译时，编译器只为 SortHelper 类型产生"泛型版"的 IL 代码和元数据，并不进行泛型类型的实例化，T 在中间只充当占位符。真正的泛型实例化工作以"on-demand"的方式，发生在 JIT 编译时。JIT 编译时，当 JIT 编译器第一次遇到 SortHelper 时，将用 int 类型替换"泛型版"IL 代码与元数据中的 T——进行泛型类型的实例化。

泛型方法的泛型参数，可以用在该方法的形参、方法体和返回值三处。上述例子中的泛型方法的泛型参数用在了方法的形参处。

5.5.1 泛型类中的泛型方法

上述例子中的泛型方法存在于非泛型类中，泛型方法的泛型参数直接在方法名称后面声明。也可以先定义泛型类，即在类名称的后面加了一个尖括号，使用这个尖括号来传递占位符（也就是类型参数），再在类中定义泛型方法。

前面 BubbleSort 泛型方法也可以这样定义：

```
//实现 Bubble Sort 算法的类 SortHelper
public class SortHelper<T> where T : IComparable
  {
    public void BubbleSort(T[] array) {
      int length = array.Length;
      for (int i=0; i<= length -2;i++) {
       for (int j= length -1; j>=1;j--)
         //如果前面的元素较大，交换相邻两个元素
         if (array[j].CompareTo(array[j - 1]) < 0) {
            int temp = array[j];
            array[j] = array[j - 1];
            array[j - 1] = temp
          }
       }
     }
   }
 }
```

上述代码中，因为泛型类已经声明了泛型参数 T，可以直接使用下面的语句：

```
  public void BubbleSort(T[] array)
```

定义泛型类的泛型方法。要调用泛型类的泛型方法时，首先声明泛型类的对象，接着使用泛型类的对象调用泛型方法时与调用普通方法完全一样。下面的代码：

```
class Program    //泛型方法的应用
{
    static void Main (string[] args) {
    SortHelper sorter<int> = new SortHelper<int> ();
    int[] array = {8, 2, 4, 6, 10};
    sorter.BubbleSort (array);
    foreach(int i in array) {    //输出排序结果
        Console.Write("{0 }",i);
    }
        Console.WriteLine();
        Console.ReadKey();
    }
}
```

将调用 Bubble Sort 算法把整型数组 array 的元素排序，并输出。其中语句：

```
SortHelper sorter<int> = new SortHelper<int> ();
```

声明泛型类 SortHelper 的对象 sorter，下面的语句：

```
sorter.BubbleSort (array);
```

调用泛型方法 BubbleSort。

5.5.2 泛型约束

上述例子中，如果保持原冒泡算法中的"if (array[j] < array[j - 1])"语句不变，或去掉"where T : IComparable"代码部分，程序将出现编译错误。这主要是因为泛型 T 是晚绑定的，因此在编译时编译器无法得知 T 的实例是采用什么样的标准来进行大小比较的。这就需要用到泛型约束。

泛型约束是使用 where 关键字实现的，用来约束 T 到一个指定范围。表 5.7 列出了几种常用的约束类型。

表 5.7 常用约束类型

约 束	说 明
Where T：结构	类型参数必须是值类型。可以指定除 Nullable 以外的任何值类型
Where T：类	类型参数必须是引用类型，包括任何类、接口、委托或数组类型
Where T：new()	类型参数必须具有无参数的公共构造函数。当与其他约束一起使用时，new() 约束必须最后指定
Where T：<基类名>	类型参数必须是指定的基类或派生自指定的基类
Where T：<接口名称>	类型参数必须是指定的接口或实现指定的接口。可以指定多个接口约束。约束接口也可以是泛型的

对于上例中的简单数据类型比较，只需给参数类型 T 添加"where T : IComparable"类

型约束，但如何用泛型方法实现对复杂数据类型的比较呢？下面举例说明。

假如有一个自定义的类 Book，它包含两个私有字段_id 和_title，两个外部属性 ID 和 Title,以及两个构造函数，代码如下。

```
public class Book
{
  private int _id;  //表示 ID 的字段
  private String _title;     //表示书名的字段
  public Book() { } //无参数构造函数
  public Book(int id,string title) {    //
      this._id=id;
      this._title=title;    //有参数构造函数
  }
  public int ID {
      get{return _id;}
      set{_id=value;}
  }//表示 ID 的属性
  public string  Title{                    //表示书名的属性
      get{return _title;}
      set{_title=value;}
  }
}
```

现在创建一个 Book 型的数组，然后用 SortHelper 类中的泛型方法对其进行排序。

```
public class Test
{
   static void Main()  {
    Book[] bookArray=new Book[2];
    Book book1=new Book(1,"guowenhui");
    Book book2=new Book(2,"dongyaguang");
    bookArray[0]=book1;
    bookArray[1]=book2;                      //有参数构造函数
    SortHelper<Book>  sort=new SortHelper<Book>();
    Sort.BubbleSort(bookArray);
    foreach (Book b in bookArray) {
        Console.WriteLine("Id:{0}", b.ID);
        Console.WriteLine("Title:{0}\n", b.Title);    //表示客户 ID 的属性
    }
  }
}
```

上面的代码将不能通过编译。这是因为现在要比较的是复杂类型对象 Book，book1 和 book2 到底谁大，这涉及一个判断依据的问题。如何来实现这种复杂类型对象的比较呢？答案是：让需要进行比较的对象类实现 IComparable 接口。也就是说，只有实现了 IComparable 接口的类型才能作为类型参数被传入，即需要对传入参数的类型进行一些约

束，这就是要讲的泛型约束。

接下来就让 Book 类来实现 IComparable 接口，即在类的内部定义一个比较的标准，这里采用的标准是比较 ID，Book 类中变化的代码如下。

```
public class Book: IComparable
{
    public int CompareTo(object obj)   //实现接口
    {
      Book book2=(Book)obj;
       return this.ID.CompareTo(book2.ID);
    }
    ...    //其他代码不变
}
```

再次运行测试代码，将正确输出根据书本 ID 的比较结果。

C#泛型要求对"所有泛型类型或泛型方法的类型参数"的任何假定，都要基于"显式的约束"，以维护 C#所要求的类型安全。"显式约束"由 where 子句表达，可以指定"基类约束"，"接口约束"，"构造器约束"，"值类型/引用类型约束"共 4 种约束（在本例中实现的是接口约束）。"显式约束"并非必需，如果没有指定"显式约束"，范型类型参数将只能访问 System.Object 类型中的公有方法。

小　　结

本章首先简要介绍了非泛型集合类和泛型集合类；接着重点介绍了 List<T>和 Dictionary<K,V>两个常泛型集合类以及 IComparable<T>和 IComparer<T>两个泛型接口的运用；最后向读者介绍了如何定义泛型方法及泛型类和泛型方法中的泛型约束。

习　　题

一、选择题

1. 泛型集合类位于（　　）命名空间。

  A. System.Collections.Generic   B. System.Collections

  C. System.Collection. Specialized D. System

2. 在 System.Collection 命名空间中，下列哪个类实现了一种数据结构，这种数据结构支持使用键值来索引结构中存放的对象？（　　）

  A. Stack 类   B. ArrayList 类   C. Quece 类   D. Hashtable 类

3. 语句"List<string> dinosaurs = new List<string>();"是人们常说的 C#中的哪种技术？（　　）

  A. 泛型   B. 代理   C. 引用   D. 覆盖

4. 获取 ArrayList 中实际包含的元素数的属性是（　　）。

A. Count   B. Capacity   C. Length.   D. Item

5. 向 ArrayList 中增加一元素，用下列哪个方法？（   ）

     A. Add   B. Remove   C. Insert   D. Append

二、简答题

1. 使用泛型的优点和建议是什么？

2. Hashtable 的特点是什么？

3. 泛型接口 IComparable<T>和 IComparer<T>的主要功能是什么？

第6章 Windows 窗体应用程序设计

Windows 系统中主流的应用程序都是窗体应用程序。Windows 窗体应用程序拥有图形化的界面，相比控制台应用程序，其对用户更为友好、操作起来也更为方便。借助.NET Framework 框架以及 Visual Studio .NET 强大的可视化设计功能，开发人员可以快速设计基于 C#的 Windows 窗体应用程序。窗体和控件是设计这类应用程序、实现图形化界面的基础，其中窗体又是由一些控件组合而成的，熟练掌握各种控件及其属性设置是有效地进行 Windows 窗体应用程序设计的重要前提。本章将对 Windows 窗体和常用控件进行详细讲解。通过本章的学习，读者将会掌握如何使用各种常用控件构造窗体、设计 Windows 窗体应用程序。

6.1　窗体与控件

Windows 应用程序是运行在 Windows 系列操作系统中的应用软件，具有和 Windows 操作系统相似的界面。在 Visual Studio 2013 中利用窗体控件可以快速开发 Windows 应用程序。在 Windows 窗体应用程序中，窗体是与用户交互的基本方式，是向用户显示信息的图形界面。窗体是 Windows 窗体应用程序的基本单元，一个 Windows 窗体应用程序可以包含一个窗体或多个窗体。

窗体是存放各种控件的容器，一个 Windows 窗体包含各种控件，如标签、文本框、按钮、下拉框、单选按钮等，这些控件是相对独立的用户界面元素，用来显示数据或接收数据输入，或者响应用户操作。

窗体也是对象，窗体类定义了生成窗体的模板，每实例化一个窗体类，就产生了一个窗体。.NET 框架类库的 System.Windows.Forms 命名空间中定义的 Form 类是所有窗体类的基类，Form 类被认为是对 Windows 窗体的抽象。每个窗体都具有自己的属性特征，开发人员可以通过编程来进行设置，但更为直观方便的做法是使用可视化的窗体设计器来设计窗体，以便借助这种所见即所得的设计方式，快速开发窗体应用程序。

使用 Windows 窗体，可以创建基于 Windows 的功能强大的应用程序。一个标准的 Windows 窗体应用程序由窗体、控件及其事件所组成。Visual Studio 2013 提供了定义窗体外观属性、定义行为和定义与用户交互的事件的方法。

> **注意**：窗体犹如一个容器（Container），专门用来装载输入/输出要用到的控件。也可以把窗体看成一个白板，开发人员能够在窗体上放置组件设计界面，并能编写代码实现所需的功能。

在 Visual Studio 2013 中新建一个 Windows 窗体应用程序时，将自动创建一个名为

"Form1"的空白窗体，如图6.1所示。

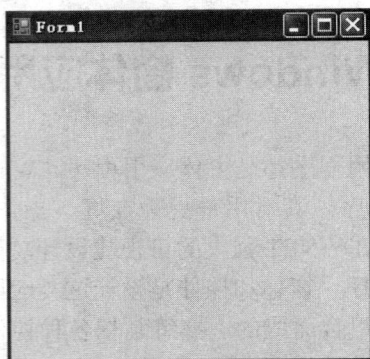

图 6.1　空白窗体

6.1.1　窗体的常用属性

Windows 窗体的属性决定了窗体的布局、样式、外观、行为等可视化特征。通过代码可以对这些属性进行设置和修改，但更方便、常用的做法是在 Visual Studio 的【属性】编辑器窗口中直接设置和修改，【属性】编辑器窗口如图6.2所示。

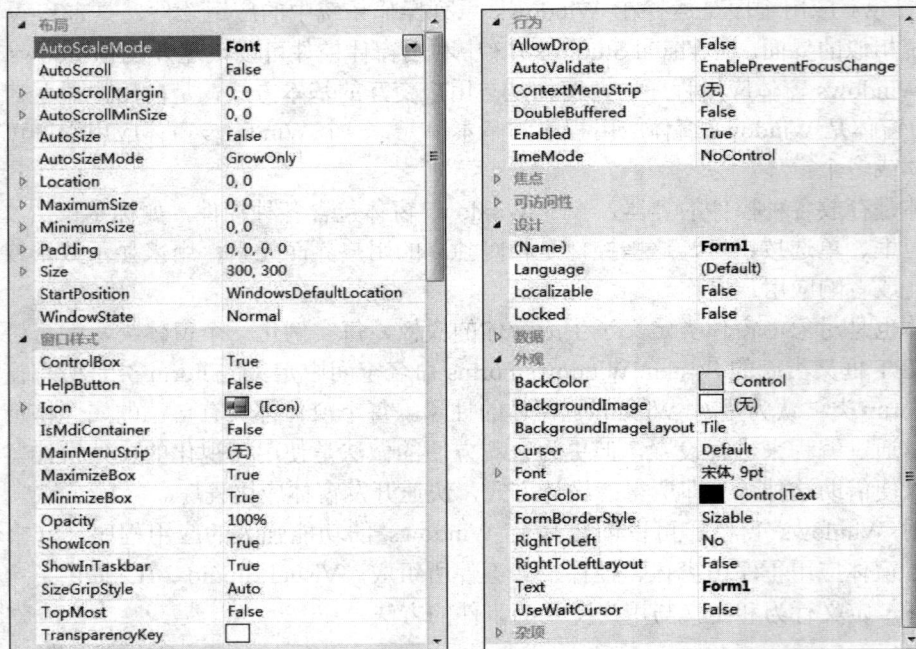

图 6.2　窗体的常用属性

【属性】窗口中的属性可以单击字母顺序按钮 显示，或是单击分类按钮 分类显示，分类按钮是按照外观、访问范围、行为、布局、设计、焦点、数据等来寻找属性名称以更改其默认值。本节使用属性分类的方式介绍窗体中常用的属性。

> **注意**：当选择一个属性时，其相应的描述便会出现在【属性】窗口底部的说明窗格中。

1．常用布局属性

常用布局属性介绍如下。

StartPosition 属性：用来获取或设置程序运行时窗体的初始显示位置，该属性有 5 个可选属性值，如表 6.1 所示，默认值为 WindowsDefaultLocation。

表 6.1　StartPosition 属性值及其说明

属性值	说　　明
Manual	窗体的初始显示位置由 Location 属性决定
CenterScreen	窗体在当前显示屏幕窗口中居中，其尺寸在窗体大小 Size 中指定
WindowsDefaultLocation	窗体定位在 Windows 默认位置，其尺寸在窗体大小 Size 中指定
WindowsDefaultBounds	窗体定位在 Windows 默认位置，其边界也由 Windows 默认指定
CenterParent	窗体在其父窗体中居中显示

Location 属性：获取或设置窗体显示时其左上角在桌面上的坐标，默认值为（0,0）。

三个与窗体尺寸有关的属性：Size、MaximizeSize、MinimizeSize，分别表示窗体正常显示、最大化、最小化时的尺寸，它们分别都包含窗体宽度 Width 和高度 Height 两个子项。

WindowState 属性：用来获取或设置窗体显示时的初始状态。可选属性取值有三种：Normal 表示窗体正常显示，Minimized、Maximized 分别表示窗体以最小化和最大化形式显示，默认为 Normal。

AutoScroll 属性：用来获取或设置一个值，该值指示当任何控件位于窗体工作区之外时，是否会在该窗体上自动显示滚动条，默认值为 False。

AutoSize 属性：指示当无法全部显示窗体中的控件时是否自动调整窗体大小，默认值为 False。

2．常用样式属性

窗体中有多个与标题栏有关的样式属性，它们大多为布尔类型。

ControlBox 属性：用来获取或设置一个值，该值指示在该窗体的标题栏中、窗口左角处是否显示控制菜单，值为 True 时将显示该控制菜单，为 False 时不显示，默认值为 True。

MaximizeBox 属性：用来获取或设置一个值，该值指示是否在窗体的标题栏中显示"最大化"按钮，值为 True 时将显示该按钮，为 False 时不显示，默认值为 True。

MinimizeBox 属性：用来获取或设置一个值，该值指示是否在窗体的标题栏中显示"最小化"按钮，值为 True 时将显示该按钮，为 False 时不显示，默认值为 True。

HelpButton 属性：用来获取或设置一个值，该值指示是否在窗体的标题栏中显示帮助按钮，值为 True 时将显示该按钮，为 False 时不显示，默认值为 False。

ShowIcon 属性：用来获取或设置一个值，该值指示在该窗体的标题栏中是否显示图标，值为 True 时将显示图标，为 False 时不显示，默认值为 True。

Icon 属性：获取或设置窗体标题栏中的图标。

窗体中其他常用样式属性如下。

ShowInTaskbar 属性：用来获取或设置一个值，该值指示是否在 Windows 任务栏中显示窗体，默认值为 True。

TopMost 属性：获取或设置一个值，指示该窗体是否为最顶层窗体。最顶层窗体始终显示在桌面的最上层，即使该窗体不是当前活动窗体，默认值为 False。

IsMdiContainer 属性：获取或设置一个值，该值指示窗体是否为多文档界面（MDI）中的子窗体的容器。值为 True 时，是子窗体的容器，值为 False 时，不是子窗体的容器，默认值为 False。

Opacity 属性：获取或设置窗体的不透明度，默认为 100%，实际应用中，可以通过该属性给窗体增加一些类似半透明等的特殊效果。

MainMenuStrip 属性：设置窗体的主菜单，在窗体中添加 MenuStrip 控件时，Visual Studio .NET 会自动完成该属性设置。

3. 常用外观属性

常用外观属性介绍如下。

Text 属性：该属性是一个字符串属性，用来设置或返回在窗口标题栏中显示的文字。

BackColor 属性：用来获取或设置窗体的背景色。

BackgroundImage 属性：用来获取或设置窗体的背景图像。

BackgroundImageLayout 属性：设置背景图的显示布局，可选属性值为平铺 Tile、居中 Center、拉伸 Stretch 和放大 Zoom，默认为 Tile。

ForeColor 属性：用来获取或设置控件的前景色。

Font 属性：获取或设置窗体中显示的文字的字体。

Cursor 属性：获取或设置当鼠标指针位于窗体上时显示的光标。

FormBorderStyle 属性：获取或设置窗体的边框样式，该属性有 7 个可选属性值，如表 6.2 所示，默认值为 Sizable。开发人员可以通过设置该属性为 None，实现隐藏窗体标题栏功能。

表 6.2　FormBorderStyle 属性值及其说明

属性值	说　　明
None	窗体无边框
FixedSingle	固定的单行边框
Fixed3D	固定的三维边框
FixedDialog	固定的对话框样式的粗边框
Sizable	可调整大小的边框
FixedToolWindow	固定大小的工具窗口边框
SizableToolWindow	可调整大小的工具窗口边框

【例 6-1】 设置窗体的背景图片。

Step 1 在 Visual Studio 2013 中新建 Windows 窗体程序，项目名为"BackgroundSet"。

Step 2 选中窗体并在右键菜单中选择【属性】菜单项，打开窗体的【属性】窗口。

Step 3 在窗体的【属性】窗口中找到 BackgroundImage 属性，用鼠标单击其右侧的省略号按钮，出现【选择资源】对话框，选择【导入】命令，在出现的【打开】对话框中选择一个背景图像文件"背景.jpg"，如图 6.3 所示，单击【打开】按钮。

图 6.3　选择背景图像

Step 4　单击【确定】按钮，显示窗体背景，如图 6.4 所示。

Step 5　在窗体的【属性】窗口中将 BackgroundImageLayout 属性更改为 Stretch 拉伸模式，此时窗体的背景设置为所选择的图片，程序运行结果如图 6.5 所示。

图 6.4　显示窗体背景

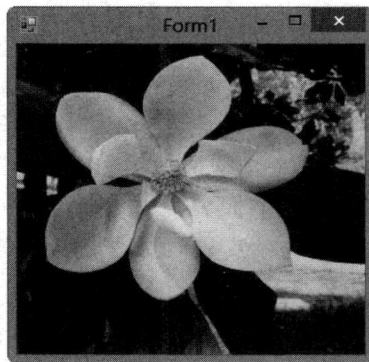

图 6.5　例 6-1 运行结果

4．常用行为属性

常见行为属性介绍如下。

Enabled 属性：用来获取或设置一个值，该值指示窗体是否可使用，即是否可以对用户交互做出响应。默认值为 True。

ContextMenuStrip 属性：设置窗体的右键快捷菜单，需要先添加 ContextMenuStrip 控件时，才能设置该属性。

AllowDrop 属性：获取或设置一个值，该值指示窗体是否可以接受用户拖放到它上面的数据，默认为 False。

ImeMode 属性：获取或设置控件的输入法编辑器 IME 模式。

5．其他属性

其他常用属性介绍如下。

AcceptButton 属性：该属性用来获取或设置一个值，该值是一个按钮的名称，当按 Enter 键时就相当于单击了窗体上的该按钮。

CancelButton 属性：该属性用来获取或设置一个值，该值是一个按钮的名称，当按 Esc 键时就相当于单击了窗体上的该按钮。

KeyPreview 属性：用来获取或设置一个值，该值指示在将按键事件传递到具有焦点的控件前，窗体是否将接收该事件。值为 True 时，窗体将接收按键事件，值为 False 时，窗体不接收按键事件。

6.1.2 窗体的常用方法和事件

1．常用方法

下面介绍一些窗体的常用方法。

Show 方法：该方法的作用是让窗体显示出来，其调用格式为： 窗体名.Show( );，其中，窗体名是要显示的窗体名称。例如，通过使用 Show 方法显示 Form1 窗体，代码如下：

```
Form1  frm = new Form1( );
frm.Show( );
```

ShowDialog 方法：该方法的作用是将窗体显示为模式对话框，其调用格式为：窗体名.ShowDialog( );，其中，窗体名是要显示的窗体名称。

Hide 方法：该方法的作用是把窗体隐藏起来，但不销毁窗体，也不释放资源，可使用 Show 方法重新显示。其调用格式为：窗体名.Hide( );，其中，窗体名是要隐藏的窗体名称。

Close 方法：该方法的作用是关闭窗体。其调用格式为：窗体名.Close( );，其中，窗体名是要关闭的窗体名称。

Refresh 方法：该方法的作用是刷新并重画窗体，其调用格式为：窗体名.Refresh( );，其中，窗体名是要刷新的窗体名称。

Activate 方法：该方法的作用是激活窗体并给予它焦点。其调用格式为：窗体名.Activate( );，其中，窗体名是要激活的窗体名称。

2．常用事件

与窗体有关的事件有很多，Visual Studio 的【属性】编辑器窗口中【事件】选项页列出了所有这些事件。其中，与窗体行为和操作有关的常用事件如下。

Load 事件：窗体在首次启动、加载到内存时将引发该事件，即在第一次显示窗体前发生。

FormClosing 事件：窗体关闭过程中引发该事件。

FormClosed 事件：窗体关闭后引发该事件。

Click 事件：用户单击该窗体时引发该事件。

DoubleClick 事件：用户双击该窗体时引发该事件。

MouseClick 事件：鼠标单击该窗体时引发该事件。

MouseDoubleClick 事件：鼠标双击该窗体时引发该事件。

与窗体布局、外观和焦点有关的常用事件如下。

Resize 事件：窗体大小改变时引发该事件。

Paint 事件：重绘窗体时引发该事件。

Activated 事件：窗体得到焦点后，即窗体激活时引发该事件。

Deactivate 事件：窗体失去焦点成为不活动窗体时引发该事件。

窗体的一些属性被修改时也会引发相应的事件，比如以下几个事件。

TextChanged 事件：窗体的标题文本被改变时将引发该事件。

LocationChanged 事件：窗体位置被改变时将引发该事件。

SizeChanged 事件：窗体大小被改变时将引发该事件。

BackColorChanged 事件：窗体背景颜色被改变时将引发该事件。

FontChanged 事件：窗体字体被改变时将引发该事件。

窗体有关的事件被引发后，程序将转入执行与该事件对应的事件响应函数。开发人员可以通过双击【属性】编辑器窗口中某事件后面的空白框，让 Visual Studio 自动生成该事件对应的事件响应函数，生成的函数初始是空白的，开发人员可以向其中添加一些功能代码实现相应的功能。

【例 6-2】 窗体的 Load 事件示例。

Step 1 在 Visual Studio 2013 中新建 Windows 窗体程序，项目名为"LoadEvent"。

Step 2 选中窗体并在右键菜单中选择【属性】菜单项，打开窗体的【属性】窗口，将 Text 属性更改为"Load 事件示例"。

Step 3 在窗体的【属性】窗口中找到 Load 事件，并选中双击，如图 6.6 所示。

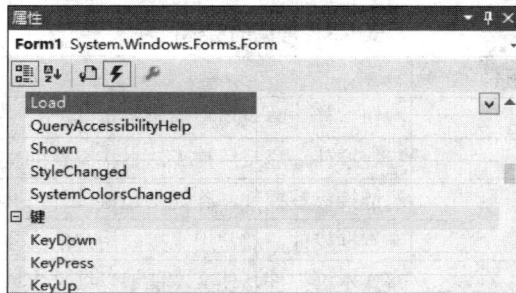

图 6.6 Load 事件

Step 4 在 Load 事件中添加以下代码进行测试（代码 6-2-1.txt）。

```
private void Form1_Load(object sender, EventArgs e)
{  //窗体最大化
    this.WindowState = FormWindowState.Maximized;
}
```

运行结果如图 6.7 所示。

6.1.3 主要的窗体控件概述

控件是包含在窗体上的对象，是构成用户界面的基本元素。控件也是设计 Windows 窗

图 6.7　例 6-2 运行结果

体应用程序的重要工具，使用控件可以减少程序设计中大量重复性的工作，有效地提高设计效率。控件通常是用来完成特定的输入输出功能的。例如，按钮控件 Button 响应用户的单击事件，文本框控件接收用户的输入等。在.NET Framework 中，窗体控件几乎都派生于System.Windows.Forms.Control 类，该类定义了控件的基本功能。

1．主要控件概述

工具箱中包含建立应用程序的各种控件，根据控件的不同用途分为若干类，比如公共控件、容器控件、菜单和工具栏控件、对话框控件等。其中，公共控件根据其功能也可以分为按钮与标签控件、文本控件、选择控件、列表控件、高级列表选择控件等。表 6.3 列出了一些常见的 Windows 窗体控件。

表 6.3　常见的窗体控件

功能与分类	控件/组件	说　　明
按钮与 标签控件	Button	按钮控件，响应用户的单击事件
	Label	标签控件，显示用户无法直接编辑的文本
	LinkLabel	超链接标签控件，除提供超链接外，其他同 Label
文本控件	Textbox	文本框控件，通常用来接收用户的文本输入
	RichTextbox	富文本框控件，使文本能够以纯文本或 RTF 格式显示
选择控件	Checkbox	复选框控件，显示一个复选框和一个文本标签，通常用来设置选项
	RadioButton	单选按钮控件，多个选项中选且仅选一个
列表控件	ListBox	列表框控件，显示一个文本和图形列表
	ComboBox	组合框控件，显示一个下拉式选项列表
	CheckedListbox	复选框列表控件，显示一组选项，每个选项旁边都有一个复选框
容器控件	GroupBox	分组框控件，通常用来构造选项组
	Panel	面板控件，将一组控件分组到未标记、可滚动的面板中
	TabControl	选项卡控件，提供一个选项卡，以有效地组织和访问已分组对象
高级列表 选择控件	TreeView	树状视图控件，构造一个可操作的树状结构层次视图
	ListView	列表视图控件，构造列表视图，其中每个列表项可以是纯文本的选项，也可以是带小图标或大图标的文本选项

续表

功能与分类	控件/组件	说　　明
菜单和 工具栏控件	MenuStrip	下拉式菜单控件，用于创建自定义的菜单栏
	ContextMenuStrip	弹出式菜单控件，用于创建自定义的上下文快捷菜单
	ToolStrip	工具栏控件，用于创建自定义的工具栏
	StatusStrip	状态栏控件，用于创建自定义的状态栏
对话框控件	OpenFileDialog	打开文件对话框控件，允许用户定位和选择文件
	SaveFileDialog	保存文件对话框控件，允许用户保存文件
	FolderBrowserDialog	浏览文件夹对话框控件，用来浏览、创建以及最终选择文件夹
	FontDialog	字体对话框控件，允许用户设置字体及其属性
	ColorDialog	颜色对话框控件，允许用户通过调色板选择并设置界面元素的颜色

2．控件常见的通用属性

Control 类是包含 Form 类在内的所有 Windows 控件的基类，它的许多属性在各种控件中都是通用的，比如，决定控件的外观和行为，如控件的大小、颜色、位置以及控件使用方式等的一些属性就是通用的。常见的通用属性如下。

Name 属性：表示控件的名称。

AutoSize 属性：表示控件是否随着其内容而自动调整大小。

Size 属性：表示控件的尺寸大小，包含 Width 和 Height 两个子项。

Location 属性：表示控件的位置，即控件左上角相对于其所在容器左上角的坐标。

BackColor 属性：表示控件的背景色。

ForeColor 属性：表示控件的前景色。

Text 属性：表示与此控件关联的文本。

Font 属性：表示控件上显示的文本的字体。

Cursor 属性：表示当鼠标指针位于控件上时显示的光标。

Enabled 属性：表示控件是否可以对用户交互做出响应。

Visible 属性：表示控件是否可见，即是否显示该控件。

TabIndex 属性：表示控件的 Tab 键顺序。

TabStop 属性：表示用户能否使用 Tab 键将焦点放到该控件上。

除通用属性外，每个控件还有它专门的属性。在.NET Framework 中，系统为每个控件的各属性都提供了默认的属性值。大多数默认值设置比较合理，能满足一般情况下的需求。通常，在使用控件时，只有少数的属性值需要修改。

6.2　基本控件的使用

本节将对常见的窗体控件进行介绍，比如按钮与标签控件、文本控件、选择控件、列表控件、容器控件等。

6.2.1 输入输出控件

1. 输出控件标签 Label

Label 标签控件使用 Label 类进行封装，一般用于给用户提供描述文本，即用于显示用户不能编辑的静态文本或图像，为其他控件显示描述性信息或根据应用程序的状态显示相应的提示信息。例如，可使用 Label 为 TextBox 控件添加描述性文字，以便将控件中所需的数据类型通知给用户。可将 Label 添加到 Form 的顶部，为用户提供关于如何将数据输入窗体中的控件内的说明。Label 控件还可用于显示有关应用程序状态的运行时信息。例如，可将 Label 控件添加到窗体，以便在处理一列文件时显示每个文件的状态。

Label 标签中显示的文本包含在 Text 属性中。标签控件总是只读的，用户不能修改 Text 属性的字符串值。但是，可以在代码中修改 Text 属性。文本在标签内的对齐方式通过 Alignment 属性设置。除了显示文本外，Label 控件还可使用 Image 属性显示图像，或使用 ImageIndex 和 ImageList 属性组合显示图像。

Label 标签参与窗体的 Tab 键顺序，但不接收焦点，它会将焦点按 Tab 键的控制次序传递给下一个控件。也就是，将 UseMnemonic 属性设置为 true 之后，在 Text 属性中，给一个字符前面加上宏符号&时，标签控件中的该字母就会加上下划线，按下 Alt 键和带有下划线的字母键就会把焦点移动到 Tab 顺序的下一个控件上。例如，textBox1 为 label1 在 Tab 键顺序中的下一个控件，则 label1.Text ="输入名字(&N): "；那么按下 Alt + N 键将把焦点切换到 textBox1。该功能为窗体提供键盘导航。

标签控件具有与其他控件相同的许多属性，但是它通常都作为静态控件使用，在程序中一般很少直接对其进行编程，一般也不需要对标签进行事件处理。用到的主要属性如下。

Text 属性：用来设置或返回标签控件中显示的文本信息。

Size 属性：设置标签大小。

AutoSize 属性：指定标签中的说明文字是否可以动态变化。默认值为 true，表示 Label 将忽略 Size 属性，根据字号和内容自动调整大小。

BorderStyle 属性：用来设置或返回控件的边框样式。其值为 BorderStyle 枚举值，有三种选择：BorderStyle.None 为无边框（默认），BorderStyle.FixedSingle 为固定单边框，BorderStyle.Fixed3D 为三维边框。

TabIndex 属性：用来设置或返回对象的 Tab 键顺序。

【例 6-3】 运用标签控件输出信息。

Step 1 在 Visual Studio 2013 中新建 Windows 窗体程序，项目名为 "LabelSample"。

Step 2 在默认窗体中添加两个 Label 控件，如图 6.8 所示。

Step 3 在窗体的【属性】窗口中找到 Load 事件，并选中双击，在 Load 事件中添加以下代码进行测试（代码 6-3-1.txt）。

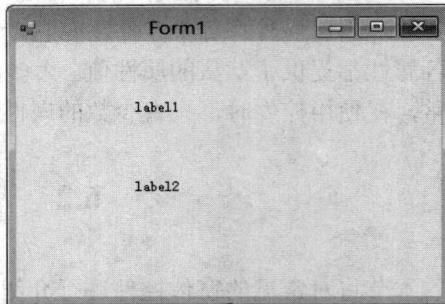

图 6.8 添加 Label 控件

```
private void Form1_Load(object sender, EventArgs e)
{
    label1.Font = new Font("楷体", 12);//设置 label1 控件的字体
    label1.Text = "《C#从入门到实战》";//设置 label1 控件显示的文字
    label2.ForeColor = Color.Red;//设置 label2 控件的字体颜色
    //设置 label2 控件显示的文字
    label2.Text = "希望能给大家打造良好的 C#编程基础！";
}
```

运行结果如图 6.9 所示。

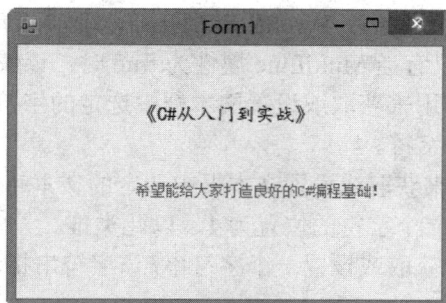

图 6.9

2．输入输出控件文本框 Textbox

TextBox 文本框控件用于获取用户输入的文本或显示文本，其应用很广。用 TextBox 控件可编辑文本，不过也可使其成为只读控件。文本框可以显示多行，这时它对文本换行使其符合控件的大小。TextBox 控件只能对显示或输入的文本提供单一格式化样式。若要显示多种类型的带格式文本，可以使用 RichTextBox 控件。

TextBox 文本框控件的 Text 属性可以用来输入和输出文本。如果 TextBox 文本框控件用来输入文本，可以在运行时通过用户输入，然后在运行时通过代码读取 Text 属性得到文本框的当前内容；如果 TextBox 文本框控件用来输出文本，可以在设计时的【属性】窗口设置，也可在运行时用代码设置。TextBox 文本框控件支持密码输入模式：当指定了 PasswordChar 属性时，文本框为密码输入模式，此时无论用户输入什么文本，系统只显示密码字符。

文本框控件 TextBox 的主要属性、方法和事件如下。

1）主要属性

Text 属性：Text 属性是文本框最重要的属性，因为要显示的文本就包含在 Text 属性中。默认情况下，最多可在一个文本框中输入 2048 个字符。

MaxLength 属性：用来设置文本框允许输入字符的最大长度，该属性值为 0 时，不限制输入的字符数。如果超过了最大长度，系统会发出声响，且文本框不再接受任何字符。注意，用户可能不想设置此属性，因为黑客可能会利用密码的最大长度来试图猜测密码。

MultiLine 属性：用来设置文本框中的文本是否可以输入多行并以多行显示。值为 true 时，允许多行显示。值为 false 时不允许多行显示，一旦文本超过文本框宽度时，超过部分不显示。如果将 MultiLine 属性设置为 true，则最多可输入 32KB 的文本。

HideSelection 属性：用来决定当焦点离开文本框后，选中的文本是否还以选中的方式显示，值为 true，则不以选中的方式显示，值为 false 将依旧以选中的方式显示。

ReadOnly 属性：用来获取或设置一个值，该值指示文本框中的文本是否为只读。值为 true 时为只读，值为 false 时可读可写。

PasswordChar 属性：是一个字符串类型，允许设置一个字符，运行程序时，将输入到 Text 的内容全部显示为该属性值，从而起到保密作用，通常用来输入口令或密码。例如，如果希望在密码文本框中显示星号，则在【属性】窗口中将 PasswordChar 属性指定为"*"。运行时，无论用户在文本框中输入什么字符，都显示为星号。

ScrollBars 属性：用来设置滚动条模式。有 4 种选择：ScrollBars.None（无滚动条），ScrollBars.Horizontal（水平滚动条），ScrollBars.Vertical（垂直滚动条），ScrollBars.Both（水平和垂直滚动条）。注意：只有当 MultiLine 属性为 true 时，该属性值才有效。

SelectionLength 属性：用来获取或设置文本框中选定的字符数。只能在代码中使用，值为 0 时，表示未选中任何字符。

SelectionStart 属性：用来获取或设置文本框中选定的文本起始点。只能在代码中使用，第一个字符的位置为 0，第二个字符的位置为 1，以此类推。

SelectedText 属性：用来获取或设置一个字符串，该字符串指示控件中当前选定的文本。只能在代码中使用。

Lines 属性：该属性是一个数组属性，用来获取或设置文本框控件中的文本行。即文本框中的每一行存放在 Lines 数组的一个元素中。

Modified 属性：用来获取或设置一个值，该值指示自创建文本框控件或上次设置该控件的内容后，用户是否修改了该控件的内容。值为 true 表示修改过，值为 false 表示没有修改过。

TextLength 属性：用来获取控件中文本的长度。

2）常用方法

AppendText 方法：把一个字符串添加到文件框中文本的后面。调用的一般格式如下：文本框对象.AppendText(str)，参数 str 是要添加的字符串。

Clear 方法：从文本框控件中清除所有文本。调用的一般格式如下：文本框对象.Clear( )，该方法无参数。

Focus 方法：为文本框设置焦点。如果焦点设置成功，值为 true，否则为 false。调用的一般格式如下：文本框对象.Focus( )，该方法无参数。

Copy 方法：将文本框中的当前选定内容复制到剪贴板上。调用的一般格式如下：文本框对象.Copy( )，该方法无参数。

Cut 方法：将文本框中的当前选定内容移动到剪贴板上。调用的一般格式如下：文本框对象.Cut( )，该方法无参数。

Paste 方法：用剪贴板的内容替换文本框中的当前选定内容。调用的一般格式如下：文本框对象.Paste( )，该方法无参数。

Undo 方法：撤销文本框中的上一个编辑操作。调用的一般格式如下：文本框对象.Undo( )，该方法无参数。

ClearUndo 方法：从该文本框的撤销缓冲区中清除关于最近操作的信息，根据应用程序的状态，可以使用此方法防止重复执行撤销操作。调用的一般格式如下：文本框对象.ClearUndo( )，该方法无参数。

Select 方法：用来在文本框中设置选定文本。调用的一般格式如下：文本框对象.Select(start,length)，该方法有两个参数，第一个参数 start 用来设定文本框中当前选定文本的第一个字符的位置，第二个参数 length 用来设定要选择的字符数。

SelectAll 方法：用来选定文本框中的所有文本。调用的一般格式如下：文本框对象.SelectAll( )，该方法无参数。

3）常用事件

GotFocus 事件：该事件在文本框接收焦点时发生。

LostFocus 事件：该事件在文本框失去焦点时发生。

TextChanged 事件：该事件在 Text 属性值更改时发生。无论是通过编程修改还是用户交互更改文本框的 Text 属性值，均会引发此事件。

【例 6-4】 运用文本控件输入和输出信息。

Step 1 在 Visual Studio 2013 中新建 Windows 窗体程序，项目名为"TextBoxSample"。

Step 2 在默认窗体中添加两个 Label 控件和两个 TextBox 控件，并在【属性】窗口中修改 Label1 的 Text 属性为"输出信息"，修改 Label2 的 Text 属性为"输入信息"，修改 TextBox1 控件的 MultiLine 属性为 True，窗体界面如图 6.10 所示。

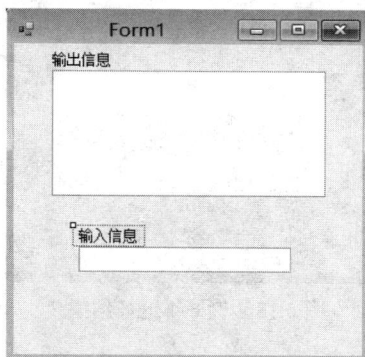

图 6.10　窗体界面

Step 3 在 TextBox1 控件的【属性】窗口中找到 Leave 事件，并选中双击，在 Leave 事件中添加以下代码进行测试（代码 6-4-1.txt）。

```
private void textBox2_Leave(object sender, EventArgs e)
{
    // 把输入 textBox2 中的内容追加给 textBox1
    textBox1.AppendText(textBox2.Text+"\n");
    textBox2.Text = "";  //重置 textBox2
}
```

运行结果如图 6.11 所示。

在"输入信息"下面的 TextBox 控件中输入"Hi,Mary"，并单击"输出信息"下面的 TextBox 控件，"输出信息"下面的 TextBox 控件中将显示内容"Hi,Mary"，同时"输入信息"下面的 TextBox 控件的内容为空。接着在"输入信息"下面的 TextBox 控件中输入"How are you!",如图 6.12 所示。

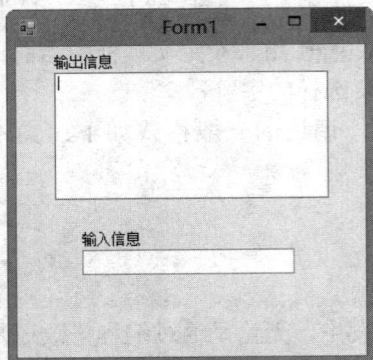

图 6.11 例 6-4 运行结果 1   图 6.12 例 6-4 运行结果 2

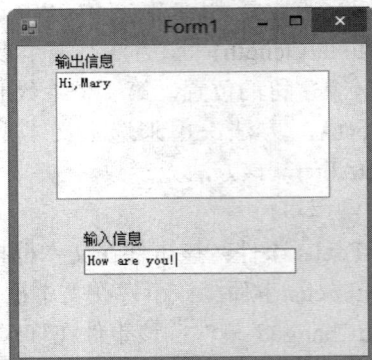

单击"输出信息"下面的 TextBox 控件,"输出信息"下面的 TextBox 控件中将分行显示 "How are you!",同时"输入信息"下面的 TextBox 控件的内容为空,如图6.13所示。

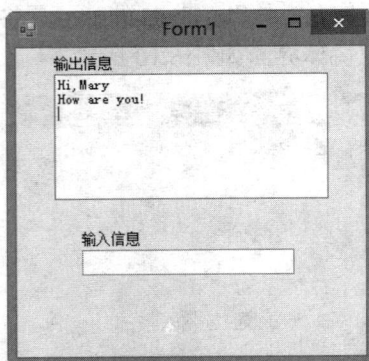

图 6.13 例 6-4 运行结果 3

3．输入输出控件富文本框 RichTextBox

RichTextBox 控件类似 Microsoft Word 能够输入、显示或处理多种类型的带格式文本, 与 TextBox 控件相比,RichTextBox 控件的文字处理功能更加丰富,不仅可以设定文字的颜色、字体,还具有字符串检索功能。另外,RichTextBox 控件还可以打开、编辑和存储.rtf 格式文件、ASCII 文本格式文件及 Unicode 编码格式的文件。与 TextBox 控件相同, RichTextBox 控件可以显示滚动条;但不同的是,RichTextBox 控件的默认设置是水平和垂直滚动条均根据需要显示,并且拥有更多的滚动条设置。

1）常用属性

上面介绍的 TextBox 控件所具有的属性,RichTextBox 控件基本上都具有,除此之外, 该控件还具有一些其他属性。

RightMargin 属性:用来设置或获取右侧空白的大小,单位是像素。通过该属性可以设置右侧空白,如希望右侧空白为 50 像素,可使用如下语句:

RichTextBox1.RightMargin=RichTextBox1.Width-50;

Rtf 属性：用来获取或设置 RichTextBox 控件中的文本，包括所有 RTF 格式代码。可以使用此属性将 RTF 格式文本放到控件中以进行显示，或提取控件中的 RTF 格式文本。此属性通常用于在 RichTextBox 控件和其他 RTF 源（如 MicrosoftWord 或 Windows 写字板）之间交换信息。

SelectedRtf 属性：用来获取或设置控件中当前选定的 RTF 格式的格式文本。此属性使用户得以获取控件中的选定文本，包括 RTF 格式代码。如果当前未选定任何文本，给该属性赋值将把所赋的文本插入到插入点处。如果选定了文本，则给该属性所赋的文本值将替换掉选定文本。

SelectionColor 属性：用来获取或设置当前选定文本或插入点处的文本颜色。

SelectionFont 属性：用来获取或设置当前选定文本或插入点处的字体。

SelectionProtected 属性：用来保护控件内的文本不被用户操作。当控件中有受保护的文本时，可以处理 Protected 事件以确定用户何时曾试图修改受保护的文本，并提醒用户该文本是受保护的，或向用户提供标准方式供其操作受保护的文本。

还可以通过设置 SelectionIndent、SelectionRightIndent 和 SelectionHangingIndent 属性调整段落格式设置。

2）常用方法

前面介绍的 TextBox 控件所具有的方法，RichTextBox 控件基本上都具有，除此之外，该控件还具有一些其他方法。

Redo 方法：用来重做上次被撤销的操作。调用的一般格式如下：RichTextBox 对象.Redo( )，该方法无参数。

Find 方法：用来从 RichTextBox 控件中查找指定的字符串。经常使用的基本调用格式如下：RichTextBox 对象.Find(str)，其功能是在指定的 RichTextBox 控件中查找字符串 str，并返回搜索文本的第一个字符在控件内的位置。如果未找到 str 或者 str 参数指定的搜索字符串为空，则返回值为 1。

LoadFile 方法：使用 LoadFile 方法可以将文本文件、RTF 文件装入 RichTextBox 控件。常用的调用格式有两种，其一为：RichTextBox 对象名.LoadFile(文件名)，功能是将 RTF 格式文件或标准 ASCII 文本文件加载到 RichTextBox 控件中。其二为：RichTextBox 对象名.LoadFile(文件名,文件类型)，功能是将特定类型的文件加载到 RichTextBox 控件中。

注意：文件类型格式取值如下。

PlainText：用空格代替对象链接与嵌入（OLE）对象的纯文本流。

RichNoOleObjs：用空格代替对象链接与嵌入（OLE）对象的 RTF 格式流，该值只在用于 RichtextBox 控件的 SaveFile 方法时有效。

RichText：RTF 格式流。

TextOleObjs：具有 OLE 对象的文本表示形式的纯文本流，该值只在用于 RichtextBox 控件的 SaveFile 方法时有效。

UnicodePlainText：用空格代替对象链接与嵌入（OLE）对象的文本流，该文本采用 Unicode 编码。

SaveFile 方法：用来把 RichTextBox 中的信息保存到指定的文件中，常用的调用格式也有两种，其一为：RichTextBox 对象名.SaveFile(文件名)，功能是将 RichTextBox 控件中的内容保存为 RTF 格式文件中。其二为：RichTextBox 对象名.SaveFile(文件名,文件类型)，功能是将 RichTextBox 控件中的内容保存为"文件类型"指定的格式文件中。

Clear 方法：将富文本框内的文本清空。

3）常用事件

SelectionChanged 事件：控件内的选定文本更改时发生。

TextChanged 事件：控件内的内容有任何改变都会引发该事件。

【例 6-5】 运用富文本控件输入和输出信息。

Step 1 在 Visual Studio 2013 中新建 Windows 窗体程序，项目名为"RichTextBoxSample"。

Step 2 在默认窗体中添加一个 RichTextBox 控件，在窗体的【属性】窗口中找到 Load 事件，并选中双击，在 Load 事件中添加以下代码进行测试（代码 6-5-1.txt）。

```
private void Form1_Load(object sender, EventArgs e)
{
    richTextBox1.LoadFile("file.txt", RichTextBoxStreamType.PlainText);
}
```

运行结果如图 6.14 所示。

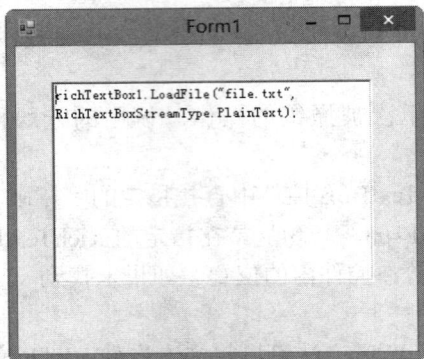

图 6.14 例 6-5 运行结果

【范例分析】

例 6-5 中，通过 RichTextBox 控件的 LoadFile 方法把文件 file.txt 中的内容输出到 RichTextBox 控件中。

6.2.2 按钮控件

Button 控件是 Windows 应用程序设计最常使用的控件之一，常用来接收用户的鼠标或键盘操作，激发相应的事件，例如，用 Button 控件来执行"确定"或者"取消"之类的操作。Button 控件使用 Button 类进行封装，Button 类表示简单的命令按钮，派生自 ButtonBase 类。Button 控件支持的操作包括鼠标的单击操作，以及 Enter 键或空格键操作。如果按钮具有焦点，就可以通过这些操作来触发该按钮的 Click 事件。在设计时，先添加 Button 控件到窗体设计区，然后双击它，即可编写 Click 事件代码；在执行程序时，只要通过鼠标或键盘单击该按钮，就会执行 Click 事件中的代码。

1. 常用属性

Button 控件除了具有许多诸如 Text、ForeColor、Enabled 等的控件的通用属性，还具有一些有特色的常用属性。

DialogResult 属性：当使用 ShowDialog 方法显示窗体时，可以使用该属性设置当用户单击该按钮后，ShowDialog 方法的返回值。值有：OK、Cancel、Abort、Retry、Ignore、Yes、No 等。

Image 属性：用来设置显示在按钮上的图像。

ImageAlign 属性：指定图像的对齐方式。实际上，Text 和 Image 都包含 Align 属性，用以对齐按钮上的文本和图像。Align 属性使用 ContentAlignment 枚举的值。文本或图像可以与按钮的左、右、上、下边界对齐。

FlatStyle 属性：用来设置按钮的外观，即定义如何绘制控件的边缘，是一个枚举类型，可选值有：Flat（平面的）、PopUp（由平面到凸起）、Standard（三维边界）和 System（根据操作系统决定）。

2. 常用事件

对于 Button 控件，一般不使用其方法，Button 控件的常用事件有 Click 事件、MouseDown 事件和 MouseUp 事件。

Click 事件：Button 控件最常用的事件，当用户单击按钮控件时，将发生该事件。事件发生后，程序流程将转入执行处理该事件的代码。比如，下面是处理 Click 事件的代码，在单击名称为 btnTest 的按钮时，会弹出一个显示按钮名称的消息框。

```
private void btnTest_Click(object sender, System.EventArgs e)
{
    MessageBox.Show(((Button)sender).Name + " was clicked.");
}
```

MouseDown 事件：当用户在按钮控件上按下鼠标按键时，将发生该事件。

MouseUp 事件：当用户在按钮控件上释放鼠标按键时，将发生该事件。

3. 设置窗体的默认"接受"或"取消"按钮

通过设置 Button 按钮所在窗体的 AcceptButton 或 CancelButton 属性，无论该按钮是否有焦点，都可以使用户通过按 Enter 或 Esc 键来触发该按钮的 Click 事件，也就是可以设置窗体的默认"接受"或默认"取消"按钮。

在窗体设计器中设置默认"接受"按钮的方法是：选择按钮所驻留的窗体，在【属性】窗口中将窗体的 AcceptButton 属性设置为某个 Button 控件的名称。也可以用编程方式设置默认"接受"按钮，在代码中将窗体的 AcceptButton 属性设置为某个 Button 控件，例如：

```
this.AcceptButton = myDefaultBtn;
```

每当用户按 Enter 键时，即单击该默认"接受"按钮，而不管当前窗体上其他哪个控件具有焦点。相似地，在窗体设计器中设置默认"取消"按钮的方法是：选择按钮所驻留的窗体后，在【属性】窗口中将窗体的 CancelButton 属性设置为某个 Button 控件的名称。也可以用编程方式设置默认"取消"按钮，将窗体的 CancelButton 属性设置为某个 Button

控件，例如：

```
this.CancelButton = myCancelBtn;
```

每当用户按 Esc 键时，即单击该默认"取消"按钮，而不管窗体上其他哪个控件具有焦点。通过设计，指定这样的按钮，可以允许用户快速退出而无须执行任何动作。

【例 6-6】 按钮 Button 的应用。

Step 1 在 Visual Studio 2013 中新建 Windows 窗体程序，项目名为"ButtonSample"。

Step 2 在例 6-4 中的窗体界面基础上，添加一个 Button 控件，修改 Button 控件的 Text 属性值为"确定"，窗体界面如图 6.15 所示。

Step 3 双击 Button 控件，在 Button 控件的 Click 事件中添加以下代码进行测试（代码 6-6-1.txt）。

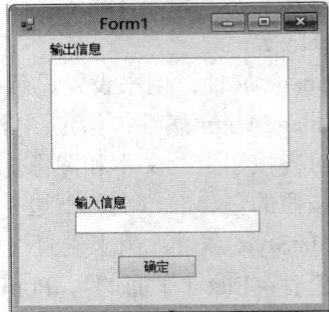

图 6.15 窗体界面

```csharp
private void button1_Click(object sender, EventArgs e)
{
    // 把输入 textBox2 中的内容追加给 textBox1
    textBox1.AppendText(textBox2.Text+"\n");
    textBox2.Text = ""; //重置 textBox2
}
```

运行结果如图 6.16 所示。

与在例6-4中一样，在"输入信息"下面的TextBox控件中输入"Hi,Mary"，单击【确定】按钮，"输出信息"下面的TextBox控件中将显示内容"Hi,Mary"，同时"输入信息"下面的TextBox控件的内容为空。接着在"输入信息"下面的TextBox控件中输入"How are you!"，如图6.17所示。

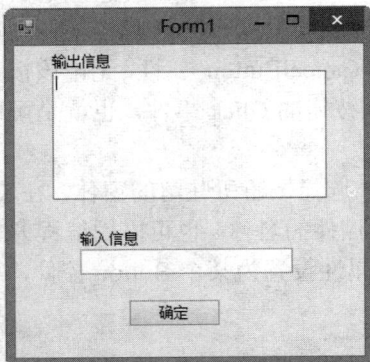

图 6.16 例 6-6 运行结果 1

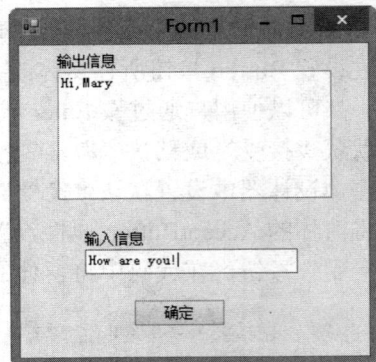

图 6.17 例 6-6 运行结果 2

再次单击【确定】按钮，"输出信息"下面的 TextBox 控件中将分行显示"How are you!"，同时"输入信息"下面的 TextBox 控件的内容为空，如图 6.18 所示。

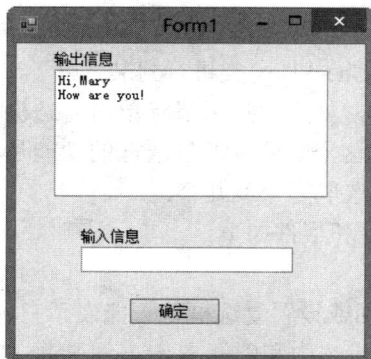

图 6.18　例 6-6 运行结果 3

【范例分析】

例 6-6 与例 6-4 完成的功能相同，不同的是在例 6-4 中，通过 TextBox 控件的 Leave 事件来触发输出行为，而在例 6-6 中，是通过 Button 控件的 Click 事件来触发输出行为的。

6.2.3　选择控件

1．单选按钮控件 RadioButton

单选按钮 RadioButton 使用 RadioButton 类封装，它与复选框 CheckBox 控件的功能极为相似：它们都提供用户可以选择或清除的选项。只是单选按钮通常成组出现，用于提供两个或多个互斥选项，即在一组单选钮中只能选择一个。实际使用中，经常将单选按钮放在一个分组框 GroupBox 或面板 Panel 中构成一个选项组。

单选按钮 RadioButton 控件的常用属性和事件如下。

1）常用属性

Checked 属性：用来设置或返回单选按钮是否被选中，选中时值为 true，没有选中时值为 false。

AutoCheck 属性：如果 AutoCheck 属性被设置为 true（默认），那么当选择该单选按钮时，将自动清除该组中所有其他单选按钮。对一般用户来说，不需改变该属性，采用默认值（true）即可。

Text 属性：用来设置或返回单选按钮控件内显示的文本，该属性也可以包含快捷键，即前面带有 "&" 符号的字母，这样用户就可以通过同时按 Alt 键和快捷键来选中控件。

Appearance 属性：用来获取或设置单选按钮控件的外观。当其取值为 Appearance.Button 时，将使单选按钮的外观像命令按钮一样：当选定它时，它看似已被按下。当取值为 Appearance.Normal 时，就是默认的单选按钮的外观。

2）常用事件

Click 事件：当单击单选按钮时，将把单选按钮的 Checked 属性值设置为 true，同时发生 Click 事件。

CheckedChanged 事件：当 Checked 属性值更改时，将触发 CheckedChanged 事件，可以使用这个事件根据单选按钮的状态变化进行适当的操作。在设计器中双击单选按钮将进入代码编辑器中相应事件处理程序的定义部分。

2．复选框控件 CheckBox

复选框控件 CheckBox 用 CheckBox 类进行封装，属于选择类控件，用来设置需要或不需要某一选项功能。在运行时，如果用户用鼠标单击复选框左边的方框，方框中就会出现一个"√"符号，表示已选取这个功能了。复选框的功能是独立的，如果在同一窗体上有多个复选框，用户可根据需要选取零个或几个。

CheckBox 控件的常用属性和事件如下。

1）常用属性

ThreeState 属性：用来返回或设置复选框是否能表示三种状态，如果属性值为 true 时，可以表示三种状态——选中、没选中和中间态（CheckState.Checked、CheckState.Unchecked 和 CheckState.Indeterminate），属性值为 false 时，只能表示两种状态——选中和没选中。

Checked 属性：用来设置或返回复选框是否被选中，值为 True 时，表示复选框被选中，值为 false 时，表示复选框没被选中。当 ThreeState 属性值为 True 时，中间态也表示选中。

CheckState 属性：用来设置或返回复选框的状态。在 ThreeState 属性值为 false 时，取值有 CheckState.Checked 或 CheckState.Unchecked。在 ThreeState 属性值被设置为 True 时，CheckState 还可以取值 CheckState.Indeterminate，未被选中也未被清除，且显示禁用复选标记，在此时，复选框显示为浅灰色选中状态，该状态通常表示该选项下的多个子选项未完全选中。

TextAlign 属性：用来设置控件中文字的对齐方式。该属性的默认值为 ContentAlignment.MiddleLeft，即文字左对齐、居控件垂直方向中央。

2）常用事件

CheckedChanged 事件：改变复选框 Checked 属性时触发。在设计器中双击相应的复选框将进入代码编辑器中这一事件的定义部分。

CheckStateChanged 事件：改变复选框 CheckedState 属性时触发。在【属性】窗口中选择这一事件双击进入其代码编辑。

【例 6-7】 选择控件的应用。

Step 1 在 Visual Studio 2013 中新建 Windows 窗体程序，项目名为"SelectSample"。

Step 2 在默认窗体上添加 5 个 Lable 控件、一个 TextBox 控件、两个 RadioButton 控件、三个 CheckBox 控件和一个 Button 控件，设计如图 6.19 所示的界面。

Step 3 双击 Button 控件，添加 Button 控件的 Click 事件，并分别双击两个 RadioButton 控件和三个 CheckBox 控件，添加这些控件的 CheckedChanged 事件，在 Form1 类中编写如下代码（代码 6-7-1.txt）。

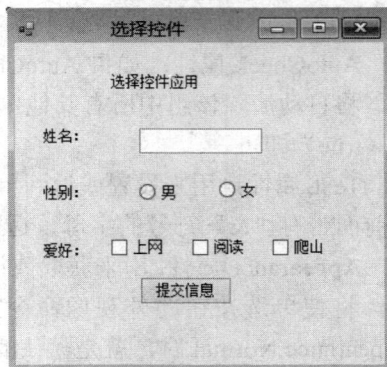

图 6.19 窗体界面

```
private String strGender = ""; //定义变量 strGender，初值为空
private String strLike = "";    //定义变量 strLike，初值为空
//单击 Button 事件
private void button1_Click(object sender, EventArgs e)
```

```
{
    label5.Text = "您的姓名是："+textBox1.Text+"，"+"爱好是："+strLike+"，"+"性别是："+strGender;
    //单击【提交信息】按钮，在下方通过 lable4 控件显示对应信息
}
//Radio1 的 CheckedChanged 事件
private void radioButton1_CheckedChanged(object sender, EventArgs e)
{
    strGender = "男";           //选择 radioButton1 后 strGender 赋值"男"
}
//Radio2 的 CheckedChanged 事件
private void radioButton2_CheckedChanged(object sender, EventArgs e)
{
    strGender = "女";           //选择 radioButton2 后 strGender 赋值"女"
}
//上网
pivate void checkBox1_CheckedChanged(object sender, EventArgs e)
{
    if (checkBox1.Checked)    //选择 checkBox1，执行如下代码
    {
        strLike = strLike + checkBox1.Text;    //为 strLike 添加"上网"
    }
    else                      //否则为 strLike 添加换行符
    {
        strLike.Replace(checkBox1.Text + "  </br>", "");
        strLike.Trim();       //删除 strLike 前后的空格
    }
}
//阅读
private void checkBox2_CheckedChanged(object sender, EventArgs e)
{
    if (checkBox2.Checked)    //选择 checkBox2，执行如下代码
    {
        strLike = strLike +checkBox2.Text;    //为 strLike 添加"阅读"
    }
    else                      //否则为 strLike 添加换行符
    {
        strLike.Replace(checkBox2.Text + "  </br>", "");
        strLike.Trim();       //删除 strLike 前后的空格
    }
}
//爬山
private void checkBox3_CheckedChanged(object sender, EventArgs e)
{
    if (checkBox3.Checked)          //选择 checkBox3，执行如下代码
    {
```

```
        strLike = strLike + checkBox3.Text;     //为 strLike 添加 "爬山"
    }
    else                 //否则为 strLike 添加换行符
    {
        strLike.Replace(checkBox3.Text + "  </br>", "");
    strLike.Trim();  //删除 strLike 前后的空格
    }
}
```

运行结果如图 6.20 所示。

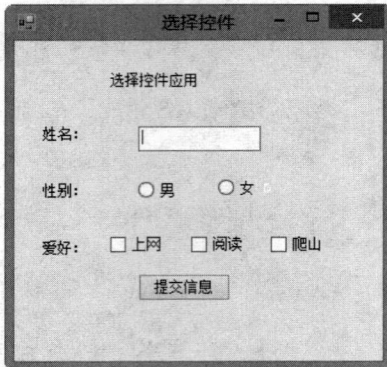

图 6.20　例 6-7 运行界面

在【姓名】一栏中输入"张三"，并选择性别【男】，爱好【上网】和【阅读】，如图 6.21 所示。

单击【提交信息】按钮，显示效果如图 6.22 所示。

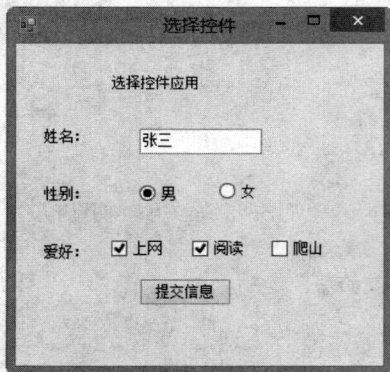

图 6.21　输入信息

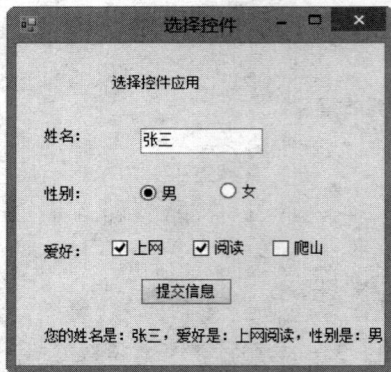

图 6.22　例 6-7 运行结果

【范例分析】

例 6-7 中，在 Form1 类中声明了两个全局变量 strGender 和 strLike，分别用来保存性别和爱好信息。用户在运行窗口中选择性别时将修改全局变量 strGender 的值，用户在运行窗口中选择爱好时将修改全局变量 strLike 的值，最后在用户单击【提交信息】按钮时输出用户的个人信息。

6.2.4　列表控件

1．列表框控件 ListBox

列表框 ListBox 控件用 ListBox 类封装,是一个为用户提供选择的列表,用户可从列表框列出的一组选项中选取一个或多个所需的选项。如果有较多的选择项,超出规定的区域而不能一次全部显示时,C#会自动加上滚动条。列表框的常用属性如表 6.4 所示。

表 6.4　列表框控件 ListBox 的常用属性

属　　性	说　　明
SelectionMode	用来获取或设置在 ListBox 控件中选择列表项的方法。当 SelectionMode 属性设置为 SelectionMode.MultiExtended 时,按下 Shift 键的同时单击鼠标或者同时按 Shift 键和箭头键之一(上、下、左和右箭头键),会将选定内容从前一选定项扩展到当前项。按 Ctrl 键的同时单击鼠标将选择或撤销选择列表中的某项;当该属性设置为 SelectionMode.MultiSimple 时,鼠标单击或按空格键将选择或撤销选择列表中的某项;该属性的默认值为 SelectionMode.One,则只能选择一项;当该属性设置为 None 时,不能在列表框中选择
SelectedIndex	用来获取或设置 ListBox 控件中当前选定项的从零开始的索引。如果未选定任何项,则返回值为 1。对于只能选择一项的 ListBox 控件,可使用此属性确定 ListBox 中选定的项的索引。如果 ListBox 控件的 SelectionMode 属性设置为 SelectionMode.MultiSimple 或 SelectionMode.MultiExtended,并在该列表中选定多个项,此时应用 SelectedIndices 来获取选定项的索引
SelectedIndices	该属性用来获取一个集合,该集合包含 ListBox 控件中所有选定项的从零开始的索引
SelectedItem	获取或设置 ListBox 中的当前选定项
SelectedItems	获取 ListBox 控件中选定项的集合,通常在 ListBox 控件的 SelectionMode 属性值设置为 SelectionMode.MultiSimple 或 SelectionMode.MultiExtended(它指示多重选择 ListBox)时使用
Items	用于存放列表框中的列表项,是一个集合。通过该属性,可以添加列表项、移除列表项和获得列表项的数目
ItemsCount	该属性用来返回列表项的数目
Text	该属性用来获取或搜索 ListBox 控件中当前选定项的文本。当把此属性值设置为字符串值时,ListBox 控件将在列表内搜索与指定文本匹配的项并选择该项。若在列表中选择了一项或多项,该属性将返回第一个选定项的文本
Sorted	获取或设置一个值,该值指示 ListBox 控件中的列表项是否按字母顺序排序。如果列表项按字母排序,该属性值为 true;如果列表项不按字母排序,该属性值为 false。默认值为 false。在向已排序的 ListBox 控件中添加项时,这些项会移动到排序列表中适当的位置
MultiColumn	获取或设置列表框控件是否支持多列。设置为 True,则支持多列,设置为 False(默认值),则不支持多列
ColumnWidth	用来获取或设置多列 ListBox 控件中列的宽度

Items属性是列表框ListBox中最重要的属性之一,对ListBox控件的操作主要集中在对该属性的操作,也就是通过它来处理列表项,Items属性的常用方法如表6.5所示。

表 6.5　列表框 Items 属性中常用的方法

方　　法	说　　　明
Add	用来向列表框中增添一个列表项，添加的项通常放在列表的底部，调用格式为： ListBox 对象.Items.Add(s); 把参数 s 添加到 ListBox 对象指定的列表框的列表项中
AddRange	用来添加多个项。调用格式为： ListBox 对象.Items.AddRange(new string[] {"A","B"}); 或 ListBox 对象 1.Items.AddRange(ListBox 对象 2.Items);
Insert	用来在列表框中指定位置插入一个列表项，调用格式为： ListBox 对象.Items.Insert(n,s); 参数 n 代表要插入的项的位置索引，参数 s 代表要插入的项，其功能是把 s 插入到 ListBox 对象指定的列表框的索引为 n 的位置处
Remove	用来从列表框中删除一个列表项，调用格式为： ListBox 对象.Items.Remove(k); 从 ListBox 对象的列表框中删除指定列表项 k
RemoveAt	用来删除指定索引对应的项，调用格式为： ListBox 对象.Items.RemoveAt(index); 从 ListBox 对象的列表框中删除指定索引 index 对应的列表项
Clear	用来清除列表框中的所有项。其调用格式如下： ListBox 对象.Items.Clear();

列表框的常用方法如表 6.6 所示。

表 6.6　列表框控件 ListBox 的常用方法

方　　法	说　　　明
FindString	用来查找列表项中以指定字符串开始的第一个项，基本调用格式为： ListBox 对象.FindString(s); 功能为在 ListBox 对象指定的列表框中查找字符串 s，如果找到则返回该项从零开始的索引；如果找不到匹配项，则返回 ListBox.NoMatches
SetSelected	用来选中某一项或取消对某一项的选择，调用格式为：ListBox 对象.SetSelected(n,l); 如果参数 l 的值是 true，则在 ListBox 对象指定的列表框中选中索引为 n 的列表项，如果参数 l 的值是 false，则索引为 n 的列表项未被选中
BeginUpdate/EndUpdate	这两个方法的作用是保证使用 Items.Add 方法向列表框中添加列表项时，不重绘列表框。即在向列表框添加项之前，调用 BeginUpdate 方法，以防止每次向列表框中添加项时都重新绘制 ListBox 控件。完成向列表框中添加项的任务后，再调用 EndUpdate 方法使 ListBox 控件重新绘制。调用格式为：ListBox 对象.BeginUpdate( ); ListBox 对象.EndUpdate( ); 这两个方法均无参数

BeginUpdate 和 EndUpdate 是两个防止在更新列表框时重新绘制的方法，将修改操作放在这两个方法之间，可使得在所有修改完成后再来刷新列表框。比如，mString 为已定义并初始化的字符串数组，其中包含要添加的列表项。

```
listBox1.BeginUpdate( );
foreach (string s in mString) {
    listBox1.Items.Add(s);
}
listBox1.EndUpdate( );
```

当向列表框中添加大量的列表项时，使用这种方法添加项可以防止在绘制 ListBox 时的闪烁现象。一个例子程序如下。

```
public void AddToMyListBox( )
{
    listBox1.BeginUpdate();
    for(intx=1;x<5000;x++)
    {
      listBox1.Items.Add("Item"+x.ToString( ));
    }
    listBox1.EndUpdate();
}
```

列表框的常用事件如表 6.7 所示。

表 6.7 列表框控件 ListBox 的常用事件

事 件	说 明
Click	在单击控件时发生
SelectedIndexChanged/SelectedValueChanged	在列表框中改变选中项，即选择或取消项目时触发这两个事件
DoubleClick	对列表框的项双击时触发这个事件。一般用这个事件来显示一个关于该项信息的提示窗体

2. 组合框控件 ComboBox

ComboBox 控件又称组合框，使用 ComboBox 类进行封装。默认情况下，组合框分为两个部分显示：顶部是一个允许输入文本的文本框，下面的列表框则显示列表项，可以在文本框中直接输入也可以从下拉列表中选择选项。可以认为 ComboBox 就是文本框与列表框的组合，同时兼有列表框和文本框的功能，能使用这两类控件具有的大部分操作。组合框常用于这样的情况——便于从控件列表框部分的多个选项中选择一个，但不需要占用列表框所使用的空间。与列表框相比，组合框中的列表不支持多项选择，它无 SelectionMode 属性。但组合框有一个名为 DropDownStyle 的属性，该属性用来设置或获取组合框的样式。对组合框的行为风格可以控制，如列表框是否显示或文本框是否可以编辑。

组合框的常用属性如表 6.8 所示，可以看出，Items、SelectedItem、SelectedIndex 等属性，与列表框中所讲述的相同。Text、MaxLength 等属性，与文本框中所讲述的相同。

对于组合框事件，大部分列表框和文本框事件都能在组合框中使用，常用事件如表 6.9 所示。

组合框的 Items 属性是最重要的属性，它是存放组合框中所有项的集合，对组合框的操作实际上就是对该属性即项集合的操作。Items 属性中最重要的子项属性是 count，该属性记录了 Items 中项的个数。Items 属性的常用方法如表 6.10 所示。

表 6.8　组合框 ComboBox 的属性

属　　性	说　　明
DropDownStyle	获取或设置指定组合框样式的值，可取以下值之一。 • DropDown（默认值）：文本部分可编辑。用户必须单击箭头按钮来显示列表部分。 • DropDownList：只能单击下拉按钮显示下拉列表框来进行选择，不能在文本框中编辑。 • Simple：文本部分可编辑。列表部分总可见
DropDownWidth	获取或设置组合框下拉部分的宽度（以像素为单位）
DropDownHeight	获取或设置组合框下拉部分的高度（以像素为单位）
Items	表示该组合框中所包含项的集合
SelectedItem	获取或设置当前组合框中选定项的索引
SelectedText	获取或设置当前组合框中选定项的文本
Sorted	指示是否对组合框中的项进行排序
DroppedDown	指定是否显示下拉列表
MaxDropDownItems	设置下拉列表框中最多能显示的项的数目

表 6.9　组合框 ComboBox 的事件

事　　件	说　　明
Click	在单击控件时发生
TextChanged	文本框中文字改变，即 Text 属性值更改时发生
SelectedIndexChanged	组合框中选择发生变化时，即 SelectedIndex 属性值改变时触发这个事件
KeyPress	在控件有焦点的情况下按下键时发生
DropDown	显示下拉列表时触发这个事件。可以使用这个事件对下拉列表框中的内容进行处理，如添加删除项等

表 6.10　组合框 Items 属性中常用的方法

方　　法	说　　明
Add	向 ComboBox 项集合中添加一个项
AddRange	向 ComboBox 项集合中添加一个项的数组
Clear	移除 ComboBox 项集合中的所有项
Contains	确定指定项是否在 ComboBox 项集合中
Equals	判断是否等于当前对象
GetType	获取当前实例的 Type
Insert	将一个项插入到 ComboBox 项集合中指定的索引处
IndexOf	检索指定的项在 ComboBox 项集合中的索引
Remove	从 ComboBox 项集合中移除指定的项
RemoveAt	移除 ComboBox 项集合中指定索引处的项

【例 6-8】 列表框控件 ListBox 和组合框控件 ComboBox 的应用。

Step 1 在 Visual Studio 2013 中新建 Windows 窗体程序，项目名为"SelectBoxSample"。

Step 2 在默认窗体中添加一个 ComboBox 控件、一个 ListBox 控件、两个 Button 控件和一个 Label 控件，设计如图 6.23 所示的界面。

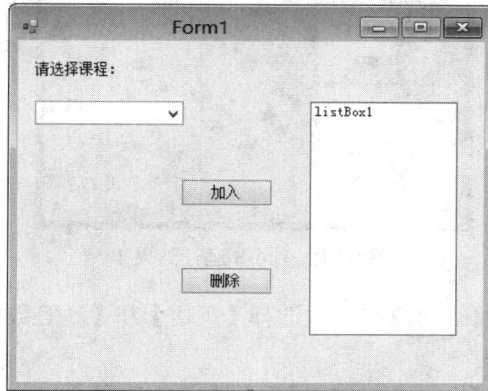

图 6.23 例 6-8 窗体界面

Step 3 双击窗体，添加窗体的 Load 事件，并双击【加入】和【删除】按钮，添加两个按钮控件的 Click 事件，并在事件中编写如下代码（代码 6-8-1.txt）。

```
void Form1_Load(object sender, EventArgs e)// 窗体的 Load 事件
{
    string[] courses = new string[7] { "英语", "高等数学", "数理统计", "大学物
理", "电子电工", "计算机应用基础", "计算机语言程序设计"};
    for (int i = 0; i < 7; i++)
        comboBox1.Items.Add(courses[i]);
}
void button1_Click(object sender, EventArgs e)//【加入】按钮的 Click 事件
{
    if (comboBox1.SelectedIndex != -1)
    {
        string c1 = (string)comboBox1.SelectedItem;
        if (!listBox1.Items.Contains(c1))
            listBox1.Items.Add(c1);
    }
}
void button2_Click(object sender, EventArgs e)//【删除】按钮的 Click 事件
{
    if (listBox1.SelectedIndex != -1)
    {
        string c1 = (string)listBox1.SelectedItem;
        listBox1.Items.Remove(c1);
    }
}
```

运行结果如图 6.24 所示。

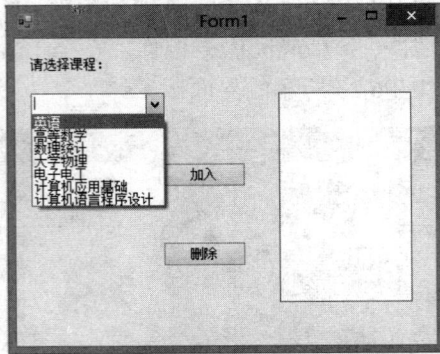

图 6.24　例 6-8 运行结果 1

在"请选择课程"下面的列表中依次选择【英语】和【高等数学】，单击【加入】按钮，显示结果如图 6.25 所示。

在右面的列表中选择【英语】，单击【删除】按钮，显示结果如图 6.26 所示。

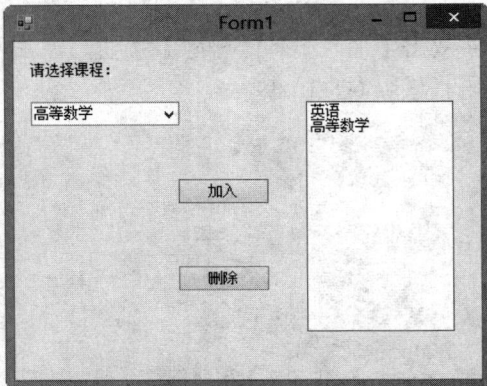

图 6.25　例 6-8 运行结果 2

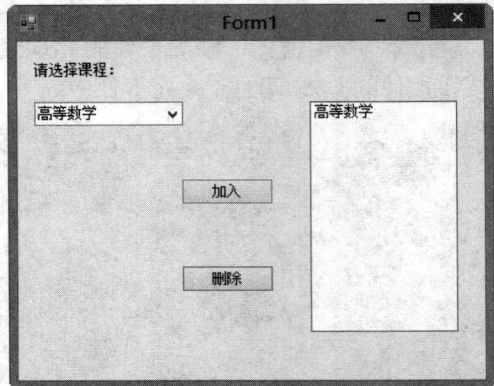

图 6.26　例 6-8 运行结果 3

【范例分析】

例 6-8 中，在 Form1 类的 Load 事件中通过组合框控件 Items 属性的 Add 方法，初始化组合框控件的显示列表。通过列表框和组合框控件的 SelectedItem 属性来获取用户选择的课程，并通过其 Items 属性的 Add 方法和 Remove 方法进行加入和删除操作。

6.2.5　容器控件

1．分组框控件 GroupBox

GroupBox 控件又称为分组框，使用 GroupBox 类封装。该控件常用于为其他控件提供可识别的分组，其典型的用法之一就是给 RadioButton 控件分组。可以通过分组框的 Text 属性为分组框中的控件向用户提供提示信息。设计时，向 GroupBox 控件中添加控件的方法有两种：一是直接在分组框中绘制控件；二是把已有控件放到分组框中，可以选择所有这些控件，将它们剪切到剪贴板，选择 GroupBox 控件，然后将它们粘贴到分组框中，也可以将它们拖到分组框中。设计中位于分组框中的所有控件随着分组框的移动而一起移动，随着分组框的删除而全部删除，分组框的 Visible 属性和 Enabled 属性也会影响到分组框中的所有控件。GroupBox 控件不能显示滚动条。

GroupBox 控件主要按照控件的分组来细分窗体的功能。GroupBox 分组框控件属于容器控件，一般不对该控件编码。使用该控件有以下三个方面的好处。

（1）对相关窗体元素进行可视化分组，以构造一个清晰的用户界面。

（2）创建编程分组（例如单选按钮分组）。

（3）设计时将多个控件作为一个单元移动。

GroupBox 分组框控件的常用属性和事件如表 6.11 和表 6.12 所示。

表 6.11　GroupBox 分组框控件的常用属性

属　性	说　明
Text	该属性为分组框设置标题，给出分组提示
BackColor	设置分组框背景颜色
BackgroundImage	设置分组框背景图像
TabStop	分组框一般不接收焦点，它将焦点传递给其包含控件中的第一个项，可以设置这个属性来指示分组框是否接收焦点
AutoSize	设置分组框是否可以根据其内容调整大小
AutoSizeMode	获取或设置启用 AutoSize 属性时分组框的行为方式。AutoSizeMode 属性值为枚举值 GrowAndShrink，则根据内容增大或缩小；为 GrowOnly（默认），可以根据其内容任意增大，但不会缩小至小于它的 Size 属性值
Controls	分组框中包含的控件的集合，可以使用这个属性的 Add，Clear 等方法。Add 方法即可将控件添加到 GroupBox

表 6.12　分组框 GroupBox 控件的常用事件

事　件	说　明
TabStopChanged	在 TabStops 属性改变时触发
AutoSizeChanged	在 AutoSize 属性发生改变时触发
KeyUp/KeyPress/KeyDowm	分组框拥有焦点同时用户松开/按下某个键时触发

2．面板控件 Panel

面板控件 Panel 用 Panel 类封装，用于为其他控件提供组合容器。Panel 控件类似于 GroupBox 控件，但 GroupBox 控件可以显示标题，而 Panel 控件有滚动条。如下情况下经常使用面板控件 Panel：子控件要以可见的方式分开，或提供不同的 BackColor 属性，或使用滚动条以允许多个控件放置在同一个有限空间。如果 Panel 控件的 Enabled 属性设置为 false，则也会禁用包含在 Panel 中的控件。面板控件 Panel 的常用属性如表 6.13 所示。

表 6.13　面板控件 Panel 的常用属性

属　性	说　明
AutoScroll	设置为 true 时，启用 Panel 控件中的滚动条，可以滚动显示 Panel 中（但不在其可视区域内）的所有控件

续表

属　　性	说　　明
BackColor	此属性获取或设置控件的背景色
BackgroundImage	此属性获取或设置在控件中显示的背景图像
BorderStyle	此属性指示控件的边框样式,有 None(默认,无边框),FixedSingle(标准边框),Fixed3D (三维边框)三种。用标准或三维边框可将面板区与窗体上的其他区域区分开

【例 6-9】 分组框和面板控件的应用。

Step 1 在 Visual Studio 2013 中新建 Windows 窗体程序,项目名为"GroupSample"。

Step 2 在默认窗体添加 4 个 Lable 控件、一个 TextBox 控件、两个 RadioButton 控件、三个 CheckBox 控件、一个 Button 控件、一个 Panel 控件和一个 Groupbox 控件,并修改 Panel 控件的 BorderStyle 值为 FixedSingle,设计与例 6-7 类似的如图 6.27 所示的界面。

Step 3 双击 Button 控件,添加 Button 控件的 Click 事件,并分别双击两个 RadioButton 控件和三个 CheckBox 控件,添加这些控件的 CheckedChanged 事件,在 Form1 类中编写文件 6-7-1.txt 中的代码(代码 6-9-1.txt)。

运行结果如图 6.28 所示。

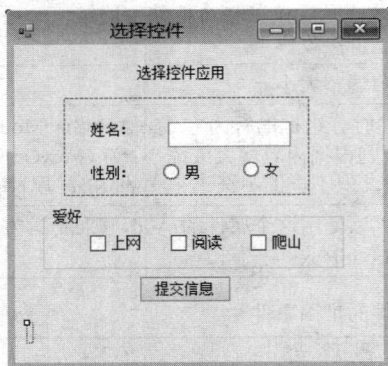

图 6.27　例 6-9 窗体界面　　　　　　图 6.28　例 6-9 运行界面

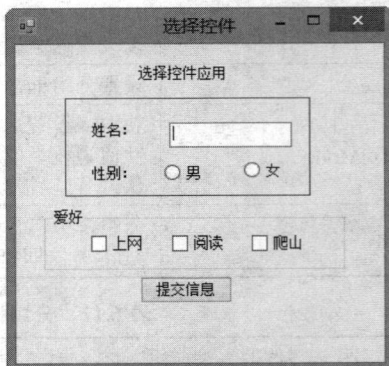

在【姓名】一栏中输入"张三",并选择性别【男】,爱好【上网】和【阅读】,如图6.29所示。单击【提交信息】按钮,显示效果如图 6.30 所示。

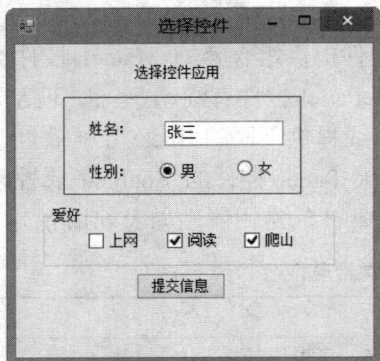

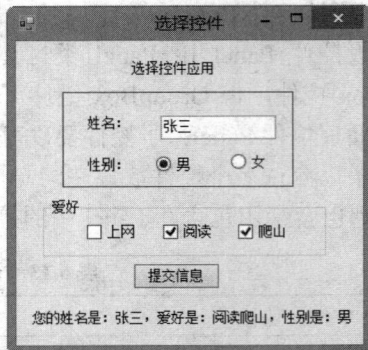

图 6.29　输入信息　　　　　　图 6.30　例 6-9 运行结果

【范例分析】

例 6-9 与例 6-7 界面设计类似，代码相同，运行结果也相似。不同的是例 6-9 中采用 Panel 控件和 Groupbox 控件对界面进行功能分组，视觉上更加美观。

3．选项卡控件 TabControl

选项卡控件 TabControl 使用 TabControl 类封装。在这类控件中，通常在上部有一些标签供选择，每个标签对应一个选项卡页面，这些选项卡页面由通过 TabPages 属性添加的 TabPage 对象表示。选中一个标签就会显示相应的页面而隐藏其他页面。要为添加后的特定页面添加控件，通过选项卡控件的标签切换到相应页面，再选中该页面，然后把控件拖动到页面中。通过这个方式，可以把大量的控件放在多个页面中，通过选项卡标签迅速切换。一个很常见的例子是 Windows 系统的【显示属性】对话框。

选项卡控件 TabControl 的常用属性、方法和事件如表 6.14 和表 6.15 所示。

表 6.14　选项卡控件 TabControl 的常用属性

属　性	说　明
Alignment	控制选项卡 TabPage 在选项卡控件的什么位置显示，是一个 TabAlignment 枚举类型，有 Top（默认），Bottom，Left，Right 4 个值。默认的位置为控件的顶部
Multiline	如果这个属性设置为 true，就可以有几行选项卡，默认情况为单行显示，在标签超出选项卡控件可视范围时自动使用箭头按钮来滚动标签
RowCount	返回当前显示的选项卡行数
SelectedIndex	返回或设置选中选项卡的索引，若没有选中项，返回 -1
SelectedTab	返回或设置选中的选项卡。注意这个属性在 TabPages 的实例上使用。若没有选中项，返回 null
TabCount	返回选项卡的总数
TabPages	这是控件中的选项卡 TabPage 对象集合，可以通过它对选项卡页面进行管理，可以添加和删除 TabPage 对象
Appearance	控制选项卡的显示方式，有三种风格：Buttons（一般的按钮）、FlatButtons（带有平面样式）、Normal（默认）。只有当标签位于顶部时，才可以设置 FlatButtons 风格；位于其他位置时，将显示为 Buttons
HotTrack	如果这个属性设置为 true，则当鼠标指针滑过控件上的选项卡时，其外观就会改变
SizeMode	指定标签是否自动调整大小来填充标签行。枚举类型 TabSizeMode 定义了三种取值。Normal：根据每个标签内容调整标签的宽度。Fixed：所有标签宽度相同。FillToRight：调整标签宽度，使其填充标签行（只有在多行标签的情况下进行调整）

表 6.15　选项卡控件 TabControl 的常用方法和事件

方法和事件	说　明
SelectTab 方法	使指定的选项卡成为当前选项卡
DeselectTab 方法	使指定的选项卡后面的选项卡成为当前选项卡
RemoveAll 方法	从该选项卡控件中移除所有的选项卡页和附加的控件
SelectedIndexChanged 事件	改变当前选择的标签时触发这个事件，可以在这个事件的处理中根据程序状态来激活或禁止相应页面的某些控件

此外，就选项卡页面集合 TabPages 属性而言，有如下的常用方法对其进行管理。

（1）通过提供索引访问，可以访问某一选项卡页面，例如：

```
tabControl1.TabPages[0].Text ="选项卡1"
```

（2）添加 TabPage 对象，通过 TabPages 的 Add 或者 AddRange 方法。

（3）删除 TabPage 对象，通过 TabPages 的 Remove 方法（参数为 TabPage 引用）或 RemoveAt 方法（参数为索引值）。

（4）清除所有的 TabPage 对象，通过 TabPages 的 Clear 方法。

【例 6-10】 选项卡控件 TabControl 的应用。

Step 1 在 Visual Studio 2013 中新建 Windows 窗体程序，项目名为"TabControlSample"。

Step 2 在默认窗体中添加一个 TabControl 控件和两个 Button 控件，其中 TabControl 控件用来作为选项卡控件，Button 控件分别用来执行添加和删除选项卡操作，界面设计如图 6.31 所示。

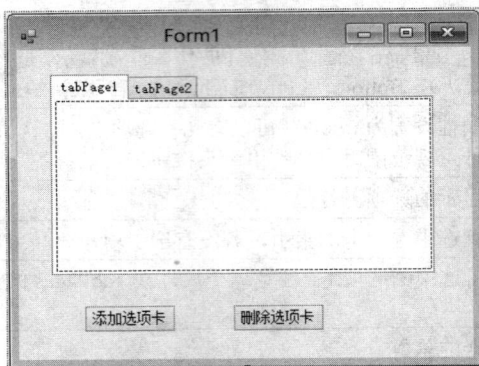

图 6.31 例 6-10 窗体界面

Step 3 双击窗体，添加窗体的 Load 事件，双击 Button 控件，添加两个 Button 控件的 Click 事件，在 Form1 类中编写如下代码（代码 6-10-1.txt）。

```
void Form1_Load(object sender, EventArgs e)          //窗体的 Load 事件
{
    tabControl1.Appearance = TabAppearance.Normal;  //设置选项卡的外观样式
}
void button1_Click(object sender, EventArgs e)//添加选项卡按钮的 Click 事件
{
  listBox1.Items.Clear();       //声明一个字符串变量，用于生成新增选项卡的名称
  string Title = "新增选项卡 " + (tabControl1.TabCount + 1).ToString();
  TabPage MyTabPage = new TabPage(Title);          //实例化 TabPage
  tabControl1.TabPages.Add(MyTabPage);
  //获取选项卡个数
  MessageBox.Show("现有" + tabControl1.TabCount + "个选项卡");
}
void button2_Click(object sender, EventArgs e) //删除选项卡按钮的 Click 事件
{
```

```
    listBox1.Items.Clear();
    if (tabControl.SelectedIndex == 0)              //判断是否选择了要移除的选项卡
        MessageBox.Show("请选择要移除的选项卡");       //如果没有选择，弹出提示
    else
        tabControl1.TabPages.Remove(tabControl1.SelectedTab);
}
```

运行结果如图 6.32 所示。

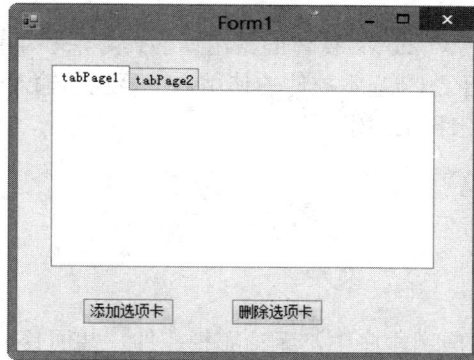

图 6.32　例 6-10 运行界面

单击【添加选项卡】按钮，显示效果如图 6.33 所示。

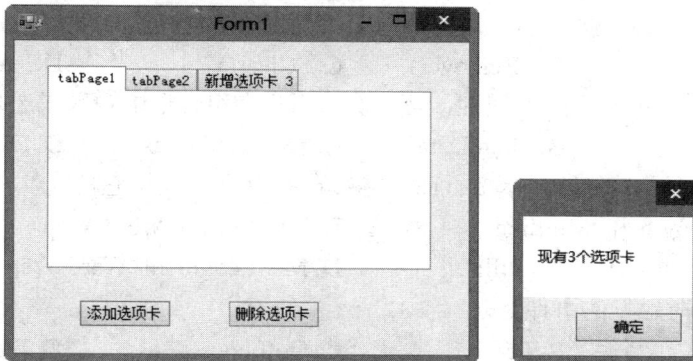

图 6.33　添加选项卡

单击【删除选项卡】按钮，显示如图 6.34 所示的提示信息。

图 6.34　删除选项卡

选中【新增选项卡 3】，单击【删除选项卡】按钮，显示运行初始窗口。

【范例分析】

例 6-10 中，使用 TabControl 控件的 TabPages 属性的 Add 方法添加新的选项卡，使用 TabControl 控件的 TabPages 属性的 Remove 方法移除指定的选项卡。

小　　结

本章首先介绍了 C#中 Windows 窗体的常用属性、方法和事件以及主要窗体控件的常见通用属性；接着重点介绍了 C#基本控件的使用，主要包括输入输出控件、按钮控件、选择控件、列表控件和容器控件的使用。

习　　题

一、选择题

1. 在 C# 的 Windows 应用程序中，无论哪种控件，共同具有的是（　　）。
   A. Text　　　　　B. Name　　　　　C. ForeColor　　　　D. Caption

2. 若要获得 ListBox 控件中当前的列数项数目，可通过访问（　　）属性来实现。
   A. List　　　　　B. ListIndex　　　C. ListCount　　　　D. ItemData

3. 使用（　　）方法，可以把一个字符串数组的内容全部添加到 ListBox 控件中。
   A. Add()　　　　B. Remove()　　　C. Clear()　　　　D. AddRang ()

4. 访问组合框的（　　）属性，可以获得用户在组合框中输入或选择的数据。
   A. Text　　　　　B. ItemData　　　C. SelectedIndex　　D. SelectedValue

5. 要使文本框控件能够显示多行而且能够自动换行,应设置它的（　　）属性。
   A. MaxLength 和 Multline　　　　　B. Multline 和 WordWrap
   C. PasswordChar 和 Multline　　　　D. MaxLength 和 WordWrap

6. 加载窗体时触发的事件是（　　）。
   A. Click　　　　B. Load　　　　　C. GotFoucs　　　　D. DoubleClick

7. 改变窗体的标题，需修改的窗体属性是（　　）。
   A. Text　　　　　B. Name　　　　　C.Title　　　　　　D. Index

8. 在 Main 方法中打开主窗口的正确代码是（　　）。
   A. Application.Run(new Form1());　　　B. Application.Open(new Form1());
   C. (new Form1()).Open();　　　　　　D. (new Form1()).Run();

二、简答题

1. 简述 C#窗体控件的常用方法和事件。
2. 简述 C#中的选择控件。

第 7 章　Windows 应用程序开发进阶
——高级窗体控件

第 6 章已介绍了 Windows 应用程序开发中最基本的控件，使用控件可以快速、高效地开发界面友好的 Windows 应用程序。本章介绍菜单、工具栏、状态栏、列表视图、树视图和通用对话框等高级控件，以及多文档界面编程等内容，以使应用程序更加美观、实用，功能更强大。

7.1　菜单、工具栏和状态栏控件

菜单、工具栏和状态栏是构成 Windows 应用程序的基本元素。Visual Studio 2013 的工具箱中引入了一系列后缀为 strip 的控件，即 MenuStrip（菜单）、ToolStrip（工具栏）和 StatusStrip（状态栏）。其中，MenuStrip 类似于普通软件的标准菜单，如 Word 应用程序的【文件】等菜单。ToolStrip 是工具栏控件，可以产生带图像的小按钮，类似于 Word 的工具栏，通常提供菜单项的简便操作。StatusStrip 是状态栏控件，一般位于界面的下方，用于显示提示信息，类似于 Windows 操作系统中的状态栏。

7.1.1　菜单控件的使用

菜单是图形用户界面（GUI）的重要组成之一，是设计 Windows 窗体应用程序经常使用的重要工具。菜单按使用形式可分为下拉式菜单和弹出式菜单两种，在 C#中分别使用 MenuStrip 控件或 ContextMenuStrip 控件可以很方便地实现它们。下拉式菜单位于窗口顶部，通常使用菜单栏中的菜单项（如【文件】、【编辑】和【视图】等）打开。弹出式菜单是独立于菜单栏而显示在窗体内的浮动菜单，通常使用右键单击窗体某一区域打开，不同的区域所"弹出"的菜单内容可以不同。

MenuStrip 控件是程序的主菜单，通常用来显示程序的各项功能，以方便用户选择执行。通过菜单，用户可以快速地进入需要的界面，因此在开发 Windows 应用程序时，菜单仍然是组织大量选项最常用的方法。

使用 MenuStrip 控件设计下拉式菜单的步骤如下。

（1）在 Windows 窗体中添加一个 MenuStrip 控件。

（2）单击该控件的 Items 属性中的▣按钮，弹出【项集合编辑器】对话框，如图 7.1 所示。

（3）在【项集合编辑器】对话框中单击【添加】按钮，添加 MenuItem 子项。例如，添加 MenuItem 子项 toolStripMenuItem1，并修改其 Text 属性为"运算"。如果要为已经添加的 toolStripMenuItem1 子项添加子菜单，可以选择 toolStripMenuItem1 子项，单击其 DropDownItems 属性后面的▣按钮，如图 7.2 所示，将弹出【项集合编辑器】对话框（子项）。

（4）在如图 7.3 所示的【项集合编辑器】（子项）对话框中可以给指定子项添加子菜单，

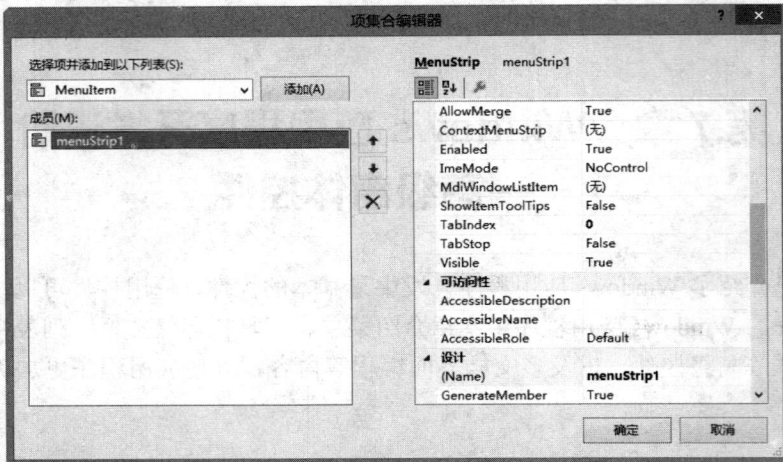

图 7.1 【项集合编辑器】对话框

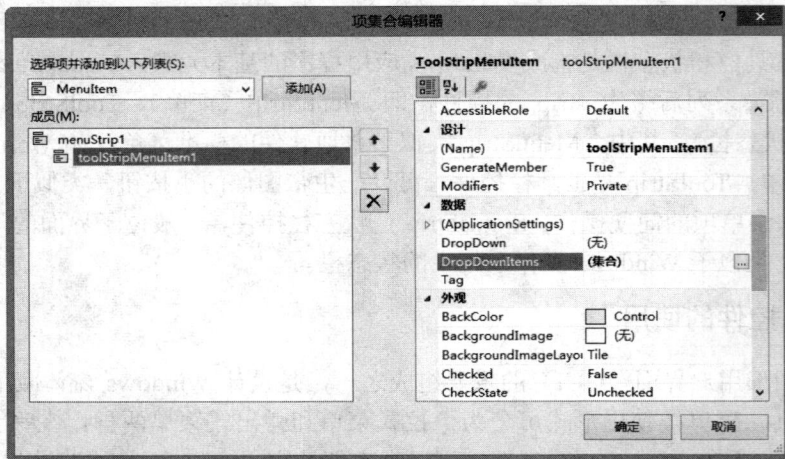

图 7.2 添加子菜单

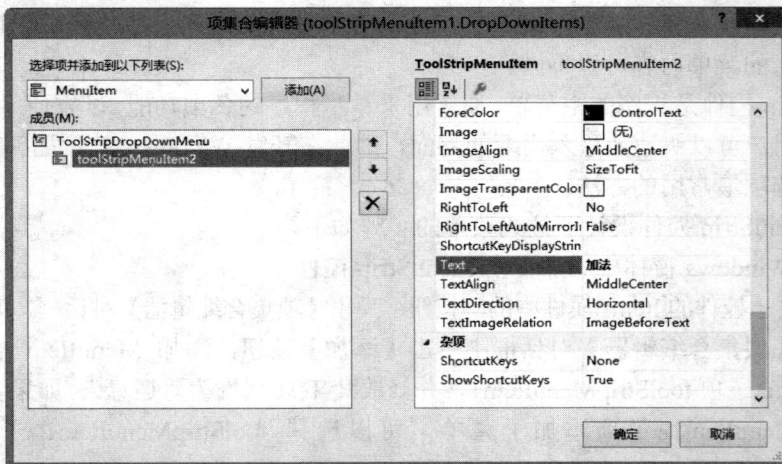

图 7.3 添加【加法】子菜单

例如添加【加法】子菜单。以此类推，即可完成下拉式菜单的设计。

（5）为了更方便地使用菜单，可以给菜单项设置快捷键。设置快捷键的方式为：选中菜单项，在【属性】窗口中通过设置 ShortcutKeys 属性为菜单添加快捷键。例如，为【加法】子菜单 toolStripMenuItem2 设置快捷键 Ctrl+O，如图 7.4 所示。

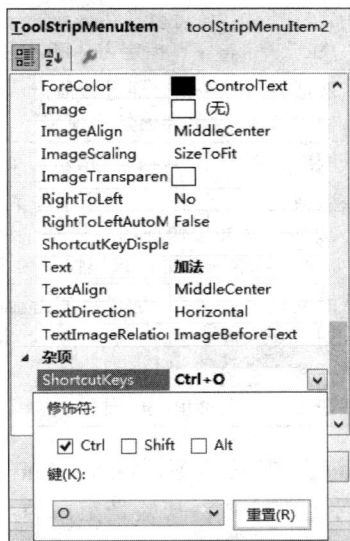

图 7.4　设置快捷键

巧记星：在制作系统软件时，如果需要制作带有分隔线的菜单，可以通过在 MenuStrip 控件中添加 Separator 菜单项来实现。

除了在设计视图中创建和修改菜单、上下文菜单和菜单项的属性，还可以在代码编辑器中编写代码给菜单或上下文菜单添加菜单项。下面的代码演示了在程序中使用代码动态创建菜单的方法。

```
private void CreateMenu()    //自定义方法用来动态创建菜单
{
    MenuStrip mnu=new MenuStrip();  //创建 MenuStrip 对象
    ToolStripMenuItem medit=new ToolStripMenuItem ("编辑"); //创建菜单对象
    mnu.Items.Add (medit);    //为菜单栏添加主菜单项
    ToolStripMenuItem submcopy=new ToolStripMenuItem("复制");//创建菜单对象
    medit.DropDownItems.Add(submcopy);    //为主菜单添加子菜单项
    ToolStripMenuItem subpaste=new ToolStripMenuItem ("粘贴");
ToolStripMenuItem subcut=new ToolStripMenuItem ("剪切");
//添加多个子菜单项
 medit.DropDownItems.AddRange(new ToolStripItem[] { subpaste, subcut });
    this.Controls.Add(mnu);                    //添加菜单到窗体
}
```

无论是在设计视图完成菜单设计，还是程序运行时动态添加菜单，都需要给菜单添加相应的属性和功能，只有这样设计的菜单才有意义。菜单项的常用属性与事件如表 7.1 所示。

表 7.1　ToolStripMenuItem 菜单项的常用属性和事件

属性和事件	说　明
Text 属性	用来获取或设置一个值，通过该值指示菜单项标题。当使用 Text 属性为菜单项指定标题时，还可以在字符前加一个 "&" 号来指定热键。例如，若要将 "File" 中的 "F" 指定为热键，应将菜单项的标题指定为 "&File"
Enabled 属性	用来获取或设置一个值，通过该值指示菜单项是否可用。值为 true 时表示可用，值为 false 表示当前禁止使用
ShortcutKeys 属性	用来获取或设置一个值，该值指示与菜单项相关联的快捷键
ShowShortcutKeys 属性	用来获取或设置一个值，该值指示与菜单项关联的快捷键是否在菜单项标题的旁边显示。如果快捷组合键在菜单项标题的旁边显示，该属性值为 true，如果不显示快捷键，该属性值为 false。默认值为 true
Checked 属性	用来获取或设置一个值，通过该值指示选中标记是否出现在菜单项文本的旁边。如果要放置选中标记在菜单项文本的旁边，属性值为 true，否则属性值为 false。默认值为 false
Click 事件	该事件在用户单击菜单项时发生

在设计阶段，开发人员只需双击某菜单项，Visual Studio.Net 环境就可以在代码中自动添加该菜单项对应的 Click 事件处理函数，初始是空白的，开发人员只需添加功能代码就可以了。

当不需要某菜单项功能时，可禁用菜单项和删除菜单项。禁用菜单项只要将菜单项的 Enabled 属性设置为 false，以上例创建的菜单为例，禁用【剪切】菜单项代码如下：

```
subcut.Enabled = false;
```

删除菜单项就是将该菜单项从相应的 MenuStrip 的 Items 集合中删除。根据应用程序的运行需要，如果此菜单项以后要再次使用，最好是隐藏或暂时禁用该菜单项而不是删除它。在以编程方式删除菜单项时，调用 MenuStrip 对象的 Items 集合中的 Remove 方法可以删除指定的 ToolStripMenuItem，一般用于删除顶级菜单项；若要删除（一级）菜单项或子菜单项，请使用父级 ToolStripMenuItem 对象的 DropDownItems 集合的 Remove 方法。

如果用户需要编写带历史信息的菜单，即实现保存最近打开文件，可以将在菜单中最近打开文件的文件名和路径保存到事先建立的*.ini 文件中，系统启动时读取其中的数据建立数组菜单，即可实现显示历史菜单的功能。

> 提示：要建立一个带历史信息的菜单，必须首先添加一个 MenuStrip 菜单控件，并将主窗体的 IsMdiContainer 属性设置为 True。

【例 7-1】　菜单控件 MenuStrip 的应用。

Step 1　启动 Visual Studio 2013，新建一个 C# Windows 窗体应用程序，项目名称为 "MenuStripSample"。

Step 2　向 Windows 窗体中添加一个 MenuStrip 控件、三个 Label 控件和三个 TextBox

控件，并添加菜单项，窗体设计界面如图 7.5 所示。

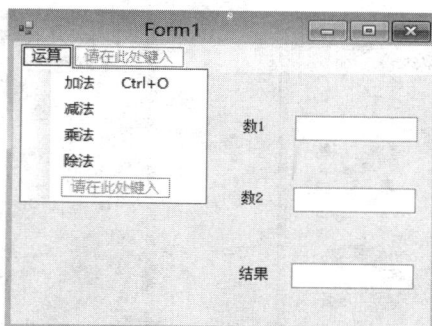

图 7.5 例 7-1 窗体设计界面

Step 3 切换到代码视图，在 Form1 类内添加以下代码（代码 7-1-1.txt）。

```
private void toolStripMenuItem2_Click(object sender, EventArgs e)
                                                        //【加法】菜单
{
    int n;
    n = Convert.ToInt16(textBox1.Text) + Convert.ToInt16(textBox2.Text);
    textBox3.Text = n.ToString();
}
private void toolStripMenuItem3_Click(object sender, EventArgs e)
                                                        //【减法】菜单
{
    int n;
    n = Convert.ToInt16(textBox1.Text) - Convert.ToInt16(textBox2.Text);
    textBox3.Text = n.ToString();
}
private void toolStripMenuItem4_Click(object sender, EventArgs e)
                                                        //【乘法】菜单
{
    int n;
    n = Convert.ToInt16(textBox1.Text) * Convert.ToInt16(textBox2.Text);
    textBox3.Text = n.ToString();
}
private void toolStripMenuItem1_Click(object sender, EventArgs e)
{
    if (textBox2.Text == "" || Convert.ToInt16(textBox2.Text) == 0)
        divop.Enabled = false;
    else
        divop.Enabled = true;
}
```

单击工具栏中的【启用调试】按钮 ▶ ，即可看到如图 7.6 所示的窗体界面。
在【数 1】栏中输入数字 20，在【数 2】栏中输入数字 15，选择【加法】菜单，将显示如图 7.7 所示的窗体界面。

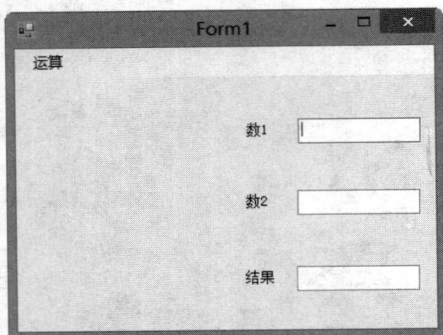

图 7.6　例 7-1 运行界面

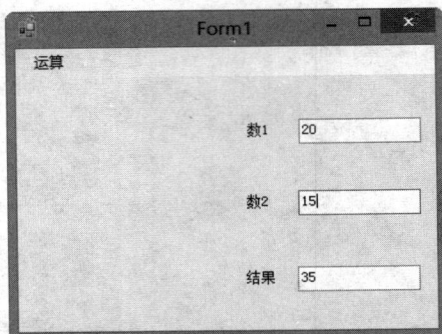

图 7.7　加法计算

【范例分析】

例 7-1 中，为了避免除法运算时被除数（数 2）是 0 发生运算错误，在"运算"菜单被单击时，判断数 2 是否为 0，如果数 2 为 0，则禁用【除法】菜单，效果如图 7-8 所示。

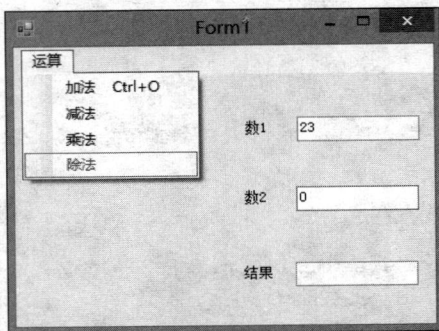

图 7.8　禁用【除法】菜单

7.1.2　快捷菜单

快捷菜单又称弹出式菜单或上下文菜单，当运行程序时，用户在窗体或控件上单击鼠标右键时，即可显示弹出式菜单。C#使用 ContextMenuStrip 控件设计弹出式菜单，该控件由 ContextMenuStrip 类封装。快捷菜单在用户在窗体中的控件或特定区域上单击鼠标右键时显示。快捷菜单通常用于组合来自窗体的一个 MenuStrip 的不同菜单项，便于用户在给定应用程序上下文中使用。例如，可以使用分配给 TextBox 控件的快捷菜单提供菜单项，以便更改文本字体，在控件中查找文本或实现复制和粘贴文本的剪贴板功能。还可以在快捷菜单中显示不位于 MenuStrip 中的新的 ToolStripMenuItem 对象，从而提供与特定情况有关且不适合在 MenuStrip 中显示的菜单项命令。

设计快捷菜单的基本步骤如下。

（1）在窗体设计区上添加 ContextMenuStrip 控件。

（2）为该控件设计菜单项，设计方法与 MenuStrip 控件相同，只是不必设计顶级菜单项。

（3）在需要快捷菜单的窗体或控件的【属性】窗口中，为 ContextMenuStrip 属性选择快捷菜单控件。窗体 Form 及许多可视控件都有一个 Control.ContextMenuStrip 属性，该属性可将快捷菜单 ContextMenuStrip 绑定到显示该菜单的控件上。多个控件可绑定使用一个快捷菜单 ContextMenuStrip。

弹出式菜单的结构与主菜单基本相同，区别是该菜单不是固定在窗体上面，而是通过单击鼠标右键来显示的。弹出式菜单的设计过程和下拉式菜单的设计过程基本类似。表 7.2 列出了 ContextMenuStrip 类的常用成员及其说明。

表 7.2 **ContextMenuStrip** 常用成员及说明

成员名称	类别	说　　　明
AllowMerge	属性	指示能否将多个菜单合并
AutoClose	属性	指示是否应在失去激活状态时自动关闭
AutoSize	属性	指示 ToolStripDropDown 是否在调整窗体大小时自动调整它的大小
BackgroundImage	属性	获取或设置在控件中显示的背景图像
Enabled	属性	获取或设置一个值，该值指示控件是否可以对用户交互做出响应
ImageList	属性	获取或设置包含菜单项上显示的图像的图像列表
Items	属性	获取属于菜单对象的所有子项
RenderMode	属性	获取或设置要应用于菜单的绘制样式
Text	属性	获取或设置与此控件关联的文本
TextDirection	属性	指定菜单项上的文本绘制方向

下面的代码演示了动态添加快捷菜单的方法。

```
private void CreateContextMenu()   //自定义方法用来动态创建快捷菜单
{
    //创建快捷菜单对象
    ContextMenuStrip cmnu = new ContextMenuStrip();
    //设置快捷菜单的绘制样式
    cmnu.RenderMode = ToolStripRenderMode.System;
    //在快捷菜单中添加菜单项
    cmnu.Items.Add("复制");
    cmnu.Items.Add("粘贴");
    cmnu.Items.Add("剪切");
    //给窗体添加快捷菜单
    this.ContextMenuStrip = cmnu;
}
```

7.1.3　工具栏控件的使用

ToolStrip 控件是工具栏控件，它为用户提供了应用程序中常用菜单命令的快速访问方式。工具栏通常位于菜单栏的下方，由许多命令按钮组成，每个按钮上都有一个代表该按钮功能的小图标。由于工具栏方便直观，所以它被广泛用于各种应用软件的主界面中。ToolStrip 控件的项支持 8 种不同的类型，还具备可扩展性，并拥有高度可配置的属性。

ToolStrip 控件使用 ToolStrip 类封装，工具栏通常出现在窗体的顶部。要创建具有提示功能的工具栏，只需将相应按钮的 ToolTipTile 属性设置为提示内容即可。表 7.3 列出了 ToolStrip 类的常用成员及其说明。

表 7.3　ToolStrip 类常用成员及说明

成员名称	类别	说　明
GripStyle	属性	指定 ToolStrip 的手柄可见性
Stretch	属性	指定 ToolStrip 在飘浮容器中是否从一端伸展到另一端
Text	属性	与控件关联的文本
ItemAdded	事件	在 ToolStripItem 已添加到 ToolStrip 的项集合时发生
ItemClicked	事件	当单击项时发生
ItemRemoved	事件	当某个 ToolStripItem 从 Toolstrip 的项集合中被移除时发生
Add()	方法	将指定的项添加到集合末尾
AddRange()	方法	将项添加到当前集合中
Clear()	方法	从集合中移除所有项
Insert()	方法	将指定的项插入到集合中的指定索引处
Remove()	方法	从集合中移除指定的项
RemoveAt()	方法	从集合中移除指定索引处的项
RemoveByKey()	方法	从集合中移除具有指定键的项

工具栏上的子项通常是一个不包含文本的图标，当然它可以既包含图标又包含文本。于是，Image 和 Text 是工具栏要设置的最常见属性。Image 可以用 Image 属性设置，也可以使用 ImageList 控件，把它设置为 ToolStrip 控件的 ImageList 属性，然后就可以设置各个工具栏子项的 ImageIndex 属性。此外，工具栏子项通常具有提示文本，以显示该按钮的用途信息。

在工具箱中选择 ToolStrip 控件放置到设计窗体后，默认状态下在最左侧会有一个下拉按钮，有两种方法添加设置工具栏子项。其一是直接单击下拉按钮在下拉列表中选择需要的子项，然后对该子项进行属性设置。其二是选中工具栏，右击选择属性命令，单击 Items 后的按钮弹出"项集合编辑器"对话框，在其中选择子项和设置属性。

工具栏控件 ToolStrip 可以包含几种类型的子项，如图 7.9 所示。

图 7.9　ToolStrip 的子项

工具栏控件 ToolStrip 的子项常用的属性和事件如表 7.4 所示。

表 7.4　ToolStrip 子项常用属性和事件

属性和事件	说　明
Name 属性	子项名称
Text 属性	子项显示文本
ToolTipText 属性	将鼠标放在子项上时显示的提示文本。要使用这个属性，必须将工具栏的 ShowItemToolTips 属性设置为 true
ImageIndex 属性	子项使用的图标
ItemClicked 事件	单击工具栏上的一个子项时触发执行

带下拉菜单的工具栏在其他计算机语言中实现起来比较复杂，但在.NET 中只需将工具栏按钮的类型设置为 DropDownButton 即可。

【例 7-2】　制作 ToolStrip 工具条。

Step 1　启动 Visual Studio 2013，新建一个 C# Windows 窗体应用程序，项目名称为"ToolStripDemo"。

Step 2　向 Windows 窗体中添加一个 ToolStrip 控件。

Step 3　切换到代码视图，在 Form1()构造函数内添加以下代码（代码 7-2-1.txt）。

```
private void InitToolStrip(ToolStrip toolStrip)     //初始化工具条
{
    toolStrip1.CanOverflow = true; //设置将 toolStrip 中的项发送到溢出菜单
    toolStrip1.ShowItemToolTips = true;                //设置显示工具提示
    toolStrip1.RenderMode = ToolStripRenderMode.System;//设置绘制样式
    toolStrip1.TextDirection = ToolStripTextDirection.Horizontal;
                                                //设置绘制文本方向

    //添加文本信息项
    ToolStripLabel LabelStrip = new ToolStripLabel();
    LabelStrip.Text = "输入查找内容:";
    LabelStrip.DisplayStyle = ToolStripItemDisplayStyle.Text;//设置显示样式
                                                        为文本型
    toolStrip1.Items.Add(LabelStrip);
    ToolStripTextBox TextBoxStrip = new ToolStripTextBox(); //添加文本框项
    TextBoxStrip.AutoCompleteMode = AutoCompleteMode.SuggestAppend;
    TextBoxStrip.AutoCompleteSource = AutoCompleteSource.FileSystem-
    Directories;
    toolStrip1.Items.Add(TextBoxStrip);
    ToolStripButton ButtonStrip = new ToolStripButton();   //添加按钮项
    ButtonStrip.Text = "查找";
    ButtonStrip.DisplayStyle = ToolStripItemDisplayStyle.ImageAndText;
    ButtonStrip.Image = Image.FromFile("Find.ico");    //在按钮上显示图片
    toolStrip1.Items.Add(ButtonStrip);
    ToolStripSeparator SeparatorStrip = new ToolStripSeparator();
                                                //添加分隔线
    toolStrip1.Items.Add(SeparatorStrip);
    ToolStripDropDownButton DropDownStrip = new ToolStripDropDownButton();
```

```
        ToolStripMenuItem item1 = new ToolStripMenuItem();
        item1.Text = "红色";
      ToolStripMenuItem item2 = new ToolStripMenuItem();
        item2.Text = "蓝色";
      ToolStripMenuItem item3 = new ToolStripMenuItem();
        item3.Text = "绿色";
      DropDownStrip.DropDownItems.AddRange(new ToolStripItem[] { item1,
item2, item3 });
      DropDownStrip.DisplayStyle = ToolStripItemDisplayStyle.Text;
      DropDownStrip.Text = "选择风格";
      DropDownStrip.Overflow = ToolStripItemOverflow.AsNeeded;
      toolStrip1.Items.Add(DropDownStrip);    //添加有下拉菜单的项
        //添加一个包含 ComboBox 的项
      ToolStripComboBox ComboBoxStrip = new ToolStripComboBox();
      ComboBoxStrip.Items.AddRange(new object[] { "正常查找", "区分大小写" });
      ComboBoxStrip.DropDownStyle = ComboBoxStyle.DropDownList;
      ComboBoxStrip.Overflow = ToolStripItemOverflow.AsNeeded;
      toolStrip1.Items.Add(ComboBoxStrip);
    }
```

单击工具栏中的【启用调试】按钮 ▶，即可看到如图 7.10 所示的窗体界面。

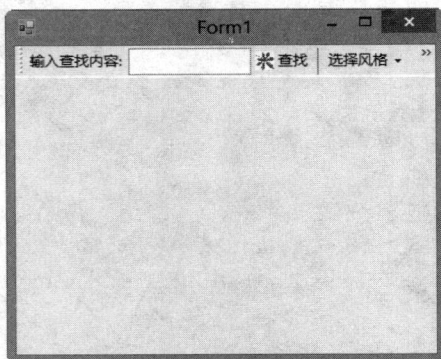

图 7.10 例 7-2 运行界面

【范例分析】

本例演示了如何动态生成工具栏，工具栏上按钮的功能在本例中并未实现。例 7-2 中的代码首先设置了 ToolStrip 的相关属性。当 CanOverflow 为 True（默认情况下）时，如果 ToolStripItem 的内容超出了 ToolStrip 的水平宽度或 ToolStrip 的垂直高度，ToolStripItem 将被送入下拉溢出菜单。

例 7-2 中代码的后半部分实现了不同类型工具栏按钮的添加。需要注意的是：不能显式地将 ToolStripRenderMode 设置为 Custom。但是，当 ToolStripRenderer 被设置为 ToolStripRenderer 类的扩展（ToolStripProfessionalRenderer 或 ToolStripSystemRenderer 除外）时，ToolStripRenderMode 将返回 Custom。

> **警告**：本示例用到了一个图标文件 Find.ico，所以需在本地磁盘上保存有这样的一个文件，否则运行时就会出现错误。

7.1.4　状态栏控件的使用

状态栏控件 StatusStrip 使用 StatusStrip 类封装，和菜单、工具栏一样是 Windows 窗体应用程序的一个特征，在一个完整的 Windows 应用程序中，状态栏和工具栏这两种控件必不可少。状态栏通常位于窗体的底部，应用程序可以在该区域中显示提示信息或应用程序的当前状态等各种状态信息。例如，在 Word 中输入文本时，Word 会在状态栏中显示当前的页面、列、行等。

StatusStrip 控件也是一个容器对象，可为它添加 StatusLabel、ProgressBar、DropDownButton、SplitButton 等子项，如图 7.11 所示，对应的子项控件分别为 StatusStripStatusLabel、ToolStripProgressBar、ToolStripDropDownButton 和 ToolStripSplitButton 对象，其中除 StatusStripStatusLabel 子项控件是 StatusStrip 控件专用的之外，其余三个子项控件都是从 ToolStrip 类继承而来，因为 StatusStrip 类派生于 ToolStrip 类。StatusStripStatusLabel 对象使用文本和图像向用户显示应用程序当前状态的信息。

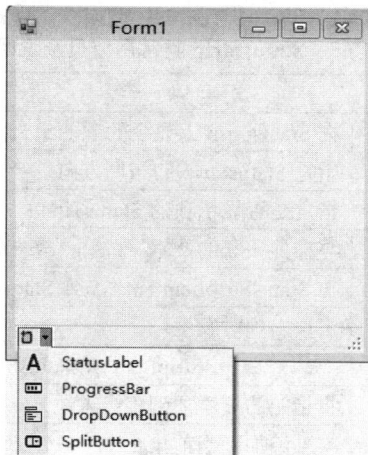

图 7.11　StatusStrip 子项控件

在状态栏中添加子项的操作类似于工具栏，子项添加方法有两种：直接单击设计界面中的下拉按钮选择需要的子项，然后设置其属性；或者是使用【项集合编辑器】对话框。默认的状态栏 StatusStrip 没有面板。若要将面板添加到 StatusStrip，请使用 ToolStripItemCollection.AddRange 方法，或使用 StatusStrip 项集合编辑器在设计时添加、移除或重新排序项并修改属性。状态栏常用的属性和事件类似于工具栏。

使用 StatusStrip 控件设计状态栏的步骤如下。

（1）在 Windows 窗体中添加一个 StatusStrip 控件。

（2）单击该控件的 Items 属性中的 按钮，弹出【项集合编辑器】对话框，如图 7.12 所示。

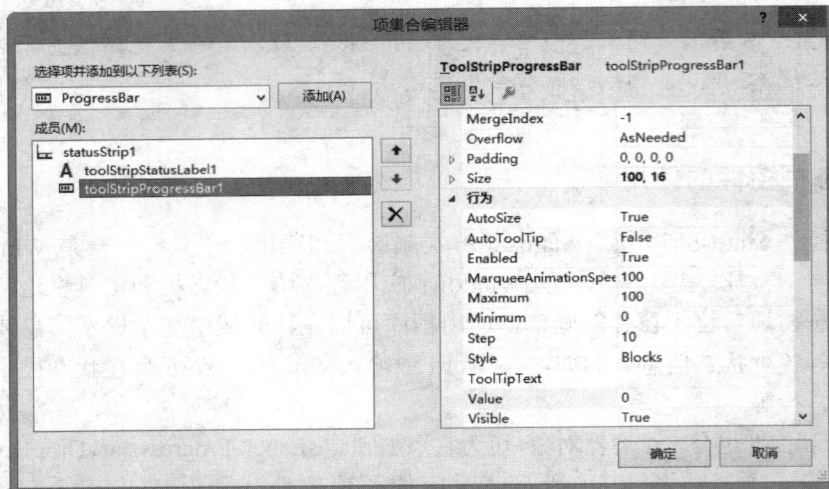

图 7.12　添加 StatusStrip 控件

（3）在【项集合编辑器】对话框中，用户可以根据需要选择添加 StatusLabel、ProgressBar、DropDownButton 和 SplitButton 等控件，然后单击【确定】按钮，即可完成状态栏的设计。

表 7.5 列出了 StatusStrip 类的常用成员及其说明。

表 7.5　StatusStrip 类常用成员及说明

成员名称	类别	说　　明
Items	属性	在 StatusStrip 上显示的项的集合
LayoutStyle	属性	指定 StatusStrip 的布局方向
ShowItemToolTips	属性	指定是否显示项的 StatusTip
Text	属性	与控件关联的文本
ItemAdded	事件	在 StatusStripItem 已添加到 StatusStrip 的项集合时发生
ItemClicked	事件	当单击项时发生
ItemRemoved	事件	当某个 StatusStripItem 从 StatusStrip 的项集合中被移除时发生
Add()	方法	将指定的项添加到集合末尾
AddRange()	方法	将项添加到当前集合中
Clear()	方法	从集合中移除所有项
Insert()	方法	将指定的项插入到集合中的指定索引处
Remove()	方法	从集合中移除指定的项
RemoveAt()	方法	从集合中移除指定索引处的项
RemoveByKey()	方法	从集合中移除具有指定键的项

7.2　列表视图和树视图控件

TreeView 控件和 ListView 控件有很多相似的地方，它们都为用户提供便捷的文件导航功能。不同的是 TreeView 控件以树视图方式展现给用户，而 ListView 控件则是以列表形式展现给用户。

7.2.1　列表视图控件的使用

ListView 控件用于显示带图标的项列表，用户可以使用该控件创建类似 Windows 资源管理器的用户界面。该控件具有 4 种视图模式：LargeIcon、SmallIcon、List 和 Details。

表 7.6 列出了 ListView 类的常用成员及其说明。

表 7.6　ListView 类的常用成员及说明

成员名称	类别	说　　明
Columns	属性	"详细信息"视图中显示的列
FullRowSelect	属性	指示当项被选中时，其所有子项是否同该项一起突出显示
View	属性	选择可以显示项的 5 种不同视图中的一种
SelectedIndexChanged	事件	每当此 ListView 的 SelectedIndex 属性更改时发生
Add()	方法	用指定的键、文本和图像创建一个项，并将该项添加到集合中
AddRange()	方法	向集合中添加项的集合
Clear()	方法	从集合中移除所有项
Insert()	方法	创建一个具有指定的键、文本和图像的新项，并将该项插入到集合中指定索引处
Remove()	方法	从集合中移除指定的项
RemoveAt()	方法	移除集合中指定索引处的项

其中，View 属性用于获取或设置项在控件中的显示方式，默认值为 LargeIcon。

FullRowSelect 属性是指定只选择某一项，还是选择某一项所在的整行，取值为 True 表示单击某项会选择该项及所有子项，取值为 False 表示仅选择该项本身。

下面的代码演示了如何使用 FullRowSelect 属性。

```
this.lvStudent.View = View.Details;
this.lvStudent.FullRowSelect = true;
```

> 警告：使用 FullRowSelect 属性时，需要将 View 属性设置为 Details，否则 FullRowSelect 属性无效。

ListView 控件的操作主要集中在添加或移除列表项等操作，这可在设计和运行时实现。

1. 设计时在设计器中添加或移除列表项

在【属性】窗口中单击 Items 属性旁的省略号按钮(…)，打开【ListViewItem 集合编辑器】对话框。要添加项，单击【添加】按钮，然后设置新项的属性，如 Text 和 ImageIndex 属性，其中，ImageIndex 设置列表项对应的图像索引，Text 设置列表项的标题。若要移除某项，选择该项并单击【移除】按钮。

Windows 窗体的 ListView 控件位于 Details 视图模式中时，可为每个列表项显示多列。可使用这些列显示关于各个列表项的若干种信息。如文件列表可显示文件名、文件类型、文件大小和上次修改该文件的日期等。在包含多列的情况下，要为列表项添加子项。单击对话框中 SubItems 属性旁的按钮，打开【ListViewSubItem 集合编辑器】对话框，在其中添加子项。其中第一个子项的标题就是列表项的标题。

2．以编程方式在运行时添加项

使用 Items 属性的 Add 方法。例如：

```
listView1.Items.Add( listViewItem1 );
```

其中，listViewItem1 表示一个列表项对象实例。

3．以编程方式在运行时移除项

使用 Items 属性的 RemoveAt 或 Clear 方法。RemoveAt 方法移除一项，而 Clear 方法移除列表中的所有项。例如：

```
listView1.Items.RemoveAt(0);   // 移除列表的第一项
listView1.Items.Clear();        // 移除所有项
```

4．设计时在设计器中添加列

在控件的 View 属性设置为 Details 之后，在【属性】窗口中，单击 Columns 属性旁的省略号按钮，打开【ColumnHeader 集合编辑器】对话框。单击其中的【添加】按钮添加一个新的列表头，并在右边可以设置它的属性：Name 设置表头名称，Text 设置表头标题，Width 属性设置列宽度，TextAlign 属性设置列的对齐方式等。

5．以编程方式运行时添加列

将控件的 View 属性设置为 Details，使用列表视图的 Columns 属性的 Add 方法。例如：

```
listView1.View = View.Details;  // 将 View 设为 Details
listView1.Column.Add("Drive",100, HorizontalAlignment.Left);
```

其中，参数分别表示列名称，列宽度和列对齐方式。

6．在列表视图中显示图像

ListView 控件可显示三个图像列表中的图标。LargeIcon 视图模式下显示 LargeImageList 属性中指定的图像列表中的图像。List 视图、Details 视图和 SmallIcon 视图模式下显示 SmallImageList 属性中指定的图像列表中的图像。列表视图还能在大图标或小图标旁显示在 StateImageList 属性中设置的一组附加图标。

将 SmallImageList、LargeImageList 或 StateImageList 设置为已有 ImageList 组件。可在设计器中使用【属性】窗口设置，也可在代码中设置。例如：

```
listView1.SmallImageList = imageList1;
```

为每个具有关联图标的列表项设置 ImageIndex 或 StateImageIndex 属性。这些属性可通过【ListViewItem 集合编辑器】设置。要打开【ListViewItem 集合编辑器】，可单击【属性】窗口中 Items 属性旁的省略号(…)按钮。也可用代码进行设置，例如：

```
listView1.Items[0].ImageIndex = 3;   // 设置第一列表项显示第 4 幅图像
```

【例 7-3】 ListView 控件使用示例。

Step 1 新建一个 C# Windows 窗体应用程序，项目名称为 "ListViewDemo"。

Step 2　在窗体上添加如图 7.13 所示的 ComboBox、CheckBox 和 ListView 等控件。

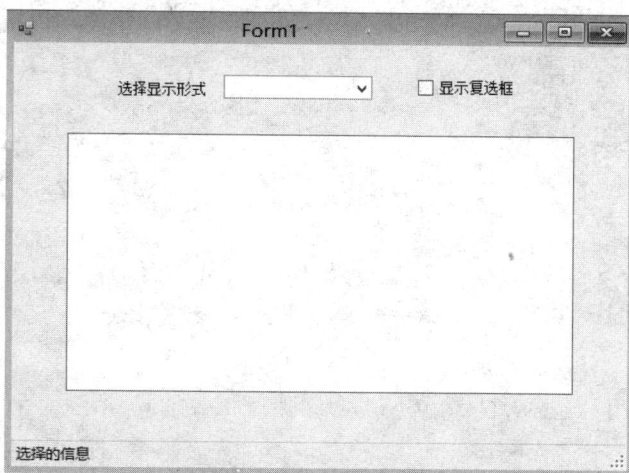

图 7.13　例 7-3 窗体界面

Step 3　切换到代码窗口，输入以下代码（代码 7-3-1.txt）。

```
public Form1()  //Form1 窗体的构造函数
{
    InitializeComponent();              //自动生成的代码完成控件初始化
    InitListView(this.listView1);       //添加调用 InitListView 方法语句
    InitOtherControl();                 //添加调用 InitOtherControl 方法语句
}
private void InitOtherControl()         //自定义 InitOtherControl 方法
{
   cboStyle.DropDownStyle = ComboBoxStyle.DropDownList;
   cboStyle.Items.Add("LargeIcon");    //添加 ComboBox 控件的项
   cboStyle.Items.Add("SmallIcon");    //添加 ComboBox 控件的项
   cboStyle.Items.Add("List");         //添加 ComboBox 控件的项
   cboStyle.Items.Add("Tile");         //添加 ComboBox 控件的项
   cboStyle.Items.Add("Details");      //添加 ComboBox 控件的项
   cboStyle.SelectedIndexChanged += new EventHandler(cboStyle_
SelectedIndexChanged);
    //添加 cboStyle.SelectedIndexChanged 事件
   this.checkBox1.CheckedChanged += new EventHandler(checkBox1_
CheckedChanged)          //添加 chkShowCheckBox.CheckedChanged 事件
 }
    //定义复选框 CheckedChanged 事件代码
 private void checkBox1_CheckedChanged(object sender, EventArgs e)
 {
    this.listView1.CheckBoxes = this.checkBox1.Checked;
 }
//定义组合框 SelectedIndexChanged 事件代码
void cboStyle_SelectedIndexChanged(object sender, EventArgs e)
```

```
    {
        switch (cboStyle.Text)          //根据 ComboBox 选项执行不同的分支
        {
            case "LargeIcon":
                this.listView1.View = View.LargeIcon;
                break;
            case "SmallIcon":
                this.listView1.View = View.SmallIcon;
                break;
            case "List":
                this.listView1.View = View.List;
                break;
            case "Tile":
                this.listView1.View = View.Tile;
                break;
            default :
                this.listView1.View = View.Details;
                break;
        }
    }
    private void InitListView(ListView listView)//编写自定义方法初始化 ListView
    {
        //添加列头
        ColumnHeader Header1 = new ColumnHeader(); //定义列头 1
        Header1.Width = 100;
        Header1.Text = "名称";
        ColumnHeader Header2 = new ColumnHeader();   //定义列头 2
        Header2.Width = 100;
        Header2.Text = "编号";
        ColumnHeader Header3 = new ColumnHeader();   //定义列头 3
        Header3.Width = 100;
        Header3.Text = "描述";
        listView.Columns.Add(Header1);                  //添加列头 1
        listView.Columns.Add(Header2);                  //添加列头 2
        listView.Columns.Add(Header3);                  //添加列头 3
        //设置属性
        listView.GridLines = true;                      //显示网格线
        listView.FullRowSelect = true;
        listView.HideSelection = false;          //失去焦点时显示选择的项
        listView.HoverSelection = true;          //当鼠标停留数秒时自动选择项
        listView.MultiSelect = false;                   //设置只能单选
        ImageList LargeImageList = new ImageList(); //创建图像列表对象
        LargeImageList.ImageSize = new Size(80,80); //指定图标的大小
        LargeImageList.Images.Add(Image.FromFile("pen.jpg"));
        LargeImageList.Images.Add(Image.FromFile("box.jpg"));
        LargeImageList.Images.Add(Image.FromFile("file.jpg"));
```

```
listView.LargeImageList = LargeImageList;    //设置大图标的集合
ImageList SmallImageList = new ImageList();
SmallImageList.ImageSize = new Size(30,30); //指定图标的大小
SmallImageList.Images.Add(Image.FromFile("pen.jpg"));
SmallImageList.Images.Add(Image.FromFile("box.jpg"));
SmallImageList.Images.Add(Image.FromFile("file.jpg"));
listView.SmallImageList = SmallImageList;    //设置小图标
    //添加项
ListViewItem lv1 = new ListViewItem("钢笔");
lv1.SubItems.Add("001");                        //添加第二列(编号)的内容
lv1.SubItems.Add("这是一支钢笔");
lv1.ImageIndex = 0;                             //指定图像的索引
ListViewItem lv2 = new ListViewItem("盒子");
lv2.SubItems.Add("002");
lv2.SubItems.Add("这是个纸盒");
lv2.ImageIndex = 1;
ListViewItem lv3 = new ListViewItem("文件夹");
lv3.SubItems.Add("003");
lv3.SubItems.Add("这是一个文件夹");
lv3.ImageIndex = 2;
listView.Items.Add(lv1);
listView.Items.Add(lv2);
listView.Items.Add(lv3);
listView.SelectedIndexChanged += new EventHandler(listView1_
SelectedIndexChanged);
 }
//定义了listView控件的SelectedIndexChanged事件
 void listView1_SelectedIndexChanged(object sender, EventArgs e)
{
   if (this.listView1.SelectedItems.Count > 0)
   {   //通过SubItems来访问其他列的属性
      string strMessage ="名称:"+this.listView1.SelectedItems[0]. Text+
"\n";
      strMessage+="编号:"+this.listView1.SelectedItems[0].SubItems[1]
.Text+ "\n";
      strMessage += "描述:" + this.listView1.SelectedItems[0].SubItems[2]
.Text;
      this.lblMessage.Text = strMessage;
   }
 }
```

　　单击工具栏中的【启用调试】按钮▶，即可看到生成的窗体界面，在下拉列表中可以选择显示的形式；选中【显示复选框】复选框，在列表框中列表项的前面就会出现复选框；将鼠标移到列表框中任意一个列表项上，即可显示被选中状态，并在窗体的最下方显示该项的详细信息，如图 7.14 所示。

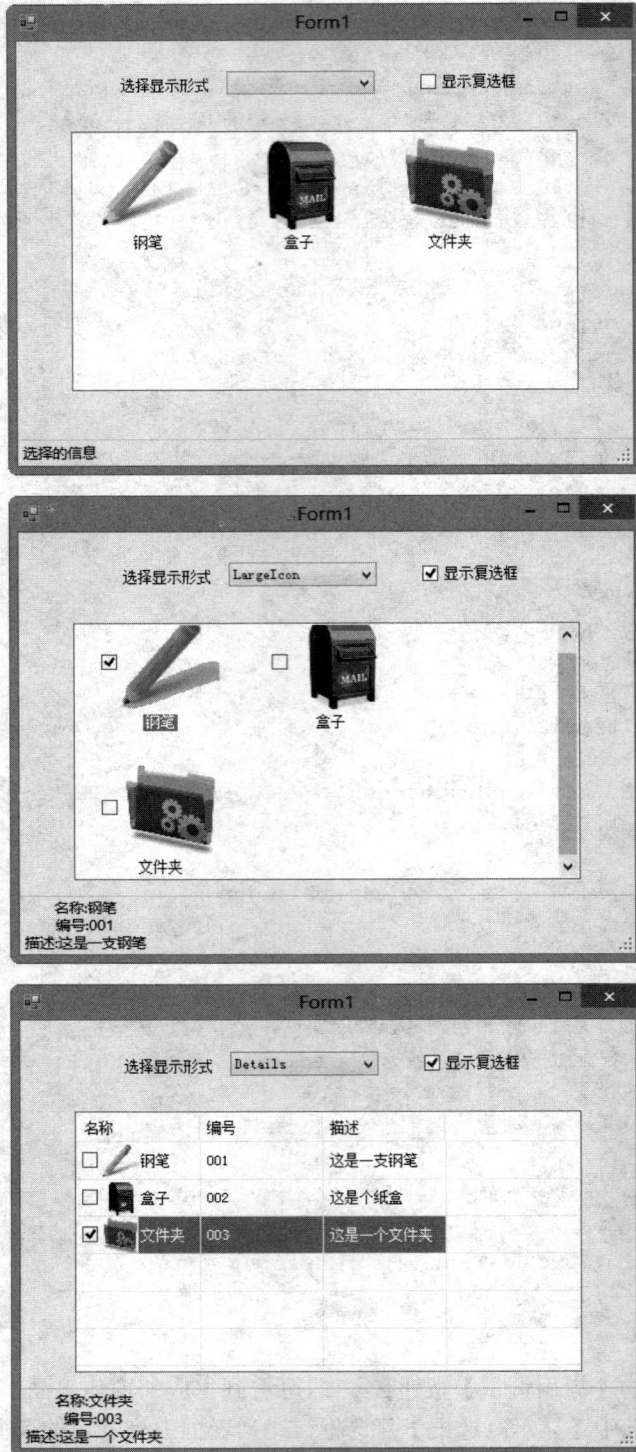

图 7.14　例 7-3 运行结果

【范例分析】

例 7-3 中的代码首先调用了三个过程，初始化程序界面；接着实现了当选中【显示复选框】复选框时，则在 ListView 中每项的前面显示一个复选框；后面又定义了列表的显示形式，有 5 种情况可供选择；再后面又定义了一个初始化列表的过程，当显示形式为 Details 时将显示网格线，如图 7.14 所示；最后，代码的后半部分定义了 ListView 控件的 SelectedIndexChanged 事件，即当用户选择列表框中的任意项时，窗体下方的 Lable 标签上显示相对应的信息。本程序的重点和难点在于如何向列表框中添加项。本例是用编程的方式实现向列表框中添加项的，也可以通过设置【属性】窗口的方式添加。

7.2.2　树视图控件的使用

TreeView 控件是一个树状控件。该控件可以为用户显示节点层次结构，每个节点又可以包含子节点，包含子节点的节点叫父节点。用户可以按展开或折叠的方式显示父节点或包含子节点的节点。另外，通过设置 TreeView 的 CheckBoxes 属性，还可以决定是否在节点旁边显示复选框。

表 7.7 列出了 TreeView 类的常用成员及说明。

表 7.7　TreeView 类的常用成员及说明

成员名称	类别	说　　　明
PathSeparator	属性	用于由节点 FullPath 属性返回的路径的字符串的分隔符
Nodes	属性	设置 TreeView 控件中的所有节点
Add()	方法	将先前创建的树节点添加到树节点集合的末尾
AddRange()	方法	将先前创建的一组树节点添加到集合中
Clear()	方法	从集合中删除所有树节点
ExpandAll	方法	展开所有树节点，包含子节点
Insert()	方法	创建具有指定键、文本和图像的树节点，并将其插入集合中指定索引处
Remove()	方法	从树节点集合中移除指定的树节点
RemoveAt()	方法	从树节点集合的指定索引处移除树节点
RemoveByKey()	方法	从集合中移除具有指定键的树节点

其中，Nodes 属性用于设置 TreeView 控件中的所有节点，其属性值 TreeNodeCollection 表示分配给树视图控件的树节点。

【例 7-4】　TreeView 控件使用示例。

Step 1　启动 Visual Studio 2013，新建一个 C# Windows 窗体应用程序，项目名称为 "TreeViewDemo"。

Step 2　在窗体上添加一个 TreeView 控件、4 个 Label 控件、4 个 TextBox 控件和两个 Button 控件，设计如图 7.15 所示的界面。

Step 3　切换到代码窗口，在 Form1 类中输入以下代码（代码 7-4-1.txt）。

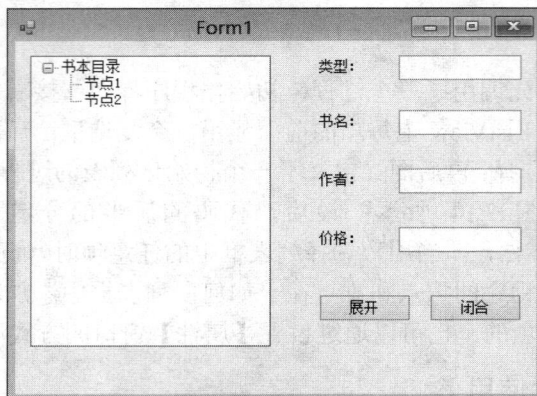

图 7.15　例 7-4 窗体界面

```
private void InitTreeView(TreeView treeView)//自定义方法实现 TreeView 的初始化
{
    treeView.CheckBoxes = false;                //不显示复选框
    treeView.FullRowSelect = true;
    ImageList imageList = new ImageList();
    imageList.Images.Add(new Bitmap("folder.png"));
    imageList.Images.Add(new Bitmap ("OpenFolder.ico"));
    imageList.Images.Add(new Bitmap ("Book.ico"));
    treeView.ImageList = imageList;            //设置图像集合
    treeView.LabelEdit = false;               //设置不能编辑
    treeView.PathSeparator = "\\";            //用\\符号作为分隔符
    treeView.Scrollable = true;               //显示滚动条
    treeView.ShowLines = true;                //显示连线
    treeView.ShowNodeToolTips = true;
    treeView.ShowPlusMinus = true;            //显示+、-号
    treeView.ShowRootLines = true;
    treeView.AfterSelect += new TreeViewEventHandler(treeView1_
AfterSelect);
}
void treeView_AfterSelect(object sender, TreeViewEventArgs e)
{
    if (e.Node.Tag != null)
    {
        Book book = e.Node.Tag as Book;
        this.txtPath.Text = e.Node.FullPath;
        this.txtBookName.Text = book.BookName;
        this.txtAuthor.Text = book.Author;
        this.txtPrice.Text = book.Price;
    }
}
private void AddNode(TreeView treeView)      //定义动态添加树节点的过程
{
```

```
//添加节点
TreeNode MainNode = treeView.Nodes[0];
treeView.BeginUpdate();
MainNode.Nodes.Clear();
    //增加第 1 个分类节点
TreeNode Catalog1 = new TreeNode("英语");
Catalog1.ImageIndex = 0;
Catalog1.SelectedImageIndex = 1;
Book Book1 = new Book();
Book1.BookName = "高中英语";
Book1.Author = "李一";
Book1.Price = "30.00";
TreeNode BookNode1 = new TreeNode(Book1.BookName);
BookNode1.ImageIndex = 2;
BookNode1 .SelectedImageIndex = 2;
BookNode1.Tag = Book1;//
Book Book2 = new Book();
Book2.BookName = "商务英语";
Book2.Author = "赵二";
Book2.Price = "40.00";
TreeNode BookNode2 = new TreeNode(Book2.BookName);
BookNode2.ImageIndex = 2;
BookNode2.SelectedImageIndex = 2;
BookNode2.Tag = Book2;//
Catalog1.Nodes.Add(BookNode1);
Catalog1.Nodes.Add(BookNode2);
MainNode.Nodes.Add(Catalog1);
//增加第 2 个分类节点
TreeNode Catalog2 = new TreeNode("管理");
Catalog2.ImageIndex = 0;
Catalog2.SelectedImageIndex = 1;
Book Book3 = new Book();
Book3.BookName = "管理学";
Book3.Author = "李三";
Book3.Price = "29.00";
TreeNode BookNode3 = new TreeNode(Book3.BookName);
BookNode3.ImageIndex = 2;
BookNode3.SelectedImageIndex = 2;
BookNode3.Tag = Book1;//
Book Book4 = new Book();
Book4.BookName = "经济管理";
Book4.Author = "赵四";
Book4.Price = "33.00";
TreeNode BookNode4 = new TreeNode(Book4.BookName);
BookNode4.ImageIndex = 2;
BookNode4.SelectedImageIndex = 2;
```

```
        BookNode4.Tag = Book4;//
        Catalog2.Nodes.Add(BookNode3);
        Catalog2.Nodes.Add(BookNode4);
        MainNode.Nodes.Add(Catalog2);
        treeView.EndUpdate();
    }
    public class Book
    {
        public string BookName = string.Empty;
        public string Author = string.Empty;
        public string Price = string.Empty;
    }
    private void btExpand_Click(object sender, EventArgs e)
    {
        this.treeView1.ExpandAll();          //展开树节点
    }
    private void btCollapse_Click(object sender, EventArgs e)
    {
        this.treeView1.CollapseAll();        //闭合树节点
    }
    private void Form1_Load(object sender, EventArgs e)
    {
        this.InitTreeView(this.treeView1); //初始化
        this.AddNode(this.treeView1);        //初始化树节点
    }
```

单击工具栏中的【启用调试】按钮 ▶，即可看到窗体界面，单击【展开】按钮，即可展开 TreeView 中所有节点，如图 7.16 所示；单击【闭合】按钮，即可闭合所有节点。

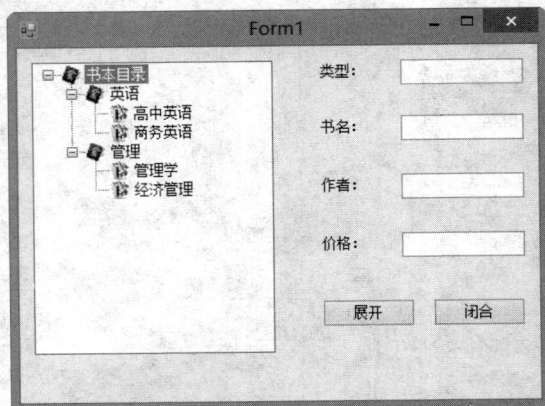

图 7.16　例 7-4 运行界面

选择任意一个子节点，即可将该节点的详细信息显示在右边的文本框中，如图 7.17 所示。

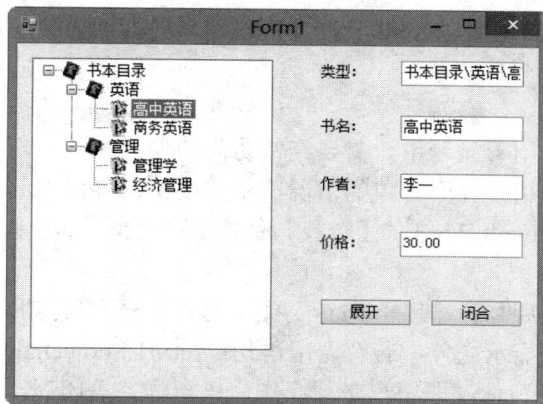

图 7.17　显示子节点详细信息

【范例分析】

例 7-4 中的代码首先初始化树的相关设置，如设置树视图控件的复选框不显示等，还向窗体中动态添加了一个 ImageList 控件，利用该控件向节点上添加图片；接着定义了树视图控件的选定树节点时触发的事件，即选中树节点时，窗体右边的各个文本框中显示所选节点相对应的信息；后面的 AddNode 方法代码较长，但非常简单，实现了动态向树节点中添加项，同样，也可以通过树视图控件的【属性】窗口实现向控件中添加节点信息；再后面定义了一个 Book 类，在类中定义了类的三个属性；最后，代码的后半部分定义了三个事件，即载入窗体事件、【展开】按钮的 Click 事件和【闭合】按钮的 Click 事件。

7.3　对话框控件

【字体】对话框、【颜色】对话框、【文件】对话框和【打印】对话框等是 Microsoft Windows 提供的一系列统一风格的通用对话框，.NET Framework 把这些对话框封装成组件，用户可以轻松地使用这些组件创建 Windows 应用程序。

7.3.1　模态和非模态对话框

对话框按显示方式分为模态对话框和非模态对话框。

1. 模态对话框

模态对话框就是指当对话框弹出、显示的时候，用户不能单击这个对话框之外的界面区域。除对话框上的对象外，用户不能针对其他任何界面对象通过键盘或鼠标单击进行任何输入。用户要访问界面上的其他对象，必须先关闭模态对话框。模态对话框通常用来限制用户必须完成指定的操作任务。例如，Microsoft Word 的【字体】对话框。模态对话框使用 ShowDialog 方法显示。

ShowDialog 方法返回一个 DialogResult 值，它告诉用户对话框中的哪个按钮被单击。DialogResult 是一个枚举类型，对话框一般都有 OK 和 Cancel 按钮，这两个按钮很特殊，按 Enter 键与单击 OK 按钮等效，而按 Esc 键与单击 Cancel 按钮等效。于是，DialogResult

的最常用枚举值有：DialogResult.OK，用户单击 OK 按钮后返回该值；DialogResult.Cancel，用户单击 Cancel 按钮后返回该值。

2．非模态对话框

非模态对话框通常用于显示用户需要经常访问的控件和数据，并且在使用这个对话框的过程中需要访问其他用户界面对象的情况。用户要访问界面上的其他对象，不必关闭非模态对话框。例如 Microsoft Word 的【查找和替换】对话框。非模态对话框使用 Show 方法显示。

由于窗体 Form 类派生于对话框 Dialog 类，与对话框有模态和非模态显示之分类似，窗体也有模态和非模态显示之分。若有调用语句：form1.ShowDialog( );，则说明是以模态对话框方式显示 form1 窗体，即用户必须操作完该窗体并关闭后，才能再操作应用程序的主窗体等其他窗体对象。若有调用语句：form2.Show( );，则说明是以非模态对话框方式显示 form2 窗体，即用户不必操作完该窗体并关闭后，再操作应用程序的主窗体等其他窗体对象，也就是说，用户可以在 form2 窗体和其他窗体之间任意切换、互不影响。

在 C#的工具箱中可以找到 Microsoft Windows 提供的通用对话框，与它们关联的封装类位于 System.Windows.Forms 命名空间。这些通用对话框常常作为模式对话框使用，需要调用 ShowDialog( )方法。

7.3.2 字体对话框

FontDialog 对话框是一个设置字体的组件，用来弹出 Windows 中标准的【字体】对话框。该组件允许用户选择当前安装在计算机中的字体，还可以设置字体的字形、大小、删除线等。与其他通用对话框一样，在创建 FontDialog 控件的实例后，必须调用 ShowDialog 方法才能显示此通用对话框。

表 7.8 列出了 FontDialog 类的主要成员以及说明。

表 7.8　FontDialog 类的主要成员以及说明

成员名称	类别	说　　明
ShowColor	属性	控制是否显示颜色选项
AllowScriptChange	属性	是否显示字体的字符集
AllowVectorFonts	属性	指定对话框是否允许选择矢量字
AllowVerticalFonts	属性	是否可选择垂直字体
Color	属性	在对话框中选择的颜色
FixedPitchOnly	属性	指定对话框是否只允许选择固定间距字体
MaxSize	属性	可选择的最大字号
MinSize	属性	可选择的最小字号
ScriptsOnly	属性	显示排除 OEM 和 Symbol 字体
ShowApply	属性	是否显示【应用】按钮
ShowEffects	属性	是否显示下划线、删除线、字体颜色选项
Apply	事件	当单击【应用】按钮时要处理的事件
HelpRequest	事件	当单击【帮助】按钮时要处理的事件

【例 7-5】　FontDialog 控件使用示例。

Step 1　在 Visual Studio 2013 中新建一个 C# Windows 窗 体 应 用 程 序 ， 项 目 名 称 为 "FontDialogSample"。

Step 2　在窗体上添加一个 RichTextBox1 和一个 Button 控件，设计如图 7.18 所示的界面。

Step 3　双击【选择字体】按钮，切换到代码窗口，输入以下代码（代码 7-5-1.txt）。

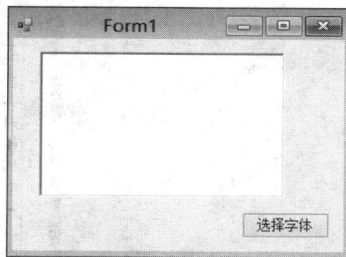

图 7.18　例 7-5 窗体界面

```
FontDialog FD = new FontDialog();              //创建【字体】对话框
FD.FontMustExist = true;                       //确定字体必须存在
FD.AllowVerticalFonts = true;                  //设置可以选择垂直显示的字体
FD.ShowEffects = true;                         //显示字体预览窗口
FD.ShowColor = true;                           //可以设置
FD.Color = this.richTextBox1.ForeColor;        //设置默认字体颜色
FD.MaxSize = 100;                              //设置字号的最大值
FD.MinSize = 9;                                //设置字号的最小值
FD.Font = this.richTextBox1.Font;
if (FD.ShowDialog() == DialogResult.OK)
{
    this.richTextBox1.Font = FD.Font;          //获取用户选择的字体
    this.richTextBox1.ForeColor = FD.Color;    //获取用户选择的颜色
}
```

单击工具栏中的【启用调试】按钮 ▶，并在文本框中输入内容，如图 7.19（a）所示。单击【选择字体】按钮，在打开的【字体】对话框中改变字形和字号，如图 7.19（b）所示。

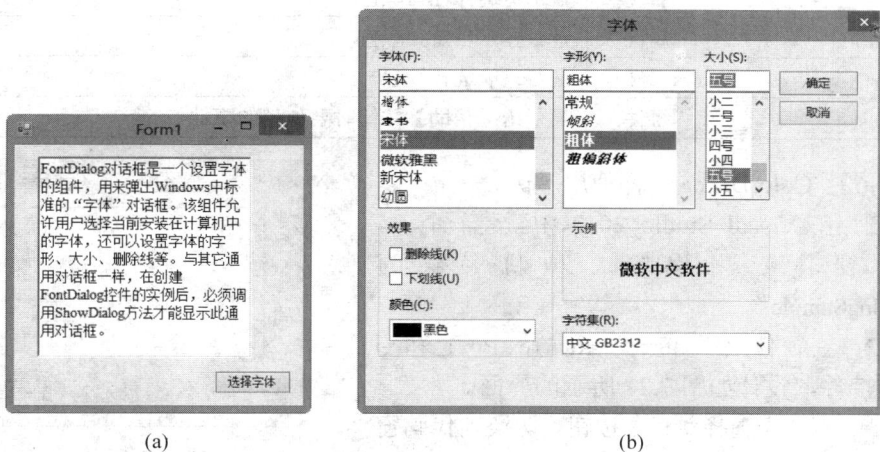

(a)　　　　　　　　　　　　　　　　　　(b)

图 7.19　【字体】对话框

改变字形和字号后，文本框的内容如图 7.20 所示。

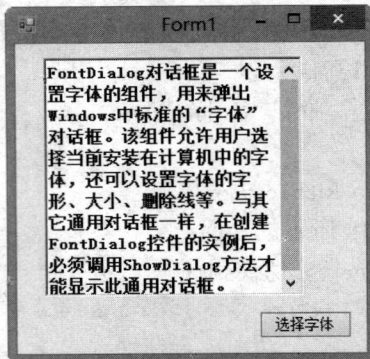

图 7.20　改变字形和字号

7.3.3　颜色对话框

ColorDialog 控件用于选择颜色，它允许用户从调色板中选择颜色或自定义颜色。与其他通用对话框一样，在创建 ColorDialog 控件的实例后，必须调用 ShowDialog 方法才能显示此通用对话框。

表 7.9 中列出了 ColorDialog 类常用成员及其说明。

表 7.9　ColorDialog 类常用成员及其说明

成员名称	类别	说　　明
AllowFullOpen	属性	禁止和启用【自定义颜色】按钮
FullOpen	属性	是否最先显示对话框的【自定义颜色】部分
ShowHelp	属性	是否显示【帮助】按钮
Color	属性	在对话框中显示的颜色
AnyColor	属性	显示可选择任何颜色
CustomColors	属性	是否显示自定义颜色
SolidColorOnly	属性	是否只能选择纯色
HelpRequest	事件	当单击【帮助】按钮时要处理的事件

【例 7-6】　ColorDialog 控件使用示例。

Step 1　在 Visual Studio 2013 中新建一个 C# Windows 窗体应用程序，项目名称为"ColorDialogSample"。

Step 2　在窗体上添加一个 RichTextBox1 和一个 Button 控件，设计如图 7.21 所示的界面。

Step 3　双击【选择颜色】按钮，切换到代码窗口，输入以下代码（代码 7-6-1.txt）。

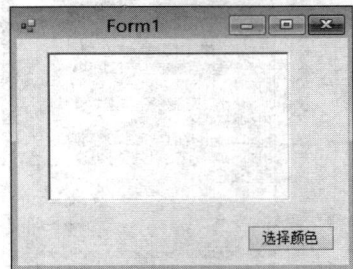

图 7.21　例 7-6 窗体界面

```
ColorDialog cD=new ColorDialog(); //创建颜色对话框对象 cD
cD.AllowFullOpen = true ;          //用户是否可以使用该对话框定义自定义的颜色
cD.FullOpen = true;                //创建自定义颜色的控件是否可见
cD.ShowHelp = true;                //显示【帮助】按钮
```

```
cD.CustomColors = new int[]{0,0,0,0,0,0};
if (cD.ShowDialog() == DialogResult.OK)        //用户单击了【确定】按钮
{
  rTB.SelectionColor = cD.Color;                //获取用户选择的颜色
}
else
{
  rTB.SelectionColor = Color.Black;
}
```

单击工具栏中的【启用调试】按钮，并在文本框中输入内容，如图 7.22(a)所示。选中文本框中的字体，单击【选择颜色】按钮，在打开的【颜色】对话框中选中颜色，如图 7.22(b)所示。

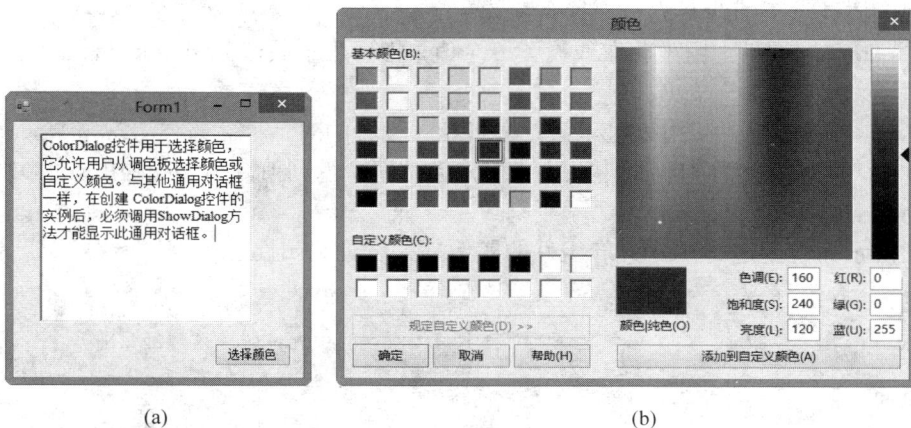

(a)　　　　　　　　　　　　　　　　　　　(b)

图 7.22　【颜色】对话框

单击【确定】按钮，文本框的内容如图 7.23 所示。

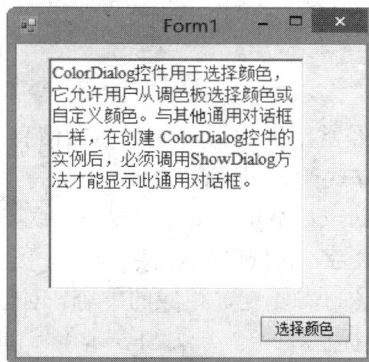

图 7.23　修改文本颜色

7.3.4　打印对话框

PrintDialog 控件用于显示预先配置的对话框，用户可以使用该对话框选择打印机、要打印的页以及确定与打印有关的设置。

表 7.10 中列出了 PrintDialog 类的常用成员及说明。

表 7.10　PrintDialog 类的常用成员及说明

成员名称	类别	说　　　明
AllowPrintToFile	属性	禁止或使用【打印到文件】复选框
AllowSelection	属性	禁止或使用【选定内容】单选按钮
AllowSomePages	属性	禁止或使用【页】单选按钮
Document	属性	从中获取打印机设置的 PrintDocument
PrintToFile	属性	【打印到文件】复选框是否选中
ShowHelp	属性	控制是否显示【帮助】按钮
ShowDialog	方法	显示【打印】对话框

下面对比较重要的两个成员进行介绍。

(1) Document 属性。用于获取或设置一个值，指示用于获取 PrintDocument 对象。默认值为空引用。

(2) ShowDialog 方法。用来显示与打印机相关设置的对话框。该方法常与 Document 属性一起使用。如果用户在对话框中单击【确定】按钮，返回值则为 DialogResult.OK，否则返回值为 DialogResult.Cancel。

下面演示如何创建 PrintDialog 组件的实例，并设置其属性。代码如下：

```
this.printDialog1.AllowCurrentPage = true;  //显示当前页
this.printDialog1.AllowPrintToFile = true;  //允许选择打印到文件
this.printDialog1.AllowSelection = true;
this.printDialog1.AllowSomePages = true;
this.printDialog1.PrintToFile = false;       //不选择【打印到文件】
this.printDialog1.ShowHelp = true;
this.printDialog1.ShowNetwork = true;        //可以选择网络打印机
this.printDialog1.ShowDialog();
```

7.3.5　消息对话框

消息对话框 MessageBox 经常用于向用户显示通知信息，如在操作过程中遇到错误或程序异常，经常会使用这种方式给用户以提示，它是特殊类型的对话框。在 C#中，MessageBox 消息对话框位于 System.Windows.Forms 命名空间中，一般情况下，一个消息对话框包含消息对话框的标题文字、信息提示文字内容、信息图标及用户响应的按钮等内容。C#中允许开发人员根据自己的需要设置相应的内容，创建符合自己要求的信息对话框。

MessageBox 消息对话框只提供了一个方法 Show( )，用来把消息对话框显示出来。此方法提供了不同的重载版本，用来根据自己的需要设置不同风格的消息对话框。

1．消息框按钮

在 Show 方法的参数中使用 MessageBoxButtons 来设置消息对话框要显示的按钮的个数及内容，此参数是一个枚举值，其成员如表 7.11 所示。可以看出，一个消息框中最多可显示 3 个按钮。

表 7.11 Show 参数 MessageBoxButtons 的取值

枚举值	说　明
AbortRetryIgnore	在消息框对话框中提供【中止】、【重试】和【忽略】三个按钮
OK	在消息框对话框中提供【确定】按钮
OKCancel	在消息框对话框中提供【确定】和【取消】两个按钮
RetryCancel	在消息框对话框中提供【重试】和【取消】两个按钮
YesNo	在消息框对话框中提供【是】和【否】两个按钮
YesNoCancel	在消息框对话框中提供【是】、【否】和【取消】三个按钮

2. 消息对话框的返回值

单击消息对话框中的按钮时，Show 方法将返回一个 DialogResult 枚举值，指明用户在此消息对话框中所做的操作（单击了什么按钮），其可能的枚举值如表 7.12 所示。开发人员可以根据这些返回值判断接下来要做的事情。

表 7.12 Show 返回值 DialogResult 的取值

枚举值	说　明
Abort	消息框的返回值是"中止"（Abort），即单击了【中止】按钮
Cancel	消息框的返回值是"取消"（Cancel），即单击了【取消】按钮
Ignore	消息框的返回值是"忽略"（Ignore），即单击了【忽略】按钮
No	消息框的返回值是"否"（No），即单击了【否】按钮
Ok	消息框的返回值是"确定"（Ok），即单击了【确定】按钮
Retry	消息框的返回值是"重试"（Retry），即单击了【重试】按钮
None	消息框没有任何返回值，即没有单击任何按钮
Yes	消息框的返回值是"是"（Yes），即单击了【是】按钮

3. 消息框图标

在 Show 方法中还可使用 MessageBoxIcon 枚举类型作为参数定义显示在消息框中的图标，尽管可供选择的图标只有 4 个，但是该枚举共有 9 个成员，其可能的取值和形式如表 7.13 所示。

表 7.13 Show 参数 MessageBoxIcon 的取值

枚举值	图标形式	说　明
Asterisk	(i)	圆圈中有一个字母 i 组成的提示符号图标
Error	⊗	红色圆圈中有白色×所组成的错误警告图标
Exclamation	⚠	黄色三角中有一个!所组成的符号图标
Hand	⊗	红色圆圈中有一个白色×所组成的图标符号
Information	(i)	信息提示符号
Question	(?)	由圆圈中一个问号组成的符号图标
Stop	⊗	背景为红色圆圈中有白色×组成的符号
Warning	⚠	由背景为黄色的三角形中有个!组成的符号图标
None		没有任何图标

【例 7-7】 消息框应用示例。

Step 1 在 Visual Studio 2013 中新建一个 C# Windows 窗体应用程序，项目名称为"MessageBoxSample"。

Step 2 在窗体上添加一个 Button 控件，设计如图 7.24 所示的界面。

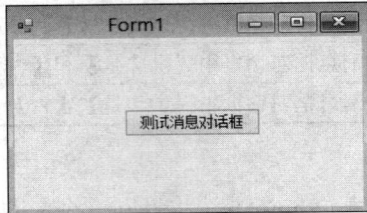

图 7.24 例 7-7 窗体界面

Step 3 双击【测试消息对话框】按钮，切换到代码窗口，输入以下代码（代码 7-7-1.txt）。

```
DialogResult dr;
dr=MessageBox.Show("测试消息对话框，并通过返回值查看您选择了哪个按钮！", "消息对话
框", MessageBoxButtons.YesNoCancel, MessageBoxIcon.Warning);
    if (dr==DialogResult.Yes)
        MessageBox.Show("您选择的为"是"按钮","系统提示 1");
    else if (dr==DialogResult.No)
        MessageBox.Show("您选择的为"否"按钮","系统提示 2");
    else if (dr == DialogResult.Cancel)
        MessageBox.Show("您选择的为"取消"按钮","系统提示 3");
```

【运行结果】

程序运行后，将出现如图 7.25 所示界面。

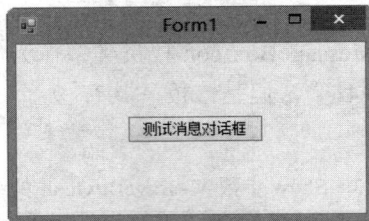

图 7.25 例 7-7 运行界面

单击【测试消息对话框】按钮，将出现如图 7.26 所示的消息对话框。

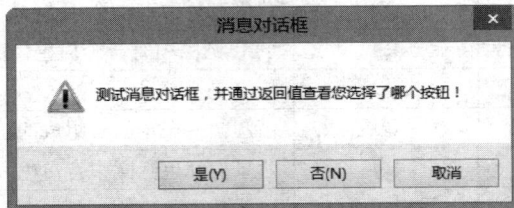

图 7.26 消息对话框

分别单击消息对话框中的三个按钮，将出现如图 7.27 所示的三个消息框，指明用户分别单击了消息对话框中的哪个按钮。

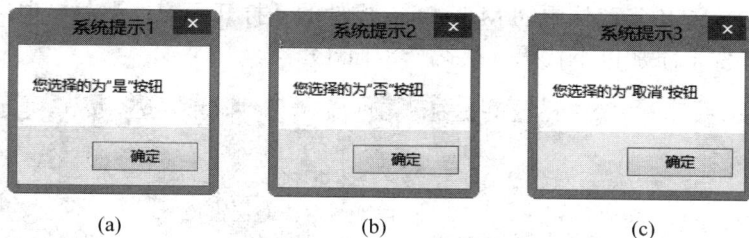

图 7.27　例 7-7 运行结果

7.4　多文档界面编程

MDI（Multiple Document Interface，多文档界面）是一种应用非常广泛的窗体类型，在一个主窗体内包含多个子窗体，子窗体永远不会显示在主窗体的外面。

多文档界面由一个父窗体和若干个子窗体组成。MDI 允许同时显示多个子窗体，人们平常使用 Word、Excel 时碰到的就是 MDI。用 MDI 可以在一个应用程序中同时打开多个视图窗口对应不同的文档类，这样可以大大地提高程序的工作效率。

创建 MDI 窗体有三个主要步骤，分别为：创建 MDI 父窗体、创建 MDI 子窗体和从父窗体调用子窗体。

MDI 应用程序打开多个子窗体时，需要合理安排子窗体的排列方式。要排列 WinForms 中的子窗口，需要调用 Form 类的 LayoutMdi 方法来使用 MdiLayout 枚举的成员，该枚举指定了 MDI 子窗口在 MDI 父窗口中的布局。表 7.14 列出了 MdiLayout 枚举的成员。

表 7.14　MdiLayout 枚举成员

成员名称	说　　明
ArrangeIcons	排列所有 MDI 子窗体的图标
Cascade	层叠排列子窗口
TileHorizontal	水平平铺子窗口
TileVertical	垂直平铺子窗口

【例 7-8】　创建 MDI 应用程序。

Step 1　在 Visual Studio 2013 中新建一个 C# Windows 窗体应用程序，项目名称为"MdiFormSample"。

Step 2　选中 Windows 应用程序的默认窗体 Form1，然后在【属性】窗口中将其 IsMdiContainer 属性设为 True，将该窗体指定为子窗口的多文档界面容器。

Step 3　在 Form1 窗体中添加一个 MenuStrip 控件，用来从父窗体调用子窗体。设置 MenuStrip 控件的一个顶级菜单项和一个子菜单项，如图 7.28 所示。

Step 4　在【解决方案资源管理器】中选中含有父窗体的 Windows 应用程序，单击鼠标右键，在弹出的快捷菜单中选择【添加】|【新建项】或【添加】|【Windows 窗体】菜单

项，在对话框中选择【Windows 窗体】，并在【名称】文本框中输入名称，然后单击【添加】按钮，在当前应用程序中添加一个新的 Windows 窗体。

Step 5 选择 MDI 父窗体中的 MenuStrip 控件的【打开子窗体】菜单项，触发其 Click 事件，并在该事件下添加以下代码（代码 7-8-1.txt）。

```
private void 打开子窗体ToolStripMenuItem_Click(object sender, EventArgs e)
{
  Form2 frmchild=new Form2() ;  //实例化窗口
  frmchild.MdiParent = this;     //设置子窗体的父窗体
   frmchild.Show(); //显示窗口
}
```

完成上述操作后，运行 Windows 应用程序，当选择【打开子窗体】菜单项时，程序就会创建一个新的多文档界面子窗体，如图 7.29 所示。

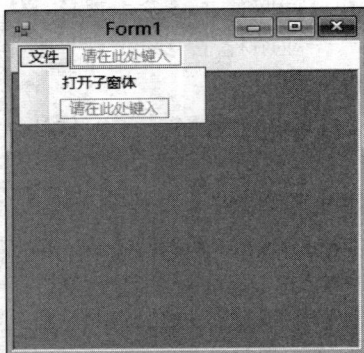

图 7.28 设置菜单项

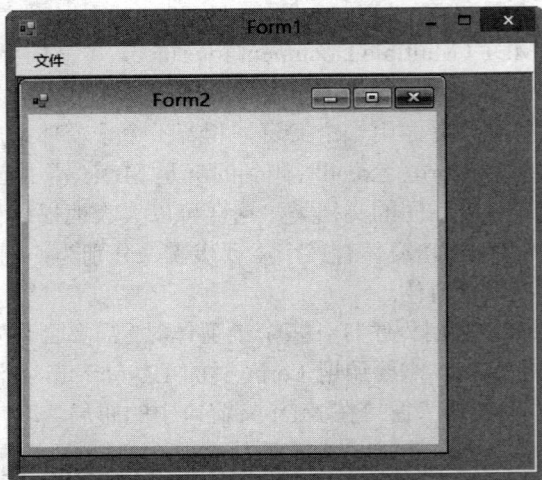

图 7.29 例 7-8 运行界面

小 结

本章主要介绍了 Windows 高级窗体控件的使用。首先介绍了菜单、工具栏和状态栏控件的使用；接着重点介绍了列表视图和树视图控件的使用、几种常用对话框控件的使用等；最后向读者介绍了消息对话框的使用及多文档界面编程知识。

习 题

一、选择题

1. 变量 nenuItem1 引用一个菜单项对象，为隐藏该菜单项，应进行何种操作？（ ）。

    A. nenuItea1.Visible=false   B. nenuIteal.Enabled=false

C. nenuIteal.Checked=false　　　　　D. nenuIteal..Test=""

2．变量 menuItem1 引用一个菜单项对象，为使该菜单项变为"灰色不可选"状态，应对 menuItem1 的哪个属性进行操作？（　　　）。

A. Enabled　　　　B. Checked　　　C. Visible　　　D. Text

3．创建菜单后，为了实现菜单项的命令功能，应为菜单项添加（　　　）事件处理方法。

A. DrawIten　　　　B. Popup　　　C. Click　　　D. Select

4．在设计菜单时，若希望某个菜单项前面有一个"√"号，应把该菜单项的（　　　）属性设置为 true。

A. Checked　　　　B. RadioCheck　　C. ShowShortcut　D. Enabled

5．在 C# Windows 表单应用程序中，如何将一个对话框对象 myDialog 显示为模态对话框？（　　　）

A. 调用 myDialog.Show();

B. 调用 myDialog.ShowDialog ();

C. 调用 System.Forms.Dialog.Show（myDialog）;

D. 调用 System.Forms.Dialog.Show Dialog （myDialog）;

6．在 C# Windows 表单应用程序中，如何将一个对话框对象 myDialog 显示为非模态对话框？（　　　）

A. 调用 myDialog.Show();

B. 调用 myDialog.ShowDialog ();

C. 调用 System.Forms.Dialog.Show(myDialog);

D. 调用 System.Forms.Dialog.Show Dialog (myDialog);

二、简答题

1. 什么是快捷菜单？
2. 模态对话框和非模态对话框有什么区别？

第 8 章　C#文件与注册表操作

在操作系统下使用文件和文件夹，是大家都熟悉的操作，也是非常重要的操作。本章介绍如何使用 C#语言编写代码进行文件和文件夹的操作。主要内容有文件和流的概念，读写文本文件、二进制文件和内存流的各种类，以及对文件和文件夹的多种操作方法。本章将对 C#中的文件操作进行详细讲解。通过本章的学习，读者将会掌握如何使用 C#中的有关类进行文件及文件夹的操作、文件中数据的读写访问。

8.1　文件管理操作文件的流模型——文件和流

文件流就像自来水管道中的水流一样，我们可以通过无形的管道来对磁盘文件进行操作。

8.1.1　C#中操作文件的流模型——文件和流

C#中流的概念可以和生活中的"流"相对应。在生活中有水流、电流等，首先要有一个源头，还要有传输的管道，水流有河床、水管等作为传输管道，电流有电线，而这些"流"都会有一个目的地，就是它的流向。C#中的流也需要有源头——文件，还要有数据流入流出的管道以及数据的流向。

C#中流是面向对象的抽象概念，是二进制字节序列。文件从广义上可看成是保存在磁盘上的二进制字节，是按照一定格式存储的信息，因此能用流对文件进行操作，如读取文件内容、将信息写入文件等。文件和流的区别可以认为是：文件是存储在存储介质上的数据集，是静态的，它具有名称和相应的路径。当打开一个文件并对其进行读写时，该文件就成为流（Stream）。不过，流不仅是指可打开的磁盘文件，还可以是网络数据、控制台应用程序中的键盘输入和文本显示，甚至是内存缓存区的数据读写。因此，流是动态的，它代表正处于输入/输出状态的数据，是一种特殊的数据结构。

在 C#中通过.NET 的 System.IO 模型以流的方式对各种数据文件进行访问，按照流的方向把流分为两种：输入流和输出流。输入流用于将数据读到程序可以访问的内存或变量中。输入流可以来自任何源，在此主要分析读取磁盘文件，可以理解为以文件为源，以内存为目的地。输出流用于向某些外部目标写入数据，可以是磁盘文件、打印设备或另一个程序。在此主要关注以内存为源、文件为目的地的输出流。

System.IO 模型提供了一个面向对象的方法来访问文件系统，提供了很多针对文件、文件夹的操作功能，特别是以流（Stream）的方式对各种数据进行访问，这种访问方式不但灵活，而且可以保证编程接口的统一。

System.IO 模型实现包含在 System.IO 命名空间中，该命名空间包含允许在数据流和文件上进行同步和异步读取及写入、提供基本文件和文件夹操作的各种类，即：System.IO 模型是一个文件操作类库，包含的类可用于文件的创建、读/写、复制、移动和删除等操作。System.IO 命名空间常用的类如表 8.1 所示。

表 8.1　System.IO 命名空间中的常用类

类名称	说　　明
Directory	公开用于创建、移动和枚举通过目录和子目录的静态方法。无法继承此类
DirectoryInfo	公开用于创建、移动和枚举目录和子目录的实例方法。无法继承此类
DriveInfo	提供对有关驱动器的信息的访问
File	提供用于创建、复制、删除、移动和打开文件的静态方法，并协助创建 Filestream 对象
FileInfo	提供创建、复制、删除、移动和打开文件的实例方法，并且帮助创建 FileStream 对象，无法继承此类
FileStream	公开以文件为主的 Stream，既支持同步读写操作，也支持异步读写操作
MemoryStream	创建其支持存储区为内存的流
Stream	提供字节序列的一般视图
StreamReader	实现一个 TextReader，使其以一种特定的编码从字节流中读取字符
StreamWriter	实现一个 TextWriter，使其以一种特定的编码向流中写入字符
StringReader	实现从字符串进行读取的 TextReader
StringWriter	实现一个用于将信息写入字符串的 TextWriter。该信息存储在基础 StringBuilder 中
TextReader	表示可读取连续字符系列的读取器
TextWriter	表示可以编写一个有序字符系列的编写器。该类为抽象类
BinaryReader	用特定的编码将基元数据类型读作二进制值

System.IO 命名空间的类大致可分为以下三组。

（1）操作流的类：包括文件流、内存流，以及读写这些流的类。

（2）操作目录的类：包括对文件夹目录进行创建、移动、删除等操作，以及对磁盘信息进行访问的类。

（3）操作文件的类：包括对文件进行创建、移动、删除等操作，以及获取文件信息等。

比较常用的类有：FileStream 类、StreamReader 类、StreamWriter 类、BinaryReader 类、BinaryWriter 类、MemoryStream 类、File 类、FileInfo 类、Directory 类和 DirectoryInfo 类等。

Stream 类是所有流类的抽象基类，它提供了流的基本功能。流是字节序列的抽象概念，如文件、输入/输出设备、内部进程通信管道或者 TCP/IP 套接字等都可以看作流。流涉及以下三个基本操作。

（1）从流读取：读取是从流到数据结构（如字节数组）的数据传输。

（2）向流写入：写入是从数据结构到流的数据传输。

（3）支持查找：查找是对流内的当前位置进行查询和修改。

System.IO 模型中，借助文件流进行文件操作的常用步骤如下。

（1）用 File 类打开操作系统文件；

（2）建立对应的文件流即 FileStream 对象；

（3）用 StreamReader/StreamWriter 类提供的方法对文件流（文本文件）进行读写或用 BinaryReader/BinaryWriter 类提供的方法对文件流（二进制文件）进行读写。

8.1.2　文件的复制、移动和删除

File 类和 FileInfo 类为 FileStream 对象的创建和文件的创建、复制、移动、删除、打开等提供了支持。使用这两个类对文件进行操作时必须具备相应的权限，否则将产生异常。

File 类和 FileInfo 类都能完成对文件的操作，但 FileInfo 类必须实例化，并且每个 FileInfo 的实例必须对应于系统中一个实际存在的文件。如果多次重用某个对象，可考虑使用 FileInfo 的实例方法，而不是 File 类的相应静态方法。默认情况下，FileInfo 类将向所有用户授予对新文件的完全读/写访问权限。

表 8.2 中列出了 File 类的常用成员及其说明。

表 8.2　File 类的常用成员

成员名称	类别	说　　明
Copy	方法	将现有文件复制到新文件
Create	方法	在指定路径中创建文件
Delete	方法	删除指定的文件。如果指定文件不存在，不引发异常
Move	方法	将指定文件移到新位置，并提供指定新文件名的选项
Open	方法	打开指定路径上的 FileStream

Create()方法返回值为一个 FileStream，它提供对参数 path 中指定的文件的读/写访问。Open()方法的参数 path 指要打开的文件；参数 mode 指 Filemode 值，用于指定在文件不存在时是否创建该文件，并确定是保留还是改写现有文件的内容。Open()方法的返回值指以指定模式打开的指定路径上的 FileStream，具有读/写访问权限并且不共享。

1．文件的复制和移动

File 类的 Copy 方法用于将现有文件复制到新文件。方法原型为：

```
public static void Copy (string sourceFileName, string destFileName)
```

参数 sourceFileName 为要复制的文件名称，destFileName 为目标文件的名称，它不能是一个目录或现有文件。

File 类的 Move 方法用于将指定文件移到新位置，并提供指定新文件名的选项。方法原型为：

```
public static void Move (string sourceFileName, string destFileName)
```

参数 sourceFileName 为要移动的文件的名称，destFileName 为文件的新路径。

【例 8-1】　将文件复制到指定路径。

Step 1　启动 Visual Studio 2013，新建一个 C#控制台应用程序，项目名称为"FileCopy"。

Step 2　切换到代码窗口，在主程序的 Main 方法中输入以下代码（代码 8-1-1.txt）。

```
static void Main(string[] args)
 {
     string path = @"h:\vs2010\mytest.txt";      //源文件路径
     string path2 = @"h:\mytest.txt";            //目标文件路径
```

```
    try
    {
      File.Delete(path2);                    //确定目标不存在
      File.Copy(path, path2);                //复制文件
     Console.WriteLine("{0}复制到{1}", path, path2);
    }
    catch (Exception e)
    {
      Console.WriteLine("复制失败");
      Console.WriteLine(e.ToString());
    }
  Console.ReadLine();
}
```

程序运行后，将出现如图 8.1 所示的界面，表示文件复制成功。此时，文件 mytest.txt 将在"h:\"目标下出现一个副本。

```
h:\vs2010\mytest.txt复制到h:\mytest.txt
```

图 8.1 例 8-1 运行结果

【范例分析】

在这个程序中，因为使用了 File 类，所以要添加对 System.IO 命名空间的引用。File 类的 Delete 方法用于删除指定的文件。如果指定的文件不存在，不引发异常。因此，如果目标文件已经存在，例 8-1 中的语句：

```
File.Delete(path2);
```

将删除已经存在的目标文件。

【拓展训练】

将主程序的 Main 方法中代码：

```
File.Copy(path, path2);
```

改为如下代码：

```
File.Move(path, path2);
```

将实现文件的移动，把源文件移动到指定路径。

> 巧记星：在 C#中使用路径指明文件名时，要使用转义字符"\\"，或者在路径的前面加符号"@"。using 用于处理非托管对象，以保证自动释放资源。

2．文件的删除

除了 File 类的 Delete 方法可以用于删除指定的文件，FileInfo 类的 Delete 方法也可以

完成删除文件操作。FileInfo 类的 Delete 方法原型为：

```
public override void Delete()
```

如果指定的文件不存在，不引发异常。

【例 8-2】 删除指定目标中的所有文件。

Step 1 启动 Visual Studio 2013，新建一个 C#控制台应用程序，项目名称为 "FileDelete"。

Step 2 切换到代码窗口，在主程序的 Main 方法中输入以下代码（代码 8-2-1.txt）。

```
static void Main(string[] args)
{
    Console.WriteLine("确定要删除当前目录下的所有文件?");
    Console.WriteLine("点击'Y' 键继续，任意键取消");
    int a = Console.Read();
    if (a == 'Y' || a == 'y')
    {
        Console.WriteLine("正在删除文件...");
    }
    else
    {
        Console.WriteLine("操作被取消");
        return;
    }
    DirectoryInfo dir = new DirectoryInfo(@"h:\vs2010\");
    foreach (FileInfo f in dir.GetFiles())
        f.Delete();
}
```

程序运行后，将出现如图 8.2 所示的界面，按 Y 键。

出现如图 8.3 所示界面，提示正在删除文件。

图 8.2　例 8-2 运行界面

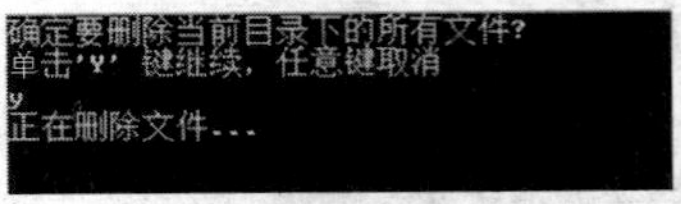

图 8.3　删除文件

此时，回到指定目标，将发现 mytest.txt 和 mytest.txttemp.txt 已不存在。

【范例分析】

在这个程序中，因为使用了 FileInfo 类，所以要添加对 System.IO 命名空间的引用。例 8-2 中的语句：

```
DirectoryInfo dir = new DirectoryInfo(@"h:\vs2010\");
```

创建指定目标的 DirectoryInfo 对象，例 8-2 中的语句：

```
dir.GetFiles()
```

获取指定目标的文件列表。

8.1.3 OpenFileDialog 控件

Windows 窗体的 OpenFileDialog（打开文件对话框）组件是一个预先配置的对话框，它与 Windows 操作系统的【打开】文件对话框相同。在基于 Windows 的应用程序中，可使用该组件实现简单的文件选择。

可以把 OpenFileDialog 用作一个.NET 类，也可以把它用作一个控件上。无论采用哪种方式，得到的对象都拥有相同的方法、属性和事件。OpenFileDialog 类属于 System.Windows.Forms 命名空间，可以在代码中声明一个 OpenFileDialog 对象。OpenFileDialog 控件位于工具箱的 Dialogs 类别下，可以将它从工具箱拖放到窗体中，设置其属性并执行适当的方法。

OpenFileDialog 组件常用的属性如表 8.3 所示。

表 8.3　OpenFileDialog 组件常用的属性

属性名称	说　　明
CheckFileExists	如果用户指定一个不存在的文件名，该属性指定对话框是否显示警告
CheckPathExists	如果用户指定一个不存在的路径，该属性指定对话框是否显示警告
DefaultExt	表明默认的文件扩展名
FileName	表明对话框中所选文件的路径和文件名
FileNames	表明对话框中所有所选文件的路径和文件名，这是一个只读属性
Filter	表明文件类型的过滤字符串，确定显示在对话框 Files of type: 组合框中的选项
FilterIndex	表明对话框中当前所选过滤器的索引
InitialDirectory	表明显示在对话框中的初始目录
MultiSelect	表明对话框是否允许选择多个文件
Title	表明是否在对话框的标题栏中显示标题

OpenFileDialog 组件常用的两个方法为 ShowDialog 方法和 OpenFile 方法。

（1）ShowDialog 方法：在运行时显示对话框。

（2）OpenFile 方法：打开用户选定的具有只读权限的文件，该文件由 FileName 属性指定。使用该方法可从对话框以只读方式快速打开文件。

下面的实例简单介绍了如何使用【打开】文件对话框（OpenFileDialog）组件来选择文件的编程技术。

【例 8-3】　使用 OpenFileDialog 组件打开和读取文件。

Step 1　启动 Visual Studio 2013，新建一个 Windows 窗体应用程序，项目名称为"OpenFileDialogSample"。

Step 2　在程序设计窗体中添加一个 Label 控件，设置其 Text 属性为"您选择的文件："；再添加一个 TextBox 控件，保留其默认属性即可；再添加一个 Button 控件，设置其 Text 属性为"选择文件"。调整窗体和控件的大小以适合窗口。

Step 3　切换到代码窗口，为 Button 控件（button1）的 Click 事件添加如下代码（代码8-3-1.txt）。

```
private void button1_Click(object sender, EventArgs e)
  {
    OpenFileDialog openFileDialog=new OpenFileDialog();
    openFileDialog.InitialDirectory="h:\\";
    openFileDialog.Filter="文本文件|*.*|C#文件|*.cs|所有文件|*.*";
    openFileDialog.FilterIndex=1;
    if (openFileDialog.ShowDialog()==DialogResult.OK)
      {
        textBox1.Text = File.ReadAllText(openFileDialog.FileName);
      }
  }
```

程序运行后，将出现如图 8.4 所示的界面，单击【选择文件】按钮。

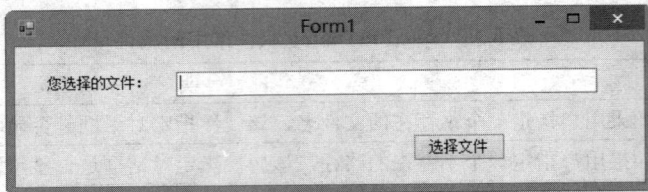

图 8.4　例 8-3 运行界面

出现如图 8.5 所示界面，选择文件 mytest，单击【打开】按钮。

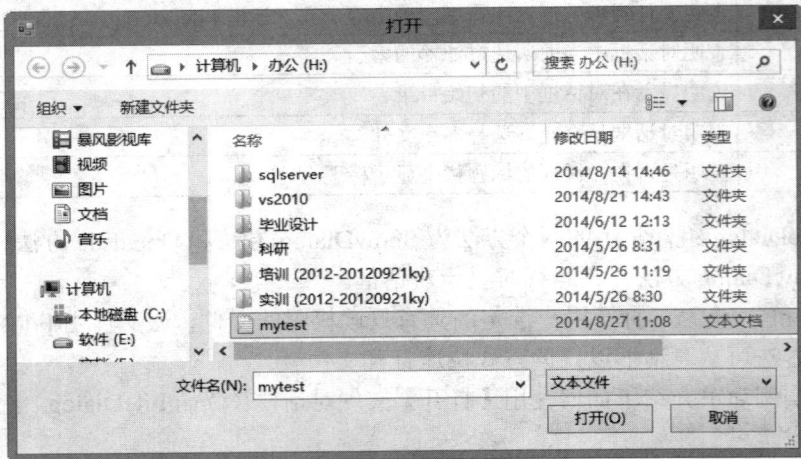

图 8.5　选择文件

此时，出现如图 8.6 所示界面，文件 mytest 中的内容显示到 TextBox 控件中。

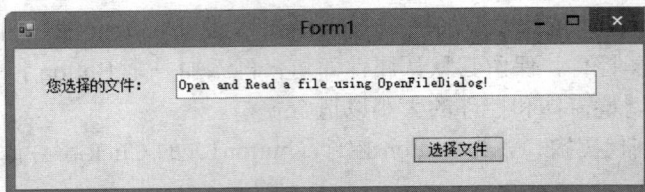

图 8.6　显示文件内容

【范例分析】

在这个程序中，因为使用了 File 类，所以要添加对 System.IO 命名空间的引用。例 8-3 中的语句：

```
OpenFileDialog openFileDialog=new OpenFileDialog();
```

创建一个 OpenFileDialog 对象。语句：

```
openFileDialog.InitialDirectory="h:\\";
```

指定【打开】文件对话框的初始目录。语句：

```
openFileDialog.Filter="文本文件|*.*|C#文件|*.cs|所有文件|*.*";
openFileDialog.FilterIndex=1;
```

指定要打开的文件类型为文本文件或 C#文件或所有文件，默认为打开的文件类型为"文本文件"，显示在【打开】文件对话框的效果如图 8.7 所示。

图 8.7　文件类型

语句：

```
openFileDialog.ShowDialog()==DialogResult.OK
```

表明选择了要打开的文件名并单击【打开】按钮。DialogResult 是用来表示用户打开对话框后返回值的枚举：None 表明从对话框返回了 nothing，通常表示关闭了对话框；OK 表明对话框的返回值是"OK"，通常表示单击了对话框的【确定】按钮；Cancel 表明对话框的返回值是"Cancel"，通常表示单击了对话框的【取消】按钮；Abort 表明对话框的返回值是"Abort"，通常表示单击了对话框的【中止】按钮；Retry 表明对话框的返回值是"Retry"，通常表示单击了对话框的【重试】按钮；Ignore 表明对话框的返回值是"Ignore"，通常表示单击了对话框的【忽略】按钮；Yes 表明对话框的返回值是"Yes",通常表示单击了对话框的【是】按钮；No 表明对话框的返回值是"No",通常表示单击了对话框的【否】按钮。

语句：

```
textBox1.Text = File.ReadAllText(openFileDialog.FileName);
```

调用 File 类的 ReadAllText 方法读取文件内容，OpenFileDialog 对象的 FileName 属性作为参数传递要打开的文件名称。

8.1.4　SaveFileDialog 控件

打开一个文件后，需要对它进行一些修改并保存。使用 OpenFileDialog 控件可以打开文件，使用 SaveFileDialog 控件可以保存文件。和 OpenFileDialog 一样，SaveFileDialog 也可以用作控件或类。

SaveFileDialog 控件提供的功能和 OpenFileDialog 相同，但操作顺序相反。在保存文件时，该控件允许选择文件保存的位置和文件名。重点需要注意的是：SaveFileDialog 控件实际上不会保存文件，它只是提供一个对话框，让用户指定文件的保存位置和文件名。

SaveFileDialog 组件拥有与 OpenFileDialog 组件相同的方法，而且 SaveFileDialog 组件与 OpenFileDialog 组件的属性很多都相同。下面的实例简单介绍了如何使用【保存】文件对话框（SaveFileDialog）组件来保存文件的编程技术。

【例 8-4】 使用 SaveFileDialog 组件保存文件。

Step 1 启动 Visual Studio 2013，打开名称为"OpenFileDialogSample"的项目。

Step 2 添加一个新的窗体，并在新窗体中添加一个 Label 控件，设置其 Text 属性为"要保存的文件内容"；再添加一个 TextBox 控件，保留其默认属性即可；再添加一个 Button 控件，设置其 Text 属性为"保存文件"。调整窗体和控件的大小以适合窗口。

Step 3 切换到代码窗口，为 Button 控件（button1）的 Click 事件添加如下代码（代码 8-4-1.txt）。

```
private void button1_Click(object sender, EventArgs e)
  {
    SaveFileDialog saveFileDialog=new SaveFileDialog();
    saveFileDialog.InitialDirectory="h:\\";
    saveFileDialog.Filter="文本文件|*.*|C#文件|*.cs|所有文件|*.*";
    saveFileDialog.FilterIndex=1;
    if (saveFileDialog.ShowDialog()==DialogResult.OK)
     {
      File.WriteAllText(saveFileDialog.FileName, textBox1.Text);
     }
  }
```

程序运行后，将出现如图 8.8 所示的界面，在 TextBox 控件中输入要保存的文件内容，单击【保存文件】按钮。

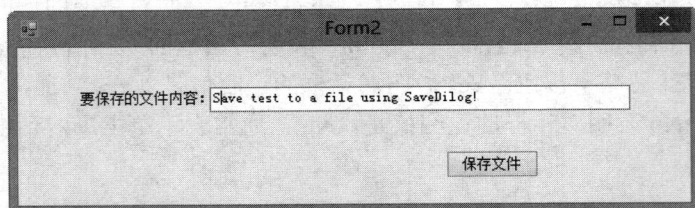

图 8.8　输入文件内容

出现如图 8.9 所示界面，输入文件名"test"，单击【保存】按钮。

此时，如果 test 文件原来不存在，则保存成功；如果 test 文件原来已经存在，则提示如图 8.10 所示对话框，单击【是】按钮将替换原来的 test 文件。

提示：读数据时可以用转义字符"\r\n"换行。

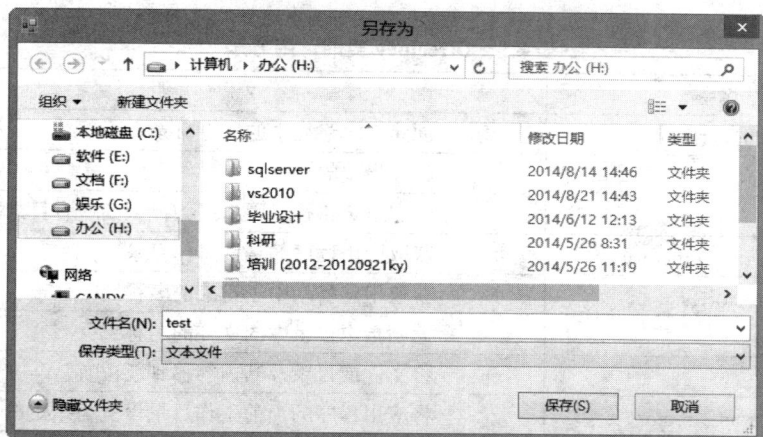

图 8.9　保存文件

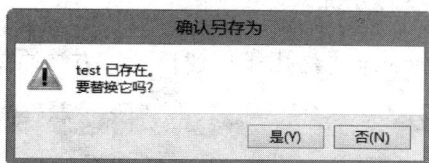

图 8.10　替换文件提示

8.2　目录和路径管理

.NET 框架结构在命名空间 System.IO 中提供了 Directory 和 DirectoryInfo 类来进行目录管理。利用它们,可以完成对目录及其子目录进行创建、移动、浏览等操作,甚至还可以定义隐藏目录和只读目录。

Directory 和 DirectoryInfo 类的区别是前者必须被实例化后才能使用,而后者则只提供了静态的方法。如果多次使用某个对象一般使用前者;如果仅执行某一个操作则使用后者提供的静态方法效率更高一些。

Directory 类的常用属性如表 8.4 所示。

表 8.4　Directory 类的常用属性

属性名称	说　　　明
CreationTime	目录创建时间
LastAccessTime	上一次访问目录的时间
LastWriteTime	上一次修改目录的时间
Name	当前路径名
Parent	上一级父目录名
Root	根目录名

Directory 类的常用方法如表 8.5 所示。

表 8.5　Directory 类的常用方法

方法名称	说　明
CreateDirectory	创建指定路径中的所有目录
Delete	删除指定的目录
Exists	确定给定路径是否引用磁盘上的现有目录
GetCurrentDirectory	获取应用程序的当前工作目录
GetDirectories	获取指定目录中子目录的名称
GetFiles	返回指定目录中的文件的名称
Move	将文件或目录及其内容移到新位置
SetCurrentDirectory	将应用程序的当前工作目录设置为指定的目录

8.2.1　目录的创建、删除与移动

Directory 类的 CreateDirectory 方法用于创建目录。方法原型为：

```
public static DirectoryInfo CreateDirectory(string path);
```

参数 path 表示目录所在的路径。

Directory 类的 Delete 方法用于删除目录。方法原型为：

```
public static void Delete(string path,bool recursive);
```

参数 path 表示目录所在的路径，参数 recursive 决定是否删除非空目录。如果参数 recursive 值为 True，将删除整个目录，即使该目录下有文件或子目录；若为 False，则仅当目录为空时才可删除。

Directory 类的 Move 方法用于移动目录。方法原型为：

```
public static void Move(string sourceDirName,string destDirName);
```

参数 sourceDirName 表示目录所在的原路径，参数 destDirName 表示目录所在的目标路径。

【例 8-5】目录的创建、移动和删除。

Step 1　启动 Visual Studio 2013，新建一个 C#控制台应用程序，项目名称为"DirectorySample"。

Step 2　切换到代码窗口，在主程序的 Main 方法中输入以下代码（代码 8-5-1.txt）。

```
static void Main(string[] args)
  {
    if (Directory.Exists(@"h:\temp\NewDirectoty")) //
    {
        string[] Directorys1= Directory.GetDirectories(@"h:\temp");
        Console.WriteLine("Old Directory!");
        Console.WriteLine(Directorys1[0].ToString());
        Directory.Move(@"h:\temp\NewDirectoty", @"h:\temp\BackUp");
```

```
            string[] Directorys2 = Directory.GetDirectories(@"h:\temp");
            Console.WriteLine("Moved Directory!");
            Console.WriteLine(Directorys2[0].ToString());
            Console.Read();
        }
        else
        {
            Directory.CreateDirectory(@"h:\temp\NewDirectoty");
            string[] Directorys2 = Directory.GetDirectories(@"h:\temp");
            Console.WriteLine("creaded Directory!");
            Console.WriteLine(Directorys2[0].ToString());
            Console.Read();
        }
    }
```

程序运行后，将出现如图 8.11 所示的界面，表示目录 h:\temp\NewDirectoty 不存在，成功创建目录 h:\temp\NewDirectoty。

再次运行程序，将出现如图 8.12 所示的界面。这是因为目录 h:\temp\NewDirectoty 已经存在，完成移动目录 h:\temp\NewDirectoty 到目录 h:\temp\BackUp。

图 8.11　成功创建目录

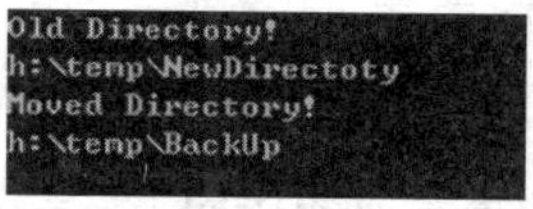

图 8.12　移动目录

【范例分析】

在这个程序中，因为使用了 Directoty 类，所以要添加对 System.IO 命名空间的引用。例 8-5 中的语句：

```
if (Directory.Exists(@"h:\temp\NewDirectoty"))
```

判断目录 h:\temp\NewDirectoty 是否已经存在，如果已经存在，则移动目录，并显示移动前和移动后的目录；如果不存在，则创建该目录，并显示该创建目录。

【拓展训练】

将主程序的 Main 方法中代码：

```
Directory.Move(@"h:\temp\NewDirectoty", @"h:\temp\BackUp");
```

改为如下代码：

```
Directory.Delete(@"h:\temp\BackUp", true);
```

将实现当目录 h:\temp\NewDirectoty 已经存在时删除该目录。

另外，主程序的 Main 方法中代码：

```
Directory.CreateDirectory(@"h:\temp\NewDirectoty");
```

与下面这段代码：

```
DirectoryInfo NewDirInfo = new DirectoryInfo(@"h:\temp\NewDirectoty");
```

的作用是一样，都是根据指定路径创建新目录。

8.2.2 FolderBrowserDialog 控件

.NET 中的 FolderBrowserDialog 组件也是一个标准的预设对话框，用户可以通过它浏览并选择目录，也可以在目录中创建新文件夹。FolderBrowserDialog 类在 System.Windows.Forms 命名空间下。

FolderBrowserDialog 类有两个重要属性：RootFolder 和 SelectedPath。通过 RootFolder 属性可以获取或设置从其开始浏览的根文件夹；通过 SelectedPath 属性可以获取或设置用户选定的路径。

FolderBrowserDialog 类的 ShowDialog 方法可以打开对话框，提示用户浏览、创建并最终选择一个文件夹。文件夹的浏览通过树控件完成。

8.3 文 件 读 写

对文件最主要的访问方式是读文件和写文件。应用程序运行时，从文件中读取数据到内存中，称为文件读操作或输入操作；而把数据的处理结果从内存存放到文件中，称为文件写操作或输出操作。

System.IO 命名空间中提供了多种类型用于进行数据文件和数据流的读写操作。读写文件比较常用的类有：FileStream 类、StreamReader 类、StreamWriter 类、BinaryReader 类和 BinaryWriter 类。

FileStream 是一个较为底层的类，能简单地读文件到缓存区。FileStream 对象表示在磁盘或网络路径上指向文件的流，FileStream 类提供了在文件中读写字节的方法。

StreamReader 和 StreamWriter 类用来对文件进行文本模式读写，BinaryReader 类和 BinaryWriter 类用来对文件进行二进制模式读写。

1. 文本模式

文本模式用来读写文本文件。在文本文件中，每个字符存放一个 ASCII 码，输出时每个字节代表一个字符，便于对字节进行逐个处理。也就是说，如果一个文件中的每个字节的内容都是可以表示成 ASCII 字符的数据，就可以称这个文件为文本文件。由于结构简单，文本文件被广泛用于存储数据。在 Windows 中，当一个文件的扩展名为"txt"时，系统就认为它是一个文本文件。文本文件一般占用的空间较大，并且转换时间较长。

2. 二进制模式

文本模式用来读写二进制文件。二进制文件其中的数据均以二进制方式存储，存储的基本单位是字节，可以将除了文本文件以外的文件都称为二进制文件。在二进制文件中，能够存取任意所需要的字节，可以把文件指针移到文件的任何地方，因而这种文件存取极为灵活。

8.3.1 FileStream 类

FileStream 称为文件流,继承于 Stream 类,用于读取和写入文件。使用 FileStream 类可以产生在磁盘或网络路径上指向文件的文件流,对文件进行读取、写入、打开和关闭操作。FileStream 类支持字节和字节数组处理,有些操作例如随机文件读写访问,必须由 FileStream 对象执行。FileStream 类提供的构造函数很多,最常用的构造函数如下:

```
public FileStream(string path, FileMode mode)
```

或

```
public FileStream(string path, FileMode mode, FileAccess access)
```

其中,参数 path 指出当前 FileStream 对象封装的文件的相对路径或绝对路径;参数 mode 指定一个 FileMode 枚举取值,确定如何打开或创建文件。FileMode 枚举的取值及说明如表 8.6 所示。

表 8.6 FileMode 枚举取值

取值	说 明
Append	如果文件存在,就打开文件,将文件位置移动到文件的末尾,否则创建一个新文件。FileMode.Append 仅可以与枚举 FileAccess.Write 联合使用
Create	创建新文件,如果存在这样的文件,就覆盖它
CreateNew	创建新文件,如果已经存在此文件,则抛出异常
Open	打开现有的文件,如果不存在所指定的文件,则抛出异常
OpenOrCreate	如果文件存在,则打开文件,否则就创建新文件,如果文件已经存在,则保留文件中的数据
Truncate	打开现有文件,清除其内容,然后可以向文件写入全新的数据,但是保留文件的初始创建日期;如果不存在所指定的文件,则抛出异常

FileAccess 枚举参数规定对文件的不同访问级别,FileAccess 枚举有三种类型:Read(可读)、Write(可写)和 ReadWrite(可读写),此属性可应用于基于用户的身份验证赋予用户对文件的不同访问级别。

表 8.7 列出了 FileStream 类的常见成员及其说明。

表 8.7 FileStream 类常见成员

成员名称	类别	说 明
CanWrite	属性	该值指示当前流是否支持写入
CanRead	属性	该值指示当前流是否支持读取
Length	属性	获取用字节表示的流长度
Position	属性	获取或设置此流的当前位置
FileStream	方法	构造函数,初始化 FileStream 类的新实例
Close	方法	关闭文件并释放与当前文件流关联的任何资源

续表

成员名称	类别	说　　明
Flush	方法	清除该流的所有缓冲区，使所有缓冲的数据写入基础设备（如文件等）
Read	方法	从流中读取字节块并将该数据写入给定的缓冲区中
ReadByte	方法	从文件中读取一个字节，并将读取位置提升一个字节
Seek	方法	设置当前流的读写指针位置，需要指定偏移字节和起始位置。起始位置在枚举 System.IO.SeekOrigin 中定义。有三个可选值。Begin：流的开头；Current：流的当前读写位置；End：流的末尾
Write	方法	使用从缓冲区读取的数据将字节块写入该流
WriteByte	方法	将一个字节写入文件流的当前位置

下面对 FileStream 类中比较重要的几个成员进行介绍。

（1）Position 属性。获取或设置此流的当前位置。属性值：此流的当前位置。

（2）Close()方法。在创建和使用完一个流后一定要将其及时关闭。

（3）Flush()方法。在调用 Close()方法之前调用 Flush()方法，可以将以前写入缓冲区的任何数据都复制到文件中，并且缓冲区被清除。

（4）Seek()方法。Seek 方法用于设置文件指针的位置，其调用格式为：

```
public long Seek(long offset, SeekOrigin origin); aFile.Seek(8, SeekOrigin.Begin)
```

其中，long offset 是规定文件指针以字节为单位的移动距离；SeekOrigin origin 是规定开始计算的起始位置，此枚举包含三个值：Begin，Current 和 End。例如，若 aFile 是一个已经初始化的 FileStream 对象，则语句 aFile.Seek(8，SeekOrigin.Begin);表示文件指针从文件的第一个字节计算起移动到文件的第 8 个字节处。

（5）Read()方法。Read 方法用于是从 FileStream 对象所指向的文件读数据，其调用格式为：

```
Public  int  Read(byte[] array,int offset, int count);
```

第一个参数是被传输进来的字节数组，用以接收 FileStream 对象中读到的数据。第二个参数是指明从文件的什么位置开始读入数据，它通常是 0，表示从文件开端读取数据、写到数组。最后一个参数是规定从文件中读出多少字节。

（6）Write()方法。Write 方法用于向 FileStream 对象所指向的文件中写数据，其调用格式与 Read 方法相似。写入数据的流程是先获取字节数组，再把字节数据转换为字符数组，然后把这个字符数组用 Write 方法写入到文件中，当然在写入的过程中，可以确定在文件的什么位置写入，写多少字符等。

下面的代码是打开一个现有文件并将信息显示到文本框中。

```
openFileDialog1.Filter = "文本文件(*.txt)|*.txt";    //打开文件对话框的筛选器
openFileDialog1.ShowDialog();                      //显示打开文件对话框
textBox1.Text = openFileDialog1.FileName; //在文本框中显示打开文件的文件名
FileStream fs = File.OpenRead(textBox1.Text);  //创建 FileStream 实例对象
```

```
byte[] b = new byte[1024];              //创建字节数组 b
while (fs.Read(b,0,b.Length) > 0)      //循环读文件内容到缓冲区 b 中
  {
    textBox2.Text=Encoding.Default.GetString(b);
                                //将字节数组中的字节解码为字符串
  }
```

【代码详解】

本例利用 OpenRead 方法打开现有文件并读取时，首先生成 FileStream 类的一个实例对象，用来记录要打开的文件路径及名称；调用 FileStream 类的 Read 方法时，使用 Default 编码方式的 GetString 方法对文件内容进行编码，并将结果显示在 TextBox 文本框中。

使用 FileStream 类读取数据不像使用 StreamReader 和 StreamWriter 类读取数据那么容易，这是因为 FileStream 类只能处理原始字节，这使得 FileStream 类可以用于任何数据文件，而不仅仅是文本文件，通过读取字节数据就可以读取类似图像和声音的文件。这种灵活性的代价是不能使用它直接读入字符串，而使用 StreamWriter 和 StreamMeader 类却可以这样处理。

8.3.2 读写文本文件

使用 FileStream 类时，其数据量是字节流，只能进行字节的读写，这样使用它对文本文件进行处理就很不方便。为此，.NET 还提供了 StreamWriter 类和 StreamReader 类专门处理文本文件，这两个类从底层封装了文件流，读写时不需要重新进行编码。

1. StreamReader 类

StreamReader 类用于读取标准文本文件的各行信息，StreamReader 类的构造函数有多个重载，其常用的构造函数如下。

（1）StreamReader(Stream)：为指定的流初始化 StreamReader 类的新实例。

（2）StreamReader(String)：为指定的文件名初始化 StreamReader 类的新实例。

（3）StreamReader(Stream,Encoding)：用指定的字符编码为指定的流初始化 StreamReader 类的一个新实例。

（4）StreamReader(String,Encoding)：用指定的字符编码，为指定的文件名初始化 StreamReader 类的一个新实例。

下面列出比较常用的两种方式，演示如何创建一个 StreamReader 类的实例。

```
//指定文件路径作为参数
string strFilePath = @"c:\test.txt";
StreamReader Reader = new StreamReader(strFilePath);
//指定文件路径和编码作为参数
string strFilePath = @"c:\test.txt";
StreamReader Reader = new StreamReader(strFilePath, Encoding.Default);
```

StreamReader 类常用的方法及其说明如表 8.8 所示。

表 8.8　StreamReader 类常用的方法

成员名称	类别	说　　明
Close	方法	关闭 StreamReader 对象和基础流，并释放与读取器关联的所有系统资源
Equals	方法	确定两个 Object 实例是否相等
Read	方法	读取输入字符串中的下一个字符或下一组字符
ReadLine	方法	从基础字符中读取一行。如果到达了输入流的末尾，则为空引用
ReadToEnd	方法	从文件流的当前位置一直读取到末尾
ToString	方法	返回表示当前 Object 的 String

使用 StreamReader 类读取文本文件中数据的过程，如图 8.13 所示：首先通过 File 的 OpenRead 方法打开文件，并建立一个文件读取文件流，然后通过 StreamReader 类的方法将文件流中的数据读到 C#文本框等用户界面窗体控件中。

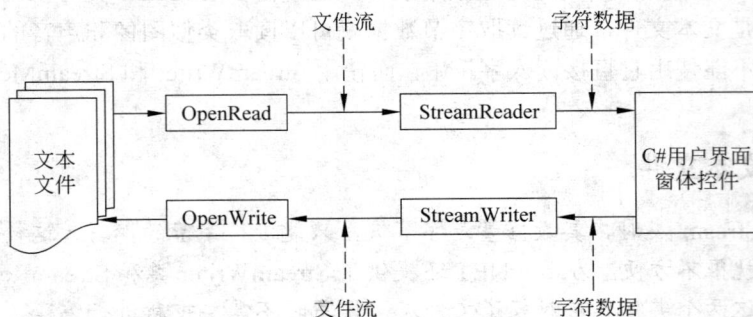

图 8.13　文本文件读写过程

2.　StreamWriter 类

StreamWriter 类用于把数据写入文本文件，如果指定的文件不存在，可以先创建一个新文件。StreamWriter 类的构造函数有多个重载，其常用的构造函数如下。

（1）StreamWriter(Stream)：用 UTF-8 编码及默认缓冲区大小，为指定的流初始化 StreamWriter 类的一个新实例。

（2）StreamWriter(String)：使用默认编码和缓冲区大小，为指定路径上的指定文件初始化 StreamWriter 类的新实例。

（3）StreamWriter(Stream,Encoding)：用指定的编码及默认缓冲区大小，为指定的流初始化 StreamWriter 类的新实例。

（4）StreamWriter(string path,bool append)：path 表示要写入的完整文件路径。append 表示确定是否将数据追加到文件。如果该文件存在，并且 append 为 False，则该文件被改写；如果该文件存在，并且 append 为 True，则数据被追加到该文件中，否则将创建新文件。

下面列出比较常用的两种方式，演示如何创建一个 StreamWriter 类的实例。

```
//指定文件路径作为参数
string strFilePath = @"c:\test.txt";
StreamWriter Writer = new StreamWriter(strFilePath);
//指定文件路径和 Boolean 作为参数
```

```
string strFilePath = @"c:\test.txt";
StreamWriter Writer = new StreamWriter(strFilePath,true);
```

> **注意**：在第二种情况下，如果该文件存在，并且 Boolean 值为 false，则该文件被改写；如果该文件存在，并且 Boolean 值为 true，则数据追加到该文件中，否则将创建新文件。

StreamWriter 类常用的方法及其说明如表 8.9 所示。

表 8.9　**StreamWriter 类常用的方法**

成员名称	类别	说　　明
Close	方法	关闭 StreamWriter 对象和基础流
Equals	方法	确定两个 Object 实例是否相等
Write	方法	写入流
WriteLine	方法	写入重载参数指定的某些数据，后跟行结束符
ToString	方法	返回表示当前 Object 的 String

StreamWriter 类的 WriteLine()和 Write()方法写文本文件的方式有区别。WriteLine()方法的默认返回值是行结束符（"\r\n"），但使用 NewLine 属性可以更改此值。WriteLine()只用于写入字符串，并且会自动追加一个换行符。Write()方法不追加换行符，可以向文本流写入字符串，也可以写成任何基本数据类型（int32、Single 等）的文本形式。

使用 StreamWriter 类将数据写入文本文件的过程，如图 8.13 所示：首先通过 File 类的 OpenWrite 建立一个写入文件流，然后通过 StreamWriter 的 Write/WriteLine 方法将 C#文本框等用户界面窗体控件中的数据写入到该文件流中。

【**例 8-6**】　使用 StreamReader 和 StreamWriter 类读写文本文件。

Step 1　启动 Visual Studio 2013，新建一个 C# Windows 窗体应用程序，项目名称为"TextFileRW"。

Step 2　从工具栏上向窗体添加如图 8.14 所示的控件。

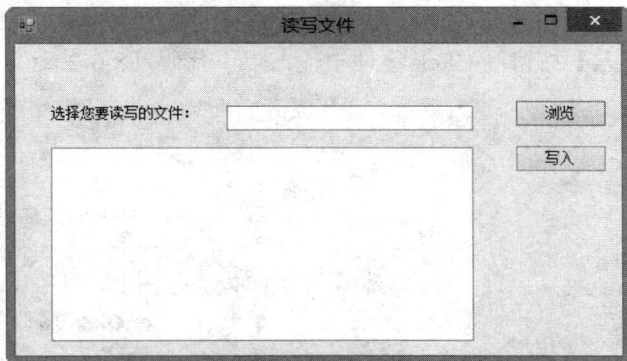

图 8.14　例 8-6 窗体界面

Step 3　切换到代码窗口，在【浏览】按钮的 Click 事件中输入以下代码（代码 8-6-1.txt）。

```
    private void button1_Click(object sender, EventArgs e)
                                        //【浏览】按钮单击事件处理程序
    {
      openFileDialog1.ShowDialog();              //显示打开文件对话框
      textBox1.Text = openFileDialog1.FileName;
      if (textBox1.Text != "")                   //判断是否选择了文件
      {
        string pathString = textBox1.Text;       //设置文件名
        if (File.Exists(pathString))             //如果指定的文件存在执行如下代码
        {
         FileStream fileStream = File.OpenRead(pathString);     //创建文件流
        try
          {
            StreamReader reader = new StreamReader(fileStream,
                                       System.Text.Encoding.Default);
          while (!reader.EndOfStream)            //读取文件内容
          {
            textBox2.Text += reader.ReadLine() + "\r\n";
                                            //显示文件内容到文本框中
          }
          reader.Close();                        //关闭流
          }
          catch (Exception ex)                    //异常处理
          {
            MessageBox.Show(ex.Message);          //显示出现异常的原因
          }
        }
        else
        {
          MessageBox.Show("你要读取的文件不存在");   //显示文件不存在
        }
      }
    }
```

Step 4 在【写入】按钮的 Click 事件中输入以下代码（8-6-2.txt）。

```
private void button2_Click(object sender, EventArgs e)
  {
    string pathString = @"H:\\MyNewText.txt";
    if (System.IO.File.Exists(pathString))  //判断要写入的文件是否存在
    {
        StreamWriter writer = new StreamWriter(pathString, false,
                                System.Text.Encoding.Default);
        writer.WriteLine(textBox2.Text);        //将文本框中的内容写入文件
        writer.Close(); //关闭流
    }
  }
```

单击【浏览】按钮，选择要读取的文件，如果文件存在，则会将文件内容显示在文本框中，如图 8.15 所示。

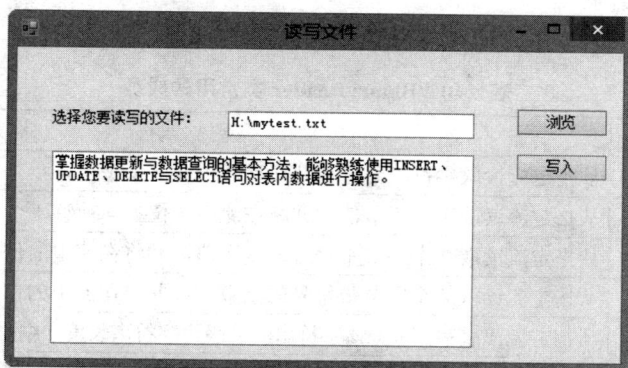

图 8.15　读取文件

单击【写入】按钮，则会把文本框中的内容写入到 C:\MyNewText.txt 文件中。

【范例分析】

在这个程序中，因为使用了 StreamWriter 和 StreamReader 类，所以要添加对 System.IO 命名空间的引用。在读取文件的时候需要判断文件是否存在，若存在，则用 ReadLine()方法读取文件内容到文本框中。写入的时候是将文本框中的内容直接写入到指定目录的指定文件中，这样会覆盖掉原文件的内容。

【拓展训练】

将 button2_Click 事件中代码改为如下代码（拓展代码 8-1.txt）。

```
StreamWriter sw;
sw = File.AppendText(pathString ); //用 AppendText 而不是 CreatText
sw.WriteLine(textBox2.Text);
sw.Close();
```

这样就不会覆盖掉原文件内容，而是追加到文本文件中。

8.3.3　读写二进制文件

前面已经介绍了如何读写文本文件，本节介绍如何读写二进制文件。读写二进制文件的类主要有 BinaryWriter 和 BinaryReader。这两个类的使用方式、操作方法同操作文本文件的 StreamReader 和 StreamWriter 类非常相似，只是处理的文件数据格式不同。

1. BinaryReader 类

BinaryReader 类执行对当前输入流进行指定字节数的二进制读取，其读取数据的方法很多。BinaryReader 类创建对象时必须基于所提供的流文件，其数据读取过程与 StreamReader 类似。BinaryReader 常用的构造函数如下。

（1）BinaryReader(Stream)：基于所提供的流，用 UTF8Encoding 初始化 BinaryReader

类的实例。

（2）BinaryReader(Stream, Encoding)：基于所提供的流和特定的字符编码，初始化 BinaryReader 类的实例。

表 8.10 列出了 BinaryReader 类常用的成员及其说明。

表 8.10　BinaryReader 类常用的成员

成员名称	类别	说　明
Read	方法	从指定流读取字符，并将指针迁移，指向下 1 个字符
ReadByte()	方法	从指定流读取 1 个字节值，并将在流中的位置向前移 1 个字节
ReadInt16()	方法	从指定流读取 2 个字节带符号的整数值，并将在流中的位置向前移 2 个字节
ReadInt32()	方法	从指定流读取 4 个字节带符号的整数值，并将在流中的位置向前移 4 个字节
ReadString()	方法	从指定流读取字符串，该字符串的前缀为字符串长度，编码为整数，每次 7 比特
ReadDecimal()	方法	从指定流读取 1 个十进制数值，并将在流中的位置向前移动 16 个字节

2. BinaryWriter 类

BinaryWriter 类以二进制形式将基元类型写入流，并支持用特定的编码写入字符串，它提供的一些方法和 BinaryReader 是对称的。BinaryWriter 类的数据写入过程与 StreamWriter 类似，只是数据格式不同。BinaryWriter 常用的构造函数如下。

（1）BinaryWriter()：初始化一个 BinaryWriter 类的实例。

（2）BinaryWriter(Stream)：基于所提供的流，用 UTF8 作为字符串编码初始化 Binary-Writer 类的实例。

（3）BinaryWriter(Stream, Encoding)：基于所提供的流和特定的字符编码，初始化 BinaryWriter 类的实例。

表 8.11 列出了 BinaryWriter 类的常用成员及其说明。

表 8.11　BinaryWriter 类常用成员

成员名称	类别	说　明
Write	方法	将值写入流，有很多重载，适用于不同的数据类型
Flush()	方法	清除缓存区
Close()	方法	关闭当前流

> 巧记星：BinaryReader 类和 BinaryWrite 类用来完成读写二进制数据的操作。但是这两个类本身并不执行流，而是提供其他流对象的包装。

【例 8-7】 利用 BinaryReader 和 BinaryWriter 读写二进制文件。

Step 1 启动 Visual Studio 2013，新建一个 C# Windows 窗体应用程序，项目名称为 "ByteFileRW"。

Step 2 从工具栏中向窗体添加控件，设计如图 8.16 所示的窗体界面。

Step 3 在【写入】按钮的 Click 事件中输入以下代码（代码 8-7-1.txt）。

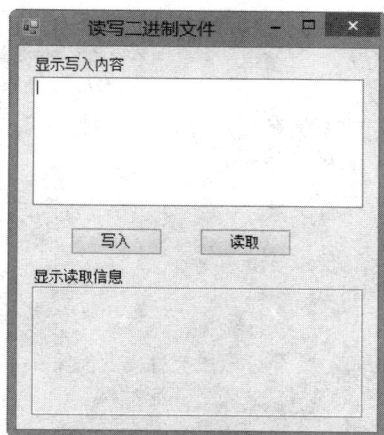

图 8.16 例 8-7 窗体界面

```
string fileName = "H:\\MyNew.data";        //定义字符串变量存储文件名字符串
if (File.Exists(fileName))                 //判断文件是否存在
{
  MessageBox.Show("当前文件已经存在");
  }
else
  {
    FileStream fs = new FileStream(fileName, FileMode.Create);
    //使用 FileStream 类创建文件
    BinaryWriter writer = new BinaryWriter(fs); //将 BinaryWriter 类实例化
    writer.Write(textBox1.Text);
    //调用 BinaryWriter 类的 Write()方法将文本框中的数据写入文件
    MessageBox.Show("写入文件成功");
    textBox1.Text = "";
    writer.Close();                        //关闭 BinaryWriter 流
    fs.Close();                            //关闭 FileStream 流
  }
```

Step 4 在【读取】按钮的 Click 事件中输入以下代码（代码 8-7-2.txt）。

```
string fileName = "H:\\MyNew.data";        //定义字符串变量存储文件名字符串
if (!(File.Exists(fileName)))              //判断要读取的文件是否存在
 {
   MessageBox.Show("当前文件不存在");
     return;
 }
string strData = "";
//以读取已有文件的方式创建 FileStream 的实例对象
FileStream fs = new FileStream(fileName, FileMode.Open, FileAccess.Read);
BinaryReader reader = new BinaryReader(fs);    //实例化 BinaryReader 类
try                                        //调用 BinaryReader 的 ReadString 方法
  {                                        //循环读取文件内容
```

```
        strData = reader.ReadString();
        while (true)
        {
            //每次读取 4 个字节带符号的整数值，并转换为字符串类型
            strData += "  ||  " + reader.ReadInt32().ToString();
        }
    }
catch (EndOfStreamException es)
{
}
textBox2.Text = strData;        //读取的文件内容显示在 textBox2 中
fs.Close();                     //关闭文件流对象
reader.Close();                 //关闭二进制文件读取对象存储文件名字符串
```

单击【写入】按钮，如果文件存在，则提示"当前文件已经存在"；如果文件不存在，则创建该文件，并将文本框中的信息写入 MyNew.data 中。单击【读取】按钮，则将读取 MyNew.data 文件中的数据到文本框中，如图 8.17 所示；若要读取的文件不存在，则提示"当前文件不存在"。

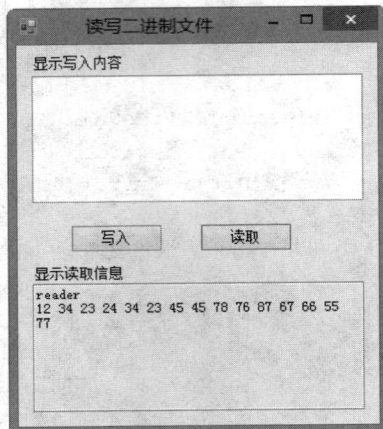

图 8.17　读取文件

> 警告：在程序中需要添加对 System.IO 命名空间的引用。

【范例分析】

本范例实现了读写二进制文件，在【写入】按钮的 Click 事件中，创建了 FileStream 和 BinaryWriter 的实例，然后将文本框中的内容写入到指定的文件中。在【读取】按钮的 Click 事件中，创建了 FileStream 和 BinaryReader 的实例，然后读取特定文件中的数据；接着实现了循环读取数据，并在每个数据之间加上符号"||"；最后还实现了将数据输出到下面的文本框中。

8.4 注册表操作

注册表编辑器对 Windows 操作系统来说是非常重要的，也是病毒常常会光顾的地方，例如病毒和恶意软件常常会在注册表的启动项里面写入自己的启动键来达到自启动的目的，有些病毒还会修改注册表里面来映像劫持杀毒软件，这是破坏系统的第一步。同时，大多数软件（软件的序列号和信息）和硬件信息、系统信息、安全模式等设置都保存在这里，因此系统的健康在很大程度上要依赖注册表的健康。

作为编程开发人员，有必要了解注册表并学会操作注册表。我们都知道，只要在 Windows 操作系统中的运行里面输入"regedit"就可以打开注册表编辑器。注册表编辑器是树状目录结构，共有 5 个根目录，称为子树，子树下依次为项、子项和活动子项，活动子项对应右栏中的键，键包括三部分：名称、数据类型、值。

注册表项是注册表中的基本组织单位，每个具体的注册表项都可以有子项。只要用户具有相应的权限，且注册表项不是基项或基项的下一级项，就可以删除该注册表项。每个注册表项也可带有与其相关联的多个值（一个值就好比是一个文件），它们用于存储信息。例如，可以为每个应用程序创建一个子项，每个子项下的键保存特定于该应用程序的信息，如颜色设置、屏幕位置和大小或者可识别的文件扩展名等。

下面就来用.NET 下托管语言 C#操作注册表，主要内容包括：注册表项的创建、打开与删除、键值的创建（设置值、修改）、读取和删除，判断注册表项是否存在，判断键值是否存在。要操作注册表，必须要引入必要的命名空间 Microsoft.Win32。Microsoft.Win32 命名空间里面提供的 RegistryKey 类可用来操作注册表。

8.4.1 注册表项的创建、打开与删除

1. 打开和创建项

打开注册表项主要用到 RegistryKey 的 OpenSubKey()方法，创建注册表项主要用到 RegistryKey 的 CreateSubKey()方法。例如，在 HKEY_LOCAL_MACHINE 基项下的 SOFTWARE 项下创建一个新的项 YourSoftware，可以采用如下代码：

```
RegistryKey lm = Registry.LocalMachine; //对应 HKEY_LOCAL_MACHINE 基项分支
RegistryKey software = lm.OpenSubKey("SOFTWARE", true); //打开 Software 项
//在 SOFTWARE 项下创建 YourSoftware 的项
RegistryKey product = software.CreateSubKey("YourSoftware");
```

OpenSubKey 方法用来打开注册表项，其第二个参数表示 writable，即是否可写入，如果需要创建或者删除就应该使用 True，一般读取用 False。另外，如果请求的项不存在，则返回空引用，而不是引发异常。Close()方法用来关闭注册表项。

2. 删除项

删除注册表项主要用到 RegistryKey 的 DeleteSubKey()方法。必须具有适当权限才能删除子项及其目录树。

例如，删除 HKEY_LOCAL_MACHINE 基项下的 SOFTWARE 项下的子项 YourSoftware，可以采用如下代码：

```
RegistryKey lm = Registry.LocalMachine; //对应 HKEY_LOCAL_MACHINE 基项分支
RegistryKey software = lm.OpenSubKey("SOFTWARE",true); //打开 Software 项
try
{    //删除 SOFTWARE 项下的 YourSoftware 项
software.DeleteSubKeyTree("YourSoftware");
}
catch (Exception)    //将文本框中的内容写入文件
{
}
lm.Close();            //关闭流
```

上面的代码将会删除指定项下所有的项和键，并且删除将不提供任何警告。如果想仅在子项没有子级子项（仅包括键）时才删除该子项，可以使用 DeleteSubKey 方法。

8.4.2 创建、读取和删除键值

1. 创建项健值

对键值的创建修改等操作主要用到 RegistryKey 类的 SetValue()方法。下列代码块会在 HKEY_LOCAL_MACHINE 基项下的 SOFTWARE 项下创建一个新的项 YourSoftware，并在下面创建一个名为 Version 的键，其键值为 1.23，如果该键已存在，将修改键值为 1.23。

```
RegistryKey lm = Registry.LocalMachine; //对应 HKEY_LOCAL_MACHINE 基项分支
RegistryKey software = lm.OpenSubKey("SOFTWARE",true); //打开 Software 项
RegistryKey product = software.CreateSubKey("YourSoftware");
product.SetValue("Version", "1.23");//在该项下创建一个键位 Version，键值为.23
lm.Close();
```

2. 读取键值

对键值的读取操作主要用到 RegistryKey 类的 SetValue()方法。例如，想读取上面的键 Version 的值，可以采用以下代码：

```
RegistryKey lm = Registry.LocalMachine; //对应 HKEY_LOCAL_MACHINE 基项分支
RegistryKey software = lm.OpenSubKey("SOFTWARE", false);//打开 Software 项
RegistryKey product = software.OpenSubKey("YourSoftware", false);
                                    //打开 YourSoftware 项
Console.WriteLine(product.GetValue("Version").ToString());
lm.Close();
```

显然得到的结果为 1.23，由于这里只是读取键值，所以 OpenSubKey 的第二个参数用 false 比较好，可以避免对键值的修改。另外，GetValue 用于检索注册表项中的指定名称关联的值。如果在指定的项中未找到该键，则返回提供的默认值；或者，如果指定的项不存在，则返回空引用。

3. 删除键值

对键值的删除操作主要用到 RegistryKey 类的 DeleteValue()方法。例如，想删除上面的键 Version，可以采用以下代码：

```
RegistryKey lm = Registry.LocalMachine; //对应 HKEY_LOCAL_MACHINE 基项分支
RegistryKey software = lm.OpenSubKey("SOFTWARE",true); //打开 Software 项
RegistryKey product = software.OpenSubKey("YourSoftware", true);
                                    //打开 YourSoftware 项
product.DeleteValue("Version");
lm.Close();
```

8.4.3 判断项和键是否存在

1. 判断项是否存在

前面在打开项的时候使用了方法 OpenSubKey，调用该方法如果请求的项不存在，则返回空引用，而不是引发异常。因此，下面的代码可以用来判断项是否存在：

```
RegistryKey lm = Registry.LocalMachine; //对应 HKEY_LOCAL_MACHINE 基项分支
RegistryKey software = lm.OpenSubKey("SOFTWARE",false);//打开 Software 项
RegistryKey product = software.OpenSubKey("YourSoftware", false);
                                    //打开 YourSoftware 项
if (product == null)
Console.WriteLine("该项不存在");
```

2. 判断键是否存在

在使用 GetValue 方法读取键时，如果键不存在，得到的也是一个空引用，因此，下面的代码可以用来判断键是否存在：

```
RegistryKey lm = Registry.LocalMachine; //对应 HKEY_LOCAL_MACHINE 基项分支
RegistryKey software = lm.OpenSubKey("SOFTWARE",false);//打开 Software 项
RegistryKey product = software.OpenSubKey("YourSoftware", false);
                                    //打开 YourSoftware 项
if (product.GetValue("Version654") == null)
    Console.WriteLine("该键不存在");
```

小　　结

本章首先简要介绍了文件的类型、属性和访问方式，接着介绍了 C#中实现文件操作的 System.IO 模型，并概述了 System.IO 命名空间中的文件操作相关类。然后重点介绍了实现文件夹操作的 DirectoryInfo 类和 Directory 类、实现文件操作的 FileInfo 类和 File 类，并对生成指向文件的文件流的 FileStream 类进行了介绍。最后分别对实现文本文件、二进制文件读写访问的几个类进行了较为详细的讲解。通过这些内容的学习，将能使读者掌握如何使用 C#中的有关类进行文件及文件夹的操作、文件中数据的读写访问。

习 题

一、选择题

1. 下面哪个类不能用来处理文本文件？（   ）

    A. FileStream   B. StreamWriter   C. StreamReader   D. FileInfo

2. 在使用 FileStream 打开文件时有以下要求：若文件不存在，则创建新文件；若存在，则打开该文件。应使用 FileMode 枚举类型的（   ）成员来调用 FileStream 构造函数。

    A. Create   B. CreateNew   C. Open   D. OpenOrCreate

3. 下面哪个类不需要实例化就可以直接使用？（   ）

    A. File   B. FileInfo   C. DirectoryInfo   D. FileStream

4. 下面哪个类是一个无缓冲的流，可以在内存中直接访问它封装的数据？（   ）

    A. FileStream   B. MemoryStream

    C. StreamWriter   D. StreamReader

5. 从标准文本文件中读取信息行，应使用（   ）操作文件。

    A. StreamReader   B. TextReader   C. XMLReader   D. XMLTextReader

二、简答题

1. 与文件操作相关的主要有哪些类？

2. 与目录操作相关的主要有哪些类？

3. 如何读写文本文件？

4. 如何读写二进制文件？

第 9 章　ADO.NET 数据库访问

大部分应用程序都要访问或保存数据，将数据存放在数据库中，可以利用数据库管理系统的强大功能对数据进行管理。.NET 提供的 ADO.NET 是一种好用易学而且功能强大的数据库访问技术。ADO.NET 提供对诸如 SQL Server 和 XML 这样的数据源以及通过 OLE DB 和 ODBC 公开的数据源的一致访问。共享数据的使用方应用程序可以使用 ADO.NET 连接到这些数据源，并可以检索、处理和更新其中包含的数据。本章介绍使用 ADO.NET 访问 SQL Server 数据库的方法和技术。

9.1　ADO.NET 概述

ADO.NET 是 Microsoft 的新一代数据处理技术，是 ActiveX Data Object(ADO)组件的后继者，具有与 ADO 相似的编程方式。ADO.NET 是与 C#和.NET Framework 一起使用的、用于和数据源进行交互的面向对象类库，用于以关系型的、面向表的格式访问数据。这包括关系数据库，如 Microsoft Access 和 SQL Server，以及其他数据库，甚至还包括非关系数据源。ADO.NET 被集成到.NET Framework 中，可用于任何.NET 语言，尤其是 C#。ADO.NET 包括所有的 System.Data 名称空间及其嵌套的名称空间，如 System.Data. SqlClient 和 System.Data.Linq，以及 System.Xml 名称空间中的一些与数据访问相关的专用类。ADO.NET 的目的是为了满足新的编程模型要求：具有断开式数据结构；能够与 XML 紧密集成；具有能够组合来自多个、不同数据源的通用数据表示形式；具有优化数据库的交互操作功能。

ADO.NET 提供对 Microsoft SQL Server 等数据源的一致访问。通过将数据访问分解为多个可以单独使用或一前一后使用的不连续组件，ADO.NET 在.NET Framework 平台上为数据处理提供一致的对象模型，用来存取和编辑各种数据源数据。应用程序可以使用 ADO.NET 来连接到这些数据源，并通过一致的数据处理方式检索、操作和更新数据。ADO.NET 屏蔽了数据库大量的复杂的数据操作，用户使用 ADO.NET 主要是通过数据绑定来实现对数据的访问，即把从数据库中检索出来的数据绑定到控件的属性上，在图形界面中显示出来。

9.2　ADO.NET 组成

ADO.NET 用于访问和操作数据的两个主要组件是 .NET Framework 数据提供程序和 DataSet。.NET Framework 数据提供程序用于连接到数据库、执行命令和检索结果，DataSet 实现独立于任何数据源的数据访问。.NET Framework 数据提供程序可以直接处理检索到的结果，也可以将检索结果放入 DataSet 对象，与来自多个源的数据组合在一起，以特殊方式向用户公开。此外，DataSet 对象也可以独立于 .NET 数据提供程序使用，以管理应用程序本地的数据或源自 XML 的数据。ADO.NET 的组成如图 9.1 所示。

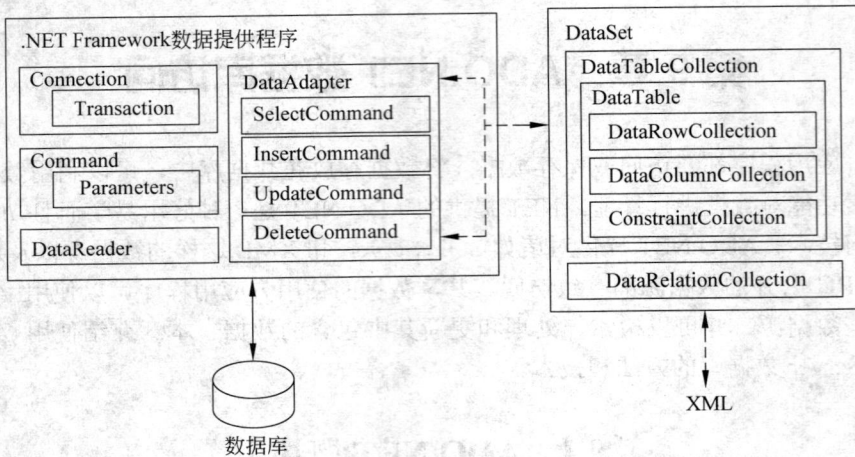

图 9.1　ADO.NET 的组成

9.2.1　.NET Framework 数据提供程序

.NET Framework 数据提供程序是专门为数据操作以及快速、只进、只读访问数据而设计的组件，用于连接数据库、执行命令和检索结果。.NET Framework 数据提供程序是轻量的，它在数据源和代码之间创建最小的分层，并在不降低功能性的情况下提高性能。

从 ADO.NET 2.0 版本开始，Microsoft 提供了 SQL Server、Oracle、ODBC 系列等众多的数据提供程序。表 9.1 列举了.NET Framework 中包含的数据提供程序。

表 9.1　.NET Framework 数据提供程序

数据提供程序	说　　明
SQL Server .NET 数据提供程序	提供对 Microsoft SQL Server 7.0 或更高版本中数据的访问，使用 System.Data.SqlClient 命名空间
OLE DB .NET 数据提供程序	提供对使用 OLE DB 公开的数据源中数据的访问，使用 System.Data.OleDb 命名空间
ODBC .NET 数据提供程序	提供对使用 ODBC 公开的数据源中数据的访问，使用 System.Data.Odbc 命名空间
Oracle .NET 数据提供程序	适用于 Oracle 数据源支持 Oracle 客户端软件 8.1.7 和更高版本，并使用 System.Data.OracleClient 命名空间
EntityClient .NET 数据提供程序	提供对实体数据模型（EDM）应用程序的数据访问，使用 System.Data.EntityClient 命名空间

其中，最常使用的是 SQL Server .NET Framework 数据提供程序和 OLEDB .NET Framework 数据提供程序。SQL Server .NET Framework 数据提供程序使用其自身的协议与 SQL Server 通信。由于经过了优化，SQL Server .NET Framework 数据提供程序可以直接访问 SQL Server 而不用添加 OLE DB 或开放式数据库连接（ODBC）层，因此实现数据库连接更加简单，并具有良好的性能。OLE DB.NET Framework 数据提供程序支持基于传统COM 的 OLD DB 协议的数据库。由于 OLE DB.NET Framework 数据提供程序在后台调用各种

COM 对象来实现数据交互，因此可能会影响程序性能。

本章的所有例子都会使用 SQL Server .NET Framework 数据提供程序。

.NET Framework 数据提供程序包含 4 个核心对象，分别为 Connection 对象、Command 对象、DataReader 对象和 DataAdapter 对象，这些对象及其功能如表 9.2 所示。

表 9.2　.NET Framework 的 4 个核心对象

对象	说　　明
Connection	建立与特定数据源（数据库）的连接，所有 Connection 对象的基类均为 DbConnection 类
Command	通过 Connection 对象对数据源执行命令操作。所有 Command 对象的基类均为 Db Command
DataReader	从数据源中读取只进且只读的数据流，所有 DataReader 对象的基类均为 DbDataReader 类
DataAdapter	用数据源填充 DataSet 并解析更新，所有 DataAdapter 对象的基类均为 DbDataAdapter 类

.NET Framework 数据提供程序的 4 个核心对象负责建立连接和执行数据操作，DataSet 是在内存中建立的类似数据库的结构。.NET Framework 数据提供程序的主要功能是作为 DataSet 与数据源之间的桥梁，负责将数据源中的数据取出后放入 DataSet 中，或是将 DataSet 中的数据存放回数据源。

1. Connection 对象

在 ADO.NET 中，Connection 对象主要用于建立与数据源的活动连接。一旦建立了连接，其他独立于连接细节的对象，如 Command 对象，就可以使用连接在数据源上执行命令。

每个.NET Framework 数据提供程序都有自己特定的连接对象（如 SqlConnection、OracleConnection、OdbcConnection 等），但它们都继承自相同的基类 DbConnection。若要连接到 Microsoft SQL Server 数据库，使用数据提供程序的 SqlConnection 对象。表 9.3 中列

表 9.3　SqlConnection 类和对象的常用成员

成员名称	说　　明
ConnectionString	获取或设置用于打开 SQL Server 数据库的字符串
State	指示 SqlConnection 的状态
DataSource	获取要连接的 SQL Server 实例的名称
Database	获取当前数据库或连接打开后要使用的数据库的名称
SqlConnection()	初始化 SqlConnection 类的新实例
SqlConnection(String)	如果给定包含连接字符串的字符串，则初始化 SqlConnection 类的新实例
BeginDbTransaction()	开始数据库事务
BeginTransaction()	开始数据库事务
ChangeDatabase()	为打开的 SqlConnection 更改当前数据库
ChangePassword()	将连接字符串中指示的用户的 SQL Server 密码更改为提供的新密码
Close()	关闭与数据库的连接。这是关闭任何打开连接的首选方法
CreateCommand()	创建并返回一个与 SqlConnection 关联的 SqlCommand 对象
GetSchema()	已重载。返回此 SqlConnection 的数据源的架构信息
Open()	使用 ConnectionString 所指定的属性设置打开数据库连接

出了 SqlConnection 类和对象的常用成员，其中，ConnectionString、State、DataSource 和 Database 是 SqlConnection 的成员属性，SqlConnection() 和 SqlConnection(String) 是 SqlConnection 的构造函数，其余都是 SqlConnection 的成员方法。

通常，通过调用 Open()方法建立连接。一旦在打开的连接上完成了数据操作任务，就可以显式调用 Close()方法关闭该连接。不使用连接时，最好确保始终显式关闭连接，以减少对服务器资源的任何不必要浪费。

【例 9-1】 C#中的数据库连接程序。

连接在本地服务器上的 SQLServer 数据库，数据库的名称是 CustomerAndBoat，SQL Server 的登录验证方式是 windows 验证。

Step 1 在 SQL Server 中附加数据库 CustomerAndBoat（随书光盘\Sample\ch09\CustomerAndBoat.mdf）。在 Visual Studio 2013 中新建一个控制台应用程序，项目名称为"connectionSql"。在自动生成的 Program.cs 程序中添加导入命名空间语句"using System.Data.SqlClient;"。

Step 2 在 Program.cs 的 Main 方法中添加以下代码进行测试（代码 9-1-1.txt）。

```
static void Main(string[] args)
{   //声明 SqlConnection 对象 myConnection
  SqlConnection myConnection;
   //创建连接数据库的字符串
  string connStr ="Server = localhost;database = CustomerAndBoat;
                                        Integrated Security=True";

   //构造 myConnection 对象
  myConnection = new SqlConnection(connStr);
   try
   {
      myConnection.Open();              //连接数据库
   }
   catch (Exception e)
   {
       //发生错误后，抛出出错原因。
       Console.WriteLine("{0} Second exception caught.", e);
       Console.ReadLine();
   }
   Console.WriteLine("连接成功！"); //显示连接成功
   myConnection.Close();                //关闭数据库连接
   Console.ReadLine();
}
```

程序运行后，如果出现如图 9.2 所示的界面，则表示数据库可以正常连接，一切正常。

连接成功！

图 9.2 连接数据库成功

【范例分析】

使用 SqlConnection 类连接数据库分为如下 4 步。

第一步 加入命名空间

```
using System.Data.SqlClient;
```

第二步 建立连接字符串

声明一个字符串对象，指定如下的连接属性：

```
string connection_str="Data Source = 服务器名称; Initial Catalog = 数据库名
称; User Id = 用户名; Password = 密码";
```

其中，Data Source 属性指定要连接的 SQL Server 数据库所在的服务器名称，Initial Catalog 属性指定要连接的数据库名称，User Id 为 SQL Server 的登录账号，Password 为 SQL Server 的登录密码。若要使用 windows 验证方式登录数据库服务器，则 "User Id = 用户名; Password = 密码"部分应该修改为"Integrated Security=True"。例 9-1 中就是使用的 windows 验证方式登录数据库服务器。

第三步 创建 SqlConnection 连接对象

SqlConnection 类提供两种构造函数，其中带参数的构造函数使用给定的连接字符串初始化 SqlConnection 类的新实例，创建一个 SqlConnection 对象，例如：

```
SqlConnection myConnection = new SqlConnection(connection_str);
```

也可以使用无参数构造函数创建 SqlConnection 类的对象，然后设置该对象的 ConnectionString 属性为上述连接字符串，其效果和第二个构造函数相同。

第四步 连接 SQL Server

调用 SqlConnection 对象的 Open 方法连接数据库：

```
myConnection.Open();
```

由于在数据库的连接中涉及的环节非常多，比如说数据库的服务没有启动，网络故障，或者是连接参数写错，都会造成连接过程中的错误，所以在这段程序中增加了错误处理机制，一旦和数据库的连接出现了问题，程序就会抛出错误，然后进入错误处理的语句段中。例如将程序中的下面这条语句：

```
string connStr ="Server = localhost;database = CustomerAndBoat; Integrated
Security=True";
```

改为：

```
    string connStr = "Server = localhost;database = CustomerAndBoat; uid =
sa;pwd =sa123";
```

这样在程序运行的时候，就会出现不能正常连接数据库服务器的错误，如图 9.3 所示。

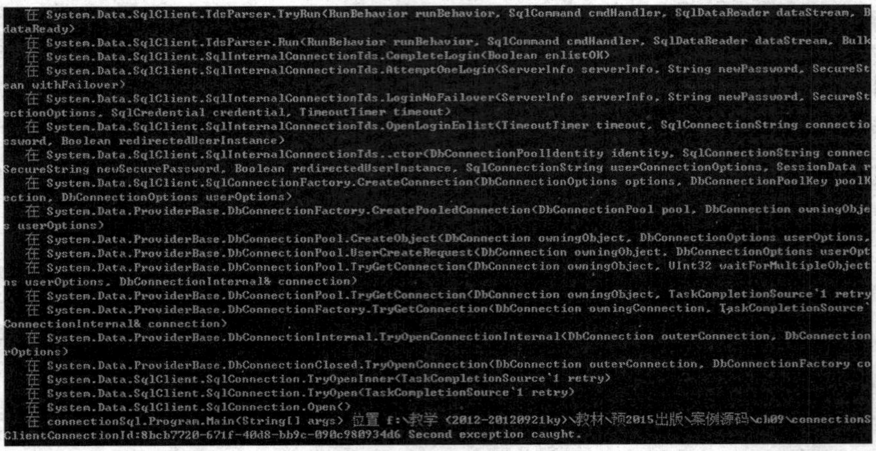

图 9.3 连接出现错误

【拓展训练】

在 C#中连接远程 SQL Server 数据库。

在上面的例子中，被连接的数据库就在本地，但是在某些情况下，需要连接远程数据库，例如需要连接的服务器名字是 information，那该怎么办？

只需要修改数据库的连接字符串即可（拓展代码 9-1.txt）。

```
    string connStr = "Server = information;database = CustomerAndBoat;
Integrated Security=True";
```

运行后程序会寻找 information 上指定的远程数据库。如果没有其他问题，程序同样会输出连接成功的信息。

2. Command 对象

当建立了与数据源的连接后，就可以使用 Command 对象来执行命令，并从数据源中返回结果。Command 对象必须和前面的连接对象相匹配，如果在前面使用了 SqlConnection，则在使用 Command 对象时，只能使用 SqlCommand 与之相匹配；如果在前面使用了 OleDbConnection，则在使用 Command 对象时，只能使用 OleDbCommand 与之相匹配。在这里重点介绍 SqlCommand。

可以根据情况选择表 9.4 中的 SqlCommand 构造函数来创建 SqlCommand 对象。也可以使用 SqlConnection 对象的 CreateCommand 方法来创建用于特定连接的 SqlCommand 对象。

表 9.4 SqlCommand 构造函数

构造函数名称	说　　明
SqlCommand ()	初始化 SqlCommand 类的新实例
SqlCommand (String)	用查询文本初始化 SqlCommand 类的新实例
SqlCommand (String, SqlConnection)	初始化具有查询文本和 SqlConnection 对象的 SqlCommand 类的新实例
SqlCommand (String, SqlConnection, SqlTransaction)	使用查询文本、一个 SqlConnection 对象以及 SqlTransaction 对象来初始化 SqlCommand 类的新实例

通常，在创建好一个 SqlCommand 对象之后，还要正确设置 SqlCommand 对象的属性才能使用。SqlCommand 对象的常用属性如表 9.5 所示。

表 9.5　SqlCommand 对象的常用属性

属性名称	说　明
Connection	获取或设置命令使用的连接对象，默认为空
CommandType	指定 Command 对象的类型，有三种选择：Text，表示 Command 对象用于执行 SQL 语句；StoredProcedure，表示 Command 对象用于执行存储过程；TableDirect，表示 Command 对象用于直接处理某个表。 CommandType 属性的默认值为 Text
CommandText	根据 CommandType 属性的取值来决定 CommandText 属性的取值，分为三种情况：如果 CommandType 属性取值为 Text，则 CommandText 属性指出 SQL 语句的内容；如果 CommandType 属性取值为 StoredProcedure，则 CommandText 属性指出存储过程的名称；如果 CommandType 属性取值为 TableDirect，则 CommandText 属性指出表的名称。 CommandText 属性的默认值为 SQL 语句
CommandTimeout	指定 Command 对象用于执行命令的最长延迟时间，以 s 为单位，如果在指定时间内仍不能开始执行命令，则返回失败信息。 默认值为 30s
Parameters	获得与该命令关联的参数集合

当 SqlCommand 对象的属性设置好之后，就可以调用 SqlCommand 对象的方法来对数据库中的数据进行处理。SqlCommand 对象的常用方法如表 9.6 所示。

表 9.6　SqlCommand 对象的常用方法

方法名称	说　明
ExecuteReader ()	执行查询操作，返回一个具有多行多列的结果集
ExecuteScalar ()	执行查询操作，返回单个值
ExecuteNonQuery ()	执行插入、修改或删除操作，返回本次操作受影响的行数

【例 9-2】　使用 SqlCommand 对象删除 Boat 表中的记录。

连接在本地服务器上的 SQLServer 数据库，数据库的名称是 CustomerAndBoat，SQL Server 的登录验证方式是 windows 验证。

Step 1　在 SQL Server 中附加数据库 CustomerAndBoat。在 Visual Studio 2013 中新建一个控制台应用程序，项目名称为"commandSql"。在自动生成的 Program.cs 程序中添加导入命名空间语句"using System.Data.SqlClient;"。

Step 2　在 Program.cs 的 Program 类中创建一个最简单的方法，来说明 SqlCommand 的用法。这个方法里接受两个参数，一个是查询语句"delete from CheckTime where Id = 11"，一个是数据库的连接字符串"Server = localhost;database = CustomerAndBoat; Integrated Security=True"，随后在主程序中调用该静态方法，具体代码如下（代码 9-2-1.txt）。

```
using System;
using System.Collections.Generic;
```

```
using System.Linq;
using System.Text;
using System.Data;
using System.Data.SqlClient;
//定义自己的命名空间
namespace SqlCommandExample
{
class Program    //Program类
 {
  private   static   void   CreateCommand(string   queryString,   string
connectionString)
  {
    //建立 SqlConnection，和指定的数据库进行连接
    using (SqlConnection connection = new SqlConnection(connectionString))
    {
    SqlCommand command = new SqlCommand(queryString, connection);
    command.Connection.Open();                //对指定的数据库进行连接操作
    int result = command.ExecuteNonQuery(); //执行 SQL 语句，返回受影响的行数
    Console.WriteLine(result.ToString());     //显示受影响的行数
    Console.Read();
   }
  }
 static void Main(string[] args)
 {
   //调用 CreateCommand 方法完成 SQL 语句的操作
   CreateCommand("delete from Boat where length > 30 ", "Server = localhost;
database = CustomerAndBoat; Integrated Security=True");
   }
  }
 }
```

程序运行后，如果出现如图 9.4 所示的界面，则表示数据库表中没有符合条件的记录，因此没有记录被删除。

图 9.4 例 9-2 运行结果

【范例分析】

使用 SqlCommand 对象执行 SQL 命令分为如下三步。
第一步 加入命名空间

```
using System.Data.SqlClient;
```

第二步 创建 SqlCommand 命令对象
一般来说，创建 SqlCommand 命令对象时需要指定命令操作的 SQL 语句和所属的连接对象。SqlCommand 类提供 4 种构造函数，如果使用无参数的构造函数创建一个空的

SqlCommand 对象，还需指定 SqlCommand 的 CommandText 属性和 Connection 属性，如例 9-2 中的 command 对象也可以采用下面的语句块生成：

```
SqlCommand command = new SqlCommand();
string sql_str = " delete from Boat where length > 30";
myCommand.CommandText = sql_str;
string con_str ="Server = localhost;database = CustomerAndBoat; Integrated
Security=True";
SqlConnection connection = new SqlConnection(con_str)
myCommand.Connection = connection;
```

第三步 打开连接对象，执行 SqlCommand 命令

如果 SqlCommand 对象执行更新或删除记录操作，调用 SqlCommand 对象的 ExecuteNonQuery()方法；如果执行数据统计或汇总操作，调用 SqlCommand 对象的 ExecuteScalar()方法；如果执行数据查询操作，调用 SqlCommand 对象的 ExecuteReader() 方法。例 9-2 中 SqlCommand 对象使用下述语句执行的是删除记录操作：

```
command.Connection.Open();
int result = command.ExecuteNonQuery();
```

【高手点拨】

在 C#中使用 using 语句释放资源。

using 语句允许程序员指定使用资源的对象应当何时释放资源。通常，C#通过.NET Framework 公共语言运行库（CLR）来自动释放用来存储不再需要的对象的内存。CLR 内存的释放具有不确定性，只有在 CLR 决定执行垃圾回收时才会释放内存。然而，诸如文件句柄和网络连接这样的有限资源需要尽快释放。可以在 using 语句中声明对象，并定义一个该对象的使用范围，实现在此范围之外尽快释放一个或多个对象。例如，例 9-2 中的语句：

```
using (SqlConnection connection = new SqlConnection(connectionString))
```

在 using 语句中声明了 connection 对象，并在 using 语句范围内的代码执行完毕时自动释放 connection 对象所占的资源。因此，使用 using 语句是安全的，因为它能正确地释放对象。同时，因为在 using 语句里定义的对象是只读的，能有效地防止那些重要的对象被修改或重定义。

3. DataReader

DataReader 对象是从数据库中检索只读的数据流。使用 DataReader 时，首先建立与数据库的连接，然后建立要在数据库上执行的命令对象，例如一个查询 SQL 语句，然后调用命令对象的 ExecuteReader 方法创建一个 DataReader。

连接对象打开后，可以使用 DataReader 的 Read 方法来通过关联的 Connection 对象从数据源获得一个或多个结果集。第一次使用该方法时，ADO.NET 会将隐含的记录指针指向第一个结果集的第一条记录。然后，调用一次 Read 方法来获取一行数据记录，并将隐含的

记录指针向后移一步。Read 方法返回一个布尔值，程序员根据这个值来判断指针是否已移到结果集的最后一条记录。

DataReader 对象提供一种向前的、只读数据的访问方式，它有以下两个特点。

（1）只能读取数据，不能对数据库的记录进行创建、修改和删除等操作。

（2）是一种向前的读取数据的方式，不能再次回头读取上一回的记录。

查询结果在查询执行时返回，并存储在客户端的缓冲区中，直到使用 DataReader 的 Read 方法对它们发出请求。使用 DataReader 可以提高应用程序的性能，并且在默认的情况下一次只在内存中存储一行，从而减小了系统的开销。当我们只需要循序地读取数据而不需要其他操作时，可以使用 DataReader 对象。

在使用 DataReader 的时候，根据.NET 的设计，如果需要操作的是 SQL Server 数据库，则推荐使用 SqlDataReader 对象。但是如果在前面使用了 OleDb 的方式，那么不论连接任何数据库，则必须使用 OleDbReader 与之相匹配。

针对 SQL Server 数据库的 SqlDataReader 类没有显式的构造函数，SqlDataReader 对象常用属性如表 9.7 所示。

表 9.7　SqlDataReader 对象常用属性

属性名称	说　明
Depth	获取一个值，用于指示当前行的嵌套深度
FieldCount	获取当前行中的列数
HasRows	获取一个值，该值指示 SqlDataReader 是否包含一行或多行数据
IsClosed	检索一个布尔值，该值指示是否已关闭指定的 SqlDataReader 实例
Item	获取以本机格式表示的列的值
RecordsAffected	获取执行 Transact-SQL 语句所更改、插入或删除的行数
VisibleFieldCount	获取 SqlDataReader 中未隐藏的字段的数目

SqlDataReader 对象的常用方法如表 9.8 所示。

表 9.8　SqlDataReader 对象的常用方法

方法名称	说　明
GetName()	获取指定列的名称
GetOrdinal()	在给定列名称的情况下获取列序号
GetFieldType()	获取对象的数据类型的 Type
GetData()	返回被请求的列序号的 SqlDataReader 对象
GetChar()	获取指定列的单个字符串形式的值
GetString()	获取指定列的字符串形式的值
GetDecimal()	获取指定列的 Decimal 对象形式的值
GetDouble()	获取指定列的双精度浮点数形式的值
GetInt32()	获取指定列的 32 位有符号整数形式的值
GetDateTime()	获取指定列的 DateTime 对象形式的值
GetValue()	获取以本机格式表示的指定列的值

续表

方法名称	说　明
GetValues()	获取当前行的集合中的所有属性列
Read()	使 SqlDataReader 前进到下一条记录
NextResult()	当读取 Transact-SQL 的结果时，使数据读取器前进到下一个结果
Close()	关闭 SqlDataReader 对象

【例 9-3】　使用 SqlDataReader 对象查询 Boat 表中的记录信息。

连接在本地服务器上的 SQL Server 数据库，数据库的名称是 CustomerAndBoat，SQL Server 的登录验证方式是 windows 验证。

Step 1　在 SQL Server 中附加数据库 CustomerAndBoat。在 Visual Studio 2013 中新建一个控制台应用程序，项目名称为 "datareaderSql"。在自动生成的 Program.cs 程序中添加导入命名空间语句 "using System.Data.SqlClient;"。

Step 2　在 Program.cs 的 Main 方法中添加以下代码进行测试（代码 9-3-1.txt）。

```
//引用需要的命名空间
using System;
using System.Collections.Generic;
using System.Linq;
using System.Text;
using System.Data.SqlClient;
//定义自己的命名空间 sqlDataReadExample
namespace sqlDataReadExample
{
  class Program
  {
    static void Main(string[] args)
    {
     //定义数据库连接字符串，定义存放 SQL 语句的字符串
     string ConnStr, SelectCmd;
      //赋值数据库连接字符串
    ConnStr = "Server = localhost;database = CustomerAndBoat; Integrated
Security=True";
      //赋值 SQL 语句的字符串
     SelectCmd = "select * from Boat";
      //声明 SqlConnection 对象 myConnection
     SqlConnection myConnection;
      //声明 SqlCommand 对象 myCommand
     SqlCommand myCommand;
      //声明 SqlDataReader 对象 myDataReader
     SqlDataReader myDataReader;
      //构造 myConnection 对象
     myConnection = new SqlConnection(ConnStr);
      //构造 myCommand 对象
```

```
     myCommand = new SqlCommand(SelectCmd, myConnection);
      //打开 myConnection
     myConnection.Open();
      //执行指定的 SQL 语句
     myDataReader = myCommand.ExecuteReader();
      //关闭 myDataReader 对象
     while (myDataReader.Read())
     {
      Console.WriteLine(String.Format("{0}, {1}",
      myDataReader [0], myDataReader [1]));  //输出只读数据
       }
      Console.Read();
      myDataReader.Close();                          //关闭 myConnection 对象
      myConnection.Close();
      }
   }
}
```

程序运行后，出现如图 9.5 所示的界面，界面中显示的数据是 Boat 表中的前两列信息。

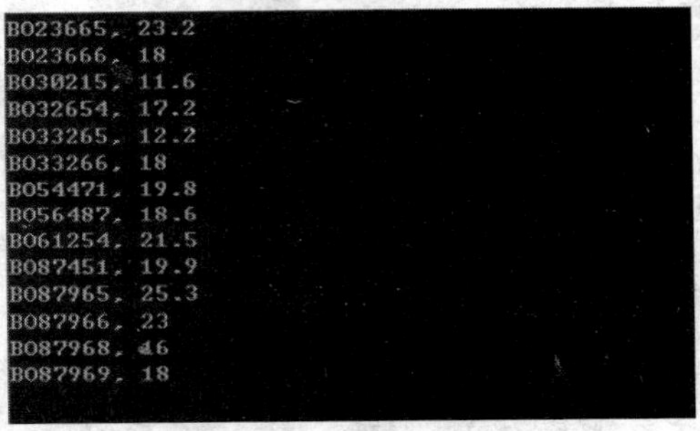

```
BO23665, 23.2
BO23666, 18
BO30215, 11.6
BO32654, 17.2
BO33265, 12.2
BO33266, 18
BO54471, 19.8
BO56487, 18.6
BO61254, 21.5
BO87451, 19.9
BO87965, 25.3
BO87966, 23
BO87968, 46
BO87969, 18
```

图 9.5　例 9-3 运行结果

【范例分析】

使用 SqlDataReader 对象执行 SQL 命令分为如下三步。

第一步　加入命名空间

```
using System.Data.SqlClient;
```

第二步　创建 SqlDataReader 对象

SqlDataReader 对象没有显式的构造函数，可以利用 SqlCommand 对象的 ExecuteReader 方法返回一个 SqlDataReader 对象，如例 9-3 中的语句：

```
SqlDataReader myDataReader;
...
myDataReader = myCommand.ExecuteReader();
```

第三步　调用 SqlDataReader 的 Read()方法，读取查询到的数据表内容

因为 SqlDataReader 对象中通常存储有多条数据记录，通常使用 while 循环逐条读取查

询到的数据记录。如例 9-3 中的语句：

```
while (myDataReader.Read()) {
Console.WriteLine(String.Format("{0}, {1}", myDataReader [0], myDataReader
[1]));
    }
```

4. DataAdapter

DataAdapter 对象用于在数据源以及 DataSet 之间传输数据，它可以通过 Command 对象下达命令后，将取得的数据放入 DataSet 对象中，并使 DataSet 中数据与数据源保持一致。

根据所用的.NET Framework 数据提供程序的不同，有不同的 DataAdapter 对象与之对应。这些 DataAdapter 对象分别是 SqlDataAdapter 对象、OleDataAdapter 对象、OdbcDataAdapter 对象和 OracleDataAdapter 对象。应根据访问数据源的不同选择相应的 DataAdapter 对象。

针对 SQL Server 数据库的 SqlDataAdapter 类构造函数如表 9.9 所示。

表 9.9　SqlDataAdapter 类构造函数

构造函数名称	说　　明
SqlDataAdapter()	初始化 SqlDataAdapter 类的新实例
SqlDataAdapter(SqlCommand)	用指定的 SqlCommand 初始化 SqlDataAdapter 的新实例
SqlDataAdapter(String,SqlConnection)	用指定的 SelectCommand 和 SqlConnection 初始化 SqlDataAdapter 类的新实例
SqlDataAdapter(String,String)	用指定的 SelectCommand 和连接字符串初始化 SqlDataAdapter 类的新实例

SqlDataAdapter 对象的常用属性如表 9.10 所示。

表 9.10　SqlDataAdapter 对象的常用属性

属性名称	说　　明
InsertCommand	获取或设置一个 Transact-SQL 语句用于在数据源中插入新记录
SelectCommand	获取或设置一个 Transact-SQL 语句用于在数据源中选择记录
UpdateCommand	获取或设置一个 Transact-SQL 语句用于更新数据源中的记录
DeleteCommand	获取或设置一个 Transact-SQL 语句或存储过程，以从数据集中删除记录
TableMappings	获取一个集合，它提供源表和 DataTable 之间的主映射
AcceptChanges-DuringFill	获取或设置一个值，该值指示在执行 Fill 操作过程中，将 AcceptChanges 添加到 DataTable 之后是否在 DataRow 上调用它
AcceptChanges-DuringUpdate	获取或设置在 Update 期间是否调用 AcceptChanges
FillLoadOption	获取或设置 LoadOption，以确定适配器如何从 SqlDataReader 中填充 DataTable

SqlDataAdapter 对象的常用方法如表 9.11 所示。

表 9.11　SqlDataAdapter 对象的常用方法

方法名称	说　　明
Fill()	填充 DataSet 或 DataTable
Update()	为 DataSet 中每个已插入、已更新或已删除的行调用相应的 INSERT、UPDATE 或 DELETE 语句
GetFillParameters()	获取当执行 SQL SELECT 语句时由用户设置的参数
ResetFillLoadOption()	将 FillLoadOption 重置为默认状态，并使 Fill 接受 AcceptChangesDuringFill
ShouldSerializeAccept-ChangesDuringFill()	确定是否应保持 AcceptChangesDuringFill 属性

SqlDataAdapter 是 DataSet 和 SQL Server 之间的桥接器，用于检索和保存数据。SqlDataAdapter 的 Fill 方法可更改 DataSet 中的数据以匹配数据源中的数据，Update 方法可更改数据源中的数据以匹配 DataSet 中的数据。

如果要刷新 DataSet 中的数据，最简单的解决方法就是清空 DataSet(或 DataTable)，然后再次调用 DataAdapter 对象的 Fill 方法。如果调用了一个 SqlDataAdapter 对象的 Fill 方法，而 SqlCommand 对象的 SqlConnection 对象关闭了，那么 SqlDataAdapter 就会开放一个连接，然后提交查询、获取结果，最后关闭连接。如果在调用 Fill 方法前开放了 SqlConnection，那么操作之后仍然保持开放。

【例 9-4】　利用 SqlDataAdapter 对象查询 Boat 表中所有记录的详细信息。

连接在本地服务器上的 SQL Server 数据库，数据库的名称是 CustomerAndBoat，SQL Server 的登录验证方式是 windows 验证。

Step 1　在 SQL Server 中附加数据库 CustomerAndBoat。在 Visual Studio 2013 中新建一个 Windows 应用程序，项目名称为 "dataadapterSql"。

Step 2　添加一个窗体，并在窗体上添加一个 ListBox 控件。在自动生成的 Form1.cs 程序中添加导入命名空间语句 "using System.Data.SqlClient;"，并在窗体 Load 事件中添加如下代码进行测试（代码 9-4-1.txt）。

```
private void Form1_Load(object sender, EventArgs e)
  { //声明 SqlConnection 对象 myConnection
   string sql_str;
    //创建连接数据库的字符串
   string conStr = "Server = localhost;database = CustomerAndBoat; Integrated Security=True";
    //构造 myConnection 对象
   SqlConnection myConnection = new SqlConnection(conStr);
    try
    {
      myConnection.Open(); //连接数据库
      sql_str = "select stateRegistrationNo, length,year,slipwayNo from Boat";
      SqlDataAdapter    myDataAdapter   =   new   SqlDataAdapter(sql_str, myConnection);
```

```
        DataSet myDataSet = new DataSet();
        myDataAdapter.Fill(myDataSet, " Boat ");
        listBox1.Items.Add("编号\t\t 长度\t 行驶年数\t 停靠码头");
        for (int i = 0; i < myDataSet.Tables[0].Rows.Count; i++)    {
            listBox1.Items.Add(String.Format("{0}\t\t{1}\t{2}\t\t{3}",
            myDataSet.Tables[0].Rows[i].ItemArray[0],
            myDataSet.Tables[0].Rows[i].ItemArray[1],
            myDataSet.Tables[0].Rows[i].ItemArray[2],
            myDataSet.Tables[0].Rows[i].ItemArray[3]));             }
        }
    catch (Exception ex) {             //发生错误后，抛出出错原因
    MessageBox.Show(ex.Message.ToString());    }
    finally {  myConnection.Close();    }
}
```

程序运行结果如图 9.6 所示。

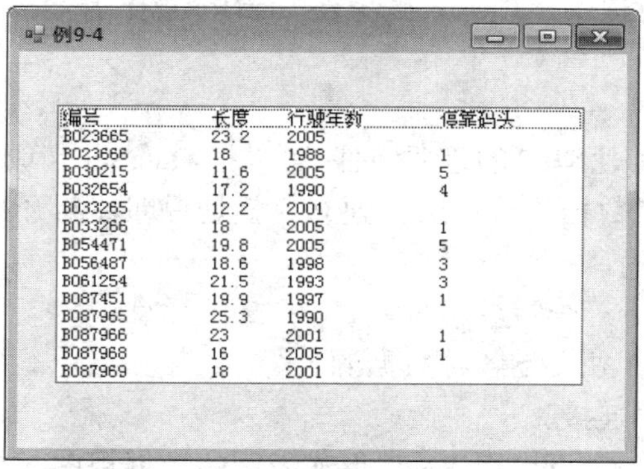

图 9.6　例 9-4 运行结果

【范例分析】

使用 SqlDataAdapter 对象执行数据查询分为如下 4 步。

第一步　加入命名空间

```
using System.Data.SqlClient;
```

第二步　创建 SqlDataAdapter 对象

SqlDataAdapter 类提供了 4 种构造函数，可以根据情况灵活选择任何一种创建 SqlDataAdapter 对象。例如将例 9-4 中的下面这两条语句：

```
sql_str = "select stateRegistrationNo, length,year,slipwayNo from Boat";
SqlDataAdapter myDataAdapter = new SqlDataAdapter(sql_str, myConnection);
```

改为：

```
  sql_str = "select stateRegistrationNo, length,year,slipwayNo from Boat";
SqlDataAdapter myDataAdapter = new SqlDataAdapter();
myDataAdapter.SelectCommand = new SqlCommand(sql_str, myConnection);
```

效果是一样的。

第三步 调用 myDataAdapter 的 Fill()方法, 将数据表中的内容填入到 DataSet 对象中

首先声明一个 DataSet 对象, 再调用 Fill()方法将从数据源中检索的数据结果填充到 DataSet 对象中, 如例 9-4 中的语句:

```
DataSet myDataSet = new DataSet();
myDataAdapter.Fill(myDataSet, " Boat ");
```

第四步 调用 DataSet 对象的 Tables 属性读取其中的内容

因为 DataSet 对象中通常存储有多条数据记录, 通常使用 for 循环逐条处理查询到的数据记录。如例 9-4 中的语句:

```
for (int i = 0; i < myDataSet.Tables[0].Rows.Count; i++)   {
listBox1.Items.Add(String.Format("{0}\t\t{1}\t{2}\t\t{3}",…
myDataSet.Tables[0].Rows[i].ItemArray[3])); }
```

把检索到的记录信息逐条逐项加入到控件 ListBox 控件中。

9.2.2 DataSet

数据集 DataSet 是 ADO.NET 的重要组件。可以把 DataSet 当成内存中的数据库, DataSet 是不依赖于数据库的独立数据集合。所谓独立, 就是说即使断开数据链路, 或者关闭数据库, DataSet 依然是可用的。

DataSet 对象具有以下三个特性。

(1) 独立性。DataSet 独立于各种数据源。

(2) 离线(断开)和连接。

(3) DataSet 对象是一个可以用 XML 形式表示的数据视图, 是一种数据关系视图。

正是由于 DataSet 才使得程序员在编程时可以屏蔽数据库之间的差异, 从而获得一致的编程模型。DataSet 从数据源中检索到的数据在内存中缓存。DataSet 可以将数据和架构作为 XML 文档进行读写。数据和架构可通过 HTTP 传输, 并在支持 XML 的任何一个平台上被任何一个应用程序使用。可以使用 WriteXmlSchema 方法将架构保存为 XML 架构, 并且可以使用 WriteXml 方法保存架构和数据。若要读取既包含架构也包含数据的 XML 文档, 可以使用 ReadXml 方法。

在实际应用中, DataSet 的使用方法一般有以下三种。

(1) 把数据库中的数据通过 DataAdapter 对象填充到 DataSet。

(2) 通过 DataAdapter 对象操作 DataSet 实现数据库的更新。

(3) 把 XML 数据流或文本加载到 DataSet。

需要注意的是: DataSet 所有的数据都是加载在内存上执行的, 这样可以提高数据的访问速度, 提高硬盘数据的安全性, 能极大地改善程序运行的速度和稳定性。因为可以将 DataSet 看作是内存中的数据库, 因此可以说 DataSet 是数据表的集合, 它可以包含任意多个数据表(DataTable), 而且每一个 DataSet 中的数据表(DataTable)对应一个数据源中的数据表(Table)或是数据视图(View)。数据表实质上是由行(DataRow)和列(DataColumn)组成的集合。为了保护内存中数据记录的正确性, 避免并发访问时的读写冲突, DataSet 对

象中的 DataTable 担负着维护每一条记录，分别保存记录的初始状态和当前状态的任务。

　　DataSet 对象结构是非常复杂的，每一个 DataSet 对象是由若干个 DataTable 对象组成的。DataTableCollection 对象就是管理 DataSet 中的所有 DataTable 对象的。表示 DataSet 中两个 DataTable 对象之间的父/子关系是 DataRelation 对象，它使一个 DataTable 中的行与另一个 DataTable 中的行相关联，这种关联类似于关系数据库中数据表之间的主键列和外键列之间的关联。 DataRelationCollection 对象就是管理 DataSet 中所有 DataTable 之间的 DataRelation 关系的。在 DataSet 中，DataSet、DataTable 和 DataColumn 等都具有 ExtendedProperties 属性。 ExtendedProperties 是一个属性集（PropertyCollection），用以存放各种自定义数据，如生成数据集的 SELECT 语句等。DataSet 层次结构中的类如表 9.12 所示。

表 9.12　DataSet 层次结构中的类

类名称	说　明
DataTableCollection	包含特定数据集的所有 DataTable 对象
DataTable	表示数据集中的一个表
DataColumnCollection	表示 DataTable 对象的结构
DataRowCollection	表示 DataTable 对象中的实际数据行
DataColumn	表示 DataTable 对象中列的结构
DataRow	表示 DataTable 对象中的一个数据行

DataSet 类的构造函数如表 9.13 所示。

表 9.13　DataSet 类的构造函数

构造函数名称	说　明
DataSet()	初始化 DataSet 类的新实例
DataSet(String)	用给定名称初始化 DataSet 类的新实例
DataSet(SerializationInfo, StreamingContext)	初始化具有给定序列化信息和上下文的 DataSet 类的新实例
DataSet(SerializationInfo, StreamingContext, Boolean)	初始化 DataSet 类的新实例

DataSet 对象的常用属性如表 9.14 所示。

表 9.14　DataSet 对象的常用属性

属性名称	说　明
DataSetName	获取或设置当前 DataSet 的名称
Tables	获取包含在 DataSet 中的表的集合
HasErrors	获取一个值，指示在此 DataSet 中的 DataTable 对象是否存在错误
Relations	获取用于将表链接起来并允许从父表浏览到子表的关系的集合
SchemaSerializationMode	获取或设置 DataSet 的 SchemaSerializationMode
Container	获取组件的容器

DataSet 对象的常用方法如表 9.15 所示。

表 9.15　DataSet 常用方法

方法名称	说　　明
AcceptChanges	提交自加载此 DataSet 或上次调用 AcceptChanges 以来对其进行的所有更改
GetChanges()	获取 DataSet 的副本，该副本包含自加载以来或自上次调用 AcceptChanges 以来对该数据集进行的所有更改
GetObjectData	用序列化 DataSet 所需的数据填充序列化信息对象
Reset	清除所有表，并从 DataSet 中移除任何关系和约束
ShouldSerializeTables	获取一个值，该值指示是否应该保持 Tables 属性
ShouldSerializeRelations	获取一个值，该值指示是否应该保持 Relations 属性
Merge(DataRow[])	将 DataRow 对象数组合并到当前的 DataSet 中
Merge(DataSet)	将指定的 DataSet 及其架构合并到当前 DataSet 中
Merge(DataTable)	将指定的 DataTable 及其架构合并到当前 DataSet 中
HasChanges()	获取一个值，该值指示 DataSet 是否有更改，包括新增行、已删除的行或已修改的行
RejectChanges	回滚自创建 DataSet 以来或上次调用 AcceptChanges 以来对其进行的所有更改

【例 9-5】　使用 DataSet 和 DataAdapter 对象更新游艇码头数据库 Boat 表。

连接在本地服务器上的 SQL Server 数据库，数据库的名称是 CustomerAndBoat，SQL Server 的登录验证方式是 windows 验证。

Step 1　在 SQL Server 中附加数据库 CustomerAndBoat。在 Visual Studio 2013 中新建一个 Windows 应用程序，项目名称为 "datasetUpdate"。

Step 2　添加一个窗体，并在窗体上添加 6 个 Label 控件、6 个 TextBox 控件和一个按钮。在自动生成的 Form1.cs 程序中添加导入命名空间语句 "using System.Data.SqlClient;"，并在按钮 Click 事件中添加如下代码进行测试（代码 9-5-1.txt）。

```
    private void Form1_Load(object sender, EventArgs e)
    {   //声明 SqlConnection 对象 myConnection
        string sql_str;
        //创建连接数据库的字符串
        string conStr = "Server = localhost;database = CustomerAndBoat;
Integrated Security=True";
        //构造 myConnection 对象
        SqlConnection myConnection = new SqlConnection(conStr);
        try
        {
        myConnection.Open();    //连接数据库
        sql_str = "select stateRegistrationNo, length,year,slipwayNo from
Boat";
        SqlDataAdapter    myDataAdapter    =    new    SqlDataAdapter(sql_str,
myConnection);
        DataSet myDataSet = new DataSet();
```

```
            myDataAdapter.Fill(myDataSet, " Boat ");
            DataRow dr = myDataSet.Tables[0].NewRow();
            dr["stateRegistrationNo"] = textBox1.Text;
            dr["length"] = textBox4.Text;
            dr["manufacturer"] = textBox2.Text;
            dr["slipwayNo"] = textBox3.Text;
            dr["year"] = textBox5.Text;
            dr["customerPhoneNo"] = textBox6.Text;
            SqlCommandBuilder scb = new SqlCommandBuilder(myDataAdapter);
            myDataSet.Tables[0].Rows.Add(dr);
            myDataAdapter.Update(myDataSet,"Boat");
            catch (Exception ex) {           //发生错误后，抛出出错原因
            MessageBox.Show(ex.Message.ToString());    }
            finally {  myConnection.Close();    }
        }
```

程序运行结果如图 9.7 所示。

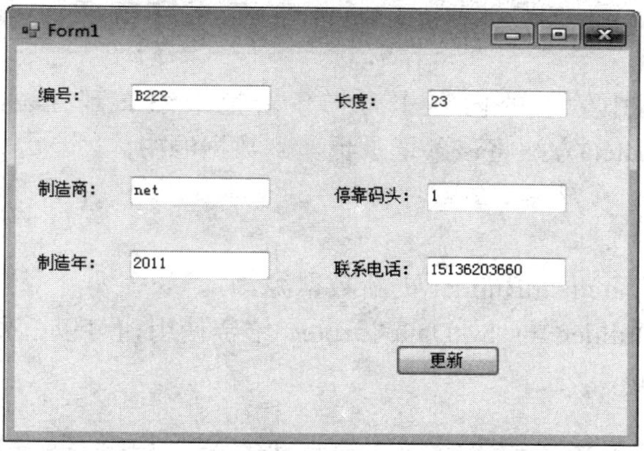

图 9.7　例 9-5 运行结果

【范例分析】

使用 DataSet 和 SqlDataAdapter 更新数据分为如下 4 步。

第一步　加入命名空间

```
using System.Data.SqlClient;
```

第二步　创建 SqlDataAdapter 对象

SqlDataAdapter 类提供了 4 种构造函数，可以根据情况灵活选择任何一种创建 SqlDataAdapter 对象。例 9-5 中 SqlDataAdapter 对象的创建方式为：

```
sql_str = "select stateRegistrationNo, length,year,slipwayNo from Boat";
SqlDataAdapter myDataAdapter = new SqlDataAdapter(sql_str, myConnection);
```

第三步　创建 DataSet 对象，并调用 myDataAdapter 的 Fill()方法，将数据表中的内容填入到 DataSet 对象中

如例 9-5 中语句：

```
DataSet myDataSet = new DataSet();
myDataAdapter.Fill(myDataSet, " Boat ");
```

将 Boat 表中的内容填入到 DataSet 对象 myDataSet 中。

第四步 调用 myDataAdapter 的 Update()方法将 DataSet 的新内容更新到数据源中

如例 9-5 中语句：

```
DataRow dr = myDataSet.Tables[0].NewRow();
dr["stateRegistrationNo"] = textBox1.Text;
dr["length"] = textBox4.Text;
dr["manufacturer"] = textBox2.Text;
dr["slipwayNo"] = textBox3.Text;
dr["year"] = textBox5.Text;
dr["customerPhoneNo"] = textBox6.Text;
SqlCommandBuilder scb = new SqlCommandBuilder(myDataAdapter);
myDataSet.Tables[0].Rows.Add(dr);
myDataAdapter.Update(myDataSet,"Boat");
```

把 TextBox 控件中输入的内容作为一条新记录添加到 DataSet 对象中，再通过 myDataAdapter 的 Update()方法将该条记录更新到数据源中。

【**高手点拨**】

在 C#中使用 SqlCommandBuilder 更新数据源。

将 SqlCommandBuilder 与 SqlDataAdapter 结合使用，可以方便地实现数据库更新。例 9-5 中，如果把语句：

```
SqlCommandBuilder scb = new SqlCommandBuilder(myDataAdapter);
```

删除，程序编译时会发生错误。原因在于 SqlDataAdapter 不会自动生成通过 DataSet 更新数据源所需的 update 语句。这时需要创建一个 SqlCommandBuilder 对象，该对象将根据 SqlDataAdapter 的 SelectCommand 属性来自动生成相应的 insert，update，delete 更新语句。再调用 SqlDataAdapter 对象的 update 方法时，SqlCommandBuilder 对象生成的这些更新语句将帮助 SqlDataAdapter 实现对数据源的单表更新。需要注意的是，SqlDataAdapter 的 select 语句中返回的列要包括主键列，否则 SqlCommandBuilder 对象将无法产生 update 和 delete 语句。

9.2.3 ADO.NET 访问数据库的两种模式

ADO.NET 通过两个主要组件.NET Framework 数据提供程序和 DataSet 访问数据库。ADO.NET 使用以下两种模式访问数据库。

（1）连接模式访问数据库：通常使用 DataReader 对象访问数据库。

（2）非连接模式访问数据库：使用 DataSet 对象访问数据库。

图 9.8 显示了连接模式和非连接模式的运行机制。左边的连接模式在 Connection、

Command 对象的基础上通常使用 DataReader 对象访问数据库，右边的非连接模式在 Connection、Command 和 DataAdapter 对象的基础上使用 DataSet 对象访问数据库。设计应用程序时，应根据情况选择使用哪种模式访问数据库。

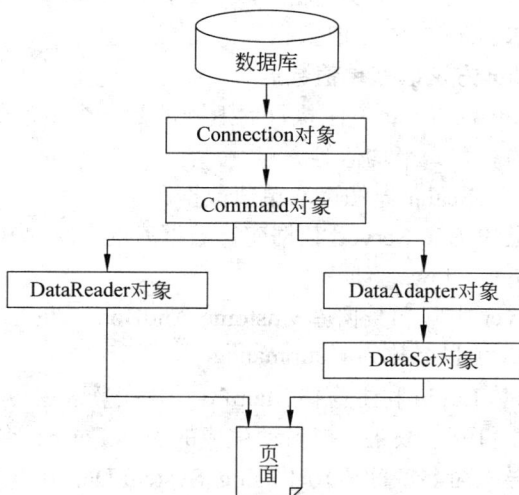

图 9.8   ADO.NET 访问数据库的模式

下列情况下适合使用 DataReader（连接模式访问数据库）。

（1）不需要缓存数据。

（2）要处理的结果集太大，内存中放不下。

（3）需要以仅向前、只读方式快速访问数据。

下列情况下适合使用 DataSet 对象（非连接模式访问数据库）。

（1）重用同样的记录集合，以便通过缓存获得性能改善（例如排序、搜索或筛选数据）。

（2）操作来自多个数据源（例如，来自多个数据库、一个 XML 文件和一个电子表格的混合数据）的数据。

（3）每条记录都需要执行大量处理。对使用 DataReader 返回的每一行进行扩展处理会延长服务于 DataReader 的连接的必要时间，这影响了性能。

9.3   使用连接模式访问数据库

使用连接模式访问数据库是指在数据库操作的整个过程中，应用程序一直保持与数据库的连接状态不断开。使用连接模式访问数据库的特点是处理数据速度快，并且无须考虑数据不一致问题，适用于对数据量较小的频繁更新和只读操作。

使用连接模式访问数据库的步骤如下。

（1）使用 Connection 对象建立与数据源的数据连接。

（2）使用 Command 对象从数据源获取所需数据，或者对数据进行更新。对获取的所需数据，单值数据可以直接读取，记录数据可以使用 DataReader 对象读取。

（3）使用数据绑定技术，在控件上显示读取数据或更新数据。

9.3.1 连接模式下读取数据

使用 Connection 对象建立与数据源的连接后，就可以调用 Command 对象的 ExecuteScalar 和 ExecuteReader 方法读取数据了。

1. 使用 ExecuteScalar 方法读取单值数据

Command 对象的 ExecuteScalar 方法执行后返回的是一个单值数据，如统计符合条件的记录数目，求某列数据的总和、平均值等。

【例 9-6】 使用 ExecuteScalar 方法读取单值数据。

连接在本地服务器上的 SQLServer 数据库，数据库的名称是 CustomerAndBoat，SQL Server 的登录验证方式是 windows 验证。

Step 1 在 SQL Server 中附加数据库 CustomerAndBoat。在 Visual Studio 2013 中新建一个 Windows 应用程序，项目名称为"slipmanage"。

Step 2 添加登录窗体 Login 和主窗体 MainFrm，并在登录窗体 Login 上添加两个 Label 控件、两个 TextBox 控件和两个按钮。把自动生成的窗体 Form1 名称修改为"Login"，并在程序 Login.cs 中添加导入命名空间语句"using System.Data.SqlClient;"，并在 button1 的 Click 事件中添加如下代码进行测试（代码 9-6-1.txt）。

```
private void button1_Click(object sender, EventArgs e)
{          //声明读取单值数据的 SQL 语句，统计用户表中符合条件的用户数目
    string comm = string.Format("Select count(*) from Loginer where
userName='{0}' and pw='{1}'", textBox1.Text, textBox2.Text);
    //声明 SqlConnection 对象，通过 Conn.conn 引用 Conn 类中声明的连接字符串 conn
    SqlConnection sqlcon = new SqlConnection(Conn.conn);
    //声明 SqlConnection 对象
    SqlCommand sql = new SqlCommand(comm, sqlcon);
    int count = 0;
    //打开连接对象
    sqlcon.Open();
    //执行查询命令，得到符合条件的用户计数赋值给整型变量 count
    count = (int)sql.ExecuteScalar();
    if (count > 0)
    {
        //如果符合条件的用户存在，打开主窗体
        Marina.GUI.MainFrm fm = new Marina.GUI.MainFrm();
        fm.Show();
    }
}
```

程序运行结果如图 9.9 所示。

【代码详解】

程序中的下面这条语句：

图 9.9   例 9-6 运行结果

```
string comm = string.Format("Select count(*) from Loginer where userName=
'{0}' and pw='{1}'", textBox1.Text, textBox2.Text);
```

是声明 SQL 语句的常用形式。当需要从用户界面中读取检索条件时（例如，上述语句中，需要从登录窗体中读取用户输入的用户名和密码），通过调用 string 类的 Format 方法格式化 SQL 语句不容易出错。

程序中的下面这条语句：

```
Marina.GUI.MainFrm fm = new Marina.GUI.MainFrm();
```

使用 Marina.GUI.MainFrm 类声明主窗体对象。使用 Marina.GUI.MainFrm 引用 MainFrm 类表明该类位于 Marina 程序集 GUI 文件夹中。通常，为了使程序结构更清晰，会把不同类型的对象放在不同的文件夹下，如把所有窗体文件放置在 GUI 文件夹中，所有类文件放置在 Entity 文件夹中。

2. 使用 ExecuteReader 方法读取记录数据

Command 对象的 ExecuteReader 方法执行后返回的是一个 DataReader 对象。DataReader 对象存储读取的记录数据，如读取用户表中的所有用户年龄信息。

【例 9-7】 使用 ExecuteReader 方法读取记录数据。

Step 1 在 Visual Studio 2013 中打开 Windows 应用程序项目"slipmanage"。

Step 2 添加 Slipway 类，并在类文件 Slipway.cs 中为类 Slipway 添加成员属性和 getAllSlipway 成员方法，代码如下（代码 9-7-1.txt）。

```
public class Slipway
{
    private int _id;
    public string _name;
    public System.Nullable<int> _volume;
    public List<Boat> _Boat;
    public int id {     //为私有成员 int _id 创建公有属性
    get { return this._id; }
    set{  if ((this._id != value)) this._id = value; }
    }
    //获取所有的 slipway，并返回 slipway 列表
```

```
    public List<Slipway> getAllSlipway()
    {   string sql = "select * from slipway ";
    SqlConnection conn = new SqlConnection(Conn.conn);
    SqlCommand cmd = new SqlCommand();
    SqlDataReader sqlread;
    try
    {   if (conn.State != ConnectionState.Open) conn.Open();
    cmd.Connection = conn;
    cmd.CommandText = sql;
    sqlread = cmd.ExecuteReader(CommandBehavior.CloseConnection);
    }
    catch
{
        conn.Close();
        throw;
    }
    if (sqlread.HasRows)
    {   List<Slipway> slipwayList = new List<Slipway>();
      while (sqlread.Read())
      {   Slipway slipway = new Slipway();
          slipway.id = int.Parse(sqlread["id"].ToString());
          slipway.name = sqlread["name"].ToString();
          slipway.volume = int.Parse(sqlread["volume"].ToString());
          slipway.Boat = InSlipway(slipway);
          slipwayList.Add(slipway);
      }
    return slipwayList;
    }
    return null;
}
```

【代码详解】

Slipway 类中的 getAllSlipway 方法用来实现从数据库的船台信息表 slipway 中检索出所有船台信息,并把检索出的船台信息放到一个 Slipway 类型的列表中。通过执行 SQL 语句 "select * from slipway "检索船台信息,程序中的下面这条语句:

```
sqlread = cmd.ExecuteReader(CommandBehavior.CloseConnection);
```

把检索信息存储到 DataReader 对象 sqlread 中。程序中的下面这条语句:

```
List<Slipway> slipwayList = new List<Slipway>();
```

创建一个 Slipway 类型列表 slipwayList,并通过 while 循环中的下面这条语句:

```
slipway.id = int.Parse(sqlread["id"].ToString());
```

把 sqlread 对象中每行记录的 ID 信息提取出来,赋值给 slipway 对象。每处理完一行记录，就会得到一个读取的 slipway 对象，再通过 while 循环中的下面这条语句：

```
slipwayList.Add(slipway);
```

把从船台信息表 slipway 中检索到的记录数据逐条加入 slipwayList 列表中。

【高手点拨】

使用参数 CommandBehavior.CloseConnection 关闭数据连接。

由于 DataReader 对象使用流模式读取数据，数据读取的动作是连续进行的，在具体应用时很难确定数据库连接何时才能被关闭。例 9-7 中，如果 Slipway 类的 getAllSlipway 方法直接返回 DataReader 对象 sqlread 或者 sqlread 是类成员，意味着将在方法以外处理 sqlread，此时若直接关闭其所属的连接对象，sqlread 将不能再被访问。程序中的下面这条语句：

```
sqlread = cmd.ExecuteReader(CommandBehavior.CloseConnection);
```

能保证在方法以外处理 sqlread 对象后，sqlread 被关闭时，其依赖的连接也会被自动关闭。

9.3.2 连接模式下更新数据

Command 对象的 ExecuteNonQuery 方法执行对数据的更新操作，并返回受影响的记录行数。对数据源进行添加、删除、修改和查询等操作。

【例 9-8】 使用 ExecuteNonQuery 方法更新数据源数据。

Step 1 在 Visual Studio 2013 中打开 Windows 应用程序项目"slipmanage"。

Step 2 在类文件 Slipway.cs 中为 Slipway 类添加如下 addSlipway 和 updateSlipway 方法（代码 9-8-1.txt）。

```
public int addSlipway(Slipway slipway)        // 添加 slipway 对象
{
  string csql = "insert into Slipway values ( '" + slipway.name + " '," +
slipway.volume + ")";
  SqlCommand cmd = new SqlCommand();
  using (SqlConnection conn = new SqlConnection(Conn.conn)) {
      if (conn.State != ConnectionState.Open)   conn.Open();
      cmd.Connection = conn;
      cmd.CommandText = csql;  // cmd 属性赋值
      int val = cmd.ExecuteNonQuery();
      return val;   }  //返回执行结果, 如返回 1, 表明添加成功
  }
public int updateSlipway(Slipway slipway)        //更新 slipway 对象
{                        //清除原来停靠在 slipway 上船只的船台号码信息
  string sqlclear="update Boat set slipwayNo=NULL, validity=NULL  where
slipwayNo="+ lipway.id;
    using (SqlConnection conn = new SqlConnection(Conn.conn)  {
```

```
        SqlCommand cmd = new SqlCommand();
        cmd.Connection = conn;          // cmd 属性赋值
        cmd.CommandText = sqlclear;
        cmd.ExecuteNonQuery();    }
        foreach (Boat boat in slipway.Boat)     {
        // 更新最新停靠在 slipway 上船只的船台号码信息
        string sqladd = "update Boat set slipwayNo = " + slipway.id + ", validity
=NULL where stateRegistrationNo = '" + boat.StateRegistrationNo + "'";
            SqlCommand cmd = new SqlCommand();
            using (SqlConnection conn = new SqlConnection(Conn.conn))     {
            cmd.Connection = conn;
            cmd.CommandText = sqladd;    // cmd 属性赋值
            int val = cmd.ExecuteNonQuery();          }
            if (val == 0)  return -1;
        }
        return 1;
    }
```

【代码详解】

Slipway 类中的 addSlipway 方法用来往数据库的船台信息表 slipway 中添加已有船台信息（通过参数 slipway 传递）。updateSlipway 方法用来更新特定船台（通过参数 slipway 传递）的停靠船只信息，它先清除该船台原来停靠船只的船台信息为空，再把该船台最新停靠船只的船台信息依次更新为该船台号码。updateSlipway 方法中的下面这条 SQL 语句：

```
    string sqlclear="update Boat set slipwayNo=NULL, validity=NULL where
slipwayNo="+ lipway.id;
```

用来清除该船台原来停靠船只的船台信息为空。updateSlipway 方法中的下面这条语句：

```
    foreach (Boat boat in slipway.Boat)
```

用来依次更新该船台最新停靠船只的船台信息，并由程序中的下面这条 SQL 语句：

```
    string sqladd = "update Boat set slipwayNo = " + slipway.id + ", validity
=NULL where  stateRegistrationNo = '" + boat.StateRegistrationNo + "'";
```

实现更新操作。

9.4　使用非连接模式访问数据库

非连接模式访问数据库是指应用程序客户端从数据源获取数据后，断开与数据源的连接，所有的数据操作都是针对本地数据缓存里的数据进行的，当需要从数据源获取新数据或者将处理后的数据回传至数据源，客户端再与数据源相连接来完成相应的操作。

非连接模式访问数据库的核心对象是 DataSet，一旦通过 DataAdapter 对象将数据填充至 DataSet 对象后，随后的数据访问将直接针对 DataSet 对象展开。与连接模式下数据通过 DataReader 对象读取的方式不同，非连接模式下，数据通过数据适配器 DataAdapter 对象在数据源与 DataSet 对象之间传递。一方面，它可以将数据库中数据填充到 DataSet 对象中供客户端访问，另一方面，它也可以将客户端对 DataSet 所做的修改更新回数据库中。因此，DataAdapter 对象也被称为 DataSet 对象与数据库之间的"搬运工"，如图 9.10 所示。

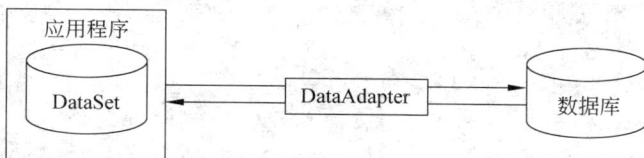

图 9.10　数据适配器 DataAdapter

使用非连接模式访问数据库时，由数据适配器 DataAdapter 对象自动处理数据库连接，为了提高数据库访问性能，DataAdapter 对象会尽可能缩短连接打开的总时间。一旦应用程序中 DataSet 对象被填充，它会立即关闭数据库连接，仅在本地留下一个远程数据的副本。应用程序可以对 DataSet 对象中的 DataTable 对象进行插入、修改、删除操作，但物理数据库不会随之被更新，直到显式提交 DataSet 对象到 DataAdapter 对象时物理数据库才会被更新。简而言之，DataSet 对象造成了应用程序总是连接着数据库的假相，其实所有的操作都是对一个内存中的局部数据库进行的。

使用非连接模式访问数据库的特点是数据以与数据源无关的 XML 形式存放，并可以被独立地复制与更改，适用于结构复杂、数据量大的数据访问。

使用非连接模式访问数据库的步骤如下。

（1）使用 Connection 对象建立与数据源的数据连接；

（2）DataAdapter 对象使用 Command 对象从数据源获取所需数据；

（3）DataAdapter 对象将数据填充到 DataSet 对象中；应用程序对 DataSet 对象中的数据执行各种操作（包括插入、更新、删除、显示）；

（4）利用 DataAdapter 对象把 DataSet 对象中的数据更新到数据库。

9.4.1　非连接模式下读取数据

DataAdapter 对象的 Fill 方法执行后把检索数据填充到 DataSet 对象中，由 DataSet 对象中的 Table 对象存储读取的记录数据。

【例 9-9】　使用 DataSet 对象读取记录数据。

Step 1　在 Visual Studio 2013 中打开 Windows 应用程序项目"slipmanage"。

Step 2　更改例 9-7 中 Slipway 类中的 getAllSlipway 方法，代码如下（代码 9-9-1.txt）。

```
public List<Slipway> getAllSlipway()
{
  string sql = "select * from slipway ";
  SqlDataAdapter da = new SqlDataAdapter(sql, Conn.conn);
  DataSet sqlread = new DataSet();
  da.Fill(sqlread);
```

```
    DataTable dt = sqlread.Tables[0];
    if (dt.Rows.Count>0)
    {
      List<Slipway> slipwayList = new List<Slipway>();
      for (int i = 0; i < dt.Rows.Count;i++ )
                                   //获取所有的 slipway，并返回 slipway 列表
      {
        Slipway slipway = new Slipway();
        slipway.id = int.Parse(dt.Rows[i]["id"].ToString());
        slipway.name = dt.Rows[i]["name"].ToString();
        slipway.volume = int.Parse(dt.Rows[i]["volume"].ToString());
        slipway.Boat = InSlipway(slipway);
        slipwayList.Add(slipway);
      }
      return slipwayList;
    }
    return null;
  }
```

【代码详解】

与例 9-7 一样，上述 Slipway 类中的 getAllSlipway 方法用来实现从数据库的船台信息表 slipway 中检索出所有船台信息，并把检索出的船台信息放到一个 Slipway 类型的列表中。通过执行 SQL 语句"select * from slipway "检索船台信息，程序中下面的语句：

```
SqlDataAdapter da = new SqlDataAdapter(sql, Conn.conn);
DataSet sqlread = new DataSet();
da.Fill(sqlread);
DataTable dt = sqlread.Tables[0];
```

通过调用 DataAdapter 对象 da 的 Fill 方法把检索数据填充到 DataSet 对象 sqlread 中，并通过 Table 对象 dt 访问。程序中的下面这条语句：

```
List<Slipway> slipwayList = new List<Slipway>();
```

创建一个 Slipway 类型列表 slipwayList，并通过 for 循环中的下面这条语句：

```
slipway.id = int.Parse(dt.Rows[i]["id"].ToString());
```

把填充到 sqlread 对象的 dt 表中的每行记录的 ID 信息提取出来，赋值给 slipway 对象。每处理完一行记录，就会得到一个读取的 slipway 对象，通过 for 循环中的下面这条语句：

```
slipwayList.Add(slipway);
```

把读取的 slipway 对象加入 slipwayList 列表中。

9.4.2　非连接模式下更新数据

DataAdapter 对象的 Update 方法执行后把修改过的 DataSet 数据更新至数据源。非连接模式下通过 DataSet 对象更新数据源数据的步骤如下。

（1）通过 DataAdapter 对象用数据源中的数据填充 DataSet 对象中的每个 DataTable 对象；

（2）通过添加、更新或删除 DataRow 对象更改单个 DataTable 对象中的数据；

（3）调用 DataAdapter 对象的 Update 方法把 DataSet 对象中已修改数据更新至数据源。

【例 9-10】　使用 DataSet 对象更新数据源数据。

Step 1　在 Visual Studio 2013 中打开 Windows 应用程序项目 "slipmanage"。

Step 2　更改例 9-8 中 Slipway 类中的 addSlipway 和 updateSlipway 的方法，代码如下（代码 9-10-1.txt）。

```
public int addSlipway(Slipway slipway)          // 添加 slipway 对象
{
     string sql = "select * from Slipway ";
     DataSet sqlread = new DataSet();
     SqlDataAdapter da = new SqlDataAdapter(sql, Conn.conn);
     da.Fill(sqlread, "Slipway");
     DataTable dt = sqlread.Tables["Slipway"];
     DataRow dr = dt.NewRow();
     dr["name"]=slipway.name;
     dr["volume"] = slipway.volume;
     dt.Rows.Add(dr);
     SqlCommandBuilder scb = new SqlCommandBuilder(da);
     int val= da.Update(sqlread, "Boat");
     return val;
 }
public int updateSlipway(Slipway slipway)        //更新 slipway 对象
{                                 //获取所有船只信息，并存储到 DataSet 对象中
  string sql = "select * from Boat ";
  int val=0;
  DataSet sqlread = new DataSet();
  SqlDataAdapter da = new SqlDataAdapter(sql, Conn.conn);
  da.Fill(sqlread, "Boat");
  DataTable dt = sqlread.Tables["Boat"];
  if (dt.Rows.Count>0)   {    //清除原来停靠在 slipway 船台上船只的船台号码信息
     for (int i = 0; i < dt.Rows.Count;i++ )   {
       if(dt.Rows[i]["slipwayNo"] ==(object)slipway.id)   {
         dt.Rows[i]["slipwayNo"]=null;
         dt.Rows[i]["validity"] = DBNull.Value;
       }
     }
     SqlCommandBuilder scb = new SqlCommandBuilder(da);
```

```
          da.Update(sqlread,"Boat");
     }
  if (dt.Rows.Count>0)  {      // 更新最新停靠在 slipway 船台上船只的船台号码信息
       foreach (Boat boat in slipway.Boat)  {
                string temp = boat.StateRegistrationNo;
                for (int i = 0; i < dt.Rows.Count;i++ )  {
                      if (temp ==
                        (dt.Rows[i]["stateRegistrationNo"].ToString())) {
                          dt.Rows[i]["slipwayNo"] = slipway.id;
                          dt.Rows[i]["validity"] =DBNull.Value;
                      }
                }
      }
     SqlCommandBuilder scb = new SqlCommandBuilder(da);
     val = da.Update(sqlread, "Boat");
  }
  if (val == 0)
  {
     return -1;
  }
  return 1;
}
```

【代码详解】

与例 9-8 一样，上述 Slipway 类中的 addSlipway 方法用来往数据库的船台信息表 slipway 中添加已有船台信息（通过参数 slipway 传递）。updateSlipway 方法用来更新特定船台（通过参数 slipway 传递）的停靠船只信息，它先清除该船台原来停靠船只的船台信息为空，再把该船台最新停靠船只的船台信息依次更新为该船台号码。updateSlipway 方法通过执行 SQL 语句"select * from Boat ;"检索 Boat 表中的船只信息，程序中的下面三条语句：

```
SqlDataAdapter da = new SqlDataAdapter(sql, Conn.conn);
DataSet sqlread = new DataSet();
da.Fill(sqlread, "Boat");
```

通过调用 DataAdapter 对象 da 的 Fill 方法把检索到的船只信息填充到 DataSet 对象 sqlread 中。程序中的下面这条语句：

```
DataTable dt = sqlread.Tables["Boat"];
```

把 sqlread 对象中 Boat 表的内容暂赋给 Table 对象 dt（即通过 Table 对象 dt 访问 Boat 表内容），并通过下面的 for 循环：

```
for (int i = 0; i < dt.Rows.Count;i++ )
{
   //判断 dt 表中船只原来是否停靠在 slipway 船台对象上
   if(dt.Rows[i]["slipwayNo"] ==(object)slipway.id)
```

```
{
    dt.Rows[i]["slipwayNo"]= DBNull.Value;      //船只的船台停靠信息更新为空
  }
}
```

先把 dt 表中原来停靠在 slipway 对象上的船只的船台停靠信息更新为空，再通过下面的 for 循环：

```
foreach (Boat boat in slipway.Boat)  //处理最新停靠在 slipway 船台上的船只列表
slipway.Boat
  {
    //获取目前停靠在 slipway 船台上船只的注册号信息
    string temp = boat.StateRegistrationNo;
    for (int i = 0; i < dt.Rows.Count;i++ )
  {  //根据注册号信息在 dt 表中找到停靠在 slipway 船台上的船只
    if (temp == (dt.Rows[i]["stateRegistrationNo"].ToString()))
    //船只的船台停靠信息更新为 slipway 对象的船台号
    dt.Rows[i]["slipwayNo"] = slipway.id;
  }
}
```

逐个处理最新停靠在 slipway 船台对象上的船只信息：根据注册号信息 stateRegistrationNo 寻找 dt 表中对应的船只信息，并把 dt 表中对应的船只信息更新为 slipway 对象的船台号。下面的语句：

```
SqlCommandBuilder scb = new SqlCommandBuilder(da);
da.Update(sqlread, "Boat");
```

通过 DataAdapter 对象 da 把已经修改过的 dt 表中信息（即 DataSet 对象 sqlread 中 Boat 表信息）更新到数据源中。

比较例 9-8 和例 9-10 中的 updateSlipway 方法可以看出，连接模式下，数据连接打开后，直接通过 Command 对象执行对数据源数据的更新；非连接模式下，先把数据源中需要更新的数据检索出来，暂存到本地的 DataSet 对象中直接修改，再通过 DataAdapter 对象把 DataSet 对象中已修改的数据更新至数据源。如果需要更新的数据量不大，使用连接模式不仅可以节省 DataSet 所使用的内存，还将省去创建 DataSet 并填充其内容所需的处理，从而提高应用程序的性能。

【高手点拨】

DBNULL 与 NULL 的区别。

null 关键字是表示不引用任何对象的空引用的文字值，它是引用类型变量的默认值。也就是说，只有引用型的变量可以为 null，语句"int i=null"是错误的，因为 int 是值类型的。C#允许使用==或！=来判断是否为 null。

DBNull 在.NET 中是单独的一个类型，用于指示不存在某个已知值（通常在数据库应用程序中）。其实例只有一个，即 DBNull.Value。默认情况下，数据表中的未初始化字段具有 DBNull 值。也就是说，对于数据库中的任一条数据记录，row[column] 返回的值或者是 column 类型的值，或者是 DBNull，而不可能是 null。

程序中的下面这条语句：

```
dt.Rows[i]["slipwayNo"]= DBNull.Value;
```

实现把某条记录的 slipwayNo 字段值清空。

9.5 数 据 绑 定

前面几节介绍了对数据库中的数据进行查询、修改和删除，并把查询结果显示在控件中的类和方法。本节将介绍如何把数据库中的数据绑定到控件上显示给用户，数据绑定是进行数据库编程最为重要的第一步。通过数据绑定方法，可以十分方便地对已经打开的数据集中的记录进行浏览、插入、删除等具体的数据操作、处理。

9.5.1 数据绑定技术概述

数据绑定技术就是把控件链接到数据源的过程，即把已经打开的数据集中某个或某些字段绑定到控件的某些属性上的一种技术。例如，可以把已经打开数据的某个或者某些字段绑定到 Text 控件、ListBox 控件和 ComBox 等控件上的能够显示数据的属性上面。当对控件完成数据绑定后，其显示字段的内容将随着数据记录指针的变化而变化。这样程序员就可以定制数据显示方式和内容，从而为以后的数据处理做好准备。

图 9.11 显示了数据绑定中使用的对象的类层次结构，它们都位于 System.Windows.Forms 命名空间中。其中，带阴影的对象就是在绑定中使用的对象。下面讨论 Binding、BindingContext 和 BindingManagerBase 对象之间的关系，说明在把数据绑定到窗体上的一个或多个控件上时，它们是如何交互的。

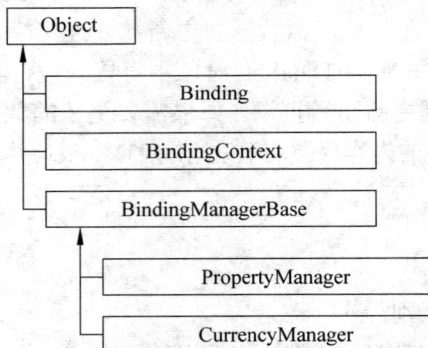

图 9.11　数据绑定中使用的对象的类层次结构

（1）Binding 对象负责将控件的属性和数据对象的属性关联起来。

数据对象的属性值会被自动传递到控件的属性，而控件的属性值更改后也会直接传回数据对象的属性（双向绑定）。在一个包含多个控件的 Windows 窗体界面中，一般都会有一组 Binding 对象来管理不同控件中的属性和相同数据源中属性的关联关系。

（2）BindingManagerBase 对象负责管理 Binding 对象组。

BindingManagerBase 为抽象类，它包含两个子类：PropertyManager 和 CurrencyManager。PropertyManager 对象负责维护对象的属性与数据绑定控件属性之间的 Binding 对象；CurrencyManager 负责管理 Binding 对象的列表。管理列表或集合类型的数据源对象。

一个 PropertyManager 或 CurrencyManager 总是只和一个数据源对象相对应。也就是说，一个特定的数据源对象（无论是单一对象还是集合类对象）都会有一个对应的 BindingManagerBase 的子对象。对同一窗体而言，通常都会面对多个数据源而不是一个，也就会产生多个 PropertyManager 或 CurrencyManager 对象。

（3）BindingContext 对象主要负责管理多个 BindingManagerBase 子对象。

BindingContext 对象可以通过窗体的 BindingContext 属性获得，它是一个字典的集合。根据所绑定控件的不同，数据绑定可以分为两种类型：简单数据绑定和复杂数据绑定。简单数据绑定是在控件的属性（实现了 IBindableComponent 接口的组件属性）与数据项的属性之间做了映射，这些控件显示出来的字段只是单个记录，这种绑定方式一般使用在显示单个值的控件上（TextBox 控件和 Label 控件等）。复杂数据绑定是基于列表的绑定，数据项的列表（实现了 IList 接口的集合对象）被绑定到控件上，这些控件显示出来的字段是多个记录。这种绑定一般使用在显示多个值的组件上（ComBox 控件和 ListBox 控件等）。

数据绑定的步骤一般包含如下两步。

（1）无论是简单型的数据绑定，还是复杂型的数据绑定，要实现绑定的第一步就是要连接数据库，得到可以操作的数据集。

（2）根据不同控件，采用不同的数据绑定方式实现数据绑定。对于简单数据绑定，一般是通过把数据集中的某个字段绑定到组件的显示属性上面。对于复杂数据绑定，一般是通过设定数据集中某些属性值来实现绑定的。

一旦实现了数据绑定，数据集将作为 Windows 窗体程序控件的"数据源"，数据绑定控件中的数据与数据集中的数据始终保持一致。

9.5.2　简单数据绑定

简单数据绑定是将一个用户界面元素（控件）的属性绑定到一个类型（对象）实例上的某个属性的方法。例如，可以把数据表 Slipway 的 Name 字段值绑定到一个 TextBox 的 Text 属性上。"绑定"了这两个属性之后，对 TextBox 的 Text 属性的更改将"传播"到 Slipway 的 Name 字段，而对 Slipway 的 Name 字段值的更改同样会"传播"到 TextBox 的 Text 属性。Windows 窗体的简单数据绑定支持绑定到任何 public 或者 internal 级别的.NET Framework 属性。

简单数据绑定的方法有以下两种。

（1）编码实现绑定。简单数据绑定的一般编码格式为：控件名称.DataBindings.Add ("属性名"，数据集名，"字段名")，例如以下代码：

```
textBox1.DataBindings.Add ( "Text", dataSet1 , "name");
```

把数据集 dataSet1 中的 name 字段值绑定到一个 textBox1 的 Text 属性上。

（2）通过绑定控件的【属性】窗口实现绑定。在绑定控件的【属性】窗口中打开 DataBindings 属性，从中选择要绑定的控件属性和绑定目标。

如果将 TextBox 控件添加到某个窗体并将其绑定到数据集中的表列，则该控件与此窗体的 BindingContext 进行通信，而 BindingContext 与此数据关联的特定 CurrencyManager 进行通信，通过 CurrencyManager 的 Position 属性控制 TextBox 控件的当前绑定记录。在下面的代码示例中，通过 TextBox 控件所在的窗体的 BindingContext 对象，将此控件绑定到 splist 数据集中 Slipway 表的 name 和 volume 列。

【例 9-11】 编写代码实现简单数据绑定。

Step 1 在 Visual Studio 2013 中打开 Windows 应用程序项目"slipmanage"。

Step 2 打开主窗体 MainFrm 的设计界面，并在主窗体中添加数据显示控件，添加控件后的主窗体如图 9.12 所示。

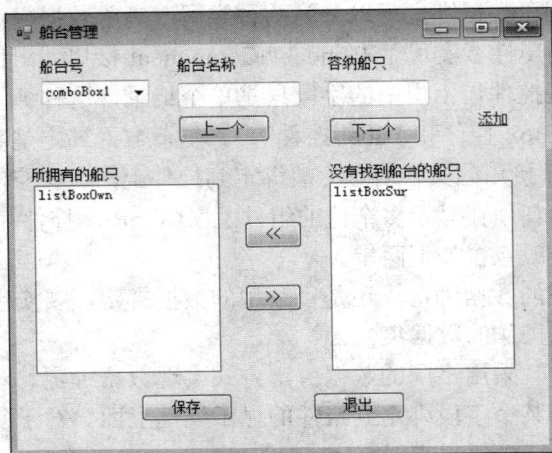

图 9.12 例 9-11 窗体界面

Step 3 在主窗体 MainFrm 类中分别添加窗体的 Load 事件、【上一个】按钮和【下一个】按钮的 Click 事件，代码如下（代码 9-11-1.txt）。

```
private void Main_Load(object sender, EventArgs e)
{
    splist = slipwayB.getAllSlipway();    //获取所有 slipway 对象
    //创建船台名称的绑定对象
    Binding bind_name = new Binding("Text", splist, "name", true);
    textBox1.DataBindings.Add(bind_name);
    //创建容纳船只的绑定对象
    Binding bind_volume = new Binding("Text", splist, "volume", true);
    textBox2.DataBindings.Add(bind_volume);
    bm = (CurrencyManager)this.BindingContext[splist];
}
private void button1_Click(object sender, EventArgs e)
{
    bm.Position--;    //绑定记录向前移动
```

```
    }
    private void button2_Click(object sender, EventArgs e)
    {
        bm.Position++;     //绑定记录向后移动
    }
```

程序运行结果如图 9.13 所示。

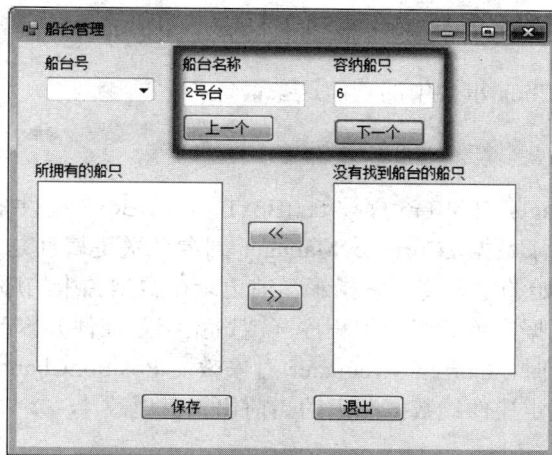

图 9.13　例 9-11 运行界面

【代码详解】

程序中的下面这条语句：

```
splist = slipwayB.getAllSlipway();
```

调用 slipway 对象的 getAllSlipway 方法，获得所有船台记录，并存储到 splist 列表中。为此，要在窗体类中声明为全局 splist 列表：

```
List<Slipway> splist = null;
```

程序中 splist 列表作为 TextBox 控件的绑定数据源。也可以从数据库中获取所有船台记录并存储到 DataSet 对象中作为绑定数据源。程序中的下面这条语句：

```
Binding bind_name = new Binding("Text", splist, "name", true);
```

为 textBox1 控件创建 Binding 对象 bind_name，构造函数 Binding 的参数 Text 指把数据绑定到控件的 Text 属性上，参数 splist 指绑定的数据源对象，参数 name 指绑定数据源中的具体字段，参数 true 指设置 Binding 对象的 FormattingEnabled 属性为 true，即允许 Binding 对象自动在数据源类型和控件要求类型间进行转换。程序中的下面这条语句：

```
textBox1.DataBindings.Add(bind_name);
```

通过 textBox1 控件的 DataBindings 属性赋值把 Binding 对象 bind_name 和 textBox1 控件绑定起来。这样，程序运行时，textBox1 控件将显示 splist 列表中第一个对象的 name 字段值（即船台名称）。程序中的下面这条语句：

```
bm = (CurrencyManager)this.BindingContext[splist];
```

通过窗体的 BindingContext 对象获得与上述绑定数据源对象 splist 对应的"管理者"（CurrencyManager 对象 bm），以便在窗体显示时对绑定数据进行操控。为此，要在窗体类中声明为全局 CurrencyManager 类型变量 bm：

```
private CurrencyManager bm;
```

【上一个】按钮的 Click 事件中的下面这条语句：

```
bm.Position--;
```

通过 CurrencyManager 对象 bm 操控 textBox1 和 textBox2 控件中的显示数据，使其显示当前记录的上一条记录数据。CurrencyManager 对象的关键属性是 Position 和 Current。Position 是一个从 0 开始的整数值，它指示当前记录在数据源中的序号位置。Current 则返回在当前位置发现的数据对象。当应用程序（或数据绑定控件）修改当前位置或更改当前数据对象中的任何字段时，CurrencyManager 对象激发 PositionChanged 和 CurrentChanged 两个相关事件，通知绑定控件该数据源上的当前位置已更改。

【高手点拨】

Binding 对象的隐式调用。

在数据绑定技术的实际应用中，也可以不显式声明 Binding 对象实现数据到控件的绑定。如例 9-11 中的代码：

```
Binding bind_name = new Binding("Text", splist, "name", true);
textBox1.DataBindings.Add(bind_name);
Binding bind_volume = new Binding("Text", splist, "volume", true);
textBox2.DataBindings.Add(bind_volume);
```

修改为下面的语句：

```
textBox1.DataBindings.Add("Text", splist, "name");
textBox2.DataBindings.Add("Text", splist, "volume");
```

其功效是一样的。

【例 9-12】 通过控件的【属性】窗口实现简单数据绑定。

Step 1 在 Visual Studio 2013 中打开 Windows 应用程序项目"slipmanage"。添加主窗体的复制窗体 MFcopy，并选中窗体 MFcopy 中用来显示船台名称的 textBox1 控件。

Step 2 在 textBox1 控件的【属性】窗口中单击 DataBindings 集合属性中 Text 子属性右侧的下拉列表选择绑定数据源，如图 9.14 所示。

Step 3 选择【添加项目数据源】选项，打开数据源配置向导，在【选择数据源类型】对话框中选择【数据库】选项，如图 9.15 所示。

图 9.14　绑定数据源

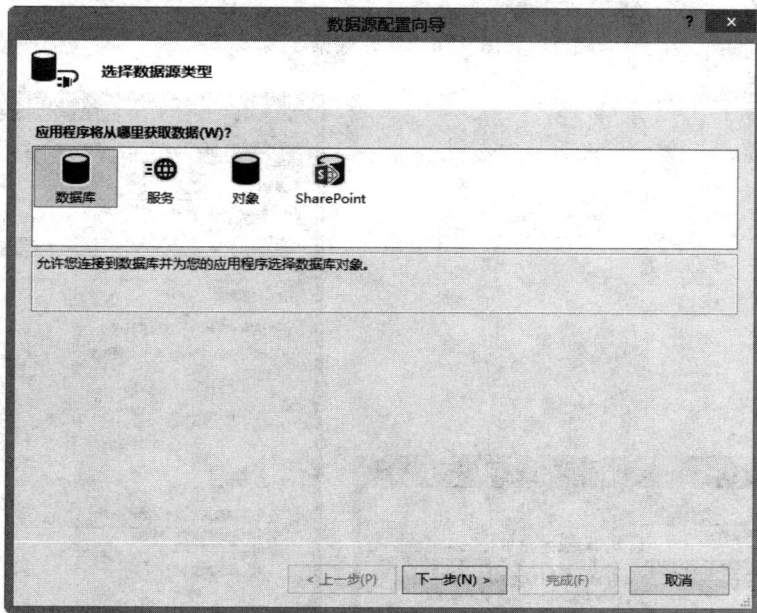

图 9.15　【选择数据源类型】对话框

Step 4　单击【下一步】按钮，在【选择您的数据连接】对话框中单击右侧的【新建连接】按钮，如图 9.16 所示。

Step 5　在【选择数据源】对话框中选择 Microsoft SQL Server 选项，并单击【继续】按钮，如图 9.17 所示。

Step 6　在【添加连接】对话框中选择数据库服务器名称（"."表示本机）和数据库名称，单击【确定】按钮，如图 9.18 所示。

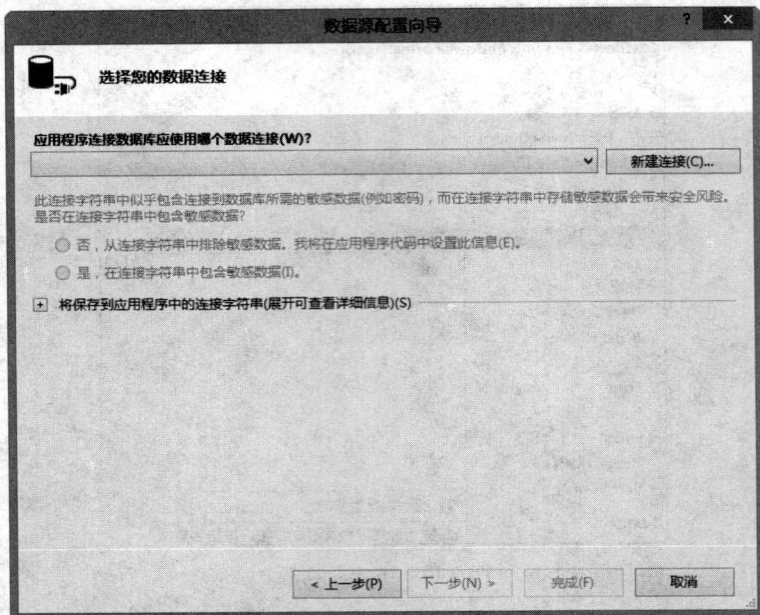

图 9.16　选择数据连接

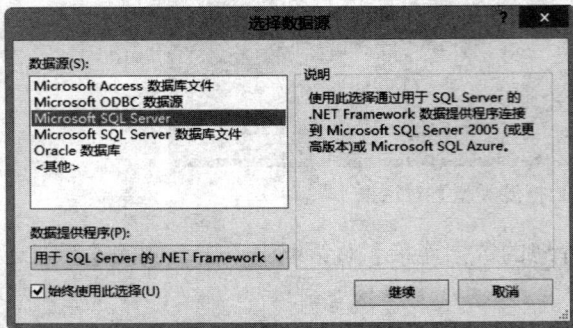

图 9.17　选择数据源

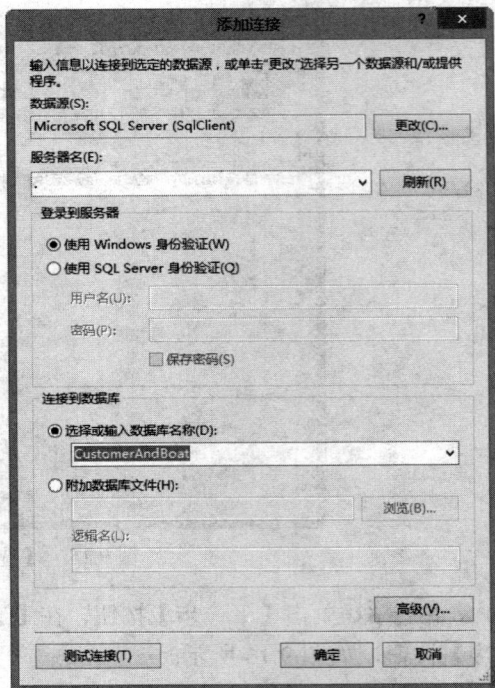

图 9.18　【添加连接】对话框

Step 7　在返回的【选择您的数据连接】对话框中单击【下一步】按钮，打开【选择数据库对象】对话框，展开表 Slipway，选中 name 字段，单击【完成】按钮，如图 9.19 所示。

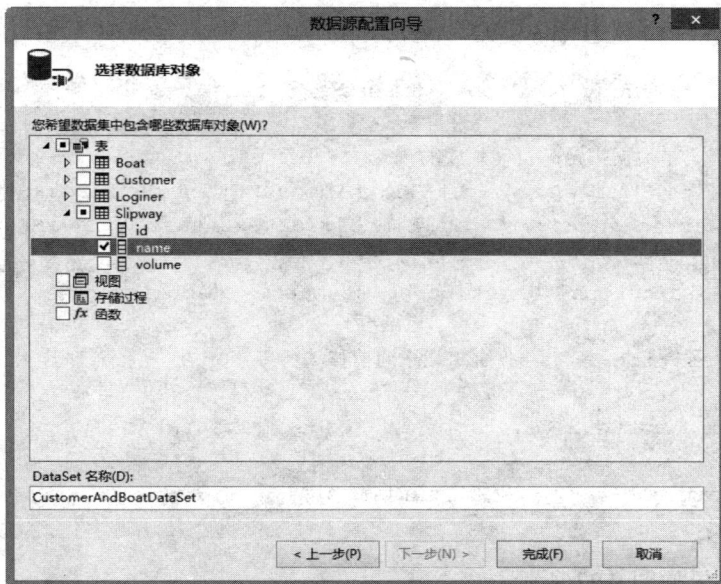

图 9.19　选择数据库对象

Step 8　在 textBox1 控件的【属性】窗口中再一次单击 DataBindings 集合属性中 Text 子属性右侧的下拉列表，并选择绑定数据源，如图 9.20 所示。

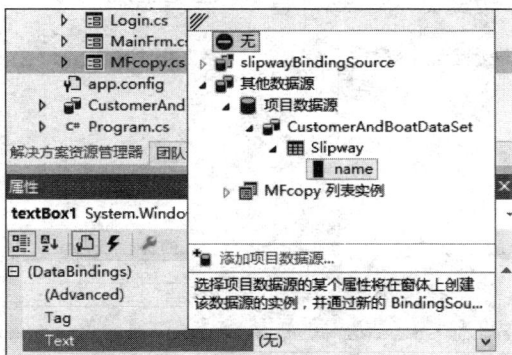

图 9.20　选择绑定数据源

Step 9　textBox1 控件数据绑定操作完成，此时其 DataBindings 集合属性中 Text 子属性右侧的下拉列表中显示的是绑定数据源名称，如图 9.21 所示。

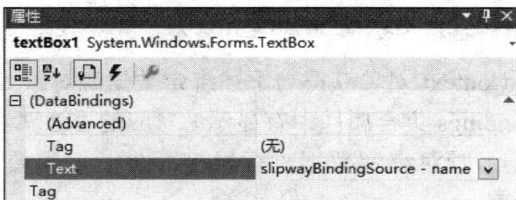

图 9.21　数据绑定完成

Step 10　双击窗体 MFcopy，在窗体的 Load 事件、【上一个】按钮和【下一个】按钮的 Click 事件，代码如下（代码 9-12-1.txt）。

```
private void MFcopy_Load(object sender, EventArgs e)
{
    //这行代码是数据绑定时自动生成的
    this.slipwayTableAdapter.Fill(this.customerAndBoatDataSet.Slipway);
    bm = (CurrencyManager)this.BindingContext[this.slipwayBindingSource];
}
private void button1_Click(object sender, EventArgs e)
{
    bm.Position--;      //绑定记录向前移动
}
private void button2_Click(object sender, EventArgs e)
{
    bm.Position++;         //绑定记录向后移动
}
```

程序运行结果如图 9.22 所示。

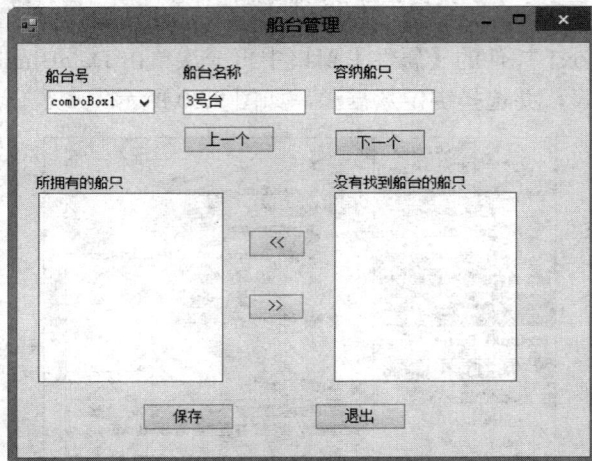

图 9.22　例 9-12 运行界面

【代码详解】

程序中的下面这条语句：

```
bm = (CurrencyManager)this.BindingContext[this.slipwayBindingSource];
```

通过窗体的 BindingContext 对象获得与上述绑定数据源对象 this.slipwayBindingSource（textBox1 控件的 DataBindings 集合属性中有显示）对应的"管理者"（CurrencyManager 对象 bm），以便在窗体显示时对绑定数据进行操控。为此，需要在窗体类中声明为全局 CurrencyManager 类型变量 bm：

```
private CurrencyManager bm;
```

9.5.3 复杂数据绑定

复杂数据绑定是把一个基于列表的控件（例如 ComboBox、Grid）绑定到一个数据实例列表（例如 DataTable）的方法。和简单数据绑定一样，复杂数据绑定通常也是用户界面元素发生改变时传播到数据列表，数据列表发生改变时传播到用户界面元素。Windows 窗体复杂数据绑定可以绑定到那些支持 IList 接口（如果使用的是 BindingSource 组件，也可以绑定到支持 IEnumerable 接口）的数据列表。

基于列表的控件有以下三个非常重要的属性支持复杂数据绑定。

（1）DataSource 属性：指定数据绑定控件的数据来源（如 DataSet 或 DataTable），显示的时候程序将会从这个数据中获取数据并显示。

（2）DisplayMember 属性：用来将控件绑定到特定数据元素，该数据显示在控件中。

（3）ValueMember 属性：用来将控件绑定到特定数据元素，该数据不会显示在控件中，一般是表中的主键。

复杂数据绑定的方法有以下两种。

（1）编码实现绑定。直接在代码中对绑定控件的 DataSource、DisplayMember 和 ValueMember 属性进行设定。

（2）通过绑定控件的【属性】窗口实现绑定。在绑定控件的【属性】窗口中将 DataSource 属性设置为指定数据源，然后将 DisplayMember 和 ValueMember 属性设置为相应的表字段。特别地，对于表格绑定控件应设置 DataSource 属性和 DataMember 属性。

【例 9-13】 编写代码实现复杂数据绑定。

Step 1 在 Visual Studio 2013 中打开 Windows 应用程序项目 slipmanage。

Step 2 在例 9-12 的基础上，在主窗体 MainFrm 类的 Load 事件中添加代码如下（代码 9-13-1.txt）。

```
comboBox1.DataSource = splist;
comboBox1.DisplayMember = "id";
```

程序运行结果如图 9.23 所示。

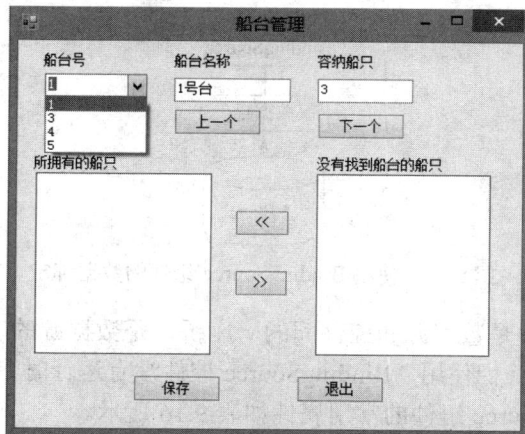

图 9.23　例 9-13 运行结果

【代码详解】

程序中的数据源 splist 列表由下面这条语句获得：

```
splist = slipwayB.getAllSlipway();
```

程序中的下面这条语句：

```
comboBox1.DisplayMember = "id";
```

通过 comboBox1 控件的 DisplayMember 属性赋值把数据源 splist 列表中的船台号（字段 id）和 comboBox1 控件绑定起来。这样，程序运行时，comboBox1 控件将显示 splist 列表中所有对象的 id 字段值（即船台号）。

与实现简单数据绑定类似，通过绑定控件的【属性】窗口实现复杂数据绑定，只需在【属性】窗口中将 DataSource 属性设置为指定数据源（可通过向导添加项目数据源），并将 DisplayMember 属性设置为显示字段即可。

9.5.4 BindingSource 与 BindingNavigator 数据绑定组件

BindingSource 组件是.NET 在 Windows Forms 数据绑定方面最重要的创举之一，它能够为窗体封装数据源，让控件的数据绑定操作更加简便。通过将 BindingSource 组件绑定到数据源，然后将窗体上的控件绑定到 BindingSource 组件，BindingSource 组件提供一个将窗体上的控件绑定到数据的间接层。通过 BindingSource 组件，可以控制对数据的修改。与数据的所有进一步交互（包括导航、排序、筛选和更新）都可以通过调用 BindingSource 组件来完成。

使用 BindingSource 组件时，一般先在窗体上加入一个 BindingSource 组件，接着将 BindingSource 组件绑定至数据源，最后再将窗体上的控件绑定至 BindingSource 组件。通常将 BindingNavigator 控件与 BindingSource 组件搭配使用，以便浏览 BindingSource 组件的数据源。使用 BindingSource 组件的数据绑定示意图如图 9.24 所示。

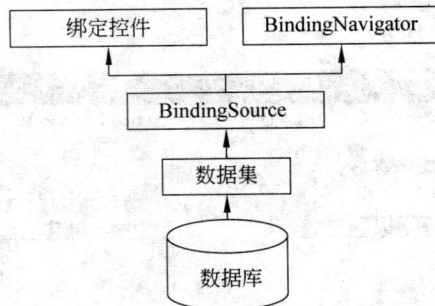

图 9.24　使用 BindingSource 组件的数据绑定

BindingSource 组件是数据源和控件间的一座桥，是数据源的"看门人"，同时提供了大量的 API 和 Event 供我们使用。BindingSource 控件没有运行时界面，无法在用户界面上看到该控件。BindingSource 组件的常用属性如表 9.16 所示。

表 9.16　BindingSource 组件常用属性

属性名称	说　明
AllowEdit	指示是否可以编辑 BindingSource 控件中的记录
AllowNew	指示是否可以使用 AddNew 方法向 BindingSource 控件添加记录
AllowRemove	指示是否可从 BindingSource 控件中删除记录
Count	获取 BindingSource 控件中的记录数
CurrencyManager	获取与 BindingSource 控件关联的当前记录管理器
Current	获取 BindingSource 控件中的当前记录
DataMember	获取或设置连接器当前绑定到的数据源中的特定数据列表或数据库表
DataSource	获取或设置连接器绑定到的数据源
Filter	获取或设置用于筛选的表达式
Sort	获取或设置用于排序的列名来指定排序
Item	获取或设置指定索引的记录

　　BindingNavigator 组件表示在窗体上定位和操作数据的标准化方法，为用户提供简单的数据导航和用户界面操作。BindingNavigator 组件的用户界面（UI）由一系列 ToolStrip 按钮、文本框和静态文本元素组成，能完成大多数常见的与数据相关的操作——添加数据、删除数据和定位数据。默认情况下，BindingNavigator 组件的用户界面如图 9.25 所示，图中的按钮分别用来定位到数据集中第一条、最后一条、下一条和上一条记录和添加、删除记录。用户也可以将按钮添加到 BindingNavigator 组件中，例如，向 Windows 窗体 BindingNavigator 控件添加【加载】、【保存】和【取消】按钮。

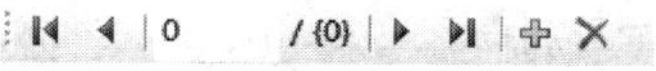

图 9.25　BindingNavigator 组件用户界面

　　通常将 BindingNavigator 与 BindingSource 组件一起使用，这样用户可以在窗体的数据记录之间移动并与这些记录进行交互。对于 BindingNavigator 控件上的每个按钮，都有一个对应的有相同功能的 BindingSource 组件成员。例如，MoveFirstItem 按钮对应于 BindingSource 组件的 MoveFirst 方法，DeleteItem 按钮对应于 RemoveCurrent 方法等。这样，启用 BindingNavigator 控件定位数据记录就只需在窗体上将其 BindingSource 属性设置为适当的 BindingSource 组件。BindingSource 和 BindingNavigator 组件成员的对应关系如表 9.17 所示。

表 9.17　BindingSource 和 BindingNavigator 组件成员的对应关系

BindingNavigator 成员	BindingSource 成员	说　明
MoveFirstItem 方法	MoveFirst 方法	移到最前
MovePreviousItem 方法	MovePrevious 方法	移到上一条记录
PositionItem 属性	Current 属性	当前位置
CountItem 属性	Count 属性	计数
MoveNextItem 方法	MoveNext 方法	移到下一条记录

BindingNavigator 成员	BindingSource 成员	说　　明
MoveLastItem 方法	MoveLast 方法	移到最后
AddNewItem 方法	AddNew 方法	新添
DeleteItem 方法	RemoveCurrent 方法	删除

【例 9-14】 基于 BindingSource 和 BindingNavigator 组件的数据绑定。

Step 1　在 Visual Studio 2013 中打开 Windows 应用程序项目"slipmanage"。添加主窗体的复制窗体 MFnav，删除窗体 MFnav 中的【上一个】和【下一个】按钮，并从工具箱中为 MFnav 窗体添加 BindingSource 和 BindingNavigator 控件，如图 9.26 所示。

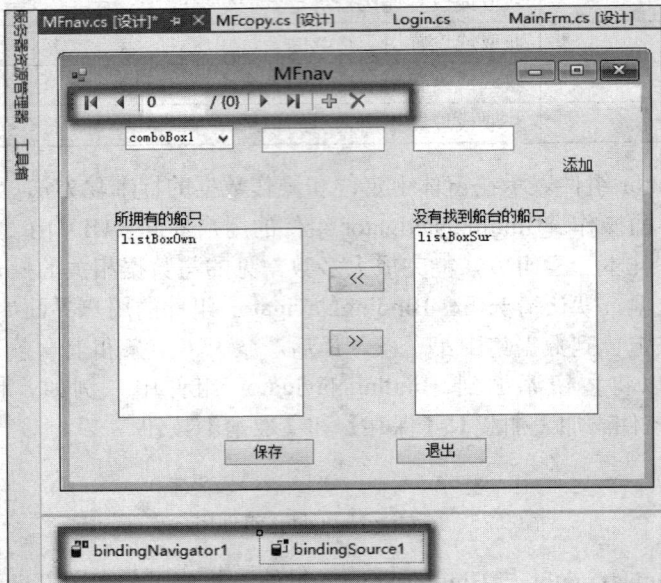

图 9.26　例 9-14 窗体界面

Step 2　在窗体 MFnav 类中添加以下声明（代码 9-14-1.txt）。

```
List<Slipway> splist = null;
Slipway slipwayB = new Slipway();
```

Step 3　在窗体 MFnav 类的 Load 事件中添加如下代码（代码 9-14-2.txt）。

```
private void MFnav_Load(object sender, EventArgs e)
{
    splist = slipwayB.getAllSlipway();
    this.bindingNavigator1.BindingSource = this.bindingSource1;
    this.bindingSource1.DataSource = splist;
    textBox1.DataBindings.Add(new Binding("Text", bindingSource1, "name",
true));
    textBox2.DataBindings.Add(new Binding("Text", bindingSource1, "volume",
true));
```

```
    comboBox1.DataSource = this.bindingSource1;
    comboBox1.DisplayMember = "id";
}
```

程序运行结果如图 9.27 所示。

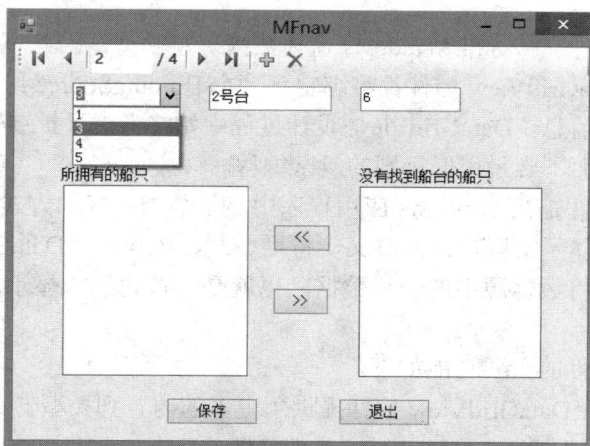

图 9.27　例 9-14 运行结果

【代码详解】

程序中的数据源 splist 列表由下面这条语句获得：

```
splist = slipwayB.getAllSlipway();
```

程序中的下面这条语句：

```
this.bindingNavigator1.BindingSource = this.bindingSource1;
```

将 bindingNavigator1 的 BindingSource 属性设置为 bindingSource1。
程序中的下面这条语句：

```
this.bindingSource1.DataSource = splist;
```

将 bindingSource1 的 DataSource 属性设置为 splist 数据源。
程序中的下面这两条语句：

```
textBox1.DataBindings.Add(new Binding("Text", bindingSource1, "name",
true));
textBox2.DataBindings.Add(new Binding("Text", bindingSource1, "volume",
true));
```

通过 textBox1 和 textBox2 控件的 DataBindings 属性设置实现数据绑定，将控件的 Text
属性绑定到 bindingSource1。
程序中的下面这条语句：

```
comboBox1.DataSource = this.bindingSource1;
```

与例 9-12 中的下面这条语句作用相同，都是设置 comboBox1 控件的绑定数据源。

```
comboBox1.DataSource = splist;
```

9.5.5 DataGridView 数据绑定控件

DataGridView 控件支持标准 Windows 窗体数据绑定模型，因此可绑定到各种数据源。但在多数情况下，DataGridView 控件都将绑定到一个 BindingSource 组件，由该组件来管理与数据源交互的详细信息。DataGridView 设计过程中始终考虑了扩展性，因此用户可以集成所需的专用功能，而不必采用低级别的复杂编程。

DataGridView 控件是在 Windows 应用程序中显示数据最好的方式，它只需要几行简短的代码就可以把数据显示给用户，同时又支持增、删、改操作。DataGridView 在程序中显示数据源中的数据，将数据源中的一行数据，也就是一条记录，显示为在程序上输出表格中的一行。

DataGridView 控件的主要功能如下。

（1）多种列类型。DataGridView 控件提供了更多的内置列类型。

（2）多种数据显示方式。DataGridView 控件可显示存储在控件中的未绑定数据、来自绑定数据源的数据或者同时显示绑定数据和未绑定数据，也可以在 DataGridView 控件中实现虚拟模式以提供自定义数据管理。

（3）用于自定义数据显示的多种方式。DataGridView 控件提供了许多属性和事件，可以使用它们指定数据的格式设置方式和显示方式。例如，可以根据单元格、行和列中包含的数据更改其外观，或者将一种数据类型的数据替换为另一种类型的等效数据。

（4）用于更改单元格、行、列、表头外观和行为的多个选项。利用 DataGridView 控件能够以多种方式使用各个网格组件。例如，可以冻结行和列以阻止其滚动；隐藏行、列和表头；更改调整行、列和表头大小的方式；更改用户进行选择的方式；以及为各个单元格、行和列提供工具提示和快捷菜单。

使用 DataGridView 控件实现数据绑定的方式有以下两种。

（1）表数据直接绑定模式。通过设置 DataGridView 控件的 DataSource 属性直接实现表数据绑定。这种方式简单易实现，但不够灵活。

（2）表数据自定义绑定模式。DataGridView 控件显示的数据不是来自于绑定的数据源，而是可以通过代码手动将数据填充到 DataGridView 控件中，这样就为 DataGridView 控件增加了很大的灵活性。

【例 9-15】 基于 DataGridView 控件的直接数据绑定。

Step 1 在 Visual Studio 2013 中打开 Windows 应用程序项目"slipmanage"。添加窗体 Fgrid，并从工具箱中为 Fgrid 窗体添加 DataGridView 控件，如图 9.28 所示。

Step 2 在窗体 MFnav 类中添加以下声明（代码 9-15-1.txt）。

```
List<Slipway> splist = null;
Slipway slipwayB = new Slipway();
```

Step 3 在窗体 MFnav 类的 Load 事件中添加代码如下（代码 9-15-2.txt）。

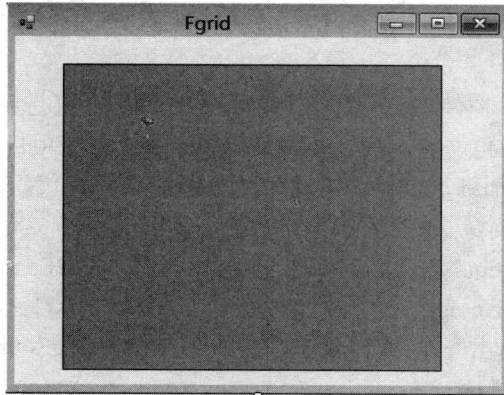

图 9.28 例 9-15 窗体界面

```
private void MFnav_Load(object sender, EventArgs e)
{
   splist = slipwayB.getAllSlipway();
   dataGridView1.DataSource = splist;
}
```

程序运行结果如图 9.29 所示。

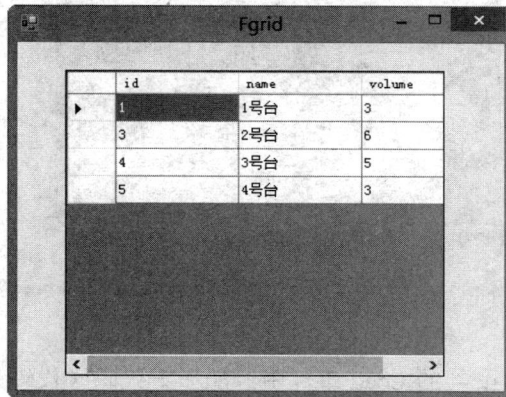

图 9.29 例 9-15 运行结果

【代码详解】

程序中的数据源 splist 列表由下面这条语句获得：

```
splist = slipwayB.getAllSlipway();
```

程序中的下面这条语句：

```
dataGridView1.DataSource = splist;
```

将 dataGridView1 控件的绑定数据源设置为 splist 列表。

【知识扩展】

单击 dataGridView1 控件右上角的三角图标，在弹出的【选择数据源】对话框中使用鼠标单击其下拉菜单的三角箭头。在显示的菜单中选择【添加项目数据源】，可以利用向导为 DataGridView 控件添加绑定数据源，此时程序员无须编写代码，.NET 会自动在窗体上添加一个 BindingSource 对象。

从工具箱中找到 bindingNavigator 控件，并将其放置到 MFnav 窗体上。系统会自动为 MFnav 窗体添加 bindingNavigator1 控件，在 bindingNavigator1 控件的【属性】窗口中的 BindingSource 属性上单击下拉菜单，选择相应的 BindingSource 对象，可以实现为 dataGridView1 添加导航栏。

【例 9-16】 基于 DataGridView 控件的自定义数据绑定。

Step 1 在 Visual Studio 2013 中打开 Windows 应用程序项目"slipmanage"。添加窗体 FgridD，并从工具箱中为 FgridD 窗体添加 DataGridView 控件，如图 9.30 所示。

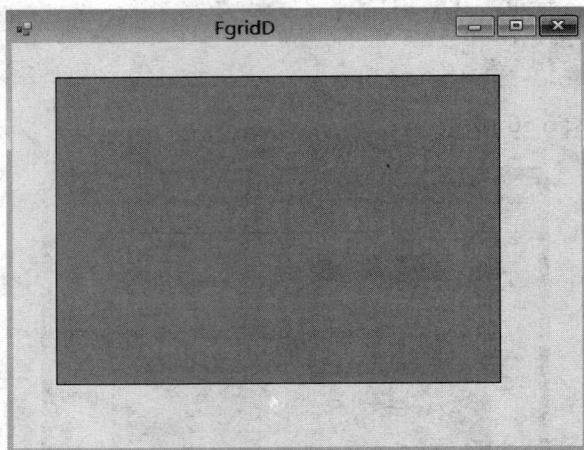

图 9.30 例 9-16 窗体界面

Step 2 在窗体 MFnav 类的 Load 事件中添加如下代码（代码 9-16-1.txt）。

```
private void MFnav_Load(object sender, EventArgs e)
{
    DataGridViewTextBoxColumn  tc1= new DataGridViewTextBoxColumn();
    tc1.Name = "name";
    tc1.HeaderText = "船台名称";
    DataGridViewTextBoxColumn tc2 = new DataGridViewTextBoxColumn();
    tc2.Name = "volume";
    tc2.HeaderText = "船台容量";
    dataGridView1.Columns.Add(tc1);
    dataGridView1.Columns.Add(tc2);
    DataGridViewRow dr= new DataGridViewRow();
    dr.CreateCells(dataGridView1);
    dr.Cells[0].Value="云字船台";
```

```
    dr.Cells[1].Value="15";
    dataGridView1.Rows.Add(dr);
    string []dr1={"月字船台","20"};
    dataGridView1.Rows.Add(dr1);
 }
```

程序运行结果如图 9.31 所示。

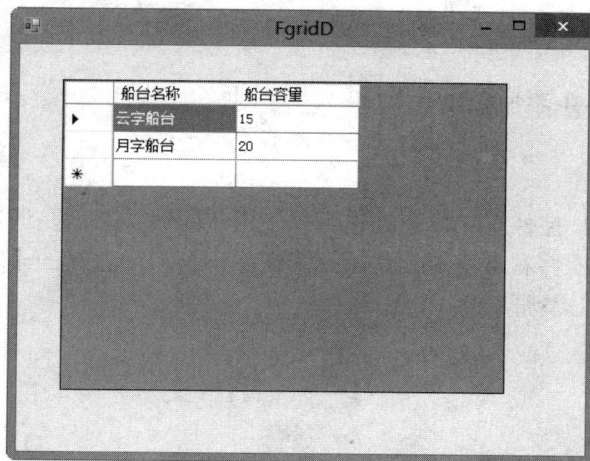

图 9.31 例 9-16 运行结果

【代码详解】

程序中的下面这条语句：

```
DataGridViewTextBoxColumn  tc1= new DataGridViewTextBoxColumn();
```

为 dataGridView1 控件定义 DataGridViewTextBoxColumn 类型的列。DataGridView 控件有多种类型的列，如：DataGridViewCheckBoxColumn、DataGridViewImageColumn、DataGridViewButtonColumn、DataGridViewComboBoxColumn 和 DataGridViewLinkColumn 等。
程序中的下面这两条语句：

```
tc1.Name = "name";
tc1.HeaderText = "船台名称";
```

分别设置列名和列的显示标题。程序中的下面这条语句：

```
dataGridView1.Columns.Add(tc1);
```

把定义的列加入到 dataGridView1 控件中。程序中的下面这两条语句：

```
DataGridViewRow dr= new DataGridViewRow();
    dr.CreateCells(dataGridView1);
```

定义行并使该行具有 dataGridView1 控件的列属性。程序中的下面这两条语句：

```
dr.Cells[0].Value="云字船台";
```

```
    dr.Cells[1].Value="15";
```

设置行数据。程序中的下面这条语句：

```
    dataGridView1.Rows.Add(dr);
```

把已赋值的行添加到 dataGridView1 控件中。也可以使用程序中的下面这两条语句：

```
    string []dr1={"月字船台","20"};
    dataGridView1.Rows.Add(dr1);
```

向 dataGridView1 控件中添加行数据。

【知识扩展】

为 dataGridView1 控件添加标题列也可以不用代码添加，而是通过手动添加。方法是单击 dataGridView1 控件右上角的三角图标，在弹出窗口中选择的【编辑列】选项，在打开的对话框中进行手工添加。

小　　结

本章主要以 SQL Server 2010 数据库为例，介绍了基于 ADO.NET 的数据库访问技术。通过本章的学习，读者应该掌握如何使用 ADO.NET 模型中的对象访问数据库，包括对数据记录的查询、修改和删除等功能。最后介绍了 ADO.NET 模型中的数据绑定技术，这在以后的开发实际项目的过程中经常用到。

习　　题

一、选择题

1. 在 ADO.NET 中,表示程序到数据的连接的对象为（　　　）。

    A．Connection 对象　　　　　　　　B．Conmand 对象

    C．DataSet 对象　　　　　　　　　　D．DataAdapter

2. 在 ADO.NET 中，使用 DataAdapter 将数据源填充到 DataSet，应使用下列哪个方法?（　　　）

    A．DataAdapter 对象的 Update 方法　　B．DataSet 对象的 Fill 方法

    C．DataSet 对象的 Update 方法　　　　D．DataAdapter 对象的 Fill 方法

3. 在 DataSet 对象中,可通过（　　　）集合遍历 DataSet 对象中所有的数据表对象。

    A．Tables　　　　　B．Relations　　　C．Constraints　　　D．DataReader

4. 在使用 ADO.NET 设计数据库应用程序时，通过设置 connection 对象的（　　　）属性来指定连接到数据库时的用户和密码信息。

    A．user information　　　　　　　　B．datasource

    C．PROVIDER　　　　　　　　　　　D．connectionstring

5. 在 ADO.NET 中，通过执行 Command 对象的 ExecuteReader 方法返回的 DataReader 对象是一种（　　　）。

    A. 可向前向后的只读的结果集　　　　B. 只向前的可读可写的结果集

    C. 可向前向后的可读可写的结果集　　D. 只向前的只读的结果集

6. Microsoft ADO.NET 框架中的类主要属于（　　　）命名空间。

    A. System.Data　　　　　　　　　　　B. System.Drawing

    C. System.Collections　　　　　　　　D. System.IO

7. 以下关于数据库的说法中不正确的是（　　　）。

    A. 一个数据库文件可以包含一个表

    B. 一个数据库文件可以包含多个表

    C. 每个记录中的所有字段都具有相同类型

    D. 表中同一字段的数据具有相同类型

8. 以下关于索引的说法中不正确的是（　　　）。

    A. 一个表可以建立多个索引　　　　　B. 每个表至少要建立一个索引

    C. 索引字段可以建立多个索引　　　　D. 利用索引可以加快查找速度

9. SQL 语句 "Select 姓名，性别，籍贯 From 学生 Where 专业="微生物""，所查询的数据库表名是（　　　）。

    A. 学生　　　　　　B. 微生物　　　　　　C. 专业　　　　　D. 姓名

10. SQL 语句 "Select * FromStudentWhere 性别="男""，其中 "*" 表示所查询的是（　　　）。

    A. 所有表　　　　　B. 所有记录　　　　　C. 所有男生　　　　D. 指定表中所有字段

二、简答题

1. 简述访问数据库时，使用连接模式同使用非连接模式相比有何优点。

2. 简述 ADO.NET 的组成。

第 10 章 网 络 编 程

在 Internet 和计算机技术高速发展的时代，处处都有网络的影子。在网络无处不在的环境下，任何一种开发和编程都不可避免地涉及网络应用。早期的网络编程难度大、效率低，使初学者望而生畏，而 C#和.NET 平台大大地简化了这些技术，使过去困难的网络应用编程变得非常轻松。本章用大量的实例，引导读者快速掌握用 C#进行各类网络应用程序的编程方法和技巧。

网络编程主要实现进程（线程）相互之间的通信和基本的网络应用原理性功能的程序。网络程序与传统单机程序的本质区别在于它能够与网络上其他计算机（主机）中的程序互通信息。因此，如何实现网络中不同主机上程序之间的通信也就成了网络程序实现的最基本技术。

微软的.NET 框架为我们进行网络编程提供了以下两个名字空间：System.Net 及 System.Net.Sockets。通过合理运用其中的类和方法，可以很容易地编写出各种网络应用程序。这种网络应用程序既可以是基于流套接字的，也可以是基于数据报套接字的。而基于流套接字的通信中采用最广泛的协议就是 TCP，基于数据报套接字的通信中采用最广泛的自然就是 UDP 了。

10.1　网络编程基础

网络编程的目的就是指直接或间接地通过网络协议与其他计算机进行通信。网络编程中有两个主要的问题，一个是如何准确地定位网络上的一台或多台主机，另一个就是找到主机后如何可靠高效地进行数据传输。

要想让处于网络中的主机互相通信，只知道通信双方地址还是不够的，还必须遵循一定的规则。有两套参考模型：OSI 参考模型，TCP/ IP 参考模型（或 TCP/ IP）。由于 OSI 参考模型过于理想化，未能在因特网上进行广泛推广。这样，TCP/ IP 就成为事实上的国际标准。

TCP/ IP 以其两个主要协议：传输控制协议（TCP）和网络互联协议（IP）而得名，实际上是一组协议，包括多个具有不同功能且互为关联的协议。TCP/ IP 模型从更实用的角度出发，形成了高效的 4 层体系结构，即网络接口层、IP 层、传输层和应用层。图 10.1 表示了 TCP/ IP 的分层结构和与 OSI 参考模型的对应关系。

网络编程的关注重点是 TCP/ IP 的运输层协议。TCP/ IP 的运输层协议中有两个非常重要的协议：传输控制协议（Transmission Control Protocol，TCP），用户数据报协议（User Datagram Protocol，UDP）。

TCP 是面向连接的运输层协议。即应用进程（或程序）在使用 TCP 之前，必须先建立 TCP 连接，在传输完毕后，释放已经建立的连接。利用 TCP 进行通信的两个应用进程，一

OSI参考模型

应用层
表示层
会话层
传输层
网络层
链路层
物理层

TCP/IP参考模型

应用层
表示层
会话层
传输层
IP层
网络接口层

图 10.1　TCP/IP 分层结构及与 OSI 参考模型的对应关系

个是服务器进程。另一个是客户进程。

UDP 是面向无连接的运输层协议。即应用进程（或程序）在使用 UDP 之前，不必先建立连接。自然，发送数据结束时也没有连接需要释放。因此，减少了开销和发送数据之前的时延。

C#号称 Internet 上的语言，它从语言级上提供了对网络应用程序的支持，程序员能够很容易地开发常见的网络应用程序。.NET 平台提供的网络类库，可以实现透明的网络连接，联网的底层细节被隐藏在.NET 平台的本机安装系统里，由 CLR 进行控制。

System.Net 和 System.Net.Sockets 是.NET FrameWork SDK 为 C# 开发网络应用程序提供的两个主要的命名空间。System.Net 命名空间为当前网络上使用的多种协议提供了简单的编程接口。System. Net.Sockets 命名空间为网络程序开发人员提供了 Windows Sockets（Winsock）接口的托管实现。

在.NET 网络库里面最大的优点就是 IP 地址和端口被成对处理，相比于 UNIX 中使用的方法是一个巨大的进步。.NET 在 System.Net 命名空间下定义了两个类来处理关于 IP 地址的问题：IPAddress 和 IPEndPoint 类。System.Net 命名空间下，还提供了两个与 IP 地址相关的类：Dns 类和 IPHostEntry 类。Dns 类提供了一系列静态的方法用于获取提供本地或远程域名等功能；IPHostEntry 类的实例对象中包含 Internet 主机的相关信息。

10.1.1　IPAddress 类

IPAddress 类主要提供网际协议（IP）地址。构造 IP 地址实例是通过 IPAddress 类来实现的。程序中构造 IP 地址实例，可以使用 IPAddress 类的构造函数。IPAddress 类的构造函数如表 10.1 所示。

表 10.1　IPAddress 类的构造函数

构造函数名称	说　　明
IPAddress(Byte[])	用指定为 Byte 数组的地址初始化 IPAddress 类的新实例
IPAddress(Int64)	用指定为 Int64 的地址初始化 IPAddress 类的新实例
IPAddress(Byte[], Int64)	用指定为 Byte 数组的地址和指定的范围标识符初始化 IPAddress 类的一个新实例

IPAddress 类构造函数中的参数是指 IP 地址的数值。例如，如果参数值为 256，由此构造函数得到的 IPAddress 实例就为 "0.1.0.0"；同样参数值 为 65 536，构造后的 IP 地址就

为 "0.0.1.0"，以此类推。由此可见，在程序中使用这个构造函数来构造 IPAddress 实例不仅烦琐而且很不直观。

一个 IPAddress 地址对象用来表示一个单一的 IP 地址，在构造 IP 地址实例时，通常不需要使用构造函数，因为在该类里面许多成员方法可以用来构造并操作 IP 地址对象。IPAddress 类的常用成员方法如表 10.2 所示。

表 10.2　IPAddress 类常用成员方法

方法名称	说　　明
Parse	将 IP 地址字符串转换为 IPAddress 实例
TryParse	确定字符串是否为有效的 IP 地址
MapToIPv4	将 IPAddress 对象映射到 IPv4 地址
IsLoopback	指示指定的 IP 地址是否是环回地址
GetAddressBytes	以字节数组形式提供 IPAddress 的副本
Equals	比较两个 IP 地址

上述 IPAddress 类成员方法提供了对 IP 地址的转换、处理等功能。其中，Parse 方法可将 IP 地址字符串转换为 IPAddress 实例，例如：

```
IPAddress newaddress = IPAddress.Parse("192.168.1.1");
```

IPAddress 类还提供了 7 个只读属性，如表 10.3 所示。

表 10.3　IPAddress 类的只读属性

属性名称	说　　明
Any	表示本地系统可用的任何 IP 地址，指示服务器应侦听所有网络接口上的客户端活动
Broadcast	表示本地网络的 IP 广播地址
IPv6Any	Socket.Bind 方法用此字段指出本地系统可用的 IP 地址
IPv6Loopback	表示系统的回送地址
IPv6None	以字节数组形式提供 IPAddress 的副本
Loopback	表示系统的回送地址
None	表示系统上没有可用的网络接口

【例 10-1】　IPAddress 类的应用。

在 Visual Studio 2013 中新建 C#控制台程序，项目名为 "AddressSample"，在 Program 的 Main 中添加以下测试代码（代码 10-1-1.txt）。

```
////将地址字符串转换为 IPAddress 实例
IPAddress test1 = IPAddress.Parse("192.168.1.1");
Console.WriteLine("测试 IP:{0}", test1);
IPAddress test2 = IPAddress.Loopback;
IPAddress test3 = IPAddress.Broadcast;
//提供一个 IP 地址，指示服务器侦听所有网络接口上的客户端活动
IPAddress test4 = IPAddress.Any;
IPAddress test5 = IPAddress.None; //表示不指定系统的任何网络接口
```

```
if (IPAddress.IsLoopback(test2))
    Console.WriteLine("The Loopback address is: {0}", test2.ToString());
else
    Console.WriteLine("Error obtaining the loopback address");
Console.WriteLine("The loopback address is not the local address.\n");
Console.WriteLine("The test address is: {0}", test1.ToString());
Console.WriteLine("Broadcast address: {0}", test3.ToString());
Console.WriteLine("The ANY address is: {0}", test4.ToString());
Console.WriteLine("The NONE address is: {0}", test5.ToString());
Console.Read();
```

单击工具栏中的 ▶ 按钮，即可在控制台中输出如图 10.2 所示的运行结果。

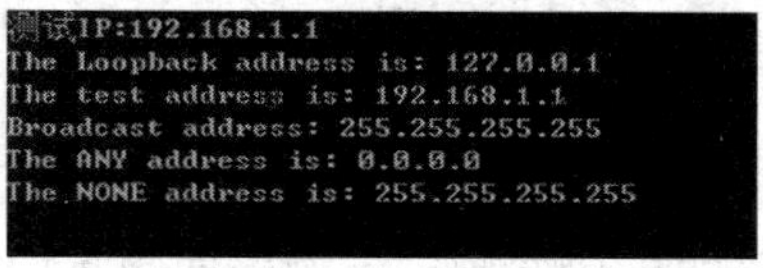

```
测试IP:192.168.1.1
The Loopback address is: 127.0.0.1
The test address is: 192.168.1.1
Broadcast address: 255.255.255.255
The ANY address is: 0.0.0.0
The NONE address is: 255.255.255.255
```

图 10.2　例 10-1 运行结果

【代码详解】

从输出结果知道，IPAddress 实例的 Any 地址为 0.0.0.0，None 地址为 255.255.255.255。当一个系统有多个网络接口而不想将一个套接字只绑定到其中的一个接口时，可以使用 Any 地址；当需要创建一个虚拟套接字而不希望将它绑定到任何一个接口时，使用 None 地址。

10.1.2　Dns 类

IP 地址虽然解决了网络上计算机的识别问题，但是它是由 4 个十进制的数字号码所组成，而每一个号码的值介于 0～255，不容易记，因此域名系统（DNS）被开发出来，它专门用于将 IP 地址转换成有意义的文字，以方便识别记忆。

Dns 类在.NET 中的 System.Net 命名空间下，主要的功能是从 Internet 域名系统（DNS）检索关于特定主机的信息。Dns 类是一个静态类，它从 Internet 域名系统（DNS）检索关于特定主机的信息。Dns 类提供了一系列静态的方法，用于获取提供本地或远程域名等功能。

Dns 类的常用成员方法如表 10.4 所示。

表 10.4　Dns 类的常用成员方法

方法名称	说　　明
GetHostAddresses	返回指定主机的 Internet 协议（IP）地址
GetHostEntry(IPAddress)	将 IP 地址解析为 IPHostEntry 实例
GetHostEntry(String)	将主机名或 IP 地址解析为 IPHostEntry 实例
GetHostName	获取本地计算机的主机名
GetHostAddressesAsync	返回指定主机的 Internet 协议（IP）地址以作为异步操作
GetHostEntrysync (IPAddress)	将 IP 地址解析为 IPHostEntry 实例以作为异步操作
GetHostEntrysync (String)	将主机名或 IP 地址解析为 IPHostEntry 实例以作为异步操作

【例10-2】 Dns 类的应用。

在 Visual Studio 2013 中新建 C#控制台程序，项目名为"DnsSample"，在 Program 的 Main 中添加以下测试代码（代码 10-2-1.txt）。

```
IPAddress[] ips;
Console.WriteLine("请输入域名信息: ");
string hostname =Console.ReadLine();
ips = Dns.GetHostAddresses(hostname);
Console.WriteLine("GetHostAddresses({0}) returns:", hostname);
foreach (IPAddress ip in ips)
{
    Console.WriteLine("    {0}", ip);
}
Console.Read();
```

单击工具栏中的 ▶ 按钮，即可在控制台中输出如图 10.3 所示的运行结果。

图 10.3　例 10-2 运行结果 1

在上述运行结果窗口中输入域名"baidu.com"，得到如图 10.4 所示的运行结果。

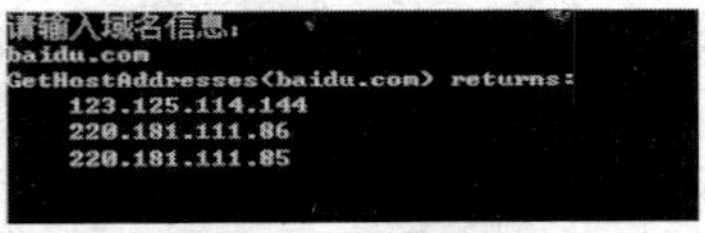

图 10.4　例 10-2 运行结果 2

【代码详解】

从输出结果知道，Dns 类的 GetHostAddresses 方法将返回特定域名的 IP 地址列表。

10.1.3　IPHostEntry 类

IPHostEntry 类的实例对象中包含 Internet 主机的地址相关信息。此类型的所有公共静态成员对多线程操作而言都是安全的，但不保证任何实例成员是线程安全的。IPHostEntry 类中的常用属性有：AddressList 属性、Aliases 属性以及 HostName 属性。

AddressList 属性和 Aliases 属性的作用分别是获取或设置与主机关联的 IP 地址列表以及获取或设置与主机关联的别名列表。其中，AddressList 属性值是一个 IPAddress 类型的数组，包含解析为 Aliases 属性中包含的主机名的 IP 地址；Aliases 属性值是一组字符串，包含解析为 AddressList 属性中的 IP 地址的 DNS 名。而 HostName 属性包含服务器的主要主机名。如果服务器的 DNS 项定义了附加别名，则可在 Aliases 属性中使用这些别名。

IPHostEntry 类将一个域名系统（DNS）主机与一组别名和一组匹配的 IP 地址关联，通常和 Dns 类一起使用。在 Dns 类中，有一个专门获取 IPHostEntry 对象的方法 GetHostEntry，然后通过 IPHostEntry 对象，可以获取本地或远程主机的相关 IP 地址。

【例 10-3】 IPHostEntry 类的应用。

在 Visual Studio 2013 中新建 C#控制台程序，项目名为"IPHostEntrySample"，在 Program 的 Main 中添加以下测试代码（代码 10-3-1.txt）。

```
Console.WriteLine("请输入域名信息：");
IPHostEntry results = Dns.GetHostEntry(Console.ReadLine());
Console.WriteLine("Host name:{0}", results.HostName);
foreach (string alias in results.Aliases)
{
    Console.WriteLine("Alias:{0}", alias);
}
foreach (IPAddress address in results.AddressList)
{
    Console.WriteLine("Address:{0}", address.ToString());
}
Console.Read();
```

单击工具栏中的 ▶ 按钮，即可在控制台中输出如图 10.5 所示的运行结果。

图 10.5　例 10-3 运行结果 1

在上述运行结果窗口中输入域名"sohu.com"，得到如图 10.6 所示的运行结果。

图 10.6　例 10-3 运行结果 2

【代码详解】

例 10-3 中的语句：

```
IPHostEntry results = Dns.GetHostEntry(Console.ReadLine());
```

通过 Dns 类的静态方法 GetHostEntry 获取 IPHostEntry 对象 results。语句：

```
Console.WriteLine("Host name:{0}", results.HostName);
```

通过调用对象 results 的 HostName 属性，输出主机名。语句：

```
foreach (string alias in results.Aliases)
```

通过调用对象 results 的 Aliases 属性，依次输出主机的别名。语句：

```
foreach (IPAddress address in results.AddressList)
```

通过调用对象 results 的 AddressList 属性，依次输出主机的 IP 地址。

10.1.4　IPEndPoint 类

在 Internet 中，TCP/ IP 使用一个网络地址和一个服务端口号来唯一标识设备。网络地址标识网络上的特定设备；端口号标识要连接到的该设备上的特定服务。网络地址和服务端口的组合称为终结点，在.NET 框架中正是由 EndPoint 类表示这个终结点，它提供表示网络资源或服务的抽象，用以标志网络地址等信息。.NET 同时也为每个受支持的地址族定义了 EndPoint 的子类；对于 IP 地址族，该类为 IPEndPoint。IPEndPoint 类包含应用程序连接到主机上的服务所需的主机和端口信息，通过组合服务的主机 IP 地址和端口号，IPEndPoint 类形成到服务的连接点。

IPEndPoint 是与 IPAddress 概念相关的一个类，它在 IP 地址 的基础上还包含端口的信息。通过组合服务的主机 IP 地址和端口号，IPEndPoint 类形成到服务器的连接点。在 IPEndPoint 类中有两个常用的构造函数：

```
public IPEndPoint(long, int);
```

和

```
public IPEndPoint(IPAddress, int);
```

两个构造函数中第一个参数均用来指定 IP 地址，第二个参数均用来指定端口号。通过调用 IPEndPoint 类的构造函数，可以用指定的地址和端口号初始化 IPEndPoint 类的新实例。

IPEndPoint 类中的常用属性有：Address 属性、AddressFamily 属性以及 Port 属性。Address 属性用来获取或设置终结点的 IP 地址；AddressFamily 属性用来获取网际协议（IP）地址族；Port 属性用来获取或设置终结点的端口号。

IPEndPoint 类中还包括两个静态字段：MaxPort 和 MinPort。MaxPort 指定可以分配给 Port 属性的最大值。MaxPort 值设置为 0x0000FFFF。MinPort 指定可以分配给 Port 属性的最小值。

【例 10-4】　IPEndPoint 类的应用。

在 Visual Studio 2013 中新建 C#控制台程序，项目名为"IPEndPointSample"，在 Program 的 Main 中添加以下测试代码（代码 10-4-1.txt）。

```
IPAddress NewAddress = IPAddress.Parse("192.168.1.1");
IPEndPoint Ex = new IPEndPoint(NewAddress, 8000);
Console.WriteLine("The IPEndPoint is:{0}", Ex.ToString());
Console.WriteLine("The AddressFamily is:{0}", Ex.AddressFamily);
Console.WriteLine("The Address is:{0},and port is:{1}", Ex.Address, Ex.Port);
Console.WriteLine("The Min Port Number is :{0} ", IPEndPoint.MinPort);
Console.WriteLine("The Max Port Number is :{0} ", IPEndPoint.MaxPort);
Ex.Port = 80;
Console.WriteLine("The Changed IPEndPoint is:{0}", Ex.ToString());
SocketAddress Sa = Ex.Serialize();
Console.WriteLine("The Socketaddress is :{0}", Sa.ToString());
Console.Read();
```

单击工具栏中的 ▶ 按钮，即可在控制台中输出如图 10.7 所示的运行结果。

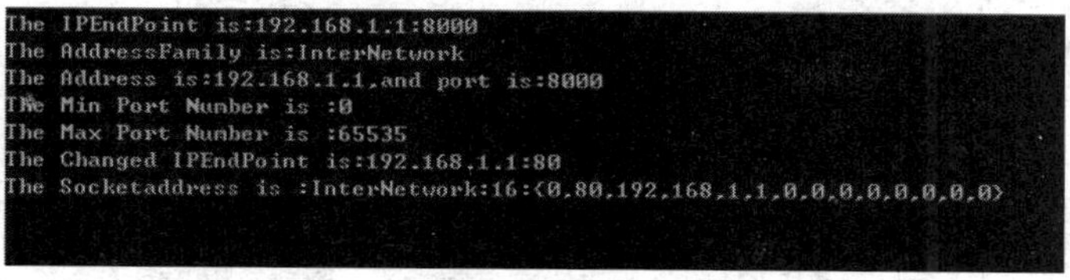

图 10.7 例 10-4 运行结果

【代码详解】

例 10-4 中的语句：

```
IPEndPoint Ex = new IPEndPoint(NewAddress, 8000);
```

创建一个 IPEndPoint 对象 Ex，端口号为 8000。语句：

```
Console.WriteLine("The AddressFamily is:{0}", Ex.AddressFamily);
```

通过调用对象 Ex 的 AddressFamily 属性，输出 IP 地址族。语句：

```
Console.WriteLine("The  Address  is:{0},and  port  is:{1}",  Ex.Address,
Ex.Port);
```

通过调用对象 Ex 的 Address 和 Port 属性，分别输出主机的 IP 地址和端口号。语句：

```
Ex.Port = 80;
```

修改对象 Ex 的 Port 属性值为 80。

10.2 套 接 字

套接字是支持 TCP/IP 的网络通信的基本操作单元。可以将套接字看作不同主机间的进程进行双向通信的端点，它构成了单个主机内及整个网络间的编程界面。套接字与正在运行的进程相关联，它是应用程序用来在网络上发送或接收数据包的对象。

10.2.1 Socket 简介

网络通信类似于发邮件。如果想写封邮件发给远方的朋友，那么如何写信、如何将信打包完全由我们做主，属于网络协议的应用层；而当我们将信投入邮筒时，邮筒的那个口就是套接字，在进入套接字之后，就是传输层、网络层等（邮局、公路交管或者航线等）其他网络协议层次的工作了。我们发邮件时，从来不会去关心信是如何从西安发往北京的，只知道写好了投入邮筒就可以了。因此，网络通信可以用图 10.8 来描述。

图 10.8 中，两个主机是对等的，但是按照约定，将发起请求的一方称为客户端，将另一端称为服务端。可以看出两个程序之间的对话是通过套接字（Socket）这个出入口来完成的，实际上套接字包含的最重要的也就是两个信息：连接至远程的本地端口信息（本机

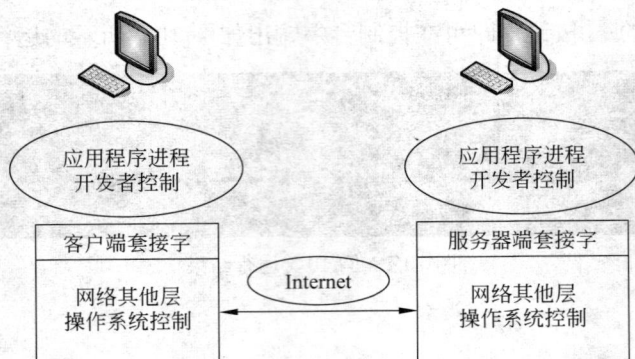

图 10.8　网络通信过程

地址和端口号），连接到的远程端口信息（远程地址和端口号）。

Socket 用来标识网络通信主体。例如，一般来说，计算机上运行着非常多的应用程序，它们可能都需要同远程主机打交道，所以远程主机就需要有一个 ID 来标识它想与本地机器上的哪个应用程序打交道，这里的 ID 就是端口。将端口分配给一个应用程序，那么来自这个端口的数据则总是针对这个应用程序的。有这样一个很好的例子：可以将主机地址想象为电话号码，而将端口号想象为分机号。

两个程序要进行网络通信时，其中一个程序将要传输的一段信息写入它所在主机的 Socket 中，该 Socket 通过与网络接口相连的传输介质将这段信息发往另外一台主机的 Socket 中，使这段信息能够被其他程序使用。

网络上的所有应用程序都是基于 Socket 进行开发的，无论是网络游戏还是网页，都是在 Socket 的基础上进行的再次开发。Socket 屏蔽了网络模型和 TCP/IP 的复杂性，使得网络开发变得更加轻松。Socket 在编程时对用户来说是可见的，两个程序之间的通信实质上就是它们各自所绑定的 Socket 之间的通信。

Windows Socket，就是在 Windows 下编程用的 Socket，Socket 其实就是一套网络编程机制，封装了对网络数据流的一些控制。Socket 最早本来是 UNIX 系统下的编程接口，在 UNIX 系统上被广泛使用，随着 TCP/IP 网络的流行以及后来 TCP/IP 模型成为标准模型，在美国政府和军方的推动下，Socket 也成为 UNIX 上标准的网络编程接口。1991 年，微软把 UNIX 上面的 Socket 的原理引用到自己的 Windows 平台下，所以有了现在广泛使用的 Windows Socket。因为网络模型已经非常稳定了，而且多年没有大的改变，所以在 Socket 的发展上也比较平缓，几乎没有大的改变。现在最常用的就是 32 位的 Wsock.dll 提供给我们在 Windows 中进行网络编程的 Socket。

C#中有以下三种不同的 Windows Socket。

（1）流式套接字（SOCK_STREAM）：提供了一种可靠的，面向连接的双向数据传输的服务，在这种套接字中，数据的传送没有差错，不会重复发送。如果使用 TCP 发送大量数据，则需要使用这种套接字。

（2）数据报套接字（SOCK_DGRAM）：提供无连接的，不可靠的双向数据传送。数据在传送的过程中可能会丢失，但是不负责丢失的数据，并且传送的数据以包为基本单位，包最大为 1046 字节的内容，接收到的包不保证按照发送顺序。UDP 实现了数据报套接字。

（3）原始套接字（SOCK_RAW）：可以对较低层协议进行访问。

要通过互联网进行通信，至少需要一对套接字，其中一个运行于客户端，称为ClientSocket，另一个运行于服务器端，称为 ServerSocket。

根据连接启动的方式及本地套接字要连接的目标，套接字之间的连接过程可以分为三个步骤：服务器监听、客户端请求和连接确认。

（1）服务器监听：指服务器端套接字并不定位具体的客户端套接字，而是处于等待连接的状态，实时监控网络状态。

（2）客户端请求：指由客户端的套接字提出连接请求，要连接的目标是服务器端的套接字。为此，客户端的套接字必须首先描述它要连接的服务器的套接字，指出服务器端套接字的地址和端口号，然后再向服务器端套接字提出连接请求。

（3）连接确认：指当服务器端套接字监听到或者说接收到客户端套接字的连接请求时，它就响应客户端套接字的请求，建立一个新的线程，把服务器端套接字的信息发给客户端，一旦客户端确认了此信息，连接即可建立。而服务器端套接字继续处于监听状态，继续接收其他客户端套接字的连接请求。

使用套接字处理数据有两种基本模式：同步套接字和异步套接字。

1．同步套接字

同步套接字的特点是在通过 Socket 进行连接、接收、发送操作时，客户机或服务器在接收到对方响应前会处于阻塞状态，即一直等到接收到对方请求时才继续执行下面的语句。可见，同步套接字适用于数据处理不太多的场合。当程序执行的任务很多时，长时间的等待可能会让用户无法忍受。

2．异步套接字

在通过 Socket 进行连接、接收、发送操作时，客户机或服务器不会处于阻塞方式，而是利用 callback 机制进行连接、接收和发送处理，这样就可以在调用发送或接收的方法后直接返回，并继续执行下面的程序。可见，异步套接字特别适用于进行大量数据处理的场合。

使用同步套接字进行编程相对比较简单，而异步套接字则比较复杂。C#中用的 Socket 是在 Windows Socket 的基础上进行封装的类库，可以更方便地使用。并且 C#中还在 Socket 的基础上继续封装了 TcpListener、TcpClient 和 UdpClient 等类库来简化程序员的开发工作。

10.2.2 Socket 类

.NET 框架的 System.NET.Sockets 命名空间为需要严密控制网络访问的开发人员提供了 Windows Sockets（Winsock）接口的托管实现。System.Net.Sockets 命名空间中的 Socket 类用于实现 Berkeley 套接字接口。System.Net 命名空间中的所有其他网络访问类都建立在该套接字 Socket 实现之上，如 TCPClient、TCPListener 和 UDPClient 类封装有关创建到 Internet 的 TCP 和 UDP 连接的详细信息；NetworkStream 类则提供用于网络访问的基础数据流等，常见的许多 Internet 服务都可以见到 Socket 的踪影，如 Telnet、Http、E-mail 和 Echo 这些服务尽管通信协议 Protocol 的定义不同，但是其基础的传输都是采用的 Socket。

Socket 实际上就是网络进程通信中所要使用的一些缓冲区及相应的数据结构。Socket 类的构造函数原型如下：

```
public Socket(
AddressFamily addressFamily,
SocketType socketType,
ProtocolType protocolType
);
```

Socket 类的构造函数使用三个参数来定义创建的 Socket 实例，一个 Socket 实例包含一个本地或者一个远程端点的套接字信息。AddressFamily 用来指定网络类型；SocketType 用来指定套接字类型（即数据连接方式）；ProtocolType 用来指定网络协议。三个参数均是在命名空间 System.Net.Sockets 中定义的枚举类型。但它们并不能任意组合，不当的组合反而会导致无效套接字。如对于常规的 IP 通信网络，AddressFamily 只能使用 AddressFamily.InterNetwork，此时可用的 SocketType 和 ProtocolType 组合如表 10.5 所示。

表 10.5　SocketType 和 ProtocolType 组合

SocketType 值	ProtocolType 值	说　明
Stream	Tcp	面向连接套接字
Dgram	Udp	无连接套接字
Raw	Icmp	网际消息控制协议套接字
Raw	Raw	基础传输协议套接字

下面的示例语句创建一个 Socket，它可用于在基于 TCP/ IP 的网络（如 Internet）上通信：

```
Socket s = new Socket(AddressFamily.InterNetwork, SocketType.Stream,
ProtocolType.Tcp);
```

若要使用 UDP 而不是 TCP 通信，需要更改协议类型，如下面的示例所示：

```
Socket s = new Socket(AddressFamily.InterNetwork, SocketType.Dgram,
ProtocolType.Udp);
```

套接字被创建后，就可以利用 Socket 类提供的一些属性方便地设置或检索信息。Socket 类的常用属性成员如表 10.6 所示。

表 10.6　Socket 类的常用属性成员

属性名称	说　明
AddressFamily	获取套接字的 Address family
Available	从网络中获取准备读取的数据数量
Blocking	获取或设置表示套接字是否处于阻塞模式
Connected	获取一个值，该值表明套接字是否与最后完成发送或接收操作的远程设备得到连接
LocalEndPoint	获取套接字的本地 EndPoint 对象
ProtocolType	获取套接字的协议类型
RemoteEndPoint	获取套接字的远程 EndPoint 对象
SocketType	获取套接字的类型

Socket 类的常用方法成员如表 10.7 所示。

表 10.7　Socket 类常用方法

方法名称	说　明
Bind(EndPoint)	服务器端套接字需要绑定到特定的终端，客户端也可以先绑定再请求连接
Listen(int)	监听端口，方法参数表示最大监听数
Accept()	接受客户端连接，并返回一个新的连接
Send()	发送数据
Receive()	接收数据
Connect(EndPoint)	连接远程服务器
ShutDown(SocketShutDown)	禁用套接字，其中 SocketShutDown 为枚举类型，可以取值为 Send，Receive 和 Both
SocketType	获取套接字的类型
Close()	关闭套接字，释放资源
BeginAccept(AsynscCallBack,object)	开始一个异步操作，接受一个连接尝试
BeginConnect(EndPoint, AsyncCallBack, Object)	回调方法中必须使用 EndConnect()方法。Object 中存储了连接的详细信息
BeginSend(byte[], SocketFlag, AsyncCallBack, Object)	异步发送数据
BeginReceive(byte[], SocketFlag, AsyncCallBack, Object)	异步接收数据

Socket 类的常用方法成员 Send()是重载方法，Send()方法的 4 种重载方式如表 10.8 所示。

表 10.8　Send()重载方法

Send()方法声明	说　明
Send(byte[])	简单发送数据
Send(byte[],SocketFlag)	使用指定的 SocketFlag 发送数据
Send(byte[], int, SocketFlag)	使用指定的 SocketFlag 发送指定长度数据
Send(byte[], int, int, SocketFlag)	使用指定的 SocketFlag，将指定字节数的数据发送到已连接的 socket（从指定偏移量开始）

Socket 类的常用方法成员 Receive() 是重载方法，Receive() 方法的 4 种重载方式如表 10.9 所示。

表 10.9　Receive()重载方法

Receive()方法声明	说　明
Receive(byte[])	简单接收数据
Receive(byte[],SocketFlag)	使用指定的 SocketFlag 接收数据
Receive(byte[], int, SocketFlag)	使用指定的 SocketFlag 接收指定长度数据
Receive(byte[], int, int, SocketFlag)	使用指定的 SocketFlag，从绑定的套接字接收指定字节数的数据，并存到指定偏移量位置的缓冲区

Socket 类的常用方法成员 Send()和 Receive()中的 SocketFlag 枚举类型参数指定套接字的发送和接收行为，SocketFlag 枚举类型的具体取值如表 10.10 所示。

表 10.10 SocketFlag 枚举值

SocketFlag 枚举值	说　明
DontRoute	不用内部路由表发送数据
MaxIOVectorLength	给用于发送和接收数据的 WSABUF 结构数提供一个标准值
None	对这次调用不使用标志
OutOfBind	处理外带的数据
Partial	部分发送或接收信息
Peek	只对进入的消息取数

10.2.3　面向连接的套接字

IP 连接领域有两种通信类型：面向连接的和无连接的。在面向连接的套接字中，使用 TCP 来建立两个 IP 地址端点之间的会话。一旦建立了这种连接，就可以在设备之间可靠地传输数据。为了建立面向连接的套接字，服务器和客户端必须分别进行编程，面向连接套接字编程示意图如图 10.9 所示。

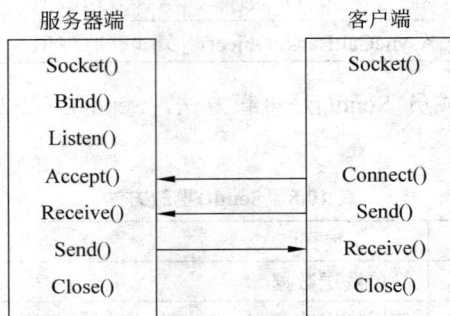

图 10.9　面向连接套接字编程

同步模式的 Socket 编程的基本过程如下。

（1）创建一个 Socket 实例对象。

（2）将上述实例对象连接到一个具体的终结点（EndPoint 对象）。

（3）连接完毕，客户端和服务器就可以使用 Send()和 Receive()方法进行通信了。

（4）通信完毕，用 ShutDown()方法来禁用 Socket。

（5）用 Close()方法来关闭 Socket。

对于服务器端程序，建立的套接字必须绑定到用于 TCP 通信的本地 IP 地址和端口上。Bind 方法用于完成绑定工作，绑定地址为 IPEndPoint 的实例，该实例包括一个本地 IP 地址和一个端口号。在套接字绑定到本地之后，就用 Listen 方法等待客户机发出的连接尝试，Listen 方法的参数指出系统等待用户程序服务排队的连接数，超过连接数的任何客户都不能与服务器进行通信。

在 Listen 方法执行之后，服务器已经做好了接收任何引进连接的准备，这是用 Accept

方法来完成的，当有新客户进行连接时，该方法就返回一个新的套接字描述符。下面是完成上述步骤的服务器端部分代码的例子：

```
IPHostEntry local = Dns.GetHostByName(Dns.GetHostName());
IPEndPoint iep = new IPEndPoint(local.AddressList[0], 80);
Socket localSocket=new Socket(AddressFamily.InterNetwork,
SocketType.Stream, ProtocolType.Tcp);
    localSocket.Bind(iep);
    locatSocket.Listen(10);
    Socket clientSocket = localSocket.Accept();
```

程序执行到 Accept 方法时会处于阻塞状态，直到有客户机请求连接，一旦有客户机连接到服务器，clientSocket 对象将包含该客户机的所有连接信息。而 localSocket 对象仍然绑定到原来的 IPEndPoint 对象，并可以通过增加循环语句继续用 Accept 方法接收新的客户端连接。如果没有继续调用 Accept 方法，服务器就不会再响应任何新的客户机连接。

在接受客户机连接之后，客户机和服务器就可以开始传递数据了。

对于客户端程序，客户机也必须把一个地址绑定到创建的 Socket 对象，不过它不使用 Bind 方法，而是使用 Connect 方法：

```
IPAddress remoteHost = IPAddress.Parse("192.168.0.1");
IPEndPoint iep = new IPEndPoint(remoteHost, 80);
Socket localSocket=new Socket(AddressFamily.InterNetwork,
SocketType.Stream, ProtocolType.Tcp);
    localSocket. Connect (iep);
```

进行连接后，可以运用套接字的 Connected 属性来验证连接是否成功。如果返回的值为 true，则表示连接成功，否则就是失败。程序运行后，客户端在与服务器建立连接之前，系统不会执行 Connect 方法下面的语句，而是处于阻塞方式。一旦客户端与服务器建立连接，客户机就可以像服务器收发数据使用的方法一样，使用 Send 和 Receive 方法进行通信。注意通信完成后，必须先用 Shutdown 方法停止会话，然后关闭 Socket 实例。表 10.11 说明了 Socket.Shutdown 方法中参数 SocketShutDown 可以使用的值。

表 10.11　Socket.Shutdown 的值

SocketShutDown 枚举值	说　　明
SocketShutdown.Receive	防止在套接字上接收数据，如果收到额外的数据，将发出一个 RST 信号
SocketShutdown.Send	防止在套接字上发送数据，在所有存留在缓冲器中的数据发送出去之后，发出一个 FIN 信号
SocketShutdown.Both	在套接字上既停止发送也停止接收

下面是关闭连接的典型用法：

```
sock.Shutdown(SocketShutdown.Both);
sock.Close();
```

应该注意的是在调用 Close() 方法以前必须调用 ShutDown() 方法以确保在 Socket 关闭之

前已发送或接收所有挂起的数据。Socket.Shutdown 方法允许 Socket 对象一直等待，直到将内部缓冲区的数据发送完为止。

10.2.4 无连接的套接字

UDP 使用无连接的套接字，无连接的套接字不需要在网络设备之间发送连接信息。因此，很难确定谁是服务器谁是客户机。如果一个设备最初是在等待远程设备的信息，则套接字就必须用 Bind 方法绑定到一个本地地址/端口对上。完成绑定之后，该设备就可以利用套接字接收数据了。由于发送设备没有建立到接收设备地址的连接，所以收发数据均不需要 Connect 方法。无连接套接字编程示意图如图 10.10 所示。

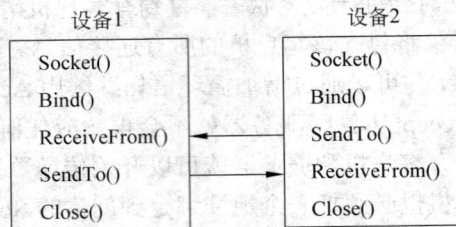

图 10.10　无连接套接字编程

由于不存在固定的连接，所以可以直接使用 SendTo 方法和 ReceiveFrom 方法发送和接收数据，在两个设备之间的通信结束之后，可以像 TCP 中使用的方法一样，对套接字使用 Shutdown 和 Close 方法。

需要注意的是，接收数据时，必须使用 Bind 方法将套接字绑定到一个本地地址/端口对上之后才能使用 ReceiveFrom 方法接收数据，如果只发送而不接收，则不需要使用 Bind 方法。

实际上，为了简化复杂的网络编程，.NET Framework 除了提供可以灵活控制的套接字类以外，还在此基础上提供了对套接字封装后的基于不同协议的更易于使用的类，后续章节中将进行介绍。

10.2.5 NetworkStream 类

其实，Socket 可以像流 Stream 一样被视为一个数据通道，这个通道架设在应用程序端（客户端）和远程服务器端之间，而后，数据的读取（接收）和写入（发送）均针对这个通道来进行。

流（Stream）是对串行传输的数据的一种抽象表示，底层的设备可以是文件、外部设备、主存、网络套接字等。

流有三种基本的操作：写入、读取和查找。如果数据从内存缓冲区传输到外部源，这样的流叫作"写入流"。如果数据从外部源传输到内存缓冲区，这样的流叫作"读取流"。

在网络上传输数据时，使用的是网络流（NetworkStream）。网络流的意思是数据在网络的各个位置之间是以连续的形式传输的。为了处理这种流，C#在 System.Net.Sockets 命名空间中提供了一个专门的 NetworkStream 类，用于通过网络套接字发送和接收数据。

NetworkStream 类支持对网络数据的同步或异步访问，它可以被视为在数据来源端和接收端之间架设了一个数据通道，这样读取和写入数据就可以针对这个通道来进行。

对于 NetworkStream 流，写入操作是指从来源端内存缓冲区到网络上的数据传输；读取操作是从网络上到接收端内存缓冲区（如字节数组）的数据传输，如图 10.11 所示。

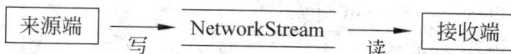

图 10.11　NetworkStream 流的读与写

构造 NetworkStream 对象的常用形式为：

```
Socket Socket(AddressFamily.InterNetwork, SocketType.Stream, ProtocolType.Tcp);
NetWorkStream networkStream=new NetworkStream(socket);
```

一旦构造了一个 NetworkStream 对象，就不需要使用 Socket 对象了。也就是说，在关闭网络连接之前就一直使用 NetworkStream 对象发送和接收网络数据。表 10.12 列出了 NetworkStream 类提供的常用属性。

表 10.12　NetworkStream 类常用属性

SocketShutDown 枚举值	说　　明
CanRead	指示 NetworkStream 是否支持读操作，默认值为 True
CanWrite	指示 NetworkStream 是否支持写操作，默认值为 True
CanSeek	指示 NetworkStream 流是否支持查找，该属性总是返回 False
DataAvailable	指示 NetworkStream 上是否有可用的数据，有则为真
Position	获取或设置流中的当前位置，此属性始终引发 NotSupportedException
Readable	指示 NetworkStream 流是否可读，为真时可读；假时不可读
Writeable	指示 NetworkStream 流是否可写，为真时可写；假时不可写

比较常用的 NetworkStream 对象属性是 DataAvailable，通过这个属性，可以迅速查看在缓冲区中是否有数据等待读出。

需要注意的是，网络流没有当前位置的概念，因此不支持查找和对数据流的随机访问，相应属性 CanSeek 始终返回 false，而读取 Position 属性和调用 Seek 方法时，都将引发 NotSupportedException 异常。表 10.13 列出了 NetworkStream 类提供的常用方法。

表 10.13　NetworkStream 类常用方法

方法名称	说　　明
BeginRead 方法	从 NetworkStream 流开始异步读取
BeginWrite 方法	开始向 NetworkStream 流异步写入
EndRead 方法	结束对一个 NetworkStream 流的异步读取
EndWrite 方法	结束向一个 NetworkStream 流的异步写入
Read 方法	从 NetworkStream 流中读取数据
Write 方法	向 NetworkStream 流中写入数据
ReadByte 方法	从 NetworkStream 流中读取一个字节的数据
WriteByte 方法	向 NetworkStream 流中写入一个字节的数据

方法名称	说　明
Flush 方法	从 NetworkStream 流中取走所有数据
Close 方法	关闭 NetworkStream 对象
Dispose 方法	释放 NetworkStream 占用的资源
Seek 方法	查找 NetworkStream 流的当前位置，此方法将引发 NotSupportedException

网络数据传输完成后，不要忘记用 Close 方法关闭 NetworkStream 对象。

【例 10-5】 利用套接字和 NetworkStream 类实现简单的网络通信。

Step 1 在 Visual Studio 2013 中新建 C#控制台程序，项目名为"SocketClient"，在 Program 的 Main 方法中添加以下测试代码（代码 10-5-1.txt）。

```
//保存输入要发送的字符串
string input;
//要连接的远程IP
IPAddress remoteHost = IPAddress.Parse("127.0.0.1");
//IP 地址跟端口的组合
IPEndPoint iep = new IPEndPoint(remoteHost, 6080);
//把地址绑定到 Socket
Socket clientSocket = new Socket(AddressFamily.InterNetwork,
SocketType.Stream, ProtocolType.Tcp);
//连接远程服务器
try
{
    clientSocket.Connect(iep);
    Console.WriteLine("请输入您要发送的字符串");
    //保存输入的字符串
    input = Console.ReadLine();
    //用字节数组保存要发送的字符串
    byte[] message = System.Text.Encoding.Unicode.GetBytes(input);
    //新建一个 NetworkStream 对象发送数据
    NetworkStream netstream = new NetworkStream(clientSocket);
    //向服务器端发送 message 内容
    netstream.Write(message, 0, message.Length);
    clientSocket.Shutdown(SocketShutdown.Both);
    netstream.Close();
    clientSocket.Close();
}
catch (System.Exception ex)
{
    Console.WriteLine("服务器端连接失败");
}
Console.Read();
```

Step 2 在 Visual Studio 2013 中新建 C#控制台程序，项目名为"SocketServer"，在

Program 的 Main 中添加以下测试代码（代码 10-5-2.txt）。

```
//本机 IP
IPAddress ip = IPAddress.Parse("127.0.0.1");
//IP 地址跟端口的组合
IPEndPoint iep = new IPEndPoint(ip, 6080);
//创建 Socket
Socket socket = new Socket(AddressFamily.InterNetwork, SocketType.Stream,
ProtocolType.Tcp);
//绑定 Socket
socket.Bind(iep);
//服务器已经做好接收任何连接的准备
socket.Listen(10);
while (true)
{
    //执行 accept 方法
    Socket Client = socket.Accept();
    byte[] message = new byte[1024];
    NetworkStream networkStream = new NetworkStream(Client);
    int len = networkStream.Read(message, 0, message.Length);
    //byte 数组转换成 string
    string output = System.Text.Encoding.Unicode.GetString(message);
    networkStream.Close();
    Console.WriteLine("一共从客户端接收了" + len.ToString() + "字节。接收字符
串为: " + output);
}
Console.Read();
```

单击工具栏中的 ▶ 按钮，运行 SocketServer 项目，即可在控制台中输出如图 10.12 所示的服务器端窗口。

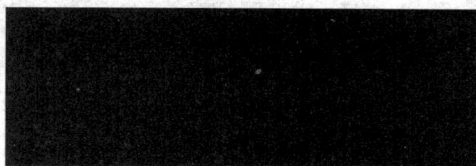

图 10.12　例 10-5 运行结果 1

单击工具栏中的 ▶ 按钮，运行 SocketClient 项目，即可在控制台中输出如图 10.13 所示的客户端窗口。

图 10.13　例 10-5 运行结果 2

在客户端窗口中输入字符串"Hello,Mary,Nice to meet you.",如图 10.14 所示。

图 10.14　客户端运行结果

服务器端窗口将显示如图 10.15 所示的结果。

图 10.15　服务器端运行结果

【代码详解】

客户端程序中的下面这两条语句:

```
Socket clientSocket = new Socket(AddressFamily.InterNetwork,
SocketType.Stream, ProtocolType.Tcp);
NetworkStream netstream = new NetworkStream(clientSocket);
```

创建关于客户端套接字对象 clientSocket 的 NetworkStream 对象 netstream,接着,使用下面这几条语句:

```
input = Console.ReadLine();
byte[] message = System.Text.Encoding.Unicode.GetBytes(input);
netstream.Write(message, 0, message.Length);
```

把用户在客户端的输入字符串转换成字节数组对象 message,接着调用 NetworkStream 对象 netstream 的 Write 方法把消息传递给服务器端。

服务器端程序中的下面这两条语句:

```
Socket Client = socket.Accept();
NetworkStream networkStream = new NetworkStream(Client);
```

监听客户端套接字,并创建关于客户端套接字对象 Client 的 NetworkStream 对象 networkStream,接着,使用下面这几条语句:

```
int len = networkStream.Read(message, 0, message.Length);
string output = System.Text.Encoding.Unicode.GetString(message);
Console.WriteLine("一共从客户端接收了" + len.ToString() + "字节。接收字符串为:
" + output);
```

调用 NetworkStream 对象 networkStream 的 Read 方法接收从客户端传递过来的字节流，并转换为字符串格式输出到控制台。

> **警告**：为了实现上面的例子，必须在 using 区添加 System.Net.Sockets 命名空间。

10.3　TCP 应用编程

TCP 是 Transmission Control Protocol（传输控制协议）的简称，是 TCP/ IP 体系中面向连接的运输层协议，在网络中提供全双工的和可靠的服务。根据 TCP 网络协议，网络中的两个远程主机（或者叫进程，因为实际上远程通信是进程之间的通信，而进程则是运行中的程序），必须首先进行一个握手过程，确认连接成功，之后才能传输实际的数据。例如进程 A 想将字符串 "It's a fine day today" 发给进程 B，它首先要建立连接。在这一过程中，它首先需要知道进程 B 的位置（主机地址和端口号）。随后发送一个不包含实际数据的请求报文，可以将这个报文称为 "hello"。如果进程 B 接收到了这个 "hello"，就向进程 A 回复一个 "hello"，进程 A 随后才发送实际的数据 "It's a fine day today"。

TCP 网络协议是全双工的，即网络中的两个远程主机上的进程（例如进程 A、进程 B）一旦建立好连接，那么数据就既可以由 A 流向 B，也可以由 B 流向 A。除此以外，它还是点对点的，意思是说一个 TCP 连接总是两者之间的，在发送中，通过一个连接将数据发给多个接收方是不可能的。TCP 还有一个特性，就是可靠的数据传输，意思是连接建立后，数据的发送一定能够到达，并且是有序的，就是说发的时候你发了 ABC，那么收的一方收到的也一定是 ABC，而不会是 BCA 或者别的什么。

利用 TCP 开发应用程序时，.NET 框架提供两种工作方式，一种是同步工作方式，另一种是异步工作方式。

同步工作方式是指利用 TCP 进行编程时程序执行到发送、接收和监听语句时，在未完成工作前不再继续往下执行，即处于阻塞状态，直到该语句完成某个工作后才继续执行下一条语句；异步工作方式是指程序执行到发送、接收和监听语句时，不论工作是否完成，都会继续往下执行。例如对于接收数据来说，在同步工作方式下，接收方执行到接收语句后将处于阻塞方式，只有接收到对方发来的数据后才继续执行下一条语句；而如果采用异步工作方式，则在程序执行到接收语句后，无论接收方是否接收到对方发来的数据，程序都会继续往下执行。

与同步工作方式和异步工作方式相对应，利用 Socket 类进行编程时系统也都提供有相应的方法，采用相应的方法进行编程分别称为同步套接字编程和异步套接字编程。但是使用套接字编程比较复杂，涉及很多底层的细节。为了简化套接字编程，.NET 框架又专门提供了两个类：TcpClient 类与 TcpListener 类。由于这两个类与套接字一样也分别有各自的同步和异步工作方式及其对应的方法，而在编程时，Socket、TcpClient 和 TcpListener 三个类都有可能使用，因此为简化起见，无论使用的是哪个类，统统从工作方式上将其称为同步

TCP 和异步 TCP，所以其编程方式也有两种，一种是同步 TCP 编程，另一种是异步 TCP 编程。

10.3.1 TcpClient 和 TcpListener 类

在.NET 中，尽管可以直接对套接字编程，但是.NET 提供了两个类将对套接字的编程进行了一个封装，更加方便，这两个类是 TcpClient 和 TcpListener，它与套接字的关系如图 10.16 所示。

从图 10.16 中可以看出，TcpClient 和 TcpListener 类对套接字进行了封装。从中也可以看出，TcpListener 用于接受连接请求，而 TcpClient 则用于接收和发送流数据。这幅图的意思是 TcpListener 持续地保持对端口的侦听，一旦收到一个连接请求，就可以获得一个 TcpClient 对象，而对于数据的发送和接收都由 TcpClient 去完成。此时，TcpListener 并没有停止工作，它始终持续地保持对端口的侦听状态。

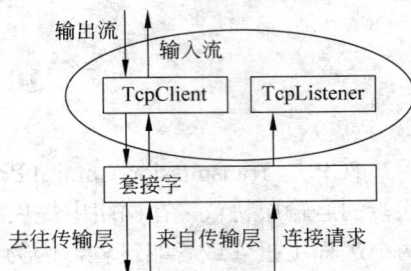

图 10.16 TcpClient 和 TcpListener 类

我们考虑这样一种情况：两台主机，主机 A 和主机 B，起初它们谁也不知道谁在哪儿，当它们想要进行对话时，总是需要有一方发起连接，而另一方则需要对本机的某一端口进行侦听。而在侦听方收到连接请求并建立起连接以后，它们之间进行收发数据时，发起连接的一方并不需要再进行侦听。因为连接是全双工的，它可以使用现有的连接进行收发数据。而前面已经做了定义：将发起连接的一方称为客户端，另一方称为服务端，则现在可以得出：总是服务端在使用 TcpListener 类，因为它需要建立起一个初始的连接。

1. TcpClient 类

TcpClient 类为 TCP 网络服务提供客户端连接，它构建于 Socket 类之上，以提供较高级别的 TCP 服务，即提供了通过网络连接、发送和接收数据的简单方法。用于在同步阻止模式下通过网络来连接、发送和接收流数据。另外，通过与 NetworkStream 对象的关联，使得用户可以通过流操作方式实现对网络连接状态下数据的发送和接收。通过 TcpClient 类实现与 TCP 主机的通信流程如图 10.17 所示。

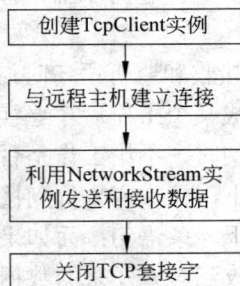

图 10.17 通过 TcpClient 类实现与 TCP 主机的通信

TcpClient 类有 4 种构造函数的重载形式，分别对应 4 种创建实例的方法。

（1）TcpClient()，这种不带任何参数的构造函数将使用本机默认的 IP 地址，并将使用默认的通信端口号 0。当然，如果本机不止一个 IP 地址时将无法选择使用。

（2）TcpClient(AddressFamily)，使用指定的地址族初始化 TcpClient 类的新实例。

（3）TcpClient(IPEndPoint)，即使用本机 IPEndPoint 创建 TcpClient 的实例。其中，IPEndPoint 将网络端点表示为 IP 地址和端口号，用于指定在建立远程主机连接时所使用的本地网络接口 IP 地址和端口号。

（4）TcpClient (String, Int32)，初始化 TcpClient 类的新实例并连接到指定主机上的指定端口。

因此，在 TcpClient 的构造函数中，如果没有指定远程主机名和端口号，它只是用来实例化 TcpClient，同时实现与本地 IP 地址和 Port 端口的绑定。

如果在 TcpClient 的实例化过程中没有实现与远程主机的连接，则可以通过 Connect 方法来实现与指定远程主机的连接。Connect 方法使用指定的主机名和端口号将客户端连接到远程主机，其使用方法如下。

（1）Connect（IPEndPoint），使用指定的远程网络终结点将客户端连接到远程 TCP 主机。

（2）Connect（IPAddress），使用指定的 IP 地址和端口号将客户端连接到远程 TCP 主机。

（3）Connect（IPAddress[]，Int32），使用指定的 IP 地址和端口号将客户端连接到远程 TCP 主机。

（4）Connect（String, Int32），使用指定的主机名和端口号将客户端连接到指定主机上的指定端口。

如下代码段描述了 TcpClient 实例的创建以及与指定远程主机的连接过程。

```
TcpClient  m_client = new TcpClient();
m_client.Connect(m_servername, m_port);
```

TcpClient 类创建在 Socket 之上，提供了更高层次的 TCP 服务抽象，特别是在网络数据的发送和接收方面，TcpClient 使用标准的 Stream 流处理技术，通过使用 NetworkStream 实例的读写操作来实现网络数据的接收和发送，因此更加方便直观。

TcpClient 类利用 NetworkStream 实例发送和接收数据时需首先通过 TcpClient.GetStream 来返回 NetworkStream 实例，进而利用所获取的 NetworkStream 实例的读写方法 Write 和 Read 来发送和接收数据，其实现代码如下所示。

```
TcpClient  m_client = new TcpClient();
m_client.Connect(m_servername, m_port);
NetworkStream ws = m_client.GetStream();   //获取发送数据的网络流实例
ws.Write(data, 0, data.Length);            //向网络发送数据
```

在与服务器完成通信后，应该调用 TcpClient 实例对象的 Close()方法释放资源，代码如下：

```
m_client.Close();
```

TcpClient 类的常用属性如表 10.14 所示。

TcpClient 类的常用方法如表 10.15 所示。

2. TcpListener 类

TcpClient 类实现了客户端编程抽象，因此构建客户端网络应用程序便可以直接使用 TcpClient 取代 Socket，更加方便易用。同样，对于服务器端应用程序的构建，C#提供了 TcpListener 类。该类也是构建于 Socket 之上，提供了更高抽象级别的 TCP 服务，使得程序员能更方便地编写服务器端应用程序。

表 10.14　TcpClient 类的常用属性

属性名称	说　明
Client	获取或设置基础套接字
LingerState	获取或设置套接字保持连接的时间
NoDelay	获取或设置一个值，该值在发送或接收缓冲区未满时禁用延迟
ReceiveBufferSize	获取或设置 TCP 接收缓冲区的大小
ReceiveTimeout	获取或设置套接字接收数据的超时时间
SendBufferSize	获取或设置 TCP 发送缓冲区的大小
SendTimeout	获取或设置套接字发送数据的超时时间

表 10.15　TcpClient 类的常用方法

方法名称	说　明
Close	释放 TcpClient 实例，而不关闭基础连接
Connect	用指定的主机名和端口号将客户端连接到 TCP 主机
BeginConnect	开始一个对远程主机连接的异步请求
EndConnect	异步接受传入的连接尝试
GetStream	获取能够发送和接收数据的 NetworkStream 对象

通常情况下，服务器端应用程序在启动时将首先绑定本地网络接口的 IP 地址和端口号，然后进入侦听客户请求的状态，以便于客户端应用程序提出显式请求。一旦侦听到有客户端应用程序请求连接侦听端口，服务器端应用将接受请求，并建立一个负责与客户端应用程序通信的信道，即通过创建连接套接字与客户端应用程序建立连接，由连接套接字完成与客户端应用程序的数据传送操作，服务器端应用程序继续侦听更多的客户端连接请求。

TcpListener 通过实例创建过程完成与本地网络接口的绑定，并由所创建的实例调用 Start 方法启动侦听；当侦听到客户端应用程序的连接请求后，根据客户端应用程序的不同请求方式，可以通过 AcceptTcpClient 方法接受传入的连接请求并创建 TcpClient 实例以处理请求，或者通过 AcceptSocket 方法接受传入的连接请求并创建 Socket 实例以处理请求，并由所创建的 TcpClient 实例或 Socket 实例完成与客户端应用程序的网络数据传输。最后，需要使用 Stop 关闭用于侦听传入连接的 Socket，同时也必须关闭从 AcceptSocket 或 AcceptTcpClient 返回的任何实例，以释放相关资源。其实现流程如图 10.18 所示。

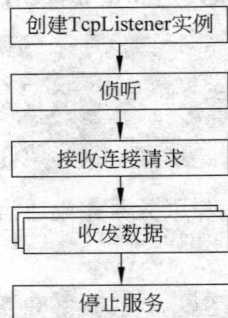
图 10.18　TcpListener 实现流程

TcpListener 类提供了三种构造函数的重载形式来创建 TcpListener 实例。

```
TcpListener(port);                        //指定本机端口
public TcpListener(IPEndPoint)            //指定本机终结点
public TcpListener(IPAddress,port)        //指定本机 IP 地址及端口
```

TcpListener 类分别根据指定的侦听端口、IPEndPoint 对象（包含 IP 地址和端口号）、

IPAddress 对象和端口号来创建 TcpListener 实例，并且实现与默认端口或指定 IP 地址和端口的绑定，例如：

```
IPAddress  m_host = IPAddress.Parse(m_serverIP)
TcpListener  m_Listener = new TcpListener(m_host, m_port);
```

创建 TcpListener 实例后，便可以调用 Start 方法启动侦听，即该方法将调用 TcpListener 实例的基础 Socket 上的 Listen 方法，开始侦听客户的连接请求，例如：

```
m_Listener.Start();
```

当侦听到有客户连接请求时，可以使用 AcceptSocket 或 AcceptTcpClient 接收任何当前在队列中挂起的连接请求。这两种方法分别返回一个 Socket 或 TcpClient 实例以接受客户的连接请求，如：

```
TcpClient m_client = m_Listener.AcceptTcpClient();
```

通过返回的 Socket 或 TcpClient 实例来实现与提出连接请求的客户的单独网络数据传输。

如果接收连接请求时返回的是 Socket 实例，则可以用其 Send 和 Receive 方法实现与客户的通信。如果返回的是 TcpClient 实例，则可以通过对 NetworkStream 的读写来实现与客户的数据通信。由于服务器可以同时与多个客户建立连接并进行数据通信，因此往往会引入多线程技术，为每个客户的连接建立一个线程，在该线程中实现与客户的数据通信，代码如下所示。

```
//为每个客户连接创建并启动一个线程
TcpClient m_client = m_Listener.AcceptTcpClient();
ClientHandle m_handle = new ClientHandle();
m_handle.ClientSocket = m_client;
Thread m_clientthread = new Thread(new ThreadStart(m_handle.
ResponseClient));
m_clientthread.Start();
//线程处理代码
public void ResponseClient( )
{
    if (m_clientsocket != null)
    {
      StreamReader rs = new StreamReader(m_clientsocket.GetStream());
        NetworkStream ws = m_clientsocket.GetStream();
...
        while (true)
        {
            //接收信息
            m_returnData = rs.ReadLine( );
            ...
            //回送信息
```

```
            ws.Write(data, 0, data.Length);
            ...
        }
    m_clientsocket.Close( );
    }
}
```

与客户程序通信完成之后，最后一步是停止侦听套接字，此时可以调用 TcpListener 的 Stop 方法来实现。

10.3.2 TCP 同步编程

不论是多么复杂的 TCP 应用程序，双方通信的最基本前提就是客户端要先和服务器端进行 TCP 连接，然后才可以在此基础上相互收发数据。由于服务器需要对多个客户端同时服务，因此程序相对复杂一些。在服务器端，程序员需要编写程序不断地监听客户端是否有连接请求，并通过套接字区分是哪个客户；而客户端与服务器连接则比较简单，只需要指定连接的是哪个服务器即可。一旦双方建立了连接并创建了对应的套接字，就可以相互收发数据了。在程序中，发送和接收数据的方法都是一样的，区别仅是方向不同。

在同步 TCP 应用编程中，发送、接收和监听语句均采用阻塞方式工作。使用同步 TCP 编写服务器端程序的一般步骤如下。

（1）创建一个包含采用的网络类型、数据传输类型和协议类型的本地套接字对象，并将其与服务器的 IP 地址和端口号绑定。这个过程可以通过 Socket 类或者 TcpListener 类完成。

（2）在指定的端口进行监听，以便接受客户端连接请求。

（3）一旦接受了客户端的连接请求，就根据客户端发送的连接信息创建与该客户端对应的 Socket 对象或者 TcpClient 对象。

（4）根据创建的 Socket 对象或者 TcpClient 对象，分别与每个连接的客户进行数据传输。

（5）根据传送信息情况确定是否关闭与对方的连接。

使用同步 TCP 编写客户端程序的一般步骤如下。

（1）创建一个包含传输过程中采用的网络类型、数据传输类型和协议类型的 Socket 对象或者 TcpClient 对象。

（2）使用 Connect 方法与远程服务器建立连接。

（3）与服务器进行数据传输。

（4）完成工作后，向服务器发送关闭信息，并关闭与服务器的连接。

【例 10-6】 同步 TCP 应用编程。

Step 1 在 Visual Studio 2013 中新建 C#控制台程序，项目名为"ChatServer"，在 Program 的 Main 方法中添加以下测试代码（代码 10-6-1.txt）。

```
//客户端表
Hashtable clientTable = new Hashtable();
IPAddress[] ips = Dns.GetHostAddresses("172.21.1.76");
```

```
        IPAddress ip = ips[0];
        TcpListener listener = new TcpListener(ip, 6060);
        IPEndPoint iep = new IPEndPoint(remoteHost, 6080);
        listener.Start();
        Console.WriteLine("服务器已启动，正在监听...\n");
        Console.WriteLine(string.Format("服务器IP: {0}\t端口号: {1}\n", ip, 6060));
        while (true)
        {
            byte[] packetBuff = new byte[100];
            Socket newClient = listener.AcceptSocket();
            newClient.Receive(packetBuff);
            string userName = Encoding.Unicode.GetString(packetBuff).TrimEnd
('\0');
            if (clientTable.Count != 0 && clientTable.ContainsKey(userName)) {
                newClient.Send(Encoding.Unicode.GetBytes("Failed"));
                continue;    }
            else {
                newClient.Send(Encoding.Unicode.GetBytes("Successful")); }
            clientTable.Add(userName, newClient);
            string strlog = string.Format("[系统消息]新用户 {0:8} 在 {1} 已连接... 当
前在线人数: {2}\r\n\r\n", userName, DateTime.Now, clientTable.Count);
            Console.WriteLine(strlog);
            Thread ThreadOne = new Thread(new ParameterizedThreadStart
(MethodsOne));
            ThreadOne.Start(userName);
            foreach (DictionaryEntry de in clientTable)    {
                string clientName = de.Key as string;
                Socket clientSkt = de.Value as Socket;
                if (!clientName.Equals(userName)) {
                clientSkt.Send(Encoding.Unicode.GetBytes(strlog)); }
            }
        }
```

Step 2 在项目名为"ChatServer"的 Program 类中添加以下测试代码（代码 10-6-2.txt）。

```
//线程方法
private static void MethodsOne(object obj)
{
    //方法体
}
```

Step 3 在 Visual Studio 2013 中新建 Windows 窗体程序，项目名为"ChatClient"，设计窗体界面如图 10.19 所示。

Step 4 在项目 ChatClient 中窗体的按钮单击事件中添加以下测试代码（代码 10-6-3.txt）。

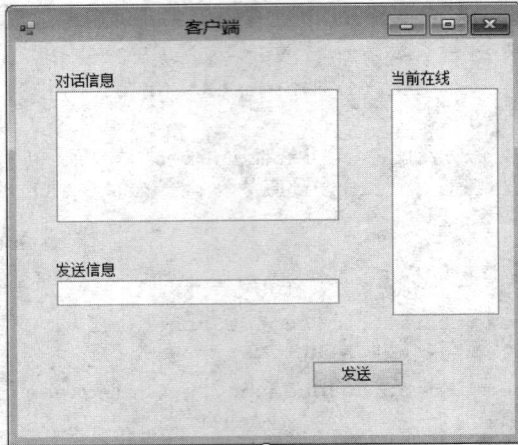

图 10.19　例 10-6 窗体界面

```
//本机 IP
IPAddress ip = IPAddress.Parse("127.0.0.1");
//IP 地址跟端口的组合
IPEndPoint iep = new IPEndPoint(ip, 6080);
//创建 Socket
Socket socket = new Socket(AddressFamily.InterNetwork, SocketType.Stream,
ProtocolType.Tcp);
//绑定 Socket
socket.Bind(iep);
//服务器已经做好接收任何连接的准备
socket.Listen(10);
while (true)
{
    //执行 Accept 方法
    Socket Client = socket.Accept();
    byte[] message = new byte[1024];
    NetworkStream networkStream = new NetworkStream(Client);
    int len = networkStream.Read(message, 0, message.Length);
    //byte 数组转换成 string
    string output = System.Text.Encoding.Unicode.GetString(message);
    Console.WriteLine("一共从客户端接收了" + len.ToString() + "字节。接收字符
串为: " + output);
}
Console.Read();
string msg = txtMsg.Text.Trim();

string strSend = null;
string strLocal = null;
string strReceiver = txtReceiver.Text;
if (strReceiver == string.Empty)
{
```

```
    MessageBox.Show("请选择一个接收者！\n 如果没有接受者可选，表明当前只有您一个人在
线\t", "发送消息", MessageBoxButtons.OK, MessageBoxIcon.Information);
    return;
  }
  strLocal = string.Format("您在 {0} 对 {1} 说：\r\n{2}\r\n ", DateTime.Now,
strReceiver, msg);
    strSend = string.Format("{0} 在 {1} 对您说：\r\n{2}\r\n ", strReceiver,
DateTime.Now, msg);
    IPAddress ip = Dns.GetHostAddresses("172.21.1.76")[0];
    TcpClient client = new TcpClient(ip.ToString(), 6060);
    //发送接受者用户名
    NetworkStream netstream = client.GetStream();
    netstream.Write(Encoding.Unicode.GetBytes(strReceiver),
Encoding.Unicode.GetBytes(strReceiver).Length);
    rtbChat.AppendText(strLocal);
    txtMsg.Clear();
```

单击工具栏中的 ▶ 按钮，运行 SocketServer 项目，即可在控制台中输出如图 10.20 所示的服务器端窗口。

图 10.20　例 10-6 运行结果——服务器端窗口

单击工具栏中的 ▶ 按钮，运行 SocketClient 项目，即显示如图 10.21 所示的客户端窗口。

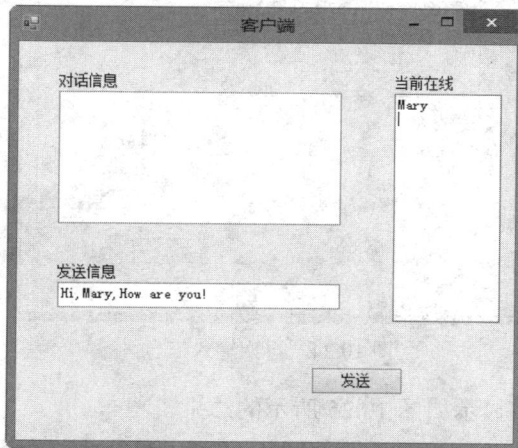

图 10.21　例 10-6 运行结果——客户端结果

在客户端窗口中【发送信息】文本框中输入字符串 "Hi,Mary,How are you!"，并单击【发送】按钮，客户端窗口将显示如图 10.22 所示对话信息。

服务器端窗口此时将显示如图 10.23 所示的结果。

继续在客户端窗口中【发送信息】文本框中输入字符串 "Hi,Tony!"，并单击【发送】按钮，客户端窗口将显示如图 10.24 所示对话信息。

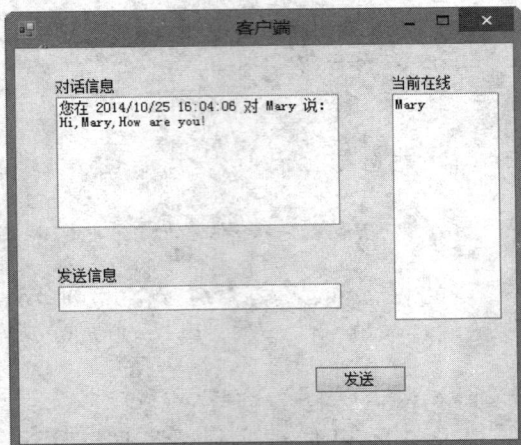

图 10.22　发送信息

图 10.23　服务器监听结果

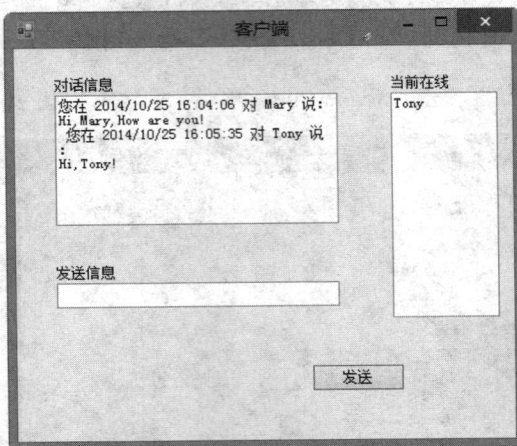

图 10.24　再次输入信息

服务器端窗口此时将显示如图 10.25 所示的结果。

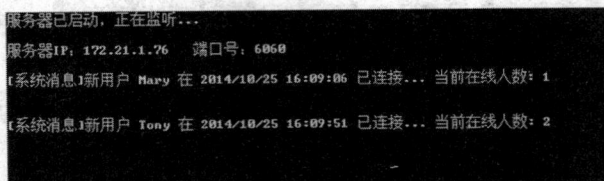

图 10.25　服务器端监听结果

【范例分析】

在网络中，数据是以字节流的形式进行传输的。服务器与客户端双方建立连接后，程序中需要先将要发送的数据转换为字节数组，然后使用 Socket 对象的 Send 方法发送数据，或者使用 Receive 方法接收数据。注意，要发送的字节数组并不是直接发送到了远程主机，而是发送到了本机的 TCP 发送缓冲区中；同样道理，接收数据也是如此，即程序中是从 TCP 接收缓冲区接收数据。可以使用 Socket 类的 SendBufferSize 属性获取或者设置发送缓冲区的大小，使用 ReceiveBufferSize 属性获取或者设置接收缓冲区的大小，也可以使用其默认大小。

由于 TCP 是面向连接的，因此在发送数据前，程序首先应该将套接字与本机 IP 地址和端口号绑定，并使之处于监听状态，然后通过 Accept 方法监听是否有客户端连接请求。使用套接字是为了指明使用哪种协议；和本机绑定是为了在指定的端口进行监听，以便识别客户端连接信息；调用 Accept 方法的目的是为了得到对方的 IP 地址、端口号等套接字需要的信息。因为只有得到对方的 IP 地址和端口号等相关信息后，才能与对方进行通信。当程序执行到 Accept 方法时，会处于阻塞状态，直到接收到客户端到服务器端的连接请求才继续执行下一条语句。服务器一旦接受了该客户端的连接，Accept 方法就返回一个与该客户端通信的新的套接字，套接字中包含对方的 IP 地址和端口号，然后就可以用返回的套接字和该客户进行通信了。

Send 方法的整型返回值表示成功发送的字节数。正如本节开始所说的那样，该方法并不是把要发送的数据立即传送到网络上，而是传送到了 TCP 发送缓冲区中。但是，在阻塞方式下，如果由于网络原因导致原来 TCP 发送缓冲区中的数据还没有来得及发送到网络上，接收方就无法继续接收发送给它的所有字节数，因此该方法返回实际上成功向 TCP 发送缓冲区发送了多少字节。

即使不是因为网络原因，也不能保证数据一定能一次性全部传送到了 TCP 发送缓冲区。这是因为 TCP 发送缓冲区一次能接收的数据取决于其自身的大小，也就是说，Send 方法要发送的数据如果超过了 TCP 发送缓冲区的有效值，那么调用一次 Send 方法就不能将数据全部成功发送到缓存中。所以，实际编写程序时，程序中应该通过一个循环进行发送，并检测成功发送的字节数，直到数据全部成功发送完毕为止。当然，如果 Send 方法中发送的数据小于 TCP 发送缓冲区的有效值，调用一次 Send 方法就可能全部发送成功。

与发送相反，Receive 方法则是从 TCP 接收缓冲区接收数据，Receive 方法的整型返回值表示实际接收到的字节数，但是如果远程客户端关闭了套接字连接，而且此时有效数据已经被完全接收，那么 Receive 方法的返回值将会是 0 字节。

但有一点需要注意，如果 TCP 接收缓冲区内没有有效的数据可读时，在阻塞模式下，Receive 方法将会被阻塞；但是在非阻塞模式下，Receive 方法将会立即结束并抛出套接字异常。要避免这种情况，可以使用 Available 属性来预先检测数据是否有效，如果 Available 属性值不为 0，那么就可以重新尝试接收操作。

10.3.3 TCP 异步通信

利用 TcpListener 和 TcpClient 类在同步方式下接收、发送数据以及监听客户端连接时，在操作没有完成之前一直处于阻塞状态，这对于接收、发送数据量不大的情况或者操作用时较短的情况下是比较方便的。但是，对于执行完成时间可能较长的任务，如传送大文件等，使用同步操作可能就不太合适了，这种情况下，最好的办法是使用异步操作。

所谓异步操作方式，就是我们希望让某个工作开始以后，能在这个工作尚未完成的时候继续处理其他工作。就像我们（主线程）安排 A（子线程 A）负责处理客人来访时办理一系列登记手续。在同步工作方式下，如果没有人来访，A 就只能一直在某个房间等待，而不能同时做其他工作，显然这种方式不利于并行处理。我们希望的是，没有人来访时，A 不一定一直在这个房间等待，也可以到别处继续做其他事，而把这个工作交给总控室人员完成，这里的总控室就是 Windows 操作系统本身。总控室如何及时通知 A 呢？可以让 A 先告诉总控室一个手机号 F（callback 需要的方法名 F），以便有人来访时总控室可以立即电话通知 A（callback）。这样一来，一旦有客人来访，总控室人员（委托）就会立即给 A 打电话（通过委托自动运行方法 F），A 接到通知后，再处理客人来访时需要的登记手续（在方法 F 中完成需要的工作）。

异步操作的最大优点是可以在一个操作没有完成之前同时进行其他的操作。.NET 框架提供了一种称为 AsyncCallback（异步回调）的委托，该委托允许启动异步的功能，并在条件具备时调用提供的回调方法（是一种在操作或活动完成时由委托自动调用的方法），然后在这个方法中完成并结束未完成的工作。

使用异步 TCP 应用编程时，除了套接字有对应的异步操作方式外，TcpListener 和 TcpClient 类也提供了异步操作的方法。

异步操作方式下，每个 Begin 方法都有一个匹配的 End 方法。在程序中利用 Begin 方法开始执行异步操作，然后由委托在条件具备时调用 End 方法完成并结束异步操作。

表 10.16 列出了 TcpListener 和 TcpClient 以及套接字提供的部分异步操作方法。

表 10.16   部分异步操作方法

类名称	方法名称	说 明
TcpListener	BeginAcceptTcpClient	开始一个异步操作接受一个传入的连接尝试
	EndAcceptTcpClient	异步接受传入的连接尝试，并创建新的 TcpClient 处理远程主机通信
TcpClient	BeginConnect	开始一个对远程主机连接的异步请求
	EndConnect	异步接受传入的连接尝试
Socket	BeginReceive	开始从连接的 Socket 中异步接收数据
	EndReceive	结束挂起的异步读取
	BeginSend	将数据异步发送到连接的 Socket
	EndSend	结束挂起的异步发送

【例 10-7】 异步 TCP 应用编程。

Step 1   在 Visual Studio 2013 中新建 C#控制台程序，项目名为"AsynTcpServer"，添加 TcpServer 类，TcpServer 类代码如下（代码 10-7-1.txt）。

```
public void StartListening()///TCP 异步监听
{
    //主机 IP
```

```
        IPEndPoint serverIp = new IPEndPoint(IPAddress.Parse("127.0.0.1"),
8686);
        Socket tcpServer = new Socket(AddressFamily.InterNetwork,
SocketType.Stream, ProtocolType.Tcp);
        tcpServer.Bind(serverIp);
        tcpServer.Listen(100);
        Console.WriteLine("异步开启监听...");
        AsynAccept(tcpServer);
    }
    public void AsynAccept(Socket tcpServer) ///异步连接客户端
    {
        tcpServer.BeginAccept(asyncResult =>
        {
            Socket tcpClient = tcpServer.EndAccept(asyncResult);
            Console.WriteLine("server<--<--{0}",
tcpClient.RemoteEndPoint.ToString());
            AsynSend(tcpClient, "收到连接...");//发送消息
            AsynAccept(tcpServer);
            AsynRecive(tcpClient);
        }, null);
    }
    public void AsynRecive(Socket tcpClient) ///异步接受客户端消息
    {
        byte[] data = new byte[1024];
        try
        {
            tcpClient.BeginReceive(data, 0, data.Length, SocketFlags.None,
            asyncResult =>
            {
                int length = tcpClient.EndReceive(asyncResult);
                Console.WriteLine("server<--<--client:{0}",
Encoding.UTF8.GetString(data));
                AsynSend(tcpClient, "收到消息...");
                AsynRecive(tcpClient);
            }, null);
        }
        catch (Exception ex)
        {
            Console.WriteLine("异常信息: ", ex.Message);
        }
    }
    public void AsynSend(Socket tcpClient, string message) ///异步发送消息
    {
        byte[] data = Encoding.UTF8.GetBytes(message);
        try
        {
```

```
            tcpClient.BeginSend(data, 0, data.Length, SocketFlags.None,
asyncResult =>
        {
            //完成发送消息
            int length = tcpClient.EndSend(asyncResult);
            Console.WriteLine("server-->-->client:{0}", message);
        }, null);
    }
    catch (Exception ex)
    {
        Console.WriteLine("异常信息：{0}", ex.Message);
    }
}
```

Step 2　在项目 AsynTcpServer 的 Program 类中的 Main 方法中添加以下测试代码（代码 10-7-2.txt）。

```
TcpServer ts = new TcpServer();
ts.StartListening();
Console.Read();
```

Step 3　在 Visual Studio 2013 中新建 C#控制台程序，项目名为"AsynTcpClient"，添加 AsynTcpClient 类，AsynTcpClient 类代码如下（代码 10-7-3.txt）。

```
public void AsynConnect()///TCP 异步连接服务器
{
    //主机 IP
    IPEndPoint serverIp = new IPEndPoint(IPAddress.Parse("127.0.0.1"),
8686);
    Socket tcpServer = new Socket(AddressFamily.InterNetwork,
SocketType.Stream, ProtocolType.Tcp);
        tcpClient.BeginConnect(serverIp, asyncResult =>
        {
            tcpClient.EndConnect(asyncResult);
            Console.WriteLine("client-->-->{0}", serverIp.ToString());
            AsynSend(tcpClient, "我上线了...");
            AsynSend(tcpClient, "第一次发送消息...");
            AsynSend(tcpClient, "第二次发送消息...");
            AsynRecive(tcpClient);
        }, null);
    }
public void AsynRecive(Socket tcpClient)  ///异步连接客户端回调函数
    {
    byte[] data = new byte[1024];
    tcpClient.BeginReceive(data, 0, data.Length, SocketFlags.None,
asyncResult =>
        {
```

```
            int length = tcpClient.EndReceive(asyncResult);
            Console.WriteLine("client<--<--server:{0}",
Encoding.UTF8.GetString(data));
            AsynRecive(tcpClient);
        }, null);
    }
    public void AsynSend(Socket tcpClient, string message) ///异步发送消息
    {
        byte[] data = Encoding.UTF8.GetBytes(message);
        tcpClient.BeginSend(data, 0, data.Length, SocketFlags.None,
asyncResult =>
        {
            //完成发送消息
            int length = tcpClient.EndSend(asyncResult);
            Console.WriteLine("client-->-->server:{0}", message);
        }, null);
    }
    public void AsynSend(Socket tcpClient, string message) ///异步发送消息
    {
        byte[] data = Encoding.UTF8.GetBytes(message);
        tcpClient.BeginSend(data, 0, data.Length, SocketFlags.None,
asyncResult =>
        {
            //完成发送消息
            int length = tcpClient.EndSend(asyncResult);
            Console.WriteLine("client-->-->server:{0}", message);
        }, null);
    }
```

Step 4 在项目 AsynTcpClient 的 Program 类中的 Main 方法中添加以下测试代码（代码 10-7-4.txt）。

```
AsynTcpClient tc = new AsynTcpClient();
tc.AsynConnect();
Console.Read();
```

单击工具栏中的 ▶ 按钮，运行 AsynTcpServer 项目，即可在控制台中输出如图 10.26 所示的服务器端窗口。

图 10.26 服务器端窗口

单击工具栏中的 ▶ 按钮，运行 AsynTcpClient 项目，即显示如图 10.27 所示的客户端窗口。

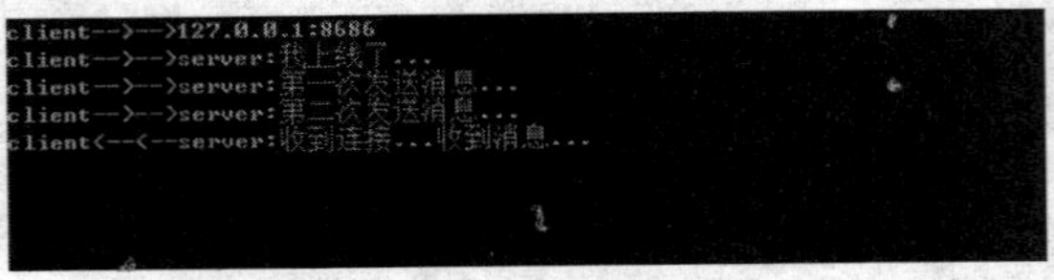

图 10.27　客户端窗口

10.4　UDP 应用编程

UDP 是 User Datagram Protocol 的缩写，意思是用户数据报协议。UDP 是一个简单的、面向数据报的无连接协议，提供了快速但不一定可靠的传输服务。与 TCP 一样，UDP 也是构建于底层 IP 协议之上的传输层协议。所谓"无连接"是指在正式通信前不必与对方先建立连接，不管对方状态如何就直接发送过去。这与发手机短信非常相似，只要输入对方的手机号码就可以了，不用考虑对方手机处于什么状态。

利用 UDP 可以使用广播的方式同时向子网上的所有设备发送信息，也可以使用组播的方式同时向网络上的多个设备发送信息。例如可以使用 UDP 向某网络发送广告，也可以使用 UDP 向指定的客户发送订阅的新闻或通知。

与 TCP 相比，UDP 有如下一些特点：首先，UDP 是基于无连接的协议，它能够消除生成连接的系统延迟，所以速度比 TCP 更快。对于强调传输性能而不是传输完整性的应用（例如音频和多媒体应用），UDP 是最好的选择；其次，UDP 不但支持一对一连接，而且也支持一对多连接，可以使用广播的方式多地址发送，而 TCP 仅支持一对一的通信；再次，UDP 与 TCP 的报头比是 8 : 20，这使得 UDP 消耗的网络带宽更少。最后，UDP 传输的数据有消息边界，而 TCP 没有消息边界。

由于 UDP 是一种无连接的协议，缺乏双方的握手信号，因此发送方无法了解数据报是否已经到达目标主机。如果在从发送方到接收方的传递过程中出现了数据报的丢失，协议本身并不能做出任何检测或提示，因此可靠性不如 TCP。

UDP 没有任何对双方会话的支持，当接收多个数据报时，不能保证各数据包到达的顺序与发出的顺序相同。当然，UDP 的这种乱序性基本上很少出现，通常只会在网络非常拥挤的情况下才可能发生。

编写 UDP 应用程序时，有两种技术，一种是直接使用 Socket 类，另一种是使用 UdpClient 类。UdpClient 类对基础 Socket 进行了封装，发送和接收数据时不必考虑底层套接字收发时必须处理的一些细节问题，从而简化了 UDP 应用编程的难度，提高了编程效率。

10.4.1　UdpClient 类

与 TcpClient 和 TcpListener 类似，System.Net.Sockets 名称空间下的 UdpClient 类也是构建于 Socket 类之上，提供了更高层次的 UDP 服务抽象，用于在阻止同步模式下发送和接收无连接 UDP 数据报，使用简单直观。

基于 UdpClient 的网络应用编程首先需要创建一个
UdpClient 类实例，接着通过调用其 Connect 方法连接到远
程主机。当然，这两步也可以直接由指定远程主机名和端口
号的 UdpClient 类构造函数完成。然后便可以利用 Send 和
Receive 方法来发送和接收数据。最后调用 Close 方法关闭
UDP 连接，并释放相关资源。其实现流程如图 10.28 所示。

UdpClient 类提供了以下几种常用格式的构造函数。

1. UdpClient()

创建一个新的 UdpClient 对象，并自动分配合适的本地
IPv4 地址和端口号。例如：

图 10.28　UdpClient 实现流程

```
UdpClient udpClient = new UdpClient();
udpClient.Connect("www.contoso.com", 51666); //指定默认远程主机和端口号
Byte[] sendBytes = System.Text.Encoding.Unicode.GetBytes("你好!");
udpClient.Send(sendBytes, sendBytes.Length); //发送给默认远程主机
```

2. UdpClient(int port)

创建一个与指定的端口绑定的新的 UdpClient 实例，并自动分配合适的本地 IPv4 地址。
例如：

```
UdpClient udpClient = new UdpClient(51666);
```

3. UdpClient(IPEndPoint localEp)

创建一个新的 UdpClient 实例，该实例与包含本地 IP 地址和端口号的 IPEndPoint 实例
绑定。例如：

```
IPAddress address = IPAddress. Parse("127.0.0.1");
IPEndPoint iep = new IPEndPoint(address, 51666);
UdpClient udpClient =new UdpClient(iep);
```

4. UdpClient（string remoteHost,int port）

创建一个新的 UdpClient 实例，自动分配合适的本地 IP 地址和端口号，并将它与指定
的远程主机和端口号联合。使用这种构造函数，一般不必再调用 Connect 方法。例如：

```
UdpClient udpClient =new UdpClient ("www.contoso.com",8080) ;
```

UdpClient 类的常用属性如表 10.17 所示。

表 10.17　UdpClient 类的常用属性

属性名称	说　明
Active	获取或设置一个值指示是否已建立默认远程主机
Available	获取或设置缓冲器中可用数据报的数量
Client	获取或设置基础网络套接字
EnableBroadcast	是否接收或发送广播包
ExclusiveAddressUSE	是否仅允许一个客户端使用指定端口

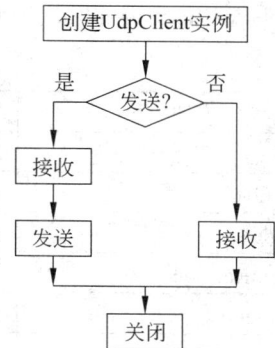

UdpClient 类的常用方法如表 10.18 所示。

表 10.18　UdpClient 类的常用方法

方法名称	说　　明
Send()	发送数据报
Receive()	接收数据报
BeginSend()	开始从连接的 Socket 中异步发送数据报
BeginReceive()	开始从连接的 Socket 中异步接收数据报
EndSend()	结束挂起的异步发送数据报
EndReceive()	结束挂起的异步接收数据报
JoinMulticastGroup()	添加多地址发送，用于连接一个多组播
DropMulticastGroup()	除去多地址发送，用于断开 UdpClient 与一个多组播的连接
Close()	关闭
Dispose()	释放资源

编写基于 UDP 的应用程序时，关键在于如何实现数据的发送和接收。由于 UDP 不需要建立连接，因此可以在任何时候直接向网络中的任意主机发送 UDP 数据。在同步阻塞方式下，可以使用 UdpClient 对象的 Send 方法和 Receive 方法。

Send 方法有几种不同的重载形式，使用哪种方式取决于以下两点：一是 UdpClient 是如何连接到远程端口的，二是 UdpClient 实例是如何创建的。如果在调用 Send 方法以前没有指定任何远程主机的信息，则需要在调用中包括该信息。

1．Send（byte[] data, int length, IPEndPoint iep）

这种重载形式用于知道了远程主机 IP 地址和端口的情况下，它有三个参数：数据、数据长度、远程 IPEndPoint 对象。例如：

```
UdpClient  udpClient =new UdpClient();
IPAddress remoteIPAdress = IPAddress.Parse（"127.0.0.1"）;
                                      //实际使用时应将 127.0.0.1 改为远程 IP
IPEndPoint remoteIPEndPoint = new IPEndPoint（remoteIPAdress,51666）;
byte[] sendBytes=System.Text.Encoding.Unicode.GetBytes（"你好！"）;
udpClient.Send（sendBytes , sendBytes.Length, remoteIPEndPoint）;
```

2．Send（byte[] data, int length, string remoteHostName, int port）

这种重载形式用于知道了远程主机名和端口号的情况下，利用 Send 方法直接把 UDP 数据报发送到远程主机。例如：

```
UdpClient  udpClient =new UdpClient();
byte[] sendBytes= System.Text.Encoding.Unicode.GetBytes（"你好!"）;
udpClient.Send（sendBytes , sendBytes.Length, "Host", 51666）;
```

3．Send(byte[] data, int length)

这种重载形式假定 UDP 客户端已经通过 Connect 方法指定了默认的远程主机，因此，只要用 Send 方法指定发送的数据和数据长度即可。例如：

```
UdpClient  udpClient =new UdpClient("remoteHost", 51666);
byte[] sendByte= System.Text.Encoding.Unicode.GetBytes ("你好!") ;
udpClient.Send(sendBytes ,sendBytes.Length);
```

UdpClient 对象的 Receive 方法能够在指定的本地 IP 地址和端口上接收数据，该方法带一个引用类型的 IPEndPoint 实例，并将接收到的数据作为 byte 数组返回。例如：

```
IPEndPoint remoteIpEndPoint = new IPEndPoint(IPAddress.Any, 51666);
UdpClient udpClient = new UdpClient(remoteIpEndPoint);
IPEndPoint iep=new IPEndPoint(IPAddress.Any,0);
Byte[] receiveBytes = udpClient.Receive(ref iep);
string receiveData = System.Text.Encoding.Unicode.GetString(receiveBytes);
Console.WriteLine("接收到信息: "+receiveData);
```

使用 UdpClient 对象的 Receive 方法的优点是：当本机接收的数据报容量超过分配给它的缓冲区大小时，该方法能够自动调整缓冲区大小。而使用 Socket 对象遇到这种情况时，将会产生 SocketException 异常。可见，使用 UdpClient 的 Receive 方法轻而易举地解决了大量程序设计上的麻烦，提高了编程效率。

10.4.2 UDP 应用编程实例

【例 10-8】 UCP 应用编程。

Step 1　在 Visual Studio 2013 中新建 C#控制台程序，项目名为"AsynUdpServer"，添加 AsynUdpServer 类，AsynUdpServer 类代码如下（代码 10-8-1.txt）。

```
public class StateObject
{
    public Socket udpServer = null;         //服务器端
    public byte[] buffer = new byte[1024]; //接受数据缓冲区
    public EndPoint remoteEP;               //远程终端
}
public void ServerBind()                    //服务器绑定终端节点
{
    IPEndPoint  serverIp  =  new  IPEndPoint(IPAddress.Parse("127.0.0.1"),
8686);
    Socket udpServer = new Socket(AddressFamily.InterNetwork,
SocketType.Dgram, ProtocolType.Udp);
    udpServer.Bind(serverIp);
    Console.WriteLine("server ready...");
    IPEndPoint clientIp = new IPEndPoint(IPAddress.Any, 0);
    state = new StateObject();
    state.udpServer = udpServer;
    state.remoteEP = (EndPoint)clientIp;
    AsynRecive();
}
public void AsynRecive()                     //异步接受消息
{
```

```
        state.udpServer.BeginReceiveFrom(state.buffer, 0, state.buffer.Length,
SocketFlags.None, ref state.remoteEP, new AsyncCallback(ReciveCallback), null);
    }
    public void ReciveCallback(IAsyncResult asyncResult)//异步接受消息回调函数
    {
        if (asyncResult.IsCompleted)
        {
            IPEndPoint ipep = new IPEndPoint(IPAddress.Any, 0);
            EndPoint remoteEP = (EndPoint)ipep;
            state.udpServer.EndReceiveFrom(asyncResult, ref remoteEP);
            Console.WriteLine("server<--<--client:{0}",
            Encoding.UTF8.GetString(state.buffer));
            state.remoteEP = remoteEP;
            AsynSend("收到消息");
            AsynRecive();
        }
    }
    public void AsynSend(string message)//异步发送消息
    {
        Console.WriteLine("server-->-->client:{0}", message);
        byte[] buffer = Encoding.UTF8.GetBytes(message);
        state.udpServer.BeginSendTo(buffer, 0, buffer.Length,
SocketFlags.None, state.remoteEP, new AsyncCallback(SendCallback), null);
    }
    public void SendCallback(IAsyncResult asyncResult)//异步发送消息回调函数
    {
        if (asyncResult.IsCompleted)
        {
            state.udpServer.EndSendTo(asyncResult);
        }
    }
}
```

Step 2 在项目 AsynUdpServer 的 Program 类中的 Main 方法中添加以下测试代码（代码 10-8-2.txt）。

```
AsynUdpServer ts = new AsynUdpServer();
ts.ServerBind();
Console.Read();
```

Step 3 在 Visual Studio 2013 中新建 C#控制台程序，项目名为 "AsynUdpClient"，添加 AsynUdpClient 类，AsynUdpClient 类代码如下（代码 10-8-3.txt）。

```
public class StateObject
{
    public Socket udpClient= null;          ////客户端套接字
    public byte[] buffer = new byte[1024];  ///接收信息缓冲区
    public IPEndPoint serverIp;             ////服务器端终节点
```

```csharp
        public EndPoint remoteEP;                    ////远程终端节点
    }
    public StateObject state;
    public void InitClient()
    {
        state = new StateObject();
        state.udpClient = new Socket(AddressFamily.InterNetwork,
        SocketType.Dgram, ProtocolType.Udp);
        state.serverIp = new IPEndPoint(IPAddress.Parse("127.0.0.1"), 8686);
        state.remoteEP = (EndPoint)(new IPEndPoint(IPAddress.Any, 0));
        AsynSend("第 1 次发送消息");
        AsynSend("第 2 次发送消息");
        AsynRecive();
    }
    public void AsynRecive()
    {
        state.udpClient.BeginReceiveFrom(state.buffer, 0, state.buffer.Length,
SocketFlags.None, ref state.remoteEP, new AsyncCallback(ReciveCallback), null);
    }
    public void ReciveCallback(IAsyncResult asyncResult)
    {
        if (asyncResult.IsCompleted)
        {
            state.udpClient.EndReceiveFrom(asyncResult, ref state.remoteEP);
            Console.WriteLine("client<--<--{0}:{1}",state.remoteEP.ToString(),
            Encoding.UTF8.GetString(state.buffer));
            AsynRecive();
        }
    }
    public void AsynSend(string message)
    {
        Console.WriteLine("client-->-->{0}:{1}",  state.serverIp.ToString(),
message);
        byte[] buffer = Encoding.UTF8.GetBytes(message);
        state.udpClient.BeginSendTo(buffer, 0, buffer.Length,
SocketFlags.None, state.serverIp,
        new AsyncCallback(SendCallback), null);
    }
    public void SendCallback(IAsyncResult asyncResult)
    {
        if (asyncResult.IsCompleted)
        {
            state.udpClient.EndSendTo(asyncResult);
        }
    }
}
```

Step 4 在项目 AsynUdpClient 的 Program 类中的 Main 方法中添加以下测试代码（代

码 10-8-4.txt)。

```
AsynUdpClient tc = new AsynUdpClient();
tc.InitClient();
Console.Read();
```

单击工具栏中的 ▶ 按钮，运行 AsynUdpServer 项目，即可在控制台中输出如图 10.29 所示的服务器端窗口。

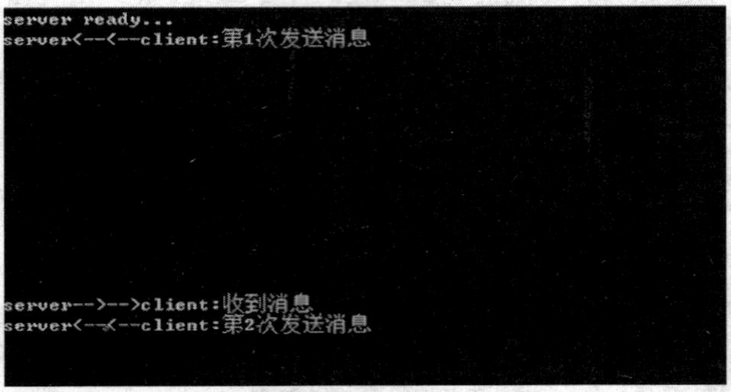

图 10.29 服务器端窗口

单击工具栏中的 ▶ 按钮，运行 AsynUdpClient 项目，即显示如图 10.30 所示的客户端窗口。

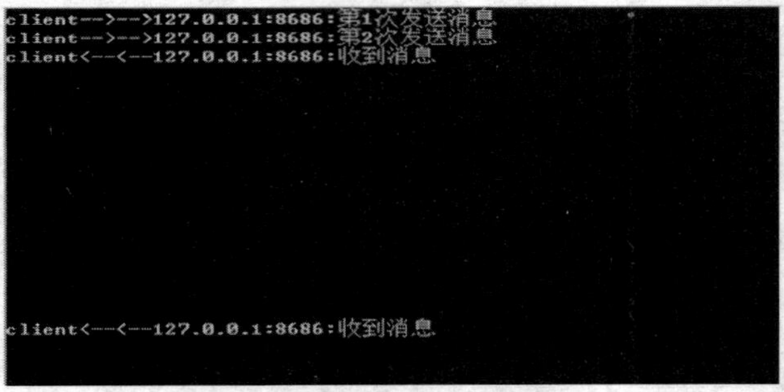

图 10.30 客户端窗口

UDP 通信下属于无连接模式通信，客户端只管将消息发送出去，由于网络原因，可能造成丢包问题。

小　结

本章首先介绍了网络编程中使用的几个基础类，包括 IPAddress 类、Dns 类、IPHostEntry 类和 IPEndPoint 类；接着重点介绍了套接字在网络编程中的应用，主要包括面向连接的套接字和无连接套接字的运用；最后向读者详细介绍了 TCP 和 UDP 应用编程模式。

习　题

1. 简述什么是套接字。
2. 简要回答使用 TCP 进行同步套接字编程中，服务器端和客户端的工作流程。

附录 习题答案

第1章

一、选择题

C C A B A

二、简答题

1．简述什么是公共语言运行库 CLR。

CLR 最早被称为下一代 Windows 服务运行时（NGWS Runtime），它是直接建立在操作系统上的一个虚拟环境，提供内存管理、线程管理和远程处理等核心服务，主要的任务是管理代码的运行。CLR 支持几十种现代的编程语言，在应用程序运行之前，CLR 使用 Just-In-Time 编译器把已经编译为 MSIL 的不同编程语言程序代码转换为本地可执行代码。

2．简述.NET 应用程序的编译和执行过程。

.NET 应用程序在编译时被编译成 MSIL 中间代码，在运行期间被即时编译成本地指令。

第2章

一、选择题

B D D A D D A B A B

二、简答题

1．简述值类型与引用类型的区别。

值类型：该类型的数据长度固定，存放于堆栈（Stack）上。值类型变量直接保存变量的值，一旦离开其定义的作用域，立即就会从内存中被删除。每个值类型的变量都有自己的数据，因此对一个该类型变量的操作不会影响到其他变量。

引用类型：该类型的数据长度可变，存放于堆（Heap）上。引用类型变量保存的是数据的引用地址，并一直被保留在内存中，直到.NET 垃圾回收器将它们销毁。不同引用类型的变量可能引用同一个对象，因此对一个引用类型变量的操作会影响到引用同一对象的另一个引用类型变量。

2．简述 C#中 continue 和 break 语句的作用。

continue 语句的作用在于可以提前结束一次循环过程中执行的循环体，直接进入下一次循环。

break 命令用于退出 switch 分支，还可以用在循环语句中，作用是退出当前循环。

3．简述 C#方法重载的概念。

方法重载即在同一个类的内部可以定义同名方法，但这些同名方法的参数列表必须不同，以便在用户调用方法时系统能够自动识别应调用的方法。

第 3 章

一、选择题

A B C （B、C） D D

二、简答题

1．描述一下面向对象程序设计的特征。

面向对象技术的基本特征主要有抽象性、封装性、继承性和多态性。

抽象（Abstract）就是忽略事物中与当前目标无关的非本质特征，更充分地注意与当前目标有关的本质特征。

封装（Encapsulation）就是把对象的属性和行为结合成一个独立的单位，并尽可能隐蔽对象的内部细节。

继承（Inheritance）是一种连接类与类的层次模型。继承性是指特殊类的对象拥有其一般类的属性和行为。

多态性（Polymorphism）是指类中同一函数名对应多个具有相似功能的不同函数，可以使用相同的调用方式来调用这些具有不同功能的同名函数。

2．简述 C#都有哪些类成员。

在 C#中，变量和函数统称为类的成员，其中，反映事物特征的变量称为数据成员，反映事物功能的函数称为方法成员。

3．解释类的静态方法成员和非静态方法成员的区别，说明如何引用它们。

类的方法成员也可以分为静态方法成员和实例方法成员。与静态数据成员类似，静态方法成员是不属于特定对象的方法。静态方法可以访问静态成员变量，但不可以直接访问实例变量，却可以将实例变量作为参数传给静态方法。静态方法也不能直接调用实例方法，可以间接调用，首先要创建一个类的实例，然后通过这一特定对象来调用实例方法。

与实例数据成员类似，类的实例方法成员与特定对象关联，它的执行需要一个对象存在。实例方法可以直接访问静态变量和实例变量，实例方法也可以直接访问实例方法和静态方法。当多个实例对象存在时，内存中并不存在每个特定的实例方法的备份，而是，相同类的所有对象都共享实例方法的一个备份（实例方法只占用"一套"内存空间）。

第 4 章

一、选择题

C B B B A D D B A D

二、简答题

1. 简述 this 关键字在类与对象中的应用。

this 关键字是引用类的当前实例。this 只能在类的内部使用，使用它能访问类实例对象内部任何级别（不同类型的访问修饰符）的任何元素（字段，属性，方法等），但静态类型的成员不能访问，因为静态成员不属于对象的一部分。

C#中 this 关键字的三个主要用途分别是：引用类的当前实例、参数传递和定义索引器。

2. 简述 base 关键字在类与对象中的应用。

C#中的 base 关键字代表基类，使用 base 关键字可以调用基类的构造函数、属性和方法。

　　3. 简述多态在类与对象中的应用。

　　在 C#中，多态性的定义是：同一操作作用于不同类的对象，不同类的对象进行不同的执行，最后产生不同的执行结果。如所有的动物都有吃东西这个功能，而狼吃肉、羊吃草，每种动物都有自己吃东西的方式。

　　重写是实现多态的重要手段。重写基类方法就是修改它的实现，或者说在派生类中对继承的基类方法重新编写。

　　4. 接口和抽象类的区别是什么？

　　接口用于规范，抽象类用于共性。接口中只能声明方法、属性、事件、索引器。而抽象类中可以有方法的实现，也可以定义非静态的类变量。抽象类是类，所以只能被单继承，但是接口却可以一次实现多个。抽象类可以提供某些方法的部分实现，接口不可以。抽象类的实例是它的子类给出的。接口的实例是实现接口的类给出的。在抽象类中加入一个方法，那么它的子类就同时有了这个方法。而在接口中加入新的方法，那么实现它的类就要重新编写（这就是为什么说接口是一个类的规范了）。接口成员被定义为公共的，但抽象类的成员也可以是私有的、受保护的、内部的或受保护的内部成员（其中受保护的内部成员只能在应用程序的代码或派生类中访问）。此外，接口不能包含字段、构造函数、析构函数、静态成员或常量。

第 5 章

一、选择题

　　B D A B A

二、简答题

　　1. 使用泛型的优点和建议是什么？

　　泛型集合类不但性能好而且功能要比非泛型类更齐全。以非泛型集合类 Hashtable 和其对应的泛型集合类 Dictionary 为例，我们经常用非泛型集合类 Hashtable 来存储将要写入到数据库或者返回的信息，在这之间要不断地进行类型转化，增加了系统装箱和拆箱的负担，如果我们操纵的数据类型相对确定，用 Dictionary<TKey,TValue> 集合类来存储数据就方便多了，例如需要在电子商务网站中存储用户的购物车信息（商品名，对应的商品个数）时，完全可以用 Dictionary<string, int > 来存储购物车信息，而不需要任何的类型转化。

　　2. Hashtable 的特点是什么？

　　Hashtable 称为哈希表，和 ArrayList 不同的是它利用键/值来存储数据。在哈希表中，每个元素都是一个键/值对，并且是一一对应的，通过"键"就可以得到"值"。如果存储电话号码，通常是将姓名和电话号码存在一起，存储时把姓名当作键，号码作为值，通过姓名即可查到电话号码，这就是一个典型的哈希表存储方式。

　　3. 泛型接口 IComparable<T>和 IComparer<T>的主要功能是什么？

　　IComparable<T>、IComparer<T>是常用的两种泛型接口。

　　泛型接口 IComparer<T>定义了为比较两个对象而实现的方法。Compare 方法比较两个对象并返回一个值，指示一个对象是小于、等于还是大于另一个对象。参数 x 是要比较的第一个对象，y 是要比较的第二个对象，均属于类型 T。如果返回值大于 0，则 x>y；如果返回值小于 0，则 x<y；如果返回值等于 0，则 x=y。

泛型接口 IComparable<T>的功能和接口 IComparable 相似，规定了一个没有实现的方法 CompareTo（Object obj）。CompareTo 用于比较对象的大小。如果一个类实现了该接口中的这个方法，说明这个类的对象是可以比较大小的。如果当前对象小于 obj，返回值小于 0；如果当前对象大于 obj，返回值大于 0；如果当前对象等于 obj，返回值等于 0。

第 6 章

一、选择题
A C A C B B B A

二、简答题

1. 简述 C#窗体控件的常用方法和事件。

Show 方法：该方法的作用是让窗体显示出来。Hide 方法：该方法的作用是把窗体隐藏出来。Close 方法：该方法的作用是关闭窗体。

Load 事件：窗体在首次启动、加载到内存时将引发该事件，即在第一次显示窗体前发生。

Resize 事件：窗体大小改变时引发该事件。

Click 事件：用户单击该窗体时引发该事件。

2. 简述 C#中的选择控件。

C#主要的选择控件是单选按钮 RadioButton 和复选框控件 CheckBox。

单选按钮 RadioButton 使用 RadioButton 类封装，它与复选框 CheckBox 控件的功能极为相似：它们都提供用户可以选择或清除的选项。只是单选按钮通常成组出现，用于提供两个或多个互斥选项，即在一组单选钮中只能选择一个。

复选框控件 CheckBox 用 CheckBox 类进行封装，属于选择类控件，用来设置需要或不需要某一选项功能。在运行时，如果用户用鼠标单击复选框左边的方框，方框中就会出现一个"√"符号，表示已选取这个功能了。复选框的功能是独立的，如果在同一窗体上有多个复选框，用户可根据需要选取零个或几个。

第 7 章

一、选择题
A A C A B A A

二、简答题

1. 什么是快捷菜单？

快捷菜单又称弹出式菜单或上下文菜单，当运行程序时，用户在窗体或控件上单击鼠标右键时，即可显示弹出式菜单。C#使用 ContextMenuStrip 控件设计弹出式菜单，该控件由 ContextMenuStrip 类封装。快捷菜单在用户在窗体中的控件或特定区域上单击鼠标右键时显示。快捷菜单通常用于组合来自窗体的一个 MenuStrip 的不同菜单项，便于用户在给定应用程序上下文中使用。

2. 模态对话框和非模态对话框有什么区别？

模态对话框就是指当对话框弹出、显示的时候，用户不能单击这个对话框之外的界面区域。除对话框上的对象外，用户不能针对其他任何界面对象通过键盘或鼠标单击进行任何输入。用户要访问界面上的其他对象，必须先关闭模态对话框。模态对话框通常用来限制用户必须完成指定的操作任务。

非模态对话框通常用于显示用户需要经常访问的控件和数据，并且在使用这个对话框的过程中需要访问其他用户界面对象的情况。用户要访问界面上的其他对象，不必关闭非模态对话框。

第 8 章

一、选择题

D A A B B

二、简答题

1. 与文件操作相关的主要有哪些类？

File 类和 FileInfo 类为 FileStream 对象的创建和文件的创建、复制、移动、删除、打开等提供了支持。

2. 与目录操作相关的主要有哪些类？

与目录操作相关的类主要有 Directory 和 DirectoryInfo 类。Directory 和 DirectoryInfo 类的区别是前者必须被实例化后才能使用，而后者则只提供了静态的方法。

3. 如何读写文本文件？

StreamReader 类用于读取标准文本文件的各行信息，StreamWriter 类用于把数据写入文本文件，如果指定的文件不存在，可以先创建一个新文件。

4. 如何读写二进制文件？

BinaryReader 类执行对当前输入流进行指定字节数的二进制读取，其读取数据的方法很多。BinaryReader 类创建对象时必须基于所提供的流文件，其数据读取过程与 StreamReader 类似。

BinaryWriter 类以二进制形式将基元类型写入流，并支持用特定的编码写入字符串，它提供的一些方法和 BinaryReader 是对称的。

第 9 章

一、选择题

A D A D D A C C A D

二、简答题

1. 简述访问数据库时，使用连接模式同使用非连接模式相比有何优点。

使用连接模式访问数据库是指在数据库操作的整个过程中，应用程序一直保持与数据库的连接状态不断开。使用连接模式访问数据库的特点是处理数据速度快，并且无须考虑数据不一致问题，适用于对数据量较小的频繁更新和只读操作。

非连接模式访问数据库是指应用程序客户端从数据源获取数据后，断开与数据源的连接，所有的数据操作都是针对本地数据缓存里的数据进行的，当需要从数据源获取新数据或者将处理后的数据回传至数据源，客户端再与数据源相连接来完成相应的操作。

2. 简述 ADO.NET 的组成。

ADO.NET 用于访问和操作数据的两个主要组件是 .NET Framework 数据提供程序和 DataSet。.NET Framework 数据提供程序用于连接到数据库、执行命令和检索结果，DataSet 实现独立于任何数据源的数据访问。.NET Framework 数据提供程序可以直接处理检索到的结果，也可以将检索结果放入 DataSet 对象，与来自多个源的数据组合在一起，以特殊方式向用户公开。

.NET Framework 数据提供程序包含 4 个核心对象，分别为 Connection 对象、Command 对象、DataReader 对象和 DataAdapter 对象。

第 10 章

1. 简述什么是套接字。

Socket 用来标识网络通信主体。网络通信中发起请求的一方称为客户端，另一端称为服务端。可以看出两个程序之间的对话是通过套接字（Socket）这个出入口来完成的，实际上套接字包含的最重要的也就是两个信息：连接至远程的本地端口信息（本机地址和端口号），连接到的远程端口信息（远程地址和端口号）。

2. 简要回答使用 TCP 进行同步套接字编程中，服务器端和客户端的工作流程。

在同步 TCP 应用编程中，发送、接收和监听语句均采用阻塞方式工作。使用同步 TCP 编写服务器端程序的一般步骤如下。

（1）创建一个包含采用的网络类型、数据传输类型和协议类型的本地套接字对象，并将其与服务器的 IP 地址和端口号绑定。这个过程可以通过 Socket 类或者 TcpListener 类完成。

（2）在指定的端口进行监听，以便接受客户端连接请求。

（3）一旦接受了客户端的连接请求，就根据客户端发送的连接信息创建与该客户端对应的 Socket 对象或者 TcpClient 对象。

（4）根据创建的 Socket 对象或者 TcpClient 对象，分别与每个连接的客户进行数据传输。

（5）根据传送信息情况确定是否关闭与对方的连接。

使用同步 TCP 编写客户端程序的一般步骤如下。

（1）创建一个包含传输过程中采用的网络类型、数据传输类型和协议类型的 Socket 对象或者 TcpClient 对象。

（2）使用 Connect 方法与远程服务器建立连接。

（3）与服务器进行数据传输。

（4）完成工作后，向服务器发送关闭信息，并关闭与服务器的连接。